全国高等农林院校基础类课程教材

细胞学研究基础

李贵全　主编

中国林业出版社

主编　李贵全
编者　李贵全　杜维俊　赫晓燕
主审　崔克明

图书在版编目（CIP）数据

细胞学研究基础/李贵全主编．—北京：中国林业出版社，2001.6（2023.6重印）
全国高等农林院校基础类课程教材
ISBN 978-7-5038-2814-0-01

Ⅰ．细…　Ⅱ．李…　Ⅲ．细胞学-研究-高等学校-教材　Ⅳ．Q2

中国版本图书馆 CIP 数据核字（2001）第 036760 号

出版：中国林业出版社（100009　北京西城区刘海胡同 7 号）
E-mail：cfphz@public.bta.net.cn　电话：83143626
发行：中国林业出版社
印刷：北京中科印刷有限公司
版次：2001 年 6 月第 1 版
印次：2023 年 6 月第 4 次
开本：787mm×1092mm　1/16
印张：22.5
字数：580 千字
定价：48.00 元

序　　一

随着高等学校教学内容的不断发展和更新，农林院校对生命科学基础知识和基本实验技能方面的教学需要不断加强，特别是在研究生教育中更是如此。目前有些农林院校的本科生教学计划中已将《细胞学研究基础》列入，有关专业研究生学位课中几乎都有此内容。

本书的编者都有着较为丰富的此方面的教学和科研经验，又有较强的写作能力，其内容具有实用性和创新性，可供农学、林学、园艺、生物技术、动物医学等专业的学生使用，也可供农林科技人员参考。

本书的特点是由浅入深、由理论到实践，较全面系统地描述了动植物细胞学常用研究方法的原理和技术流程。并对实验中经常出现的问题作了较好的分析，指出了解决问题的途径和方法。

另外，本书不仅描述了传统的细胞学研究方法，如压片、制片、染色体分析、染色体带型分析、组织化学、细胞化学和显微摄影技术等，还介绍了近年发展起来的原位杂交、免疫荧光、免疫细胞化学和免疫金银法等细胞学研究方法。为学生将来走上工作岗位后进行有关科研工作打下良好的技术基础。

本书的第三个特点是将植物细胞学研究方法和动物细胞学研究方法综合起来写，既便于学生扩大知识面，又便于从事这两方面工作的人相互借鉴。

综上所述，本书无论从科学性和系统性上看，还是从先进性和实用性上看，都是一本较高水平的农林院校学生教材。

北京大学生命科学学院
崔克明
2000 年 2 月 23 日

序　二

　　《细胞学研究基础》是多数高等农林院校的学生教材，目前一些院校已列入本科生的教学计划中。它依据农业生命科学的迅速发展，教学上必须打破传统的教学模式，建立新型综合教学体系，强调实践活动和动手能力，把理论知识与观察实验的探究方法结合起来，不但能提高教学质量，并为社会培养品学兼优的人才。

　　本书编者均为长期从事教学和科研工作的人员，具有丰富的实践经验，写作能力较强，在国内有较高的知名度，使本书可信度高，实用性强，创新点突出。可供农学、植保、林学、园艺、生物技术、动物医学等专业学生使用，也可作为农林科技人员的参考书。

　　本书以人们认识由简单到复杂过程，全面叙述动植物细胞学的研究方法，从介绍细胞学基本知识入手，对植物学、动物学及细胞学研究领域的各项实验技术的基本原理和流程作了详细而广泛的介绍，且对在实验中经常出现的问题和解决方法，进行了细致的科学分析。本书实用性强，全书始终贯穿由浅入深的写法，从细胞学研究的基本方法入手，直到目前国内外形态学研究的先进方法，表明系统性强和逻辑性强。在动物细胞学研究方法中，作者从动物捕杀、切片、固定等基础知识着手，使学生容易学习和掌握，又反映当前国内外细胞学研究领域前沿动态，如免疫组织化学法、PAP法和ABC法等，为学生今后从事本专业工作打下坚实基础，表明作者学术水平较高。第三点创新点突出，本书将动植物细胞学研究方法综合起来编写，在编写体制上做了重大改革，这样涉及面大，容易推广。在书中可见作者本人长期工作经验的总结。

　　总之，本书从科学性、先进性、系统性和实用性综合评定，学术水平较高，是国内高等农林院校同类教材中一本好书。

解放军军需大学动物科学系

杨维泰

2000年1月18日

前　言

著名生物学家 E. B. Wilson 早在 1925 年说过："每一个生物科学问题的关键必须在细胞中寻找。"在新世纪生命科学蓬勃发展的时代，重读这一名言感到有很深的内涵。细胞作为有机体结构与生命活动的基本单位，细胞学研究方法是一切生命科学的重要基础学科。随着农业新技术革命的迅速发展，新的农业生物学课程的突出特点是以实验活动为中心，把提高学生的科学态度，发展技能和知识并重。传统的课程、教材、教法已不能适应新的课程的要求，为提高农林院校本科生、研究生的动手能力，只有把理论知识与观察实验的探究方法结合起来，才能取得良好的教学效果。为此，我们拟定编一本《细胞学研究基础》教材，供农学、植保、林学、园艺、生物技术、动物医学等专业使用，同时作为某些专业研究生的学位课和选修课，也可供从事农业科学的研究人员参考。

本书共分十七章，由三大部分组成：第一部分是植物细胞学研究方法，第二部分是动物细胞学研究方法，第三部分是显微摄影技术。其基本特点是从介绍细胞学基本知识入手，对植物学、动物学、细胞学研究领域的各项实验技术的基本原理和详细流程作了广泛介绍，而且对在实际操作过程中经常出现的问题和解决方法也进行了细致的科学分析。在编写过程中主要参考了北京大学生命科学学院李懋学老师的有关植物染色体研究技术的方法和流程，更进一步充实了本教材的内容。

《细胞学研究基础》已列入本科生的教学计划中，教学及实验时数安排为 60~80 学时左右，考虑到本书实用性强，可兼作农林科技人员参考用，故某些章节的内容略为偏多。在编写过程中，根据作者的不同专业特点，第一、二、三、七、八、九、十、十五、十六、十七章由李贵全编写；第四、五、六章由杜维俊编写；第十一、十二、十三、十四章由赫晓燕编写。全书由李贵全任主编并负责总体编写框架，由崔克明教授任主审。

经过长达两年的努力，本书终于将付梓出版了，这是一件令人欣慰的事。我们忠心感谢北京大学生命科学学院崔克明教授对全稿进行了仔细的审阅。本书在出版过程中还得到了中国林业出版社、山西农业大学的大力支持，在此，我们对所有关心和帮助本书出版的同志们表示真诚的谢意。

《细胞学研究基础》是一门发展中的学科，本书作者的知识范畴与能力毕竟是有限的，书中缺点和谬误在所难免，真诚地希望同行专家、学者与读者批评指正。

李贵全

2001 年元月

目 录

第一篇 植物细胞学研究方法

第一章 显微技术中的细胞学基础 (1)
  第一节 细胞的基本概念 (1)
  第二节 细胞增殖与周期的研究概况 (2)
  第三节 细胞周期各时期的特点 (3)
  第四节 细胞的减数分裂 (8)
  第五节 植物胚胎学基础 (15)

第二章 植物染色体常规制片方法 (20)
  第一节 取 材 (20)
  第二节 预处理 (28)
  第三节 压片法 (36)
  第四节 低渗法 (45)
  第五节 减数分裂的制片 (47)

第三章 植物染色体的分带方法 (50)
  第一节 分带的历史和展望 (50)
  第二节 Giemsa 带 (50)
  第三节 荧光分带 (63)
  第四节 显带机制 (64)

第四章 植物染色体的银染色技术 (67)
  第一节 银染色技术的发展与应用 (67)
  第二节 染色体的银染色原理 (71)
  第三节 染色体银染法分类及技术流程 (73)

第五章 植物染色体核型分析 (79)
  第一节 核型分析的意义 (79)
  第二节 核型分析 (82)
  第三节 染色体图像分析 (95)

第六章 植物的原位杂交 (99)
  第一节 原位杂交的基本原理 (99)
  第二节 染色体原位杂交技术 (100)
  第三节 RNA 原位杂交技术 (122)
  第四节 原位杂交的应用 (125)

第七章 植物组织器官制片的方法和原理 (129)
  第一节 选 材 (129)
  第二节 杀死、固定和保存 (130)

第三节　冲洗与脱水……………………………………………………………………（143）
　　第四节　透明及透明剂…………………………………………………………………（145）
　　第五节　浸透和包埋……………………………………………………………………（146）
　　第六节　切　片…………………………………………………………………………（147）
　　第七节　粘片及粘片剂…………………………………………………………………（150）
　　第八节　染色及染色剂…………………………………………………………………（151）
　　第九节　封　固…………………………………………………………………………（164）
第八章　植物学制片的各类方法……………………………………………………………（166）
　　第一节　徒手切片法……………………………………………………………………（166）
　　第二节　暂时封藏法……………………………………………………………………（167）
　　第三节　整体封固法……………………………………………………………………（168）
　　第四节　涂抹制片法……………………………………………………………………（170）
　　第五节　组织分离制片法（离析法）…………………………………………………（171）
　　第六节　滑动切片法……………………………………………………………………（172）
　　第七节　蒸汽切片法……………………………………………………………………（173）
　　第八节　冷冻切片法……………………………………………………………………（174）
　　第九节　火棉胶制片法…………………………………………………………………（175）
　　第十节　透明制片法……………………………………………………………………（176）
　　第十一节　显微研究特殊法……………………………………………………………（177）
第九章　植物组织化学的简易测定法………………………………………………………（182）
　　附　录……………………………………………………………………………………（185）
第十章　植物细胞学研究方法"经典实验"…………………………………………………（189）
　　实验一　植物根尖染色体压片…………………………………………………………（189）
　　实验二　花粉母细胞的涂片……………………………………………………………（190）
　　实验三　去壁低渗法……………………………………………………………………（190）
　　实验四　核型分析………………………………………………………………………（191）
　　实验五　植物染色体 C—带技术（BSG 和 HSG 显带方法）………………………（192）
　　实验六　Ag-NOR 染色技术……………………………………………………………（194）
　　实验七　整体封片法……………………………………………………………………（195）
　　实验八　徒手切片法……………………………………………………………………（197）
　　实验九　冰冻切片法……………………………………………………………………（197）
　　实验十　石蜡切片法……………………………………………………………………（199）
　附录1　本实验课所用药品配方…………………………………………………………（203）
　附录2　植物细胞遗传学观察材料简介…………………………………………………（206）
　附录3　我国重要经济植物染色体数目…………………………………………………（210）

第二篇　动物细胞学研究方法

第十一章　动物组织切片制作的基本原理和技术…………………………………………（221）
　　第一节　概　述…………………………………………………………………………（221）
　　第二节　动物的杀死和取材……………………………………………………………（222）

第三节　固定和固定液 (224)
　　第四节　洗涤和脱水 (228)
　　第五节　透明、透入和包埋 (229)
　　第六节　切片、展片和贴片 (232)
　　第七节　染色及染色后的处理 (232)
　　第八节　石蜡切片、火棉胶切片和冰冻切片制作程序 (238)
第十二章　一些主要的细胞器、组织和器官的制片方法 (240)
　　第一节　细胞器 (240)
　　第二节　上皮组织 (242)
　　第三节　结缔组织 (242)
　　第四节　肌组织 (250)
　　第五节　神经组织及神经系统 (252)
　　第六节　脉管系和淋巴器官 (257)
　　第七节　消化系 (257)
　　第八节　呼吸系 (262)
　　第九节　泌尿系和生殖系 (262)
　　第十节　内分泌腺 (264)
　　第十一节　皮肤、眼球及内耳 (266)
第十三章　细胞化学与组织化学 (268)
　　第一节　概　述 (268)
　　第二节　核　酸 (268)
　　第三节　蛋白质 (272)
　　第四节　糖　类 (276)
　　第五节　脂　类 (280)
　　第六节　酶　类 (283)
　　第七节　荧光组织化学 (293)
第十四章　免疫细胞化学 (297)
　　第一节　免疫细胞化学技术概述 (297)
　　第二节　免疫荧光细胞化学 (301)
　　第三节　免疫酶细胞化学 (303)
　　第四节　亲和免疫细胞化学 (306)
　　第五节　免疫金-银细胞化学 (307)
附录　细胞化学与组织化学及免疫细胞化学中常用试剂的配制方法 (310)

第三篇　显微摄影技术

第十五章　显微镜的光学部件 (313)
　　第一节　物　镜 (314)
　　第二节　目　镜 (316)
　　第三节　聚光镜 (317)
　　第四节　显微镜的照明装置 (318)

第五节　显微镜的光轴调节……………………………………………………（320）
第十六章　显微照相的装置……………………………………………………（322）
　　第一节　显微摄影的照相设备……………………………………………………（322）
　　第二节　被摄显微制片的准备……………………………………………………（327）
　　第三节　感光片的使用……………………………………………………………（328）
第十七章　冲洗与放大…………………………………………………………（332）
　　第一节　黑白底片的冲洗…………………………………………………………（332）
　　第二节　印相与放大………………………………………………………………（336）
　　第三节　底片和照片的后加工……………………………………………………（339）
　　第四节　显微照相常用的几种附件………………………………………………（342）

参考文献……………………………………………………………………………（345）

第一篇

植物细胞学研究方法

第一章 显微技术中的细胞学基础

第一节 细胞的基本概念

生命之所以通过细胞具有连续性，是因为细胞有一定的结构，能进行自我复制。关于这个结构的物理和化学性质在20世纪遗传学兴起之前只知道大概，随着生命科学的发展认识到染色体维持它们的完整性。而染色体是基因的载体，它支配遗传和变异，并控制发育。而染色体自身的结构和行为也受基因的调控。因此，研究染色体的数目、结构和行为的变异，探讨其发生和发展的机制和规律，进而达到人工控制和改造生物遗传变异的目的，始终是生命科学的核心内容。

细胞是生命活动的基本单位，一切有机体均由细胞构成，只有病毒是非细胞形态的生命体。每一个细胞，不论是低等生物或高等生物的细胞，简单或复杂的细胞，分化与未分化的细胞，高等生物的性细胞或体细胞，都包含着全套的遗传信息，也就是说，包含着遗传的全能性。由单个植物的雄性生殖细胞或单个体细胞经人工培养与诱导发育为完整的植株，是这一论证的最有力的证据之一。从动物的大部分组织游离分散出来的单个细胞大多数可在体外培养，生长，繁殖与传代，这些试验的基本事实均可以说明，虽然细胞是构成统一机体的小小的局部，并受到机体整体活动的制约，但每一个细胞在生命活动中又是一个小小的"独立王国"，在特定条件下，它可以明显的表现为生命活动的独立单位。因此，细胞是生命活动的基本单位之一概念是有充分科学依据，并愈来愈为人们所接受。

显微技术中的细胞学研究方法，就是在细胞的水平上对生物的形态发育，系统分类，组织解剖，胚胎等各个方面进行深入的研究。认识到细胞的重要性后，本章将对细胞的形态、特征、整个细胞的发育周期进行描述，这对从事生命科学研究的学生和研究人员是基础的基础。总之，细胞可以被看做是生命的控制者，它对生物的遗传、变异、进化、发育等重大的生物学问题无不和细胞结构、染色体的行为有密切的关系。众所周知，植物染色体只有在细胞分裂时才出现，经染色在光学显微镜才可以看到，因此说染色体的出现又和细胞分裂是密切相关的。现在已经清楚地认识到不论是有丝分裂或者是减数分裂它只是细胞增殖的一个时期，在分裂间期的细胞核中还发生着对染色体形成必不可少的重要事态。那么就可以说从一次细胞分裂到另一次细胞分裂之间所经历的全部过程称为细胞周期。为了对染色体的形成活动有一个全面的了解，所以掌握细胞周期是十分重要的，是为我们研究染色体和掌握细胞学研究方法的基础。

第二节 细胞增殖与周期的研究概况

　　细胞的繁殖是生物最根本的特征，细胞是借助于分裂来进行增殖的。通过细胞分裂可将复制的遗传物质平均地分配到两个子细胞之中。无细胞分裂便不会有生物的生长、分化、遗传和进化。在真核生物中遗传物质的分配要比原核生物复杂的多。原核生物的遗传物质是以裸露的 DNA 单个分子而存在的，DNA 附着在质膜的位点上，一旦复制后，两个 DNA 分子附着点之间的质膜，借助于生长而延长，在中间生成新的隔壁而分裂为两个细胞。人细胞中 DNA 含量为大肠杆菌的一千多倍，DNA 在 S 期复制后，两套 DNA 分子通过复杂的有丝分裂过程将其平均分配到两个子细胞中去。另一种分裂方式为无丝分裂，这种方式比较简单。一般是核仁先分裂成两个或多个，细胞核拉成亚铃状，最后分成两个或多个核，子核之间细胞质缢缩，分成两个或多个子细胞。此种无丝分裂多出现在动植物生长旺盛的，繁殖迅速的器官，这种方式分裂快，时间短，而且消耗能量少。另外在衰老和病理条件下无丝分裂也有增多。细胞处在不良条件下也发生无丝分裂，如培养细胞加热和冷却等，由于这种分裂方式简单，也不够普遍，因而研究的也比较少，我们着重介绍有丝分裂。

　　发现细胞分裂已有 100 多年的历史，但是只是在 Mayzel（1875 年）描述了核的分裂动态过程之后有丝分裂才引起人们的注意。当时一些有洞察力的研究工作者已经注意到，在有丝分裂过程中核物质平均地分配到两个子细胞中的现象，因而设想可能细胞的遗传物质在核中编码，更可能是在染色体上编码。由于当时对分裂期之外的时期生化变化了解很少，而把细胞活动分为分裂期和静止期（后称间期）。把静止期看成是"一潭死水"，1944 年艾费里（Avery）显示肺炎球菌的致病性是由 DNA 传递的，从而认识了 DNA 是基因的物质基础。后来斯威夫特（Swift）（1950 年）用孚尔根分光光度术证明 DNA 复制并不是有丝分裂开始的，而是发生在间期。因此间期并不是一个代谢不活跃的静止期。细胞增殖包括两个基本事态：一是有丝分裂，另一个是有丝分裂前必须进行的 DNA 的合成。Swift（1950 年）用显微分光光度计的方法测定了处于分裂期的二倍体细胞的 DNA 含量，发现许多细胞 DNA 含量处于 2C 和 4C 之间。1953 年 Howa（霍华德）和 Pelc（皮尔）用 ^{32}P 磷酸盐作为标记物，浸泡蚕豆实生苗，然后于不同时期取根尖作细胞放射自显影的研究。发现细胞分裂间期有一个 DNA 合成期，^{32}P 只在这个时期才掺入到 DNA 中，还发现在 DNA 合成期（S 期）和分裂期（M 期）之间有一个间隙为 G_2 期，在 M 期后和 S 期之间有另一个间隙为 G_1 期均不能合成 DNA，他们第一次提出细胞周期的概念。增殖细胞的细胞周期；是处于母细胞分裂后形成的细胞到下一次再分裂形成两个子细胞之间的时期。

　　关于细胞周期的知识近 20 年来有了很大的发展，这是由于在细胞周期的研究中应用了 3 个重要技术的结果：①在细胞培养中发展了诱导同步分裂的方法，打开了利用细胞周期不同时期的材料进行生化分析的途径；②特殊染色反应后对细胞核中 DNA 含量的显微分光光度术的定量测定技术的应用；③引进了用胸苷标记的放射自显影技术。

　　必须强调指出，细胞周期的概念不仅把间期划分为更详细的时期，更重要的它是一个周期间的过程。真核生物细胞的生长和繁殖包括所有原生质成分的复制，细胞复制的结果，在植物细胞中细胞质为质膜和细胞壁所分隔，因此，胞质分裂为细胞周期提供了一个划分的标志。在此之前，所有细胞成分的复制和分离必须完成；在此之后，复制事态的新的周期才能开始，即细胞后代又恢复到开始时的状态，为此周尔复始，循环不息，在这一点上，在细胞周期中的细胞和在分化中的细胞不同。分化中的细胞是按直线程序变化的，直至最后死亡。在非增殖情况下的细胞处于既非 G_1，又不是 G_2 的代谢特点中，其代谢特点并不导致细胞的复制，细胞的这种状态有些作者以 G_0 表示，即细胞从细胞周期中脱离出来，进行另一途径的发展，如果细胞在 G_1 时期脱离周期，则 G_0 时的细胞 DNA 量已加倍。G_0 状态的细胞可以进行各种分化，可在不定长的时期内，几天、几月、甚至几年维持 G_0 状态。G_0 状态的细胞在一定条件下仍可恢复到周期中，继续进行细胞周期的过程。

第三节　细胞周期各时期的特点

一、间　期

1. G_1 期　G 是 "Gap" 的缩写，即间隙之意。G_1 期也叫第一间隙期（gap$_1$ phase），它是指从有丝分裂完成到 DNA 复制之前的这段间隙时间，所以又称之为复制前期（predu-plication stage），合成前期等。

哺乳动物细胞 G_1 期变化很大，由几小时到几天或更长，同一系统的细胞根据部位不同，细胞周期时间也不同，细胞分裂的速度越快，此阶段越短，在某些细胞中 G_1 期可以缺少，而在另一些细胞周期很长的细胞中 G_1 期可以经历很长的持续时间。有些细胞如艾氏腹水癌细胞，胚胎早期细胞，造血干细胞都测不出 G_1 期，因而很可能在有利于快速增殖的条件下 G_1 期缩的很短，甚至为零。在 G_1 时期 DNA 合成还未开始。因此核的 DNA 含量保持在原来二倍体细胞的量。以 2C 表示。此时是 DNA 的相对含量。所有 RNA 种类的合成是从 G_1 开始到周期结束都在进行，是同时的和连续合成的。在 G_1 早期 rRNA 合成的突然开始的结果，导致核仁体积开始增大。因为在 G_1 决定细胞再分裂或进入分化，G_1 细胞在合成上是极活跃的，在进入细胞周期和将进行 DNA 复制的核中，最初的复制需要蛋白质，以提供所需要的生物合成的酶和某种可能的"启动蛋白"及其他蛋白，G_1 时期合成的蛋白质大量累积在细胞质中，因此常常可以看到核还未被细胞质的蛋白质所包围前，DNA 的合成并不开始的。各种细胞在 G_1 期所进行的生物合成与各细胞的特性有关，如培养的淋巴细胞在此期可以合成免疫球蛋白 IgG 中的 L 链；黑色素也是在 G_1 期合成，肌动蛋白也是 G_1 期细胞的产物。

2. S 期　即 DNA 合成期（synthesis stage），或称复制期（duplication stage）。S 期主要是 DNA 合成（自我复制）的时期。

哺乳动物细胞的 S 期一般为 6~8h，DNA 含量在此时期增加 1 倍。一个人的细胞的 DNA 含量为 10^{-11}g，如接成一根 DNA 分子链可长达 3m，包藏在一个 10~20μm 直径的细胞核中，如何能在此短短的几个小时中完成 DNA 复制呢？主要是 DNA 链上分成许许多多的复制单位，每个复制单位大约长 30μm，一个细胞可能有 1 万~3 万个复制单位，在 S 期中许多复制单位在不同时间活动。每秒钟有 250 000 个 A-T，G-C 碱基配对。这样才能使 DNA 在 6~8h 之间复制完毕。S 期的长短不同，一般认为是和活动的复制单位的数目有关。DNA 复制的顺序总是一定的，x 染色体的长臂总是在 S 期之末才复制；编码 rRNA 的基因总是在 S 期前半复制。早期复制的 DNA 富有 G-C 碱基。晚期复制的 DNA 富有 A-T 碱基，即常染色质比异染色质复制较早。S 期的活动是由于细胞内产生了一种蛋白性的 DNA 合成诱导者。如将 S 期细胞和 G_1 期细胞在仙台病毒的作用下融合,继续培养,可引起 G_1 期细胞核 DNA 复制提前,这说明 S 期细胞的诱导者可以影响 G_2 期细胞核。在 S 期 DNA 合成的同时,也有组蛋白的合成。现已经证明 DNA 双链是缠在核小体核心之上的,它是由 4 种组蛋白的 8 个分子组成的八聚体。组蛋白不仅是 DNA 分子缠绕的支架,而且具有控制作用,如果同时没有组蛋白的合成,则复制的 DNA 基因活动就不能控制,如继续转录则会造成细胞功能的紊乱。如在 S 期加入 DNA 合成抑制剂——羟基脲及阿糖胞苷等,同时组蛋白的合成也受到抑制,说明二者之间有密切的关系。

在真核生物中会提出这样的问题:每个染色体包含多于一个 DNA 分子还是只有一个 DNA 分子。这是一个有争论的问题。证明 DNA 分子必须通过整个染色体,不能在着丝粒处中断。应用一些新技术,现在已能显示一个 DNA 分子的大小和一个染色体中 DNA 分子相当的,即分子量在 $20 \times 10^9 \sim 80 \times 10^9$。因此现在倾向于认为一个染色体中只有存在一个 DNA 分子。

因为 DNA 复制是非同步的,所以在 S 期 RNA 的合成继续在进行。但一般认为复制中的 DNA 片断是不转录的。活跃的蛋白质合成也是在 S 期进行,提供 DNA 合成的本身所需要的酶和构成染色体所需要的蛋白质,由细胞显微分光光度术,放射自显影的生化分析,在许多动、植物材料中显示组蛋白的合成是和 DNA 复制协同发生的。因此随着 DNA 的加倍,组蛋白也加倍,组蛋白在细胞质内合成,然后转移到核内和新合成的 DNA 结合。像其他核蛋白一样,染色体的酸性蛋白也在细胞质中合成,它们一般和 DNA 的合成没有相关性。

3. G_2 期 指从 DNA 复制完成到有丝分裂开始的这段间隙时间,所以又称第二间隙期 (gap_2 phase) 或称复制后期 (postduplication stage),或合成后期。一般持续 1~1.5h,有活跃的 RNA 和蛋白质合成。一些工作证明 G_2 期细胞内有微管蛋白的合成,为 M 期纺锤丝微管的组装提供原料。蛋白质的合成在 G_2 期继续进行,但这一时期所得到的蛋白质谱和前一时期十分不同,同时与有丝分裂时染色体螺旋化有关的蛋白和组成纺锤体的微管蛋白可能在 G_2 时期形成。在 G_2——早前期过渡时开始形成微管。

二、M 期

经 G_2 期之后即进入 M 期,称为丝分裂期 (mitosis stage),以前称为 D 期 (division stage)。细胞在 M 期进行有丝分裂。M 期根据染色体的变化又分为前期 (prophase)、中期 (metaphase)、后期 (anaphase) 和末期 (telophase)。

1. 前 期 前期的主要特征是染色质浓集,确定分裂极,核仁的解体,及核膜的消失。细胞经 S 期的 DNA 复制后,通过 DNA 分子的螺旋化和折叠,每条双螺旋链逐渐缩短,形成一条染色单体,到中前期已经看到成双的结构;这时可见染色体上有一对着丝粒 (centromere),每条单体上一个,位于染色体上较为纤细的主缢痕 (primary constriction) 部位,姊妹染色单体在着丝粒部位相连,核仁逐渐缩小,到前期末核仁及核膜消失,分散到细胞之中,中心粒出现于动物细胞和低等植物细胞,中心粒通常在 S 期已经加倍,有的是在分裂之前开始复制。中心粒是成对出现的细胞器,每个中心粒由 9 组微管围成,为一中空的小圆柱体,每组有微管 3 条。中心粒直径为 $0.5\mu m$,长度大于 $0.5\mu m$,两个中心粒垂直相邻。复制时由每个中心粒的一端垂直长出一个原中心粒,在前期时已经有两对中心粒。中心粒位于核膜附近的细胞质中,在中心粒的周围形成星体,它是由短的微管组成,向周围辐射。随前期发展,这两对中心粒连同星体一起逐渐分离,达到相对的位置,决定了细胞分离的两极。两中心粒之间的微管延长,形成纺锤体,染色体逐渐集中于赤道部位,植物细胞无中心粒也能形成纺锤体,由何种因素确定两极尚不清楚。

2. 中　　期　　核膜消失即开始进入前中期，纺锤丝侵入中心区，部分纺锤丝开始附于着丝粒（Kinetochore）上，染色体进行振荡运动，一直到辐射状地排列在赤道面上，形成赤道板。植物细胞染色体占据整个纺锤体的赤道面上。一般小的染色体排列在内侧，大的在周缘。纺锤体包括三种纤维，连接极和染色体的称之为染色体牵丝；从一极伸到另一极的为极间丝；连接后，末期二组子染色体的为区间丝。染色体之所以能够规则地排列在赤道板上和一条染色体上有两极而来的染色体丝固定于着丝粒上有关，由于力量的平衡而使其排列于赤道板。用巯基乙醇破坏纺锤丝则染色体不能排在赤道板上，若去掉药物又可恢复；无着丝粒的染色体断片则不能排在赤道板上。中期染色体的形态，通常作为每一物种染色体的基本形态。由于分裂中期时的细胞粘滞度改变，染色体又高度的浓缩，因此，在外界的压力下易于在整个细胞中分散，所以这个时期是对染色体进行计数的最适时期。

3. 后　　期　　每一染色体的着丝点分裂，两个染色单体彼此分开，在后期几乎所有的染色体同时分离，染色单体开始向极运动，似乎是染色体丝把染色体拉向两极。因为着丝粒部位不同，后期染色体的形态也不同，中部着丝粒者呈V形，亚端部着丝粒的呈J形；端部着丝粒的呈棒状，显然和着力点有密切关系。若用低温处理或用有丝分裂有毒药物秋水仙碱破坏纺锤丝则染色体不能牵向两极。辐射损伤所引起的无着丝粒断片后期也不能拉向两极。如果着丝点的分裂并未受到药物的抑制。则可以照样分裂。但各染色体却不能分向两极，细胞分裂不能进行下去，这便产生了多倍体。如果一个染色体失去了着丝点，它就会迷失方向，往往在转圈地移动，但不能进入两极，最终会消失，这就有可能产生缺体细胞(2n－2)是异源多倍体的特征。

4. 末　　期　　子染色体向两极运动的结束即标志着末期的开始，染色体开始解螺旋，染色质逐渐集合在一起成为若干块状，在其周围开始由内质网及原来崩解的核膜小泡重新组成核膜，核仁重现。由进化的观点看来，一些学者最初主张发生质膜，然后内质网来源于质膜，核膜来源于内质网，在许多动植物细胞电镜照片中可见内质网和核膜相连。Moore等对50个属的真菌进行了观察，结果发现核膜经常与内质网相连，而内质网又和质膜相连续。

末期的染色体逐渐积聚，个体性比较模糊，随后，核膜重新形成，逐渐进入间期的状态，由此可见，末期正是前期的逆转。

5. 胞质分裂　　在染色体解螺旋和核膜形成的同时发生胞质分裂。动物细胞的胞质分裂多用卵和培养细胞进行研究。在中及晚末期赤道部位的纺锤丝周围出现密度高的物质，虽然这时纺锤体的微管趋向于瓦解和消失，但赤道板处反而增多，经常和一列小囊状物以及密度高的物质相掺和，整个结构称之为中体，与此同时，细胞表面在赤道部位向内缢缩凹陷，逐渐加深而达到中体，最后细胞完全分离。在赤道板的质膜下细胞质产生的缢缩环可能是由微丝组成，若用破坏微丝的药物细胞松弛素B，缢缩细胞又恢复原状，有些实验证明在细胞凹陷沟的质膜下可以看到有肌动蛋白与肌球蛋白样的纤维和胞质的分裂有关（图1-1）。

植物细胞胞质分裂的特点和动物不同，不是胞质的缢缩，而是在赤道板处由纺锤体微管，高尔基小泡及内质网囊的颗粒、小泡等形成成膜体，由它再融合成细胞板，进而在细胞板的两侧，有多糖类积累形成细胞壁，最后分成两个细胞。在胞质分裂过程中，线粒体和高尔基体等细胞器也分配到两个子细胞中去。

三、主缢痕和着丝点的结构

在染色体上有一个凹陷部位称之为主缢痕，在此部位两条染色单体的染色丝的相互攀绕掺

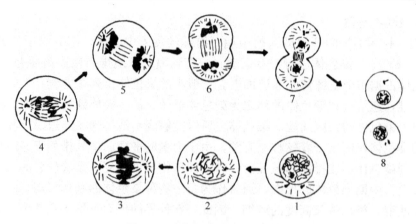

图 1-1 动物细胞有丝分裂图解
1. 早前期； 2. 晚前期； 3. 中期； 4. 早后期
5. 晚后期； 6. 早末期； 7. 晚末期； 8. 间期

杂，而把两条染色单体结合在一起，此部位孚尔根反应染色显示有弱的 DNA 阳性反应，说明有 DNA 链通过。染色体在主缢痕处有一特化部位，称之为着丝点，它是一种附加上的结构，每条染色单体上一个。着丝点多为盘状，直径为 0.7～0.8μm，有的长可达 1.4μm，宽仅为 0.4μm。一般可分为三层，外层厚 30～40nm，电子密度高，有一定结构，中层厚 15～60nm，为电子密度低的结构；内层 15～40nm，出现有类似染色质的颗粒，但是更致密。着丝点的主要化学成分可能为碱性蛋白，但不排除有其他物质。高等植物细胞着丝点为球形或杯状，染色体丝在中期和着丝点相连，可以穿透着丝点的各层。附着在一个着丝点上的纺锤丝数目，动物细胞多为 5～20 条，植物细胞多者可达 150 条。

四、有丝分裂装置的精细结构和功能

有丝分裂装置是指中心粒，围绕中心粒的星体和丝状的纺锤体，在固定的标本中星体看来似乎是一组辐射纤维围着中心粒汇集。围绕中心粒有一个透明区，称之为中心粒团（microcentrum），再外面还有一圈染色较深的区域称之为中心球，总称之为中心体。星体及纺锤体纤维并不穿透透明区到达中心粒。1952 年海胆卵中分离出单个的分裂装置，证明了它是一种实在的东西，并非固定和染色造成的假象。

纺锤体和星体是由微管组成，微管为圆柱状的结构，直径 22～25nm。长可达数微米。电镜下可见微管为中空的小管，横切面为环状，由 13 条原丝纵向排列组成微管，微管的基本组成单位为微管蛋白，它包括 α 和 β 二种亚单位，二者在细胞内经常组成为二聚体。

关于微管重组的机制提出若干模型，这些模型是根据聚合反应进行过程中在电镜下所见的种种结构而建立的。Kirshner（1975 年）等的模型，首先是环的解开，形成带状排列，继而横向结合形成片状，片的两端封闭，形成 13 条原丝围成的微管。Borisy 等（1976 年）的模型认为首先是几个环重叠形成一个垛，成为聚合的核心，微管蛋白二聚体逐渐附加到上面，延长微管。解聚时相反，从微管的端部微管蛋白顺次离解。

有关有丝分裂过程中染色体运动机制的早期概念，都集中于细胞内的物理状态的改变，如电磁场，溶胶和凝胶的变化，染色体的自动迁移等，但这些概念已为人们所放弃，现在的注意力多放于纺锤丝微管和染色体的运动关系上。主要有 3 种假说：

（1）收缩机制。把纺锤体的染色体牵丝比作拉长的橡皮筋，当其缩短时可把染色体拉向两极。然而在电镜观察中并未见微管的变粗，而且在后期极间丝反而变长，因而这一假说很少为人们所支持。

(2) 滑动微管机制。1967 年 Mcintosh 所提出，他认为染色体的后期向极运动和肌肉收缩或纤毛运动相类似。根据这一假说，当染色体丝和极间丝相互滑过时，微管的覆盖部分增加，因而染色体丝变短，运动所需的力将产生于纤维相互滑行时，许多桥或化学键交替地破坏及再形成，事实上也看到纺锤体向极的一端微管的数量增加了。现在电镜观察证明微管之间有横桥的存在。而具纺锤丝上有较高的 ATP 酶的活性，因而也可能通过 ATP 分解而取得能量以拉动染色体。然而此种纺锤丝系统和纤毛或肌肉系统相比较时，至少有一个重要方面是不同的，即在两种丝之间没有严格的空间关系，而纤毛或肌纤维显示的显微构筑，使其适于纤维的结合和去结合。如某些细胞中染色体丝分布在空的纺锤体的内缘，两极间的极间丝是在纺锤体的轴部成囊状通过，在空间上两种丝是分离的，而后期仍然发生染色体向极移动，因此这一假说难于解释。

(3) 微管的组装——去组装机制。这一假说是 1976 年 Inone 根据细胞内存在一个微管蛋白库和纺锤体微管聚合之间是一个平衡的混合物而提出的。他认为染色体的向极运动是由于染色丝的微管在向极的一端发生了微管蛋白亚单位的去组装所致。由于去组装而使染色体丝缩短，把染色体拉向两极。另一方面释放出的单位或者流入库中，或者在极部参加极丝的组装而使其延长，在后期区间丝的不断延长也对染色体起着推动作用。后期还可以看到纺锤体在极部的双折射特点变得模糊。说明极部的微管亚单位的去组装。染色体的向极运动不仅很慢（$1\mu m/min$），而且需能很少，根据染色体大小及周围胞质的黏度资料，一条染色体由赤道板移到极部大概 $10^{-13}N$，要消耗 30 个 ATP 分子，比鞭毛运动所需能小两个数量级。对分离的纺锤体进行化学测定，发现 ATP 酶在两极更为集中，它提供了分解 ATP 产生能量供应的机制。然而是否由于染色体丝向极端的微管蛋白亚单位的去组装而产生了一种拉力仍有不少疑问。微管蛋白分子组装进微管中而推动染色体或其他结构，这一点是可以理解的。例如中心粒在前期时向极部推动，在前中期时染色体在着丝粒处有微管蛋白的组装，纺锤体变长，促使染色体提排列在赤道板上。然而对于微管蛋白亚单位的去组装可以拉动什么东西，却令人费解。有人认为染色体牵丝只是起定向作用，而不是动力来源，而动力却是来源于其他装置。

五、有丝分裂的修饰

生物界中有些种类的细胞或者在一定条件下的有丝分裂，并不像前面所述那样规律，有许多变异。

多线染色体：双翅目的一些昆虫以及其他一些种类，DNA 复制反复进行而无细胞分裂，因为缺少分裂期，而形成巨大的多线染色体，如果蝇、摇蚊的唾腺染色体。

核内有丝分裂：某些细胞经过若干次 DNA 复制，染色体彼此分离，因为分离的染色体仍在同一核膜包被之内，而称为核内有丝分裂，如成年哺乳动物的肝具 4，8，16，甚至 32 倍体的细胞核。秋水仙素处理可阻断微管蛋白的组装，染色体不能分到两极，因而可使染色体加倍，用于多倍体育种。

多极有丝分裂：多极分裂在动植物细胞中均有。多极分裂可形成多个细胞，在癌细胞比较多见。除了自然发生之外，人工诱导也可以产生，如温度休克、低浓度的秋水仙素、抗生素、环己醇等。多极分裂结果使多倍体减低其倍性的水平。

六、细胞分裂速率

细胞分裂速率在不同细胞类型中有很大差异，同时也决定于生长条件。例如变形虫在23℃时是每36～40h分裂一次。但温度降低到17℃时，则降低到每48～55h分裂一次，细菌可在15～30min内细胞增加1倍。发育中的卵分裂很快，可能是分裂之间没有生长，因而细胞随分裂而变小，卵裂速率可达每小时1到数次。植物根端细胞或培养的哺乳类细胞，每12～14h细胞增加1倍。某些高度分化的细胞则完全不分裂，如神经元细胞及多形核白细胞等。有些细胞分裂率极低，如成体动物肝细胞，但人工切去大鼠70%以上的肝，不久其余细胞开始迅速增殖。一直达到近似原来的大小，则分裂速率又恢复原状。有一些器官保持一个迅速增殖的细胞群体，细胞增殖后，一部分细胞转入分化，另一部分继续保持干细胞的能力，不断分裂以补充衰老，死亡之脱落的细胞，如小肠的腺窝细胞不断分裂以补充由绒毛顶端脱落的细胞。骨髓干细胞及皮肤生发层细胞不断补充各系血细胞及角化脱落的上皮细胞。癌细胞是一群失去控制的细胞，不断增殖，缺乏分化，失去接触抑制。一般给人的错觉是癌细胞较其他来源细胞分裂速率快，但实际上癌细胞分裂速率多数是和正常相近或者更低，但由于癌细胞群体的增殖比例高，细胞失去分化，不断增殖，形成瘤块。

第四节 细胞的减数分裂

减数分裂（meiosis）是真核细胞中的一种特殊类型的细胞分裂，它出现在进行有性繁殖的生物的生殖细胞中。减数分裂使亲代与子代之间的染色体数目保持恒定，这就为后代的正常发育和性状遗传提供了物质基础，并保证了物种的相对稳定性。在减数分裂过程中，发生非同源染色体的重新组合，以及同源染色体间的部分交换，从而使配子的遗传基础多样化，并为生物的变异及其对外界环境条件的适应性提供了重要的物质基础。减数分裂在遗传学上的这种重大意义早已为人们所熟知，但对于减数分裂的机理的探讨，则大约在近20年才逐步深入。虽然至今许多重要问题还未解决，但关于染色体的联会和交换等关键问题的研究，已经有了一定的进展。

植物减数分裂是一个历时较长的连续分裂过程，在此过程中，染色体形态、构型以及行为都发生在一系列复杂的变化。对这些变化特点的准确识别，是细胞遗传学研究的基础。在观察过程中，不但要注意不同时期单个染色体或二价体的基本形态，也要注意其整个细胞中染色体的基本构型，善于对比判断。此外，还须特别注意由于制片操作出现的人为假象。

一、减数分裂各时期的观察

根据在光学显微镜下可见到的减数分裂过程中染色体的形态变化和行为，通常将其分为以下各个时期：前期Ⅰ（包括细线期、偶线期、粗线期、双线期和终变期）、中期Ⅰ、后期Ⅰ、末期Ⅰ、分裂间期（二分体，或缺）、前期Ⅱ、后期Ⅱ、末期Ⅱ、四分体（图1-2）。

以上所分的各时期，是根据这一过程的有规律的阶段性特征来划分的。但是，减数分裂是一个连续的分裂过程，各时期之间必有非典型的过渡状态，在观察时应注意这一点。

细线期（leptotene）：染色体呈长线状，常绕成比较紧密一团，偏于核膜的一侧，故又称

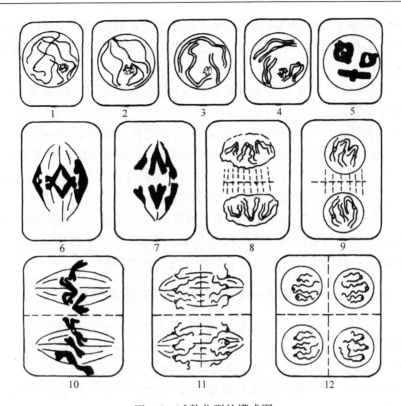

图 1-2 减数分裂的模式图
1. 细线期；2. 偶线期；3. 粗线期；4. 双线期；5. 终变期
6. 中期Ⅰ；7. 后期Ⅰ；8. 末期Ⅰ；9. 前期Ⅱ；10. 中期Ⅱ
11. 后期Ⅱ；12. 末期Ⅱ

为凝线期（synizesis）。有些植物例如麦类作物，细线的一端常集中于核膜一侧，另一端则呈放射状散开，形似花束，故有时称其为花束期（bouquetstage）。

偶线期（zygotene）：此期由于同源染色体的联会，二价体形成，故染色体比细线期明显增粗，而且染色体也明显松散开来。这是与细线期相区别的两大外观特征。此外，有些植物，例如：百合、松等，在高倍镜下往往可见到紧靠但尚未联会的两条染色体的片断。

粗线期（pachytene）：配对或联会的染色体随着螺旋化的加强而明显缩短变粗，个体性也趋明显，首尾可辨。染色体数目较少者，可计数减半的二价体，甚至可供作核型分析（如玉米、水稻）。此外，有些植物的粗线期，尚可见到染色较深的结节状结构分布于染色体上，叫染色纽（knob）。

双线期（diplotene）：粗线期非姊妹染色单体之间发生的节段互换，在粗线期是难以辨认的。进入双线期，组成二价体的两条同源染色体，便发生互斥作用而彼此分离，但发生过互换的部位仍连在一起，形成交叉结。因此，多交叉的染色体便呈麻花状。多数情况下，此时的二价体已可以计数。

终变期（diakinesis）：二价体高度浓缩，交叉移端，中间交叉数目减少，核仁变小并逐渐消失，二价体分散于核膜内缘，最易于计数。以上特征可与双线期区分。

中期Ⅰ（metaphase Ⅰ）：所有二价体整列于赤道面。二价体的两个着丝点分别向着相对的一极。此期特征明显，最易于识别。

后期Ⅰ（anaphase Ⅰ）：二价体的两个成员分开并移向相对的两极。由于分开的是半个二价体，其染色体形态并不规则，也更为浓缩。这是与一般有丝分裂后期或减数分裂后期Ⅱ的染色体形态不同的特点。

末期Ⅰ（telophase Ⅰ）：移至两极的染色体的个体性逐渐消失，聚集或不规则的团块至圆形的核。此期也易识别。

分裂间期（intephase）：核膜和核仁形成，细胞板明显，母细胞被分隔成两个子细胞，故也称二分体（dyads）。有分裂间期存在的减数分裂称为连续型分裂，大部分单子叶植物均如此，例如小麦、百合等。但大部分双子叶植物则没有间期阶段，由末期Ⅰ直接进入第二次分裂的前期Ⅱ，称为同时型分裂，例如芍药和蚕豆等均如此。

前期Ⅱ（prophase Ⅱ）：染色体重新显现，相互缠绕于核膜内，类同有些分裂的前期。但在小麦和玉米等植物中，则染色体仍然较短而形态不规则地分布于核膜内。

中期Ⅱ至末期Ⅱ：此阶段与一般有丝分裂的形态和构型相同。

二、因制片操作易产生的错觉或假象

在减数分裂的前期，细胞中的染色体排列没有方向性，不会产生错觉。中期Ⅰ以后的分裂时期，染色体的排列便有明显的极性，因此，当细胞受到不同方向的压片动作时，便会出现不同的染色体构型，易使观察时产生错觉。这些错觉主要有以下两大类：

1. 极面观与侧面观　当中期Ⅰ的染色体侧面受压时，可见二价体整列于赤道面，这是最常见的构型。如果是其极面受压时，染色体便分散于细胞中，与终变期的构型相似，较难区分。因此，只有观察单个二价体的形态方可识别。终变期的二价体的着丝点难以判断，而中期Ⅰ的着丝点由于有纺锤丝的牵连，其着丝点明显呈两极分布。如果是个闭式的环形二价体，则呈棱形。如果是开式的棒状二价体，则着丝点处通常弯曲。这便是区分二者的主要特征。

2. 第一次分裂与第二次分裂　当制片操作时，施加重压的情况下，进入第二次分裂的二分体细胞，很容易分离，这是最常见的现象。这些分离的细胞与第一次分裂的中、后、末期的整体构型类似，极易产生混乱的错觉。其主要识别特征是：其一，细胞的基本形状有别，第一次分裂的母细胞多呈圆形，第二次分裂分离的每个细胞则相当于一个半圆，尽管受到压力后有些变形，但基本上是一边曲度较大一边较小的变形的椭圆形状；其二是染色体的基本形态不同，中期Ⅰ是各种形态的二价体，后期Ⅰ是半个二价体，形状很不规则。此二期的染色体都易于分散。而中期Ⅱ和后期Ⅱ的染色体则与有丝分裂时的染色体形状相同，呈宽度均一长短不等的条状结构，而且容易相互缠绕而难以分散。但末期则主要依靠细胞的形状不同而区分。

三、单价体、B-染色体和单体

当在减数分裂过程中发现有单价体存在时，需注意观察和判断其属于哪一种来源产生的单价体。如果是在二倍体植物中发现单价体，首先应该想到的可能是B-染色体，因为，B-染色体最普遍的是存在于二倍体中。多倍体中少见。其显著特征是其明显小于同细胞中的正常染色体。如果统计该细胞中的二价体总数，恰好等于该植物的配子（n）数，而且在几乎每个中期Ⅰ细胞中均可见到相同形态和数目恒定的这类小形单价体，则可以肯定是B-染色体。通常，含B-染色体的植物，只有靠细胞学检查才能发现，从植株的外部形态上是很难识别出来的，它的遗传学和分类上都有研究价值。所以，一旦发现，应注意保留其植株后代，以供研究。在我国的云杉属和杉木属中,均通过细胞学检查而发现有 B-染色体的个体。而且李懋学发现,含 B-染色体的白扦,其育性和生活力明显降低,以致最后死亡。

排除 B-染色体的可能后,便是一般的单价体。不过,二倍体中出现单价体,则可能表明该植物曾受到环境条件的骤变(例如,高温或低温),或是基因型的抑制同源染色体之间的联合或交换的过程,结果产生无联会或早分离的单价体。此外,二倍体杂种(A′A″或 A,B)也有可能产生单价体。不过,这只要探明原植物的来源即可确定。

在多倍体中,减数分裂出现多价体和单价体是最常见的。应特别注意的是某些异源多倍体,正常可育的异源多倍体,通常能正常地全部形成二价体,例如,普通小麦和棉花即此。但如果发现有一个单价体,而且,在所有母细胞的中期Ⅰ均可见到,数目稳定。再计数二价体总数为n−1,则可肯定是单体(2n−1)。普通小麦"中国春"的全部 21 个单体以及棉花(陆地棉)的单体便都是通过细胞学检查发现而保留下来的。在育种和遗传研究中是极有价值的原材料,现已广泛应用于染色体工程研究。

以上 3 种类型的单价体,如以一个单价体为例,其在减数分裂过程中的行为,可以总结如图 1-3。

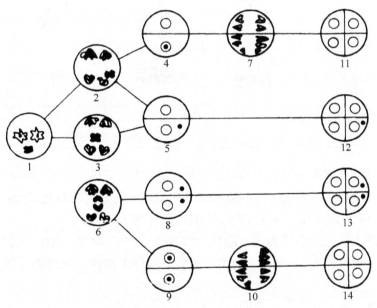

图 1-3　单价体在减数分裂中的行为

四、二价体和多价体

二价体在中期Ⅰ的构型,比较容易识别。如果只有一个交叉,则形成开放式的线状二价体。这种二价体的构型,主要容易出现在具近端着丝点的同源染色体之间,短臂无交叉而只有长臂一个交叉。如果长臂上有多个交叉,则往往呈"麻花"状出现。如果两各发生一个交叉,则其构型便是闭式的环状或棱状二价体。如果有多个交叉,也可以在此基础上变化。这类构型主要出现在具近中或中部着丝点的同源染色体之间(表 1-1)。

表 1-1　二价和多价体的取向和分离

构型	最少交叉数	在中期Ⅰ的取向	
		部分定向	定　向
二价体（Ⅱ） Ⅱ+Ⅰ	1 2		
三价体（Ⅲ） Ⅱ+Ⅰ Ⅰ+Ⅰ+Ⅰ	2 3 4		
四价体（Ⅳ） Ⅱ+Ⅱ Ⅲ+Ⅰ Ⅰ+Ⅰ+Ⅰ Ⅰ+Ⅰ+Ⅰ+Ⅰ	3 4 5 6		
		不规则	规则
		在后期Ⅰ的分离	

三价体的构型最为多变，可以是线状的，可以是"V"形的，也可以在环状的基础上有各种变化。三价体在中期Ⅰ的取向，有时则不然。而后期Ⅰ的分离则都是不均衡的，通常是1:2分离，因而，最后形成的雌、雄配子的染色体数目不等。

四价体在中期Ⅰ的构型主要为线（链状）状和环状"8"字型。取向比较规则，后期Ⅰ的分离也比较规则，通常按2:2分离。当然，如果是同源多倍体，则后期Ⅰ的分离通常是不规则的。

价体的鉴别和判断，在实际材料的观察中，有时很容易，有时则相当困难。通常，在预知植物的体细胞染色体数目的情况下，首先选择易于判断的单价体和二价体，统计价体总数，然后，再仔细判断多价体，使总价体数与体细胞染色体数相符。如果不符，则可能发生了染色体数目的变异。

五、倍性、配对和变异

在减数分裂过程中，不同的倍性，不同类型的多倍体和非整倍体以及染色体的结构变异等，其配对行为和整个母细胞中的构型，有时是非常复杂多变的。要从这整体的构型中去判断其倍性的类型或结构变异的性质，是细胞遗传学研究的重要内容之一（表1-2）。

表 1-2　从减数分裂的配对行为和有丝分裂的核型初步判断染色体的组分

减数分裂的配对（2n）	有丝分裂的核型分析 *不同基因组的相应染色体之间可能的形态差异	判　　断
全部为对称性二价体	2x	标准的二倍体；具类似的核型的近缘种的杂种
	2x+2B, 4B 等	具同缘偶数 B-染色体的二倍体
	2x−2, 4x−2	二倍或双二倍体的缺体
	4x, 6x 等*	双二倍体多倍体，即 AABB 或 $A'A'A''A''$，同源优先配对形成二价体具少数配对起始位点或交叉和选择的同源多倍体
	4x, 6x 等*	
具一个不对称二价体 多数式全为不对称二价体	2x*	结构杂合子——重复、缺失、易位、着丝点、迁移、臂间倒位
	2x* 雌雄异株的	XY 或 ZW 性染色体
	2x*	近缘亲本的二倍体杂种，即 $A'A''$
二价体具单价体	x	在非月源染色体上具重复片断的单倍体二倍体杂种，即 $A'A''$；不配对的 XY XO 性染色体
	2x*	具不配对的 B-染色体的二倍体
	2x* 雌雄异株♂和♀染色体组有一个不同	由于环境或基因型抑制配对或交叉形成
	2x+1B, 2B, 3B 等	异源多倍体，即 $A'A'A'$；ABB 等
	2x, 3x, 4x 等	多倍单倍体，即 $A'A'$, $A'A'A'$
	2x, 3x, 4x 等	
全为单价体	x	单倍体
	2x, 3x 等*	多倍单倍体或二倍体杂种，即 AB、ABC
	2x, 3x, 4x 等	由于环境或基因型抑制配对或交叉形成
二价体，具1或2个多价体	2x, 4x* =偶数	二倍体或双二倍体互换杂合体
	=奇数	罗伯逊易位杂合体
	2x*，雌雄异株，♂和♀染色体组有1个染色体差异	复合性染色体机制，即 XY_1Y_2
	2x+1, 2	非整倍二倍体
	3x, 4x 等	具限制性配对或交叉形成的同源多倍体，即 AAA 等
	3x, 4x 等*	具限制性配对或交叉形成的片断异源多倍体，即 $A'A'A''A''$, $A'A''A''$
二价体，具2个以上多价体	2x*	多次互换杂合体
	3x−1, 2, 3, 等	非整倍多倍体
	4x−1, 2, 3, 等	
	3x, 4x 等	具限制性配对或交叉形成的同源多倍体，即 AAA 等
	3x, 4x 等	异源多倍体，$A'A'A''A''$等，具限制性配对或交叉的形成 AABB 互换杂合体
多价体和单价体	3x, 4x 等*	具限制性配对或交叉形成的多倍体
	3x+1B, 2B, 等	具不配对的 B 染色体的多倍体
	4x+1B, 2B 等	
全为多价体	2x*	多次互换杂合体
	3x+1, 4x+1 等	非整倍多倍体
	3x, 4x, 等	同源多倍体 AAAA 异源多倍体，即 $A'A'A''A''$ 或 AAABBB

*不同基因组的相应染色体之间可能的形态差异。

六、交换的机理

在减数分裂过程中，同源染色体间发生局部交换的机理是多年来细胞生物学和细胞遗传学探讨的重要课题之一。从20世纪30年代以来，曾提出过各种假说和模型，但至今没有一个是得到公认的。在这一问题上积累的资料较少，现仅作一简要的介绍。

1. 有关交换的生化活动和超微结构　从分子水平来探讨交换的机理，需要涉及到由合线期转变到粗线期的过程中，DNA代谢的一系列变化；也必然涉及DNA的断裂和再结合。在这一过程中，需要有引起DNA链断裂的核酸内切酶和能恢复其断口的修复酶等。这便是有关交换的生化活动。

许多研究表明，由合线期到粗线期的转变，伴随着DNA代谢的一系列变化，如Howell和Stern（1971年）发现，一旦同源染色体发生了联会，有关交换的酶活性就升高。

在百合中发现，粗线期发生DNA的合成。用放射性同位素做的实验表明，在粗线期有DNA的合成。这时合成的DNA称为"粗线期DNA"或"P-DNA"。它与Z-DNA不同，是非常短的断片构成的。如果抑制P-DNA的合成，则染色体就会发生断裂。可见P-DNA的合成很类似在辐射损伤中出现的修复DNA。看来，P-DNA在DNA断裂的再结合过程中，对断口的修复可能起一定作用。除百合外，在粗线期合成DNA的生物还有小麦、黑麦、蝾螈、小鼠和人。

在百合中，由于DNA酶的作用，在合线期和粗线期产生DNA的断口。据报道，每个百合花粉母细胞能产生这种DNA断口达10^5之多，而交换最多有数十个，因此推测，同源染色体的非姊妹染色单体在同一位置都产生断口的几率很低，只有这样的断口有可能发生交换，其他大部分断口将被修复。

DNA的切断必须有核酸酶的参加。在百合中曾经发现A型和B型两种类型的脱氧核糖核酸酶：A型的最适pH值为5.6，B型的最适pH值为5.2。B型只发现于减数分裂的细胞，而A型存在于所有体细胞和某些种类的减数分裂的细胞。B型只表现一时的活性：从合线期开始上升，到粗线期达到最高峰，而在粗线期末消失。

关于反映交换过程的超微结构的变化，还缺乏证据。Carpenter（1975年）报告，在果蝇中，看到粗线期与联会复合体一起有一种电子密度高的球状小体，其直径与联会复合体的宽度相近；称为"重组节"（recombin-ation nodules）。Byers等（1975年）在酵母中看到类似的球状小体，与联会复合体中央组分结合在一起。这些小体的数量与交换的发生频率有一定的相互关系。因此认为，它们是和交换有关的结构，但这一问题尚需进一步研究。

2. 联会是交换的先决条件　实现同源染色体间非姊妹染色单体的部分交换，不仅考虑到只有与DNA断裂和再结合有关的酶活性，而且在它们的空间结构上还必须非常靠近，否则交换过程是不可想像的。因此联会是实现交换的先决条件。有关这方面的根据很多。

（1）在合线期，抑制蛋白质的合成或Z-DNA的合成，则联合复合体不能形成，联会不能进行，进而也不能发生交换和交叉。

（2）用秋水仙素处理细线期和早合线期的花粉母细胞，抑制联会复合体的形成，则交换，交叉也受到阻碍。

（3）联会缺陷型的突变体不形成联会复合体，同时也不发生交换和交叉。

虽然联会和交换是两个不同的过程，但联会为同源染色体之间的相互交换，在空间上创造了十分有利的条件。

总之，从上述有关交换的变化活动和其他事实可以看出，同源染色体的非姊妹染色单体间的交换是粗线期进行的。但粗线期的染色体和染色单体都是处于高度螺旋化状态的。在这种状态的染色单体间是难以直接实现断裂和再结合的。交换过程应该是分子水平的，即 DNA 分子间的断裂和再结合。因此可以推测，在粗线期发生的非姊妹染色单体的交换是它们通过伸向联会复合体中间区的包含有 DNA 的细纤维来实现的。但是关于联会复合体中间区是否有 DNA，目前还缺乏实验证据。

第五节 植物胚胎学基础

在高等植物中从减数分裂开始到雌雄配子的形成是一个复杂的过程，其间经历了一个单倍体世代，形成配子体。减数分裂仅仅是这个过程中的一个关键环节。为了全面了解植物从一个世代向另一个世代过渡的全部内容，还必须介绍一下植物的性器官——花的构造，孢子发生和配子形成的有关内容。

1. 花的构造与花的变异　简单完全的花包括萼片、花瓣、雄蕊和雌蕊等几个部分（图 1-4）。萼片是叶的变态，在花的外部形成花托或花萼，在开花前对花有保护作用。花瓣也是叶的变态，位于萼片之间，呈轮状排列，称为花冠。花冠之内是雄蕊，包括花丝、花药两部分。花药是小孢子形成的地方。花的中心是雌蕊，由子房、花柱和柱头构成。子房内有一个或多个胚珠，是大孢子和雌配子形成的地方，最后发育成为种子。柱头位于雌蕊的顶端，表面是粗糙的，或有粘液，有时呈分枝状，利于接受花粉和花粉发芽。

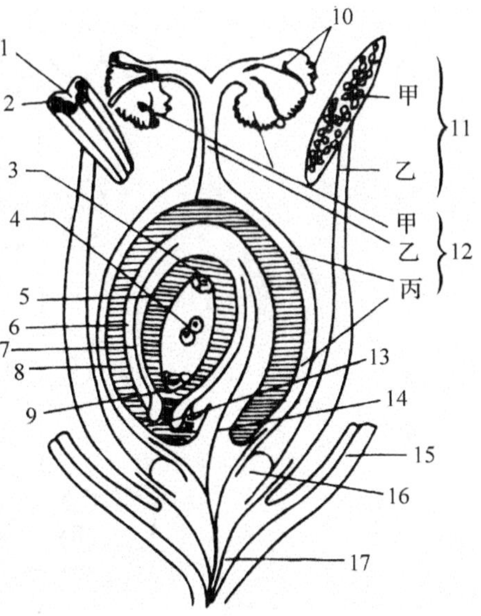

花的构造有许多变异，这是长期自然选择的结果，也为分类学提供了重要的依据。花的各种变异对植物育种和良种繁育也有密切的关系。下面列举简单分类表，说明花的变异与授粉方式的关系。

(1) 单性花：①雌雄异株。②雌雄同株。
(2) 两性花或完全花：①雌雄异熟——雌蕊先熟或雄蕊先熟。②雌雄同熟。a. 开花受精。由于柱头和花药的相对位置的关系，不能自花授粉；由于花药和柱头的相对位置的关系，可以自花授粉；全部花的花柱与雄蕊等长，不同株上的雄蕊与花柱长度不等。b. 闭花受精。

图 1-4　花的构造模式图

1. 联系组织；2. 花粉囊；3. 三个反足细胞；4. 极核；5. 内珠被；6. 外珠被；7. 珠心；8. 卵细胞；9. 两个助核；10. 芽发的花粉；11. 雄蕊：甲、花药，乙、花丝；12. 雌蕊：甲、柱头，乙、花柱，丙、子房；13. 珠孔；14. 珠柄；15. 花被基部；16. 蜜腺；17. 花托

从以上的简单分类中看出，由于花的构造不同，造成了从异花授粉到严格自花授粉的明显过渡。

2. 小孢子的发生与雄配子形成　花药（小孢子囊）内的初生孢原细胞可以先行分裂几次成为小孢子母细胞（花粉母细胞），或不经分裂而直接作为小孢子母细胞。小孢子母细胞进行减数分裂，结果形成四分小孢子，简称四分子。

在单子叶植物中，在分裂Ⅰ结束时两个子核之间就形成一个细胞板；在双子叶植物中到分

裂Ⅱ结束时才形成细胞板。随后四个小孢子各自分开，逐渐长大并形成较厚的细胞壁（即花粉的内壁和外壁）。小孢子经过有丝分裂形成雄配子体即成熟花粉粒。

小孢子（单核花粉粒）连续两次有丝分裂，先形成包括一个营养核（又称管核）和一个生殖核的二细胞雄配子体，生殖核再分裂一次形成两个精核即雄配子，从而形成由三细胞组成的成熟雄配子体。这后一次分裂可能在花粉散落以前（如玉米、小麦和大麦等），也可能在花粉管中发生（如曼陀罗等）。花粉粒在柱头上发芽，原生质通过壁孔管状伸出，长入花柱组织中，管核移到花粉管的顶端，两个精核也随后进入花粉管中（图1-5）。

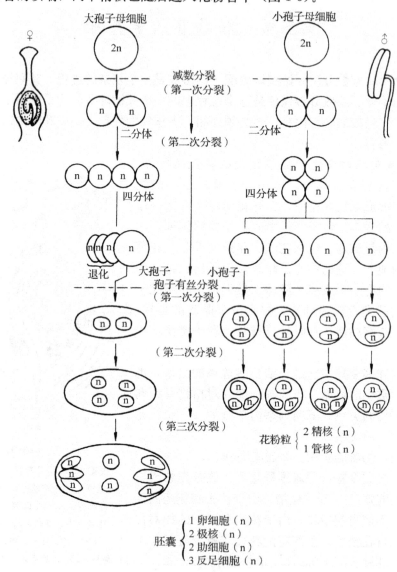

图1-5 高等植物雌雄配子形成的过程

3. 大孢子的发生与雌配子形成 首先在胚珠表皮下层的细胞中分化出一种特殊的细胞称为大孢子母细胞（图1-5）。大孢子母细胞经过减数分裂通常形成四个呈直线排列的大孢子。在许多植物中，最上部的或接近珠孔的3个大孢子退化，最下面的一个大孢子是有功能的。在比较典型的情况下，有功能的大孢子的核连续进行3次有丝分裂，形成具有七个细胞八个核的胚囊，即雌配子体。在胚囊中，八个核按一定位置排列，第一次有丝分裂产生的两个核移向胚囊两端，再经过两次分裂后，在胚囊两端各有四个核。两端各有一个核向胚囊中部移动，这两个核一般呈并合状态，称为极合。靠近胚囊珠孔一端的3个核中，有一个变成有功能的卵（雌配子），另外两个核称为助核或助细胞。胚囊另一端的3个核称反足核。由于胚囊内细胞排列方式的不同，成熟胚囊可以有很多类型。常见的几种类型如图1-6。

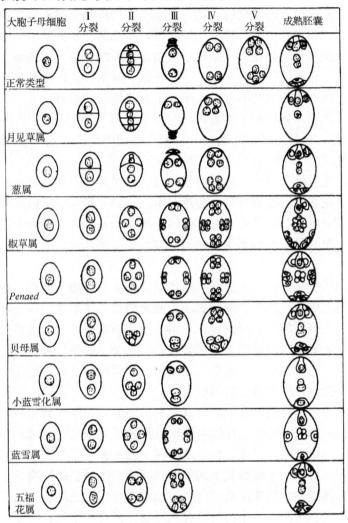

图1-6 被子植物胚囊发育的主要类型

4. 授粉与受精

(1) 授粉作用：成熟的花粉粒授到柱头上的过程称为授粉。就花粉的来源而言，可以把授粉过程分为两类：即自花授粉和异花授粉。同一朵花内或同株各花之间的相互授粉都属于自花授粉。不同株间的授粉称为异花授粉。除了严格的自花授粉作物以外，在大多数植物群体中，常常是两种授粉方式同时进行。为了区分各种植物间授粉方式上的差别，常常应用异交率这个概念。一般把某一植物群体中进行异花授粉的花朵数占授粉总花数的百分数称为异交率。从育种学的角度出发，根据异交率的不同，把植物分为自花授粉作物，异花授粉作物和常异花授粉作物等三类，它们的异交率分别是小于4%，大于95%，和介于前两者之间。

植物的异交率并不是固定不变的，特别是常异花授粉作物的异交率往往有很大的变动。影响异交率的外界因素主要是开花期间的风力、光照、温度和湿度，在黑暗潮湿的多云的天气里，异交率往往降低；在温和干燥，阳光充足和多风的条件下，异交率大大提高。此外，由于地区的不同，各植物品种的开花习性不同，异交率也会受到影响。

植物授粉方式上的差别与花的构造的适应变异有紧密的联系。适于自花授粉的花部构造最突出的例子是闭花授粉。例如大麦中的一些品种，它们的花是闭合的，并且在抽穗之前就完成了授粉作用。小麦和燕麦也有闭花授粉的花。许多禾谷类作物虽然有鳞片的刺激作用，但授粉作用往往在花药伸出护颖之前完成。穗状花序的花，当花药伸出护颖时，花粉常落于同一花序的邻近的花上。异花授粉作用往往具有某种避免自花授粉的形态，结构和生理上的特点。例如雌雄异株，同株异位，雌雄蕊不同时成熟，花柱异长，柱头表面产生某种保护膜，自花不亲和等。在某些情况下，能遗传的雄花不育性也保证了异花授粉的进行。

(2) 受精作用：花粉落到柱头上以后，经过多少时间才开始萌发，取决于物种本身和外界条件。甜菜的花粉经过 2h 以后才开始萌发，玉米、高粱等许多植物的花粉，几乎在落到柱头上以后立即开始萌发。

花粉粒萌发时，先是体积增大，然后内壁伸展，穿过外壁上的萌发孔形成花粉管。一个花粉粒一般只形成一个花粉管。在锦葵科的葫芦科中，一粒花粉可以形成几个花粉管。但是只有一个发育完全。一般情况下，花粉粒含有足够的营养供给花粉管。花粉管往往从花柱组织中取得养料的补充。大多数物种从授粉到受精的时间在几小时到几天之内，个别物种可以长达 1 年以上。

大多数植物的花粉管从珠孔进入胚囊，有些植物则从合点进入胚囊。花粉管进入胚囊一旦接触助细胞以后就马上破裂，同时助细胞破坏。两个精核与花粉管的内含物一同进入胚囊。进入胚囊的雄配子是一个裸露的核，周围包着一层极薄的细胞质。它们有的是圆形的，有的是螺旋形的，核内可见的染色线。精核进入胚囊以后，一个与卵核结合形成合子；另一个与两个极核结合形成胚乳核。通常把这个过程称为双受精。如果精核与卵核都是单倍性的，则合子具有二倍体的组成，而胚乳核则具有三倍体的组成。

由于双受精的结果，由三倍体胚乳核发育起来的胚乳常常受到精核的直接影响，这种现象称为胚乳直感或花粉直感 (xenia)。某些单子叶植物如玉米就常常表现出这种胚乳直感现象。当黄粒玉米与白粒玉米杂交时，当代白粒玉米植株上的果穗，子粒表现出某种程度的黄色而不是如母本一样的白色，这是由于黄粒父本的花粉对胚乳产生的直接影响。因此这种现象又称花粉直感。玉米的胚乳其他性状如非甜质与甜质，非糯性与糯性之间也有明显的花粉直感现象。

多精受精与选择受精现象，一个花粉管进入胚囊，只有一个精核与卵核融合的过程称单精受精。有些情况下，有几个花粉管进入同一胚囊并且有一个以上的精核与卵融合，这种现象叫作多受精。在发生多精受精以后，往往形成多倍体的胚。如果多余的精子不是与卵结合，而是和胚囊中其他的核结合，在二个胚囊中就会形成一个以上的胚。这种现象在玉米、小麦、棉花、甜菜、荞麦以及其他许多植物中都曾发现过。多精受精现象有时可以由于一个花粉管中的精核多进行一次有丝分裂，使一个以上的精子参加了与卵的结合。在还阳参中曾发现过这种现象。

选择受精是指具有特定遗传基础的精核与卵细胞优先受精的现象。广义而言，实际上在开始授粉的时候，选择过程就已经发生了。首先是在柱头从落在其上的各种类型的花粉中选择本种异株的花粉。只有在遗传上，生理上与母体相适应的花粉才有可能在柱头上发芽，并且在花柱组织中继续伸长。在多个花粉管进入胚囊的情况下，不可避免地会发生竞争现象，一般总是竞争能力最强的精核得到与卵结合的机会。受精的选择性不单是雌性因素对雄性细胞的选择。

实际上雄性细胞也有选择特定雌性对象的特性，受精的选择性应看成是生物在长期系统发育中获得的一种适应性。这种适应性表现在许多方面。例如为了选择异株（或异花）的花粉授粉；某些植物具有雌性异熟的特性，为了选择本种的花粉授粉，雄蕊中的花粉量往往多得惊人，这就保证了雄配子与卵细胞有很高的相遇机会。

典型的选择受精的适应机制是某些植物一旦与某个精核完成了受精作用，立即产生一种保护性的反应，以阻止其他雄性细胞的"侵入"。大量的实验证明，保证严格的种内受精的主要机制之一是两性细胞在染色体数目和结构上的一致性，细胞质的亲缘关系以及细胞质与细胞核的协调一致。在人工进行种间或属间杂交的情况下，往往由于两性细胞染色体数目不等，以及细胞质在生化特性不协调，从而导致杂种胚的不正常发育或者根本不能受精。

选择受精的意义一方面在于保证生物学上最适应的两性细胞的融合，从而加强了后代的存活能力，另一方面还在于它限制了物种间的自由交配，成为生物进化上的重要隔离机制，从而保证了物种的相对稳定性。

第二章 植物染色体常规制片方法

所谓染色体常规压片方法,是指显示染色体的一般形态和结构的技术。如果从1921年贝林(Beling)配制的醋酸洋红用于染色体涂片算起,至今已有近80年的发展历史了。经过人们的长期实践和不断改进,这一技术至今仍是细胞遗传学和细胞分类学研究中应用最为普遍的基本技术,是其他新技术所不能完全取代的。随着生命科学的迅速发展,染色体的研究,就显的愈来愈重要了。它对于从事细胞学工作者来说,这也是他们首先应该掌握的一项最基本的实验方法。

目前,国内外常用的技术可分为两种,即压片法和去壁低渗火焰干燥技术,两者的主要操作程序(图2-1)。

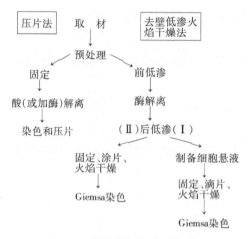

图2-1 植物染色体常规压片流程

以上程序表明,两种技术的取材和预处理的要求操作是一致的,即材料的基础条件是相同的。所不同者只是使染色体分散所采用的方法,压片法是以人工外加的机械压力而使染色体分散。而去壁低渗火焰干燥法则是以酶解细胞壁,以低渗液使细胞膜吸胀和火焰干燥及水表面张力而使染色体自行展开。两种技术各有优缺点,前者操作快速简便,节省材料,后者操作稍繁且需酶制剂,但染色体易于展开而不易导致染色体变形,尤其对一些含较多成熟细胞的组织,如芽、愈伤组织等,其制片效果则明显优于压片法。

而需要特别强调的是两种技术成功的基础和关键是一致的,即首先应获得大量的染色体缩短适宜的分裂细胞,在此基础上,熟悉掌握任一种技术都不难作出优良的染色体标本。

植物染色体常规压片技术,按照其操作的先后顺序,包括取材、预处理、固定、解离、染色、压片和封片等步骤。

第一节 取 材

一般来说,凡是能进行细胞分裂的植物组织或单个细胞,都可以作为观察染色体的材料,如植物的顶端分生组织（根尖和茎尖）、幼小的花、居间分生组织、愈伤组织、幼胚及胚乳、大小孢子母细胞的减数分裂时期以及小孢子发育成雄配子过程中的两次细胞分裂等，都是常用作观察染色体的适宜的材料（图 2-2）。

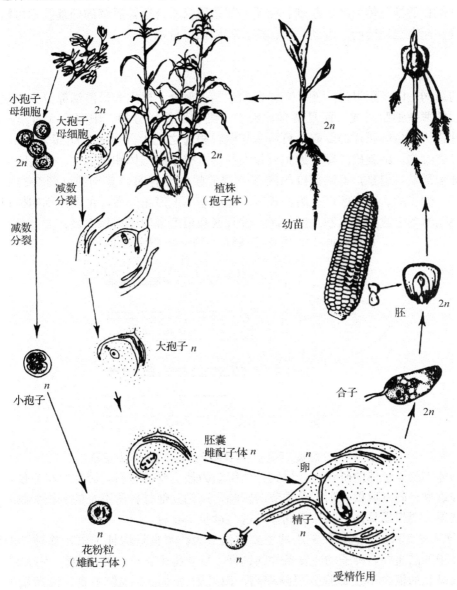

图 2-2 被子植物的生活史（杨萌）

如图 2-2 所示的是在一个被子植物的生活史中，存在着两个不同世代的交替过程，即孢子体世代和配子体世代的交替。从受精作用形成合子（孢子体的第一个细胞）之后的胚的发育，种子萌发后植株的生长和花器官的形成，均以有丝分裂进行细胞的增殖。所有细胞中都含有双亲的各一套染色体，称为二倍体（2n），即孢子体世代。大、小孢子母细胞经减数分裂之后，所形成的大、小孢子（配子体第一个细胞）以及随后产生的雌、雄配子体及其形成的雌雄配子，染色体数目减半，谓之单倍体（n），即配子体世代。所以，这种世代交替的细胞学含义便是核相交替。植物的生活史中，通过 2n→n→2n 这一交替机制，使染色体数目或遗传物质得以保持相对的稳定，以利于物种的连续传代。

在植物的生长发育过程中，各器官的分生组织或细胞的分裂活动，既有其自身发育的阶段性，又受外界环境条件的影响。只有充分掌握这些组织的一般结构和生长发育的一般规律，了解每一具体植物的生长发育特性，创造适宜的环境条件，才便于取得合适的材料。而准确的取材，是制作优良的染色体标本的基础。相反，如果取材不合适，后续的处理技术再精良，也是事倍功半或甚至完全徒劳的。因此，我们应该特别加以重视。

一、根 尖

根尖的结构，以洋葱根尖为例，其纵切面包括 4 部分。根尖的最前端部分为根冠，系由不同分化阶段的薄壁细胞组成，而且常含淀粉粒，细胞已停止分裂。根冠有大有小，因植物而异，大者常成为染色体压片的障碍，可将其切除。根冠之上为分生区，此部分约 1~2mm 长。多为等直径的细胞，细胞质浓厚，细胞核较大并约占整个细胞体积的 3/4。分生区细胞均可进行不断的分裂活动，但是，不同部位的细胞分裂的频率是有明显差别的（图 2-3）。此外，细胞分裂也是不同步的。分生区以上为伸长区，细胞基本上停止分裂，主要是细胞体积增加。根毛区的细胞已基本上成熟。在制片操作时，伸长区和根毛区均应切除弃之。

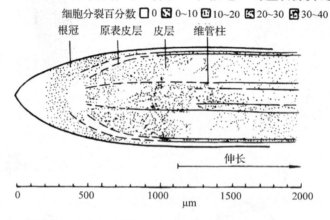

图 2-3 洋葱根尖纵切，示各部分细胞分裂的频率差异

在植物体细胞染色体的研究中，根尖分生组织为最主要的材料，因为取材方便，分生区易于识别，如以种子萌发取根，则不受季节的影响，这是其他材料所不及的。根尖材料可以从多种途径而获得，要根据具体情况从优选择，这些途径主要有：

1. 以种子萌发取根　这是最常用的主要方法。为获得良好的种子根，除种子的饱满度和生活力等种子的品质外，种子的萌发条件的选择，以获得生长健壮的根尖材料也很重要。经验表明，生长健壮的根尖不仅细胞分裂频率高，而且染色体形态也较平直，即所谓的"硬染色体"，而根尖生长势较差的材料，不仅分裂频率低，而且染色体形态也多是扭曲的，即所谓的"软染色体"，这在人和哺乳动物的染色体制片中也常见。因此，应根据种子的不同特点选择不同的萌发条件或培养方法。这些方法包括：

(1) 滤纸培养法：适用于某些蔬菜作物的小形种子和禾本科植物种子的萌发，但该方法换水不便，霉菌易于污染。

(2) 纱布培养法：即将种子用潮湿的新纱布包裹，置于加盖的玻璃容器中萌发，每天用温水洗涤 1~2 次。此法很适合多数小型种子的萌发，效果比前者为优。

(3) 蛭石、锯末或砂土培养法：基质消毒后，非常适于容易腐烂的豆类种子的萌发。

(4) 水培法：即取包装用的硬质泡沫塑料薄片，在其上打出大小适宜的小孔，然后将种子的胚一端朝下植入小孔中,与水面可接触,制成培养床,使其飘浮在任一可盛水的大容器的水面上。此法不需换水,取根甚为方便,适合于各种大形种子的萌发。也适用于某些小鳞茎(例如大蒜)的萌发取根。

(5)试管培养法:某些稀少或珍贵的种子,或种皮含抑制萌发物质的休眠种子,可经消毒,剥去种皮接种在 MS 琼脂培养基上培养。此法培养的根尖生长良好,细胞分裂频率也较高,是很有效的方法。

2. 鳞茎水培取根 此法适用于洋葱、蒜、中国水仙、风信子等。水培中经常更换新鲜同温水,是获得良好材料的关键。

3. 扦插取根 此法适用于扦插繁殖为主的植物,如杨、柳、桑、葡萄、菊花等。

4. 从植株上直接取根 此法适用于大部分禾本科植物,例如,麦类作物生长季长出的大量不定根,比种子萌发的根更健壮,是很好的材料。

综上所述,无论以什么方式取根,注意使根的生长处于最佳条件,同时在根的生长势最强时取材是成功的基础,不可忽视。

二、茎　尖

一个营养生长茎尖的宏观结构,一般包括生长锥和叶原基两部分。广义上讲的芽则尚包括幼叶和腋芽原基。生长锥即茎的顶端分生组织区。不同植物或同一植物的不同发育阶段,其生长锥的大小和形状都有较大变化。例如,在形成叶原基时和间隔期,生长锥的形状通常为圆丘状的,花芽的顶端分生组织为扁平或下凹的,花序的顶端分生组织则通常纵向伸长(禾本科)。其宽度从 $40\mu m$(丁香)到约 $300\mu m$(苏铁)不等。

茎尖分生组织中,不同部位的细胞分裂的频率和细胞周期长短是不同的(表 2-1)。

表 2-1　某些植物茎尖分生组织的细胞周期 (h)

植物名称	中心区	叶原基区	植物名称	中心区	叶原基区
豌豆	70	28	菊花	140	70
金光菊	>40	30	茄	117	74
曼陀罗	76	36	真蕨	360	96
水韭	>53	36	锦紫苏	237	157

注:引自 Yeoman,1976 年。

表 2-1 说明,生长锥侧面的叶原基区比中心区的细胞周期约缩短 1 倍时间,用秋水仙素处理以后统计其细胞分裂指数,也表明中心区比叶原基区少 1 倍左右,二者是基本相符的。因此,取材和制片观察时应注意这一点。

茎尖的取材,主要适用于一些难以获得种子或种子不易发芽的木本植物。例如,许多果树、竹类、木本花卉等,常常取茎尖为材料。此外,许多禾本科植物的根尖往往比较坚硬而难制片。其茎尖细胞则更柔嫩和易于制片,尤其是用压片法,是比之根尖更为优良的材料。

茎尖取材困难和操作繁复是其主要特点,因为,其有生长季节的严格限制,休眠芽是不适于取材作细胞学观察的。其次,是取材时一般需要在放大镜下剥去幼叶,切取生长锥和叶原基部分。即便如此,也常常难免带有一些成熟细胞或是木质分子,结晶等。所以,许多茎尖材料不适于用压片法,而宜用去壁低渗法制片。

三、幼 叶

从叶原基发育至成熟的叶片，其生长发育的早期，主要以细胞的分裂活动而增加其体积，所以，在幼叶期也可供作为染色体研究的材料。幼叶的分生组织，按其分布的位置而定，可以分为顶端分生组织，近轴分生组织，边缘分生组织，板状分生组织和居间分生组织等。上述分生组织细胞的同时或顺序的分裂活动，促使幼叶生长发育形成各种形状的叶片。但是，不同植物或同一植物的不同生长时节或在不同的环境条件下，各种分生组织的相对活动和持续活动是不同的。总的说来，一般顶端分生组织的细胞分裂活动停止较早，居间分生组织较晚，即叶片的成熟过程是由顶向基的。边缘分生组织的活动依叶片的厚度而异，厚叶者其活动时间较长。板状分生组织则增加叶片的宽度。但不同的植物有千差万别，例如，蕨的幼叶的顶端分生组织的活动时间较长，禾本科植物有发达的居间分生组织，水仙则无顶端和边缘生长，而只有居间生长。

Sharma（1984 年）曾对幼叶的分生组织和根尖分生组织细胞的分裂指数进行了比较观察（表 2-2）。据此，确认幼叶作为染色体的研究材料，是有应用价值的。

幼叶的取材，大小因植物而异，总的原则是越小越好。以麦类植物为例，以 0.5～1cm 长的幼叶为宜，取其叶片基部制片最好。

表 2-2 幼叶和根尖细胞有丝分裂指数的比较

植物名称	根 尖		幼 叶	
	细胞数	中期细胞（%）	细胞数	中期细胞（%）
"中国春"小麦	81	7.4	116	11.3
球茎大麦	91	15.4	116	10.4
山羊草×"中国春"小麦 F_1	196	9.4	160	10.6

四、幼小子叶

在双子叶植物中，子叶极为发达，在胚的发育早期，亦有非常旺盛的细胞分裂活动，是观察染色体的良好材料。尤其是一些豆科植物，取材也极为方便，在开花结实期间，可以获得大量的材料。

张长顺曾对蚕豆和豌豆的子叶和根尖细胞的有丝分裂指数进行了比较研究（表 2-3）。

表 2-3 蚕豆、豌豆子叶和根尖分生组织细胞有丝分裂指数比较

材料	子叶或根尖数	观察细胞数	分裂细胞数	有丝分裂指数（%）	t 测定
蚕豆子叶	33	6 901	1 105	160	$P<0.01$
蚕豆根尖	31	6 637	504	76	
豌豆子叶	30	4 562	707	155	$P<0.01$
豌豆根尖	33	5 500	425	77	

表 2-3 表明，取材合适的幼小子叶，其细胞分裂指数常高于根尖材料，而其变异系数则又小于根尖材料。

子叶的取材，以胚发育早期的幼小子叶为宜，越小越好。作为取材标准，以子叶细胞尚未积累淀粉之前最为适宜，大小则因植物的种子大小不同而异。例如，蚕豆的幼小子叶长 1.5～3mm；小巢菜 1～1.5mm；菜豆 1.5～2.5mm 者为宜。如果以去壁低渗法制片，其取材的长度

可增大，不过其细胞分裂指数会随子叶的增大而急骤下降。总的来看，从取材之方便和制片之容易两个方面而言，幼小子叶均优于幼叶，是很有应用价值的材料。

五、居间分生组织

禾本科植物茎的生长，除有顶端分生组织的细胞分裂和伸长之外，还有居间分生组织的活动。当茎生长时，茎尖分生组织的细胞分裂均匀地分布于整个节间，由于细胞反复地横向分裂而使节间伸长。继续生长，同一节间上部的细胞最先分化和成熟，细胞的分裂活动便逐渐下移而局限于节间的基部，并在一段时间内保持着细胞的不断分裂，这就是居间分生组织。类似的居间分生组织也存在于一些植物的花萼和花梗中。如花生的雌蕊柄，其分生组织相当发达，可长达5mm。此外，一些植物的卷须的生长，也依赖于居间分生组织频繁的分裂活动。

当用居间分生组织为材料观察染色体时，以禾本科植物的叶鞘应用最广泛。取材时一般选用幼苗（2~3叶时期）或幼小分蘖，剥除外部的叶片，取其心叶，切取叶鞘基部约1~2mm部分，进行预处理。

六、茎的形成层

形成层为茎的侧生分生组织，双子叶木本植物形成层的季节性分裂活动，导致了茎的加粗。由于形成层位于木质部和韧皮部之间，取材极不方便，故很少用于观察染色体。但是，在特殊需要时，也可以采用以下方法取材，即在生长季节，用凿子在树皮上打一个长、宽约为1cm的小洞，直至木质部，除去树皮，在其外边包扎上一层塑料薄膜，以防干燥。几天之后，可见到由木栓形成层产生的愈伤组织，然后，取该愈伤组织进行预处理。

七、愈伤组织

这是指在人工培养条件下产生的愈伤组织。植物组织的培养在理论研究和育种实践中应用时，常常需要检查所培养的愈伤组织的染色体数目或结构的变异。

在一块愈伤组织中，细胞分裂比较集中的部位通常难以确定，同时细胞的分裂活动受培养条件的影响较大，所以，准确取材比较困难。在此只能原则上谈谈取材时应注意的两点：其一，以转移到新鲜培养基上3~7d后取材较为合适，此时容易获得较多的分裂细胞；其二，应在解剖镜下仔细辨认正在生长和已老化了的细胞群。通常，老化的细胞群比较疏松而呈透明状，这是因为细胞体积较大而且高度液泡化之故，而分生细胞群的细胞较小，含较大的细胞核和浓厚的细胞质，故外观上显得致密而折光性较强，所以，应取此类细胞群进行预处理。

八、花　蕾

从花芽开始形成至进入减数分裂之前的幼小花蕾，包括花瓣、雄蕊和雌蕊都正在发育，进行着旺盛的细胞分裂活动。这是除根尖之外最为理想的材料，尤其是对一些难以获得根尖材料的木本植物而言，则更是如此。它的最大优点是在植物的孕蕾时节，可以从植株上取得大量的材料，其次是幼小的花药和子房，往往比某些根尖便于制片操作。例如，一些禾本科作物，其根尖压片是很困难的，通常，需要预先用酶加以处理，而取用雌、雄蕊开始分化的幼穗，则很易于压片。从已做过取材观察的芍药、牡丹、月季、杜仲以及多种果树来看，都是很理想的。例如，芍药和牡丹，若取材适宜，其细胞分裂指数是普遍高于根尖的。花蕾的取材通常需以镜检作出选择，其方法是取出幼小花药或子房，直接以1N HCl处理5~10min，水洗后用卡宝品红染色和压片,以镜检细胞分裂的状况,来确定是否适于取材处理。

九、花　　粉

花粉母细胞减数分裂之后,所形成的小孢子至发育成为成熟的花粉(雄配子体),要经过一次或两次有丝分裂过程,形成具二细胞或三细胞花粉。在作过观察的 260 个科的植物中(约 2000 种)含二细胞花粉者 179 科,例如,百合科、石蒜科、鸭跖草科、茄科等。此外,某些裸子植物也属于此类型。含三细胞花粉者 54 科,例如,禾本科、菊科等。另有 32 科则兼具两种类型的花粉,其中具二细胞花粉的科约占 70%,尚有极少数植物,同一种中兼具有二细胞和三细胞花粉,例如,堇菜属 Viola。

利用小孢子发育中所进行的有丝分裂过程来观察染色体,有其独特的优点:染色体数目是单倍数(n),为计数或作核型分析提供极大方便;可同时获得大量材料或分裂细胞;一般不需要进行预处理和细胞的解离等操作。因此,对难以获得种子或种子萌发困难的植物来说,是可供选择的材料来源。

与减数分裂的取材类似,多以植物的某些器官的形态发育特征为参考依据,例如:

小麦:一般来说,当具芒品种的穗芒伸出旗叶叶鞘 1～4cm,无芒品种的旗叶叶鞘稍微张开而露一点头时取材为最适宜的时间,此时的花药呈黄绿色至淡黄色。

玉米:一般当雄花序抽出约 3cm 时取材,将获得小孢子第一或第二次分裂的大量细胞。由于玉米雄花序上的小花很多,且发育不同步,是最易于取材的植物。

水稻:在放大镜下观察柱头为球状并有分枝突起至柱头为扫帚状有羽状分枝出现之间,均为小孢子发育成熟花粉时期。

棉花:在减数分裂完成之后 12～13d,开始小孢子第一次分裂,此时的花蕾长度(陆地棉)为 10～13mm。

芍药:多数芍药品种为重瓣花,常见到花药花瓣化过程,因此,花药大小以及发育上都有较大差异,很便于取材。一般花蕾直径 1.5～2cm 时取材较为适宜。此外,一些品种还存在二型花粉,其中的"E"花粉尚有向孢子体方向发育的现象;形成多核或多细胞的异常花粉,此类花粉的细胞分裂甚至可以持续至花开放。芍药的染色体数目较少(2n=10),体积较大,是很好的观察小孢子有丝分裂染色体的材料。

凤仙花:为二细胞花粉,但是其生殖细胞或生殖核提前在花粉粒中分裂,并休止在中期,7 个染色体(n=7)呈线状排列,进入萌发的花粉管中方继续分裂。因此,当凤仙花开花时取其花粉,即可观察到处于分裂中期的染色体。

图 2-4　银杏单核小孢子分裂中期染色体,n=12

银杏:通常在减数分裂完成之后 6～8d 进入小孢子分裂(图 2-4),在同一花药中其细胞分裂也是不同步的,可以看到有丝分裂的各不同分裂时期,此时期的花药呈黄绿色。

十、生殖核在花粉管中的分裂

含二细胞的花粉,生殖核的分裂是在萌发的花粉管中进行的,以此为材料进行染色体观察(图 2-5),目前已有一些报道。

它的优点是易于获得大量材料,花粉用冷冻干燥和真空保存,能贮存相当长时间,可以人工控制和直接观察细胞分裂过程。缺点是不同植物花粉萌发的条件不一致,实验操作也相对繁杂一些。不过，在许多木本植物中，还是有一定应用价值的。

观察花粉管中生殖核的分裂，包括花粉采集、保存、培养和观察等步骤。

(一) 花粉的采集

选取当天正开放或散粉的花，用干净的毛笔将花粉轻轻刷入培养皿中，要注意防止花粉在阳光下曝晒或沾水。将收集的花粉带回实验室，让其摊开晾干约 0.5~1h 后待用。也可以将正开花的单花或花序切取带回实验室，取下成熟花药让其自行开裂散出花粉。

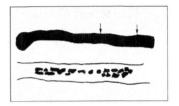

图 2-5 黄精属 *Polygonatum* 一种植物的花粉管中生殖核分裂中期染色体（下）和花粉管中形成 2 个精子（上）

(二) 花粉的贮藏

如花粉需短期贮藏，可将花粉装入玻璃管中，密封，然后放入玻璃干燥器中，置冰箱（0~4℃）中保存备用。

(三) 花粉培养

1. 培养基　花粉管萌发的人工培养，需用培养基，其成分包括：

(1) 基质：许多植物可在单一的蔗糖水溶液中萌发，其浓度在 3%~30%。例如，紫露草为 8%；郁金香 14%；大花延龄草 15%；百合 12.5%；梨 20%~30%等，不过为了更便于制片操作，常用 1%~2%的琼脂或明胶作为基质，如用琼脂或明胶为基质，仍需要加入适量蔗糖或乳糖，其目的是为了调整渗透压及花粉管的生长提供一定量的碳源。

(2) 硼：花粉萌发时往往需要较多的硼作为刺激物，培养基中加入 100~200μl/L 的硼酸，可促进花粉的萌发。

(3) 秋水仙素或萉：为了使细胞分裂停止在中期，可在培养基中加入 0.01%~0.05%的秋水仙素，或在培养皿中加几粒萉结晶，利用萉的蒸汽对纺锤丝微管起抑制作用。

2. 培养方法　可用悬滴培养法，或将琼脂或明胶溶液均匀地在载片上涂一薄层，撒上花粉，在潮湿的培养皿中培养。

3. 温度和湿度　适宜的温度为 20~25℃。湿度则要求近于饱和的条件。

花粉萌发后，定时取样或直接在低倍显微镜下检查，多数花粉在萌发后约 6~10h，生殖核才开始分裂，其可直接用卡宝品红进行染色和压片。

十一、胚　乳

最适用于胚乳作为观察染色体的植物是裸子植物，如松、柏、银杏等。因其胚乳及后期雌配子体，含单倍的染色体数目，细胞分裂的时间持续较长，传粉受精之后即可取材。被子植物中，大多数植物都是核型胚乳，即在胚乳发育的早期，核进行有丝分裂，但不形成细胞壁，有一段游离核时期，然后，再形成细胞壁。一般传粉后 3d 即可开始取材。通过 LinBor-yaw（1977 年）研究玉米胚乳的染色体的经验来看，从植株上取下胚珠，胚乳极易变质，因此，取材时应立即浸入含蔗糖的预处理液中处理，否则，将很难观察到细胞分裂。

虽然多数植物的胚乳为三倍体，即由一个雄核和两个极核融合产生。但有些植物参与融合的极核则不是两个，因此，其胚乳细胞并不是三倍体。例如，待宵草型胚囊中只有一个极核参于融合，胚乳便是二倍体。另一个是三倍体。与一个雄核融合之后发育的胚乳为五倍体。在玉米的胚乳中，也观察到是七倍体。此外，在胚乳的游离核时期，也曾观察到核的融合，核内有丝分裂以及无丝分裂等异常现象，这同样可导致染色体倍性或数目的变异。在作细胞学鉴定时，应特别注意这一点。

第二节 预处理

在植物体细胞染色体的观察研究中，无论是进行染色体计数，还是核型分析以及分带，一般均以有丝分裂中期的染色体最为合适。因为此时期的染色体高度浓缩，形态和结构也比较清晰。但是，在有丝分裂周期中，分裂中期的持续时间很短。一般只有 10~30min。因此，在正常条件下，中期分裂相所占比例很小。此外，分裂中期的染色体紧密排列在细胞的赤道面上，又有纺锤丝的牵连，所以，在制片时，是很难将其分散开的。尤其是染色体较大或数目较多的材料，很容易产生染色体的严重重叠，不仅不能识别单个的染色体形态，有时甚至连计数也很困难。

为了克服上述困难，体细胞染色体制片，一般进行化学的或物理的方法对材料进行预先处理。这些方法的作用机理在于阻止或破坏纺锤体微管的形成。由于不能形成纺锤体，因此，有丝分裂过程被阻抑在分裂中期阶段，这样便可以累积比较多的处于分裂中期的染色体。预处理的另一作用是可以导致染色体高度浓缩，使染色体变短，从而利于染色体的分散。所以可以说预处理是否适宜，是染色体制片技术中最关键的操作步骤。如果预处理的效果优良，则即便是初学者也不难制作出优良的制片，反之，如果预处理失败，即便是很有经验的人也难以作出好的制片。因此，有经验的人非常重视这一操作步骤，因为它在染色体制片中的各个环节中居重要的地位。在本节中，我们将用较大的篇幅来介绍和讨论预处理的问题。

一、预处理的化学药品

可用作染色体预处理的化学药品，主要有生物碱，甙类，酸类及其他物质。现将最为常用的，比较有效的药品介绍如下：

（一）秋水仙素

秋水仙素（colchicine）是从石蒜科秋水仙属的秋水仙（colchicumautumnale）的种子和鳞茎中提取的一种生物碱。其分子式为：$C_{22}H_{25}NO_6 + 1\frac{1}{2}H_2O$，结构式如下：

纯的秋水仙素为针状结晶，一般商品为白色或淡黄色粉末。融点 155℃，味苦，易溶于冷水，酒精，氯仿和甲醛，但在热水中的溶解度较差，不易溶于苯和乙醚。秋水仙素毒性极强，能引起眼睛暂时失明和使中枢神经系统麻醉而导致呼吸困难。因此，使用时应特别注意安全。

秋水仙素阻止纺锤体微管组装的作用力很强，而且适用于各种不同生物和不同组织或器官的预处理。其有效浓度范围为 0.001%~1%，用以处理细胞和组织培养的材料，可用较低的浓度，而处理某些藻类或松柏类植物材料，则可用较高的浓度。不过，对绝大多数植物材料而言，通常用 0.05%~0.2% 的浓度。

秋水仙碱溶液的配制很简单，将药品溶于常温下的蒸馏水中即可。一般配成 0.2% 的水溶液，装入棕色试剂瓶中，贮存于冰箱备用，使用时稀释至所需浓度。

（二）对二氯苯

对二氯苯，或对二氯代苯（P-Dichloroben Zene，简称 P-DB），为一种苯的衍生物，其分子式为 $C_6H_2Cl_2$ 分子量 147.00，结构式为：

商品的对二氯苯为无色结晶，大块时呈白色，具特殊臭味，常温下即可升华。易溶于乙醇，乙醚，苯等有机溶剂，难溶于水。易燃，有毒，通常用作防腐剂。

Meyer（1945年）首先用对二氯苯水溶液预处理植物根尖获得成功。其后，还试验过多种苯的衍生物，试验表明对二氯苯是最有效的一种。但是长期以来，远不及秋水仙素和8-羟基喹啉那样受到重视。近年来，我们用二氯苯液处理过的许多不同植物和植物的不同器官，均获得了较为满意的效果。概括起来，对二氯苯与秋水仙碱比较，具有以下优点：

对二氯苯比秋水仙素远为价廉而易得，且此药物配制及使用较方便，易于广泛应用。由于对二氯苯在水中的溶解度很低，所以，都用饱和水溶液，一般只需考虑处理的时间长短便可适用于各种植物。不像秋水仙碱那样，不同的植物或不同的器官，往往要求不同的浓度和处理时间，由于存在着两个可变的因素，所以常需要进行多次试验。

对二氯苯的适用范围极广，无论是对较大的染色体（如蚕豆、洋葱），还是对中等大小的染色体（如玉米、茄等）或是对小染色体（如水稻、棉花等），其作用都很有效。此外，由于对二氯苯不仅对纺锤体微管的组装有较强的阻抑效果，还可能对其他的微管蛋白及某些细胞器有分解作用，可极大地改变细胞质的黏滞度，称之为对细胞质的清除作用。因此，使染色体更易于分散，尤其是对细胞具高度数量染色体（如甘蔗、山药）等往往为其他药物所不及。

但是，应该注意的是对二氯苯对细胞代谢活动的毒害作用是较大的，预处理液温度过高或处理时间过长，很容易导致产生染色体断裂，粘连等类似辐射畸变的效应，曾被用作为植物的化学诱变剂。因此，严格控制预处理时间和温度条件是很必要的。

对二氯苯的配制方法如下：称取 5g 结晶放入棕色试剂瓶中，加入 100ml 加温至 40~45℃ 的蒸馏水，振摇约 5min，静置约 1h 后即可使用。该溶液在 10~20℃ 条件下存放和预处理为宜。溶液用完之后，可重新加温至蒸馏水（如上法）配制使用。

（三）8-羟基喹啉

8-羟基喹啉（8-Hydroxyquinoline），为白色结晶或粉末，溶于酒精而难溶于水，其分子式为 $HOC_6H_3N:CHCH:CH$，分子量为 145.17。

Tjio（1950年）首先采用8-羟基喹啉水溶液作为染色体的预处理液，并获得良好效果。8-羟基喹啉不仅具有秋水仙碱的特点，而且所显示的染色体缢痕以及随体等结构，往往比秋水仙素处理更为清晰。尤其是在处理具中、小形染色体材料时，这一优点表现的更为明显。8-羟基喹啉阻止纺锤体微管组装的作用比前两种药品缓和，因此，一般预处理的持续时间也长一些。而且即使过度，也不像对二氯苯那样对染色体产生严重的损伤。

用作染色体预处理的8-羟基喹啉，常用 0.002M 的水溶液，少数作者也曾用 0.004M 浓度。8-羟基喹啉难溶于水，配制时需将溶液置 60℃ 左右的温箱中数小时，待其完全溶化后，取出冷却至室温贮存备用。

（四）α-溴萘

α-溴萘（α-bromonaphthalene）为萘酚的一种衍生物。其分子式为 $C_{10}H_7Br$ 分子量 207.07，结构如下：

α-溴萘为一种无色或淡黄色液体。易溶于乙醇和苯，微溶于水。作为植物染色体的预处理药物使用，有以下两种配制的溶液效果较好。

（1）在 100ml 蒸馏水中加入一滴 α-溴萘，充分振摇，使其溶化，配成饱和水溶液使用，一般以新鲜配制的溶液效果较好。

（2）取 1ml α-溴萘加入到 100ml 无水乙醇中，配成 1% 的乙醇贮存液。使用时，取 1ml 该贮存液加入到 100ml 蒸馏水中，充分振摇之后使用。

Schmuck（1939 年）首先用 α-溴萘的饱和水溶液处理黑麦和小麦染色体获得成功。由于其配制方便，效果良好，至今仍被广泛使用。α-溴萘饱和水溶液的作用也比较缓和，对染色体的缩短效果缓慢，即使延长处理时间，也不易对染色体产生严重的损伤。根据国外一些作者的实验，认为 α-溴萘最适用于禾本科和高等水生植物染色体的预处理。近年来，国内一些作者的实验发现，用 α-溴萘处理后的植物染色体，对显示 G-带有良好的作用。α-溴萘饱和水溶液作为预处理液，宜现配现用，根尖以不离母体而浸入溶液中处理为好。如切取根尖处理，则以在低温（4～8℃）下延长时间效果更好，从而可获到较多的分裂中期的染色体。

（五）混合药物的处理

以上四种药物是目前应用最为广泛的染色体预处理药物，一般单独使用，但某些药物也可以配制成混合液使用，根据大量试验，其效果往往比单一溶液更为优良。

1. 对二氯苯-α-溴萘混合液　即在约 100ml 的对二氯苯饱和水溶液（室温）中，加入 1 小滴 α-溴萘，充分振摇后静置，待溶液澄清后即可使用。该混合液为作用力最强的预处理液，作用迅速，非常适合于处理具大染色体的植物材料。在较短时间内既可使染色体明显缩短，又适于以计数染色体为目的的预处理。由于染色体缩短的效果显著，因此，很利于染色体分散而便于计数。但是，该混合液对细胞的毒害力也更大，处理液温度过高或处理时间稍长，便容易导致染色体严重粘连，聚缩成团，甚至使染色体液化。所以对处理条件更需要严格控制。

该混合液的稳定性稍差，使用一周之后，其效力明显下降，故不宜配备后长期存放。

2. 秋水仙素-8-羟基喹啉混合液　常用 0.1%～0.2% 秋水仙素溶液与 0.002mol/L 8-羟基喹啉（1∶1）混合使用。分别配制存放，同时混合。该混合液的作用力稳定，比单独用 8-羟基喹啉溶液处理的效力增强，既可缩短处理的时间，又保持了 8-羟基喹啉的使染色体缢痕清晰的特点。该溶液适用范围较广，对具大、中、小形染色体的材料均可应用，最适合于用作核型分析的目的。

3. 8-羟基喹啉-放线菌酮（Cycloheximide）混合液　这是 Tlaskal（1980 年）所设计的一种优良的预处理混合液。放线菌酮已知是一种作用快速而有效的蛋白质合成的抑制剂，它可以导致分裂前期的染色体超期浓缩，而 8-羟基喹啉则可使处于分裂中期的染色体保持较清晰的形态。结果将获得大量可供计数的浓缩的前期染色体以及部分作核型分析的中期染色体。就可计数的分裂细胞而言，经该混合液处理之后，比单独用 8-羟基喹啉溶液处理提高约 10 倍。该混合液特别适用于那些染色体较小但数目较多的材料的预处理，也适用于需要准确计数染色体的一些杂交种的预处理。一方面它可提供大量可计数染色体的细胞，另一方面也可提高计数的准确性，因为，有丝分裂前期，核膜未解体，浓缩后的前期染色体虽经制片操作，一般也多分散在核膜之内，保持其完整性。该作者对玉米和甘蔗的处理，均取得了上述良好的效果。

该混合液的配法是溶解 $70\mu l/L$ 放线菌酮和 $250\mu l/L$ 8-羟基喹啉于充气的蒸馏水中。预处理时，根尖（不离体）浸入该混合液中，于室温下处理约 5h（如玉米、甘蔗、蚕豆），或根据不同材料变动时间。

（六）其他药物

曾经试验用作预处理的药物还有酚、水合三氯乙醛、香豆精、苊、七叶灵和藜芦碱等。其中以最后 3 种效果较稳定，至今仍偶有应用。

1. 苊（acenaphthene）或称萘嵌戊烷 苊为萘或环烷的衍生物，其分子式为 $C_{12}H_{10}$ 或写作 $C_{10}H_6(CH_2)_2$，结构式为：

苊为无色结晶，不溶于水，而易溶于乙醇、乙醚、氯仿、苯、乙烷和液体石蜡中。但是，苊极易升华，所以，一般是利用其蒸汽进行处理，即把需处理的材料置于充满苊的饱和蒸汽的密封容器中。这特别适合对在培养条件下的花粉管中生殖核的分裂的处理。此外，也常用于植物多倍体的诱导。

2. 七叶灵（aesculre） 七叶灵为香豆精的衍生物。其分子式为 $C_{15}H_{16}O_8$，结构式为：

七叶灵在水中的溶解度约为 0.04%，常用其饱和水溶液，可适用于各类植物材料。不过，预处理的有效时间因植物而异，变异较大，从 30min 到 24h 不等，而过度处理则会导致染色体断裂。特别值得注意的是，该处理液仅适于在 4～16℃ 的较低温条件下应用。

3. 藜芦碱（veratrine） 藜芦碱为一种生物碱，有毒。其分子式为 $C_{32}H_{48}NO_8$，用于预处理的有效浓度为 0.05%～4%，溶于水，其显著优点是作用十分迅速，一般处理 30～40min 即可，对各类植物均有效。

二、处 理 方 法

处理方法的选择和操作，容易被忽视，当分析许多预处理失败的试验，常见的大多是预处理方法不当所致。

就植物材料本身而言，处理方法可分为两类，即离体处理和非离体处理。前者是指将所要处理的器官或组织从母体上切除下来，浸没在预处理液中进行处理；后者则不与母体分离，而只把所处理的部分浸入预处理液中进行活体处理。现分述如下：

（一）离体处理

预处理药物作用迅速，因此，所需持续时间较短，操作比较简单方便，是最常用的处理方法。通常是把根尖和茎尖等切下，投入有预处理液的指形管中处理。良好的预处理效果是在细胞的某些合成作用受到抑制，而前期分裂过程又能正常进行的条件下获得的。但是，在离体处理条件下，细胞是处于严重缺氧和有毒害的恶劣环境中，此外，由于材料较小而又脱离了母体，细胞代谢活动所需的能源被中断。如果毒害严重或处理时间太长，细胞将死亡。因此，为了改善这种恶劣条件而利于得到较好的预处理效果，具体操作时应注意以下几点：①每一指形管中处理的材料切忌过多，一般较大的根尖或茎尖不超过 10 个，小根尖或茎尖不超过 15 个为宜。②切取材料宜小，例如，根尖，以 2~3mm 长为宜。③在处理期间，如能更换新鲜溶液更好。④经常振摇，如果可能的话，向溶液中通气将是很有利的。⑤尽可能在避光下处理。

此外，如果材料较多，改用培养皿作处理容器，可显著改善处理的环境条件，效果良好。其方法是在培养皿中铺 1~2 层滤纸，加入一浅层预处理液，然后，将切取的根尖隔一定距离均匀地放在滤纸上，加盖置暗处处理。

（二）非离体处理

在这种处理方法中，由于分生组织不与母体分离，故其抗药物毒害的能力比离体者强。但也正因为如此，药物的作用也相应减缓，所以，这类处理的持续时间便随之延长。如处理得当，非离体处理能比之离体处理累积更多的中期分裂细胞。但是，如持续处理的时间过长，则又常会导致产生多倍化细胞，在计数染色体时，要考虑到这一特点。

非离体处理方法，很适合于处理一些具大染色体的植物材料，例如百合、贝母、重楼，以及裸子植物等。而如谷、萝卜、白菜等体积小的材料，可采用上述培养皿处理的方法，只要将根尖分生区浸没在预处理液中即可。较大的材料，如鳞茎或根状茎上萌发的根尖，则可用合适的烧杯或广口瓶作为预处理容器。此外，还可以将药物配制在琼脂培养基中进行处理。

作为非离体处理的药物，一般以秋水仙素和 α-溴萘处理的效果较好。

三、处理的持续时间

关于预处理持续时间的长短，取决于以下诸因素的变化：

(1) 染色体的大小。大者宜长；小者宜短。

(2) 材料的大小（离体处理）。大者宜长；小者宜短。

(3) 处理方法的不同。例如，百合以 0.05% 秋水仙素为预处理液，离体处理 3~4h，而非离体处理则需要 12h 以上。

(4) 植物的耐药性不同。不同的植物对不同的预处理药物的反应是不相同的，例如，同样以对二氯苯饱和水溶液处理，谷子、高粱、白菜、剑麻等的离体根尖，只宜处理 1~2h，超过 2h，就易于出现染色体粘连或聚缩等毒害现象。玉米、水稻、马铃薯和芝麻等，则可以处理 3~4h，此时染色体虽然缩得很短，但仍看不到明显的毒害现象。

(5) 处理液浓度。高浓度宜短；低浓度宜长。

(6) 温度。高温宜短，低温宜长。以上诸因素中，植物染色体的大小是个着重考虑的因素，因为这是一个固定的因素，其他因素一般是可以人为地加以控制的。一般情况，具小染色体的材料：离体处理 1~2h；非离体处理 4~5h；具大染色体的材料：离体处理 3~5h；非离体处理 12~20h。

要掌握好最合适的处理时间，主要还需通过试验，有效的办法是定时取样镜检。例如，可以每隔 1h 取 1~2 个根尖，直接投入 1mol/L HCl 中，于室温下处理 5~10min 后染色和压片镜检。

四、预处理液温度

温度对细胞的合成和代谢活动以及细胞周期都有直接的影响。正如前述，常用的预处理药物，虽然所用浓度很低，但它们对植物细胞都有毒害作用，这种毒害作用的强度随温度的变化而不同，高温时增强，低温时减弱。总的原则是以较低的温度处理为宜，温度范围在10～20℃，适用于各种植物。温度微低些则可以使预处理的持续时间相应延长，这有利于累积较多的分裂中期的细胞。温度超过25℃以上，对多数植物的预处理都是不利的，所以，在高温季节，要采取降温措施，一个简单的方法是用流动的自来水来冷却预处理容器。

五、低温预处理

低温也可以阻抑纺锤体微管的组装，与预处理药物有异曲同工之效。但是，低温作为一种预处理方法或条件，并不能适用于所有植物。这是因为不同的植物的分生组织细胞，对低温的反应是不同的，细胞的合成和代谢以及细胞分裂，都有不同的临界低温，而尤其是在离体的条件下，情况更复杂。至今，用低温预处理获得较好效果的报道仍很少，成功的例子主要是一些禾本科的农作物，如小麦、黑麦、大麦用1～4℃，水稻和玉米用6～8℃，均能获得较好效果。处理方法是活体或切取根尖侵入自来水或蒸馏水中，置冰箱中合适的温度层处理20～40h。在无冰箱或野外采集的条件下，可用保温瓶中装一些冰块作低温处理。实践证明，对小麦、黑麦等作物的预处理是非常有效的。

六、细胞同步分裂的处理方法

用5-氨基脲嘧啶处理植物根尖，可以使分生组织的细胞趋于同步分裂，然后，再用秋水仙素处理，使分裂停止在中期阶段，这样便可以获得大量的中期染色体。

现以蚕豆为例，介绍其处理方法：

材料培养，按一般方法培养蚕豆种子，待主根长约3cm时，切除根尖，并将带根的种子悬浮于充气的水中继续培养，促其侧根生长，待侧根长约1～2cm，进行药物处理。

药物处理，将幼苗的根转入5-氨基尿嘧啶水溶液（0.75g/L）中培养24h，用自来水流水冲洗约15min。然后，再转入充气的水中培养约12h后，出现有丝分裂高峰，分裂相可达40%。

再将幼苗的根浸入0.01%秋水仙素溶液中培养约7h，将可得到大量的中期染色体，分裂相可高达70%，固定如常。

七、关于取材预处理的时间问题

这里所说的取材时间，系指一天中什么时间取材的问题。一些人认为应在一天中植物有丝分裂的高峰时间取材处理，否则将难以成功。于是，安排研究工作的第一步便是定时取材观察，统计有丝分裂指数，以确定该植物的有丝分裂的高峰时间，不利于准确取材。这既是一个理论问题又是一个实践问题，由于其影响面较大，有必要加以分析讨论。首先要明确两点：其一，在高等植物的分生组织中，是否有细胞分裂高峰时期；其二，分裂高峰是否按昼夜周期重复出现。

近年来，Stephens（1984年）对洋葱根尖细胞的有丝分裂日周期进行了详细的观察，结果见表2-4。

表2-4说明，间期和前期所占百分数最高，后期最少。从中午至黄昏的高温时间，间期和前期的频率最高，而低温的上午，其他分裂时期的频率相应提高。间期和前期的频率呈负相关；而前期与中期不相关，中期与后期和末期呈正相关。

表 2-4 洋葱根尖、细胞有丝分裂的日周期（%）

观察时间	间期	前期	中期	后期	末期	温度（℃）
上午：6：00	52.55	38.23	3.71	2.17	3.33	25
9：00	49.45	38.81	4.17	3.23	4.34	27
12：00	59.84	37.16	1.02	0.94	1.02	32
下午：3：00	53.47	40.60	2.40	1.00	2.53	28
6：00	58.27	37.47	1.49	0.80	1.95	27.5
9：00	51.48	42.20	2.21	1.66	2.49	26
12：00	52.01	40.59	2.25	2.01	3.13	25
平均	54.14	39.07	2.39	1.56	2.77	—

如果以中、后、末期的分裂频率来看，上午6：00～9：00以及午夜12：00可算作分裂的高峰期，但是这个高峰期是没有什么实用价值的，因为，供染色体计数和核型或带型分析是利用分裂中期的染色体，因此，后、末期毫无利用价值。而中期一则频率阶较低一再则药物的预处理过程中，有一些药物渗入细胞和阻抑纺锤体微管组装的作用过程。在此过程中已处于分裂中期的染色体可能已进入后期，即药物对这一部分细胞的阻抑也是无效的。这样一来，在预处理时，实际上主要是对处于分裂前期的染色体起作用。由表2-4可知，分裂前期细胞在日周期中的频率是有差别的，但是，作为取材预处理而获得较多分裂中期染色体的目的而言，这种差别的可利用价值是很小的，甚至是不必考虑的。

第二个问题，如果把分裂频率高的某一时间称为高峰时间的话，那么，此高峰时间是否会定时重复出现呢？从一些有关植物细胞周期的研究资料中，可以看出某些规律，从而有利于我们对这个问题的理解（表2-5）。

表 2-5 一些植物根尖细胞的分裂周期（h）

植物	G_1	S	G_2	M	总时数	温度（℃）
洋葱	1.5	6.5	2.4	2.3	12.8	24
葱	2.5	10.3	6.0	6.0	18.8	23
蚕豆	3.5	8.3	2.8	1.9	16.6	20
黑麦	1.2	5.2	4.3	0.9	11.5	20
小麦	0.8	10.0	2.0	1.2	14.0	20
玉米	0.5	4.3	5.7	5.7	10.5	20

表 2-5 说明，即使在恒温条件下，不同植物的分裂周期也是不同的，而且分裂周期的总时数也不等于昼夜周期。因此，期望分裂高峰按昼夜定时重复出现，则显然缺乏依据。

根尖和茎尖不同组织部位的细胞分裂周期见表2-6。

表 2-6 根尖和茎尖不同组织部位的细胞分裂周期（h）

细胞周期各时期 \ 不同组织部位	甜菜根尖（μm）				玉米根尖			豌豆根尖		
	中柱 50~250	中柱 250~450	皮层 50~250	皮层 50~450	根冠原始细胞	静止中心区	中柱	中央区	生长锥两侧	叶原基
G_1期	<6.6	<7.5	<10.0	<8.3	0.7	19.3	2.2	37	15	15
S期	5.8	7.5	9.2	10.8	4.3	11.7	6.1	13	8	9
G_2期	<3.8	<4.0	<2.7	<5.0	5.42	3.3	3.4	18	5	4
M期	—	—	—	—	1.4	5.1	2.5	1	1	1
总时数	16.2	19.2	22.2	24.1	10.4	39.6	14.4	69	29	29
温度（℃）	21	21	21	21	23	23	23	—	—	—

表 2-6 说明，即使在同一根尖或茎尖中，不同部位的细胞，其分裂周期的持续时间也并不相同，也就是说，分裂是不同步的。期望一个器官或组织在某一固定时间出现分裂高峰，则是难以想像的。

温度对向日葵根尖细胞分裂周期的影响见表2-7。

表2-7　温度对向日葵根尖细胞分裂周期（h）的影响

温度（℃）	G_1	S	G_2	M	总时数
10	14.8	22.3	4.9	4.4	46.4
15	6.8	11.8	2.9	1.7	23.2
20	3.8	6.1	1.6	1.0	12.5
25	1.2	4.5	1.5	0.6	7.8
30	0.4	4.3	1.1	0.5	6.3

表2-7说明，温度对细胞分裂周期的持续时间的影响是很大的。在10～25℃的范围内，每提高5℃，分裂周期的持续时间将缩短约1倍。这是在恒温条件下进行的观察，如果是在自然条件下，情况就更为复杂多变，也就更增加了分裂周期的不稳定性。

此外，大量的实践还表明，同一个体或不同个体的不同根尖细胞，虽然处于相同的培养条件下，以同样的时间，温度和预处理药物处理，最常见到的是，每一根尖的细胞分裂频率是不相同的，而甚至是相差很悬殊的，这种器官个体之间的差异，更增加了问题的复杂性。

综上所述，不同的植物，不同的个体之间以及不同的温度条件下，细胞的分裂周期是可变的，不恒定的。而用一个固定时间的昼夜周期的概念去理解多变的细胞周期，在理论上是缺乏依据的，在实践中也是没有被证明的。从一些人介绍的取材的分裂高峰时间的资料也可以看出，同一种植物，各人所介绍的高峰时间是完全不同的。这恰好说明，对复杂的高等植物来说，并没有一个按昼夜周期在固定的时间重复出现的细胞分裂高峰时间。因此，花大量时间和精力去寻找细胞分裂高峰而利于取材研究，往往是徒劳的。而偶尔的经验便将其认为是普遍的规律，则常常会陷入"作茧自缚"的困境，这是不少人的教训。

大量的试验表明，只要植物的分生组织处于良好的活动状态，在一天中什么时间取材均可。更重要的是在于预处理的各种条件是否合适，即使取材时细胞分裂频率较低，预处理合适，同样可以获得较多的中期染色体。反之，即使有高频率的细胞分裂材料，预处理不当，也是徒劳的。通常，良好的预处理所累积的中期分裂相的频率，会几倍或十几倍地超过自然状况下中期分裂相的频率。所以在具体工作中应把精力放在材料的精心培养和选择上，而在一天中什么具体时间取材是无关紧要的，只求工作安排便利即可。

此外，在少数研究报道中，尚可见到植物的减数分裂，也有日分裂高峰时取材的说法，这是令人费解的。一个基本事实是，植物的减数分裂全过程持续的时间，要比有丝分裂过程长得多，举例见表2-8。

表2-8　几种植物花粉母细胞减数分裂过程的持续时期（h）

植物	细线—粗线	粗线—二分体	二分体—末期Ⅱ	总分裂时间
百合	120.0	24.0	24.0	168.0
延龄草	300.0	60.0	24.0	384.0
洋葱	60.0	12.0	24.0	96.0
大麦	29.8	7.4	2.2	39.4
小麦	16.0	5.6	2.4	24.0
黑麦	39.4	8.1	3.7	41.2

表2-8中减数分裂持续时间最短的是小麦，恰好1昼夜；最长的是延龄草，历时达16天这样漫长的一个连续分裂过程，提出每天某个时间为分裂高峰，是完全不符合逻辑的。况且，作为减数分裂的观察研究，通常需要分析整个分裂过程中染色体的行为，所以，在其分裂周期内，任何时间取材都是可以的。事实上，大量具花序的植物中，不同部位的小花，其发育阶段

并不是同步的。甚至一些单花植物，例如棉花，同一朵花中不同部位的花药，减数分裂也不是完全同步的。因此，抛弃那种认为每天某个时辰为减数分裂高峰时间的错误概念，而以植株或花部器官的形态发育特征为取材的主要依据才是正确的方法。

最后，需要加以说明的是，某些低等生物如原生动物和藻类，以及在恒温条件下培养的细胞系，其细胞分裂则往往可以表现出周期的节律性。但这些特点是不能简单地引伸到高等植物的分生组织细胞分裂活动中去的。

第三节 压片法

一、固 定

固定的目的是利用化学药品将生活细胞迅速杀死，并使构成染色体的核蛋白变性和沉淀，以保持染色体的固有形态和结构。

用于染色体的固定液，主要是用卡诺氏（Carnoy's）的两种配方：

Carnoy's Ⅰ：	冰乙酸	1份
	无水乙醇	3份
Carnoy's Ⅱ：	冰乙酸	1份
	氯仿	3份
	无水乙醇	6份

通常，多用第Ⅰ配方，且在应用中也常有改动，例如，用95％乙醇或甲醇（常用于动物材料）代替无水乙醇。此外，冰乙酸和无水乙醇的比例亦可改变，对某些较硬化的材料，用1：2甚至可用1：1。第二配方则主要用于某些含油脂类物质或某些需要更加硬化的组织的固定。

固定时间一般为2～24h，材料小者可短，大者宜长，作孚尔根（Feulgen）染色、地衣红或卡宝品红染色等，固定时间可短，如用苏木精染色，则宜长。

通常，以低温（4℃左右）条件下固定的效果较好，但不是必需的条件。

如需长时间保存，通常将固定材料保持在70％酒精中于冰箱中存放。有人认为，95％乙醇更适于长久保存。如果材料只需保存几天，则不必换用酒精而只存于固定液中即可。

此外，在用卡宝品红染色和压片时，有时可以省略固定步骤。经预处理后的材料，直接用盐酸解离，即可染色压片，因为，卡宝品红染色液本身也是固定液。而不经固定的材料，细胞松软，更易于压片，同样也可制作出优良的制片。只是不经固定的材料，解离条件需严格控制，否则，染色体形态很易被破坏。至于用其他染色方法，则均需固定后才宜于进行后续的操作。

二、解 离

在压片技术中，组织的解离主要用盐酸。其目的是使细胞壁之间中层的果胶物质以及部分细胞质分解，而使细胞易于分散。此外，也可以使细胞壁适度软化而易于压片。

常用的解离方法是，固定后的材料经50％酒精放入蒸馏水中，然后在预热60℃的1N盐酸中处理5～10min。某些禾本科植物根尖则可延长至20～25min。如果是进行孚尔根染色，则温度应严格控制在60±1℃的条件下。如果用其他染色方法，则对温度的要求并不严格，甚至也可以在室温下解离，不过，解离时间应相应延长1～2倍。

对于某些难以解离和软化的材料，也有用浓盐酸-95％乙醇（1∶1或1∶2）在室温下处理5～20min的；但这一方法所用盐酸浓度很高，稍有控制不当，很容易导致染色体的严重损伤，甚至完全分解，远不如上法之安全可靠。

某些细胞壁比较坚硬而难以软化的材料，其细胞难以压平，染色体也不易分散。这些材料可以采用盐酸解离和酶处理相结合的方法，实践证明其效果很好。

具体操作方法是，将固定后的材料换入50％乙醇中5min，再转入蒸馏水中换水洗几次，约30min，务必使乙醇彻底洗净。再用适量的2％纤维素酶（2∶1）混合液在约37℃恒温箱中解离30～60min。去酶液，用卡诺氏固定液重新固定10～30min。去固定液，加入1N HCl于室温下处理约10min。去HCl，以蒸馏水洗约10min，然后，用卡宝品红染色和压片。另一种处理方法是，将固定后的材料，经HCl水解后，水洗约10min，转入卡宝品红染色液中染色1～2h。去染色液，用蒸馏水洗约30min，用混合酶液处理，如上法。然后，再水洗去酶液，用卡诺氏固定液固定约10min，用45％乙酸或稀卡宝品红染色液染色和压片。后一种方法由于染色体预先经过染色而增加了强度，也不易遭受酶液的分解，故压片时染色体易分散。经以上酶解离后的材料，一般不需要重敲即很容易使细胞压平，是很有效的方法。

三、染色剂及染色方法

用于植物染色体染色的方法很多，各种方法都有其自身的特点及适用的材料，或用于显示染色体的某一结构或成分，或用于染色体制片的特殊染色。因此，没有一种染色方法是普遍适用的，完美无缺的。现将各种染料和染色方法及其优缺点分述如下：

（一）洋　红

洋红（Carmine）是从胭脂虫 *Coccus cacti* 的雌虫中直接提取的一种染料，为非结晶的紫褐色物质。但常因所用胭脂虫的种类不同，洋红的品质也往往有些差异。

在胭脂虫的提取物中加入铝或钙而成为深红色的洋红。洋红并不是真正的化合物，而是一种混合物。由于制作方法的不同而其成分也常有变化。洋红中具有染色活性的是洋红酸。但如果只用洋红酸染色，则比不上洋红染色为好。

洋红酸（Carminic acid, C. I. "Colour Index" 75470）的化学结构构式如下：

洋红酸可按一定比例溶于水，为一种二元酸。在它的等电点pH值4～4.5时，几乎不溶于水。如果溶于其等电点酸性的一边，则成为一种类似碱性染料的性质，可染细胞质。但如果溶于碱性溶液中，则具有酸性染色料的性质，可染细胞质。通常，并不用纯洋红酸作为染色体的染色剂。

作为染色体染色的洋红的配方，常用的有以下几种：

1. 铁-乙酸洋红　先将100ml 45％的冰乙酸装入约200ml的锥形瓶或短颈平底烧瓶中加热煮沸，移去火源，然后，缓缓加入1g洋红粉末，并不断搅动使其溶解。在此操作过程中应特别注意防止溅沸。待完全溶解后，重新置火上加热煮沸约1～2min，此时，可用细线悬一生锈的小铁钉浸入染色液中，约1min取出，或加入氢氧化铁的50％的乙酸饱和液1～2滴（不能多加，以免产生沉淀）。铁为媒染物，染色液中稍含微量铁离子，可明显增强洋红的染色能力。配制完毕，在室温下静止约 12h 后过滤于一棕色试剂瓶中，贮存备用。

高质量的洋红，按以上的配法即可使用。如果染色能力很差，则可增加一倍量的洋红，用迴流（12～24h）方法配制，染色效果将会明显增强。

2. 乙酸-盐酸洋红　配制 1%乙酸洋红-1N HCl（9∶1）的混合液。此溶液的特点是将解离和染色同时进行。经固定后的材料在此混合液中加温约 30min 后，取出再用不含盐酸的乙酸洋红染色和压片。

3. 丙酸-铁-洋红-水合三氯乙醛　在 100ml 煮沸的 45%丙酸中加入 0.5g 洋红粉末，回流 6h，冷却后过滤。使用时在每 5ml 上述染色液中加入 2g 水合三氯乙醛，振摇使其完全溶解。最后加入 1～2 滴氢氧化铁的丙酸饱和液（以不发生沉淀为宜）。

该配方适用于某些细胞质较浓厚，或细胞壁较厚（例如某些花粉）的材料，水合三氯乙醛有较强的透明作用。但该染色剂染色时通常不宜加热，否则，染色体将遭受损伤和破坏。

乙酸或丙酸洋红的配制和染色都较方便，对细胞壁穿透力较强，这是其主要优点。此外，它对染色体和核仁均可染色，很适用于植物小孢子母细胞减数分裂的染色以及花粉中小孢子分裂的染色。但其主要缺点是染色强度和分色效果不及其他染色剂。所以，现在远不及其他染色剂应用广泛。通常，只作临时染色观察之用，不用以制作永久性制片。

洋红染色多取滴染法，快速简便。为增强其着色能力，也可以将材料浸入乙酸洋红中，整体染色数小时，然后，取出用 45%乙酸压片。

（二）地衣红

地衣红（Orcein，C. I. 7091）是从一种染料衣（Rocella tinctoria）和另一种地衣（Lecanora parella）中提炼出的一种紫红色染料。其化学结构式尚不清楚。

地衣红与过氧化氢和氢氧化铵作用可获得无色的母物地衣酸（Orceinic acid），其化学结构式为：

天然产物地衣红和人工合成的地衣酸，经试验证明对染色体的染色同样有效，但后者不及前者优良。

地衣红溶于水及酒精。其配制方法与乙酸洋红相同，但无需加铁作媒染物，也无需迴流。通常，是配成 1%的乙酸（45%）地衣红使用。不过，现在比较普遍的是采用以下配方进行染色。

配制 2%的地衣红（以 45%乙酸配制作为母液）：

A 液：取 9 份母液与 1 份 1N HCl 混合。

B 液：用 45%乙酸将母液稀释成为 1%乙酸地衣红。

染色时，材料自固定液中取出，用水稍加漂洗，以除尽酒精。无需解离而直接投入 A 液中，在酒精灯上加热几秒钟，室温静置 30min。取出材料用 B 液染色和压片。压片操作时，与铁-乙酸洋红染色和压片略有不同，乙酸地衣红染色不能在压片前加热烘烤，只能在压片之后进行，否则将褪色。此外，由于地衣红易溶于酒精，故压片之后不能经酒精脱水而封片。

地衣红对染色体和细胞核的着色能力明显优于洋红，为目前国外应用最为广泛的一种染色体和核的染色剂。

(三) 树脂蓝

树脂蓝亦称间苯二酚蓝 (Resorcin blue; Lacmoid。C. I. 51400)。为一种氧氮杂蒽类的人工合成染料。其化学结构式如下：

树脂蓝为一种酸-碱指示剂。其溶于碱性溶液中呈蓝色，溶于酸性溶液则显红色。树脂蓝溶于乙酸后则具有一种典型的碱性染料的特性，能对细胞核和染色体进行分化染色。

Darlington 等（1942 年）首先创用以树脂蓝作为洋红的代用品，配制成 1% 的乙酸（45%）或丙酸树脂蓝染色剂，用于根尖、胚囊和花粉粒中的染色体染色。发现其着色力优于乙酸洋红而与地衣红类似。树脂蓝也可以按地衣红染色剂的配法与盐酸混合使用。

经树脂蓝染色后的制片，同样不能经酒精脱水，因为树脂蓝也很易溶于酒精。最好是空气干燥后用柏木油或 Euparal 胶封片。一般要求封藏剂略偏酸性为好。在中性树胶中封藏，往往会使其颜色变成紫红色或蓝紫色，这是与洋红和地衣红很不相同的一个特点。

(四) 甲苯胺蓝

甲苯胺蓝 (Toluidine blue O, C. I. 52040) 的化学结构式为：

甲苯胺蓝微溶于酒精，但溶于水。为一种噻嗪类的碱性染料，蓝紫色。

甲苯胺蓝过去曾用于真菌类的细胞学研究，在动物的染色体制片中也偶尔应用。近年加以改良，也可适用于植物染色体的染色。其主要优点是快速，分色清晰。整个染色过程只需30～40min，很适用于快速的细胞学筛选工作以及一般细胞分裂的观察。

染色剂的配方如下：称取 0.05g 甲苯胺蓝结晶溶于 100ml 柠檬酸-磷酸氢二钠缓冲液（pH 值＝4.0）中即可。

其染色操作步骤如下：

(1) 固定：通常，材料无需固定，但经固定后的材料也可以染色。

(2) 解离：这是该染色法不可缺少的重要步骤，不经解离的材料不仅不易压片，而且着色也不清晰。一般可将新鲜材料直接用 5mol/L HCl 于室温下处理 10～15min，也可以用1N HCl 于 60℃条件下处理 5～10min。

(3) 染色：经解离后的材料需经蒸馏水冲洗几次，然后将材料转移至载片上，加 1～2 滴 0.05% 甲苯胺蓝染色液，并用镊子把材料压碎，加盖片，染色 5～10min，压片。必要时也可以在酒精灯上微热后压片。

在压片法中。这是惟一的一种以水溶性染色液染色和压片的方法。由于细胞壁的软化程度较差，故压片时往往可见到细胞虽已分散，但染色体则难以破壁而散开的情况。所以，该染色剂比较适合于染色体数目较少的植物而不适于染色体数目较多者。但如果材料经盐酸和纤维酶同时处理之后，该染色剂不失为一种较好的染色剂。

(五) 碱性品红

碱性品红 (Basic fuchsin) 为一种混合的三苯甲烷类的碱性染料。近年来的样品几乎主要是由副品红 (Pararosaniline) 或蔷薇苯胺 (Rosaniline) 组成。旧的样品一般除含有以上两种染色料外，还加少量的新品红 (New fuchsin) 和品红Ⅱ (MagtntaⅡ)。

蔷薇苯胺（C.I.42510），其化学结构式如下：

该染料与副品红极为类似，配制碱性品红时可以相互替代。

新品红（品红Ⅲ，C.I.42520），其化学结构式如下：

品红Ⅱ（无C.I.号），其化学结构如下：

以上碱性品红所含的所有成分均溶于水，更易溶于乙醇。

碱性品红用作染色体染色，有两个最重要的配方：一是卡宝品红（Carbol fuchsin），亦称苯酚品红或石炭酸品红）；二是锡夫（Schiff）试剂。

1. 卡宝品红　这是目前在国外应用最为广泛的一种优良的核和染色体的染色剂。它既具有乙酸洋红的染色简便、快速的特点，又具有孚尔根（Feulgen）反应的分色清晰的优点。此外，染色剂的耐保存和稳定性以及制片后颜色的持久不褪色等优点，都是前两种方法所不及的。该染色剂在我国的推广应用，对促进我国植物染色体的研究起了十分重要的作用。其配制方法如下：

(1) 原液A：称取3g碱性品红结晶溶于100ml 70%乙醇中（此液可以无限期地保存）。

(2) 原液B：取10ml原液A加入到90ml 5%苯酚水溶液中，充分混匀，置37℃温箱中温溶2~4h（此液不稳定，限2周内使用）。

(3) 原液C：取原液B 55ml，加入冰乙酸和甲醛各6ml，充分混匀。

(4) 染色液：取原液C 10~20ml，加入80ml 45%乙酸和1g山梨醇（Sorbitol）。

该染色液配制后为淡品红色，如果立即使用，染色较淡。放置2周之后，染色能力会明显增强，而且放置的时间越久，染色效果会更好。此液可在常温下存放2年而保持稳定不变质。

卡宝品红对染色体的染色效果，与盐酸解离的条件密切相关。当解离时间太短时，细胞质也不同程度地着色，但易导致分色不清晰。当解离过度时，背景虽无色，但染色体着色浅淡甚至不着色。只有在合适的解离条件下，才可获得最佳的染色效果，即染色体呈紫红色，细胞质无色或只有极淡的红色。不同的植物需要不同的解离条件，应通过试验加以确定。此外，盐酸解离之后，务必用蒸馏水将材料中的残余盐酸彻底洗净，否则，卡宝品红将不易染色。

其染色操作与铁-乙酸洋红染色法相同，既可以滴染，也可以预先整体染色后用45%乙酸浸润压片。

2. 孚尔根染色法　这是 R. Feulgen 和 H. Rossonbeck 于 1924 年创用的一种鉴别细胞中 DNA 的细胞化学方法。通常，认为它的基本原理是细胞核经过温和的盐酸的水解作用，使核糖核酸（RNA）提取而保留去氧核糖核酸（DNA），同时，也分解 DNA 的糖甙键上的嘌呤，从而使去氧核糖的醛基游离。这些游离的醛基再与脱色的碱性品红（Schiff's 试剂）反应，形成紫红色的加成复合物。

Schiff's 试剂的配法如下：

溶解 0.5g 碱性品红结晶于 100ml 煮沸的无离子水中，搅动，使其充分溶解，冷却至 58℃，过滤于一棕色试剂瓶中。待滤液冷却至 26℃时，加入 10ml 1N HCl 和 0.5g 偏重亚硫酸钠（$Na_2S_2O_5$），振摇使其溶解混匀，密封瓶口，置黑暗和低温（10℃）处，4～12h 后检查，待染色液透明无色或呈淡茶色时，即可使用。如发现仍有不同程度的红色未褪去，则可加入 0.5g 优质活性炭，不断振摇，在低（4℃）下静置过夜，过滤后即可。通常，经活性炭吸附处理。配制的溶液脱色不净的主要原因是偏重亚硫酸钠的质量问题。因此，选用优质的偏重亚硫酸钠（打开瓶盖便有 SO_2 逸出）是配制 Schiff's 试剂成功的关键。

材料经 Schiff's 试剂染色后，需用 SO_2 水漂洗，以除去残留于组织中的试剂，以免污染其他的细胞结构。

漂洗液的配法如下：

1mol/L HCl	5ml
10%偏重亚硫酸钠水溶液	5ml
蒸馏水	100ml

孚尔根染色法的优点是通常只对细胞核和染色体着色，染色也比较均匀一致，背景清晰，组织软化较好，易于压片。缺点是染色体经染色后，由于染色时间一般需 1～2h，Schiff's 试剂中所含的盐酸往往使其过度软化。因而，压片时，染色体分散困难而易于发生重叠。这是它不及卡宝品红染色液的主要缺点。此外，有少数植物的染色体，用孚尔根染色法染色十分困难或染色浅淡，也是其不足之处。

孚尔根染色的程序如下：①固定材料经 50%酒精转入蒸馏水中。②将材料浸入已预热至 60℃±1℃的 1N HCl 中，保温 5～15min。③用冷 1N HCl 洗 1 次。④在 Schiff's 试剂中染色（最好在 10℃左右的黑暗条件下染色）1～2h。⑤用漂洗液连续漂洗 3 次，每次 5min。⑥蒸馏水洗 5～10min。⑦用 45%乙酸压片。

注意事项：如果是对染色体中 DNA 含量的定量测定，则所有测试的材料的固定时间应尽可能一致。此外，1N HCl 酸水解的温度应严格控制在 60±1℃的范围内。水解时间的长短因不同的植物种类，不同的组织类型和材料的大小不同。水解时间适宜，染色体着色较深，细胞质不显示任何颜色，水解时间不足，则染色体着色浅淡，细胞质显示扩散的红色。水解时间过长，染色体染色稍深或不均匀着色。细胞质中也可见扩散的红色或大小不等的红色小颗粒。这是由于 DNA 的解聚而产生的游离的核酸分子从染色体扩散到细胞质中的缘故。染色时间则以染色体已充分着色为准，切忌染色时间太长。因为，Schiff's 试剂中含有盐酸，它将导致染色体过于软化和膨胀，甚至会出现液化和粘连等现象，最后，应注意的是，经过染色后的材料应及时制片，无论是在水中或在 45%乙酸中都不能长久保存。

（六）苏木精

苏木精（Haematoxylin, C. I. 75290）为一种天然染料，是从产于墨西哥的一种豆科木本植物洋苏木 *Haematoxylon campechianum* 的心材中提取而得。苏木精的分子式为 $C_{16}H_{14}O_6$，分子量 302.272。配制后的苏木精溶液，经过一段时间的氧化（成熟）作用，即变为苏木精素，其分子式为 $C_6H_{12}O_6$，分子量为 300.256。

苏木精和苏木精素的结构式如下：

一般认为，具有苏木精染色性能的是它的氧化产物——苏木精素。

苏木精至今仍为最为优良的核染色剂。它的显著优点是它的适用范围极广，几乎所有植物的任一组织中的细胞核或染色体均能为苏木精强烈地着色，而且颜色的保存性也最好。经验表明，经苏木精染色后，如果分色适宜，染色体很易于分散。

苏木精本身与细胞的亲和力很差，不能直接染色。必须依靠媒染剂的作用才能对细胞染色。最常用的媒染剂有硫酸铁铵和硫酸铝铵等盐类。

1. 最常用的苏木精染色液配方

（1）铁矾-苏木精：分为媒染剂和染色剂两种，分别配制，并各自单独使用。

①媒染剂：称取 4～6g 铁矾（硫酸铁铵）结晶，溶于 100ml 50℃的温热蒸馏水中。所用铁矾应为淡紫色而透明的大块结晶，如结晶变为白色或黄色粉状物，则已变质，不能再用。此外，铁矾水溶液的保存性较差，尤其是在高温条件下，很容易产生黄色的氧化铁。或附着于瓶壁或飘浮于溶液表面形成一层"锈膜"。久之，媒染效力减弱，而且容易污染材料。所以，一旦出现这种现象，在使用之前应该过滤。为了减缓溶液的氧化变质，配好的溶液宜放入冰箱中保存。但即便如此，一般也只能保存 2～3 个月之久。为了保证媒染的良好效果，最好使用新鲜配制的溶液。

②染色剂：称取 0.5～1g 苏木精结晶，溶于少量 95%乙醇中，待完全溶解后，再加入 100ml 蒸馏水。配好的苏木精水溶液装入试剂瓶中，不加瓶塞，用纱布包扎瓶口，使瓶内外空气能够流通，静置一处，使其缓慢氧化。在一般室温条件下，约半个月至一个月即可"成熟"，染色液变为透明深棕色，过滤以后使用。

如需加速染色剂的"成熟"过程，可采用以下几种方法处理：

a. 在每 100ml 新配制的苏木精水溶液中加入 3～5ml 过氧化氢，以加速氧化过程。但切记不宜过量，否则，将很容易产生沉淀而使染色剂变质。

b. 将苏木精结晶缓缓加入到煮沸的蒸馏水中，让其缓慢冷却，1d 以后使用。

c. 将新配制的苏木精水溶液倾入一个较大的培养皿中，并在距离培养皿 2m 处用 300～500W 的水银弧光灯直接照射，同时，不断搅动染色液，约 45min 即可基本"成熟"，过滤后使用。

在室温下，苏木精染色液也只能保存 2～3 个月。久之，苏木精素逐渐分解，在染色液表面形成一层薄膜，溶液中出现沉淀物，随着沉淀物的增多，染色液变为黄褐色，表示已经变质，不能再使用。

此外，也可以将苏木精配成 10%的无水乙醇溶液而长期贮存。使用时取该贮存液 5ml 加入到 100ml 蒸馏水中，即成为 0.5%苏木精染色液。

（2）乙酸-铁矾苏木精：其配方如下：

①贮存液：

A 液：将 2g 苏木精结晶溶于 100ml 50%冰乙酸或丙酸中。

B 液：将 0.5g 铁矾结晶溶于 100ml 50%冰乙酸或丙酸中。

②染色液：A 液和 B 液等量混合，并在每 5ml 上述混合液中加入 2g 水合三氯乙醛，充分溶解，摇匀。

以上的贮存液 A 和 B 应分别贮存，可存放达 3~6 个月之久。但染色液则以配制 1d 以后使用为好。染色液的有效期为两周，随后会逐渐产生沉淀而失效。

该染色液配方是由媒染剂和染色剂混合而成，可以一次染色成功，着色能力较强，常用于某些难以染色的材料，如水稻和棉花的减数分裂的染色。其缺点是同时能将细胞质也染上不同深浅的颜色，而且不便于进行分色。因此，不及卡宝品红染色液更为适用。如果经乙酸—铁矾苏木精染色后，制作永久封片之前以橘红 G（Orange G）丁香油饱和液进行复染，使细胞质染成橘黄色，则效果会大为改观。

在以上各种染色方法中，铁矾-苏木精染色法是最为繁琐，也最难以掌握的方法。但如果能熟练地掌握了该染色法，则对某些染色体较小的材料以及染色体较多而不易分散的材料的染色和压片，为其他方法所不及。

2. 苏木精染色操作程序

（1）材料从固定液转入 1mol/L HCl 于室温解离 10~20min，用水将酸充分洗净。

（2）在 4%~6%铁矾水溶液中媒染 2~4h，甚至过夜。如在 30~40℃媒染，则可缩短至 1~2h。

（3）换水洗涤 4~5 次，每次约 5min，务使残留的铁矾彻底洗净。

（4）在 0.5%~1%苏木精水溶液中染色 2~4h 过夜。如加入苏木精染色液后发现溶液变为混浊，则表明铁矾并未洗净，需将材料重新用蒸馏水洗涤后再进行染色。

（5）倾去染色液，用自来水浸泡约 10~30min，或在水中加入几滴浓氨水，使苏木精染色充分蓝化。

（6）转入 45%乙酸中分色和软化至合适。

（7）用 45%乙酸压片。

3. 注意事项

（1）铁矾的媒染应充分。媒染液浓度宁高勿低，媒染时间则宁长勿短。这对于禾本科植物的根尖材料而言，则更应该如此。

（2）媒染后的水洗要充分。水洗不足，不但妨苏木精染色，而且会在细胞内外产生大量沉淀物而污染细胞。水洗的方法以换水洗涤效果最好。由于材料在水中有较长时间静置，可使细胞内外残留的铁矾从缓慢渗透作用被洗除。流水冲洗则往往产生洗涤不均匀，而且材料在冲洗过程中易于丢失。

（3）只要铁矾媒染充分，苏木精染色 2~4h 已足够。如果铁矾媒染时间太短，延长苏木精染色时间也是无效的。

（4）分色和软化，这一步骤是该染色法的关键。经铁矾-苏木精染色后的材料，除染色体能染上较深的蓝黑色之外，细胞壁和细胞质也都能不同程度地吸附染料而着色。因此，需经 45%乙酸进行分色和软化后，方可压片。分色和软化是同时并列的两个过程，要使其恰到好处，关键在于材料染色宜深不宜浅，这样便可使材料有充分的软化时间，同时，又能保持适度的颜色。如材料染色不足，则往往会出现分色适宜而软化不足；或软化适宜而颜色褪尽，因此，都不能制作出优良的制片。只有当材料已充分软化，而染色体则仍保持蓝黑色和细胞质无色或呈淡蓝色，以及染色体保持相对的硬度，这便是最适宜的软化和分色效果，可以制作出优美的染色体制片。

综上所述，各种染色体的染色方法中，综合评价，首选者是卡宝品红染色法，依次是地衣红和孚尔根染色法。在用以上染色法都难以获得良好效果时，可选用铁矾-苏木精染色法。

四、压片操作及制作永久封片

（一）压片操作

植物染色体压片法，仍为目前国内外最普遍采用的方法。但具体的操作方法和所用的工具，并无一定之规，各人的操作手法不尽相同。常用的主要用具及操作方法如下：

用具包括一把不锈钢的游丝指钳（修钟表用）和一支竹质毛衣针（一头削尖一头平整）。盖片宜用22mm×22mm或24mm×24mm大小的盖片。载片则需标准厚度（1.1～1.5mm）的载片，切不可用过厚的载片。盖片和载片需用95％乙醇-盐酸（9∶1）清洗干净。此外，尚需酒精灯和滤纸等用品。

操作时，取根尖置于洁净的载片上，用镊子截除伸长区部分，只留分生区，加约1/3滴染色液或45％乙酸（切不可多加染色液，否则，细胞易在压片操作时随多余的染色液逸出盖片之外），用镊子将根尖压碎并使之染色，加盖片，在酒精灯上微热，加热的目的是使染色体充分染色和软化，以及破坏细胞质的染色。之后，在盖片的一角压一硬纸片，并用左手食指压紧，以免盖片错动。右手持毛衣针并用尖头部分轻轻敲击盖片，使细胞均匀分散。然后，换用平头一端先轻后重地敲击盖片，使细胞分离压平。最后，在盖片上加滤纸，用大拇指紧压即可。

（二）制作永久封片

通常，在一张制片中，染色清晰而又分散良好的分裂中期的染色体图像，总是少数。因此，压片之后需要认真仔细地进行镜检，优良的分裂相，可用绘图笔蘸上防水绘图墨水在其附近点一墨点，然后，翻转制片，在载片上沿墨点画一圆圈作为识别标记。

如果制片只需临时保存，最简单的方法是在大小适宜的培养皿中垫一层潮湿滤纸，其上放牙签数根，然后，将制片的盖片一面朝下放置在牙签上，培养皿加盖以防水分蒸发变干。用此法可保存数天之久。另一方法便是直接用浓树胶把盖片四边封严，不使染色液蒸发，此法也可临时保存一段时间。

制作永久封片，目前通用的是用半导体冷冻致冷器将制片进行低温冷冻，然后，用刀片将盖片掀开，置温箱中烘干。此外，低温冰箱或双层冰箱的上层，也可用作制片的冷冻处理，不过，冷冻的时间需稍长些，并注意揭开盖片的操作，应力求迅速，必须在盖片未解冻之前操作完毕。

干燥后的盖片和载片，可浸入叔丁醇或二甲苯中透明10～20min，然后，封片。不过，注意盖片和载片应分别封片，以防细胞发生重叠。适用于染色体永久封片的封藏剂有德国E. Merck公司生产的"Euparal"胶，该胶在含少量水分的情况下也不致于发生浑浊现象，也不易使染色体收缩变形，为各国细胞遗传学家最常用的一种封藏剂。另一种优良的中性合成胶便是英国B. D. H公司生产的"D. P. X"胶，此胶保持染色的稳定性较好，在染色体分带的制片中应用最为普遍。该合成胶不能与水互融，因此，制片务求充分干燥。最适用的是用叔丁醇溶解加拿大树胶或国产的"光学树脂胶"（四川林业科学研究院生产的岷山冷杉胶），该胶的性能与"Euparal"胶相似,与微量水分可互溶,也不易使染色体收缩变形。据我们多年使用的经验表明,其是一种很优良的染色体封藏剂。当制片封藏后,将其置温箱中干燥即可。

第四节 低 渗 法

制备植物染色体标本的去壁低渗火焰干燥技术,是以酶消化细胞壁而获得无壁的裸体细胞,继而参照人和哺乳动物染色体的低渗和火焰干燥制片方法发展而来的。Mourus 等(1978)对烟草、Kuratu 等(1978)年对水稻的染色制备,均采用上法进行了初步试验并取得了成功。陈瑞阳等(1979 年、1980 年)用上述方法对 37 科 105 种植物的根尖、茎尖材料进行广泛的试验和研究,均取得了良好的效果,积累了丰富的经验,并确立了实用而完整的操作程序。其后,这一技术在国内得到了普遍推广和应用,成为目前国内制备植被植物染色体标本的主要方法之一。现将其操作程序概述如下:

(一)前低渗

经预处理后的材料,倾去预处理液后即可直接转入 0.075mol/L KCl 或双蒸水中进行前低渗处理,一般在 25℃左右条件下处理约 30min。

(二)酶解去壁

吸除低渗液,直接加入 2.5%的纤维素酶和果胶酶(1∶1)混合蒸馏水溶液,材料与酶液的体积比例是 1∶20。置约 25℃,消化 2～4h,其间最好振摇几次,使酶解更充分而均匀。

(三)后低渗

用同温的蒸馏水将材料轻轻清洗 2～3 次,洗除酶液,然后,在双蒸水中停留 10～30min 进行后低渗。

(四)后续操作方法

后续的操作则根据制备标本的方法不同,可分为两种方法:

1. **悬液法**

(1) 制备细胞悬液。倒去双蒸水。用镊子立即将材料充分挟碎制成细胞液。

(2) 固定。向细胞液中加入新配制的 3∶1 甲醇-冰乙酸固定液 2～3ml,使其成细胞悬液。

(3) 去沉淀。静置片刻使大块组织沉淀,倒取上清液,除去沉淀物。

(4) 将细胞悬液静置约 30min。细胞已基本上下沉瓶底,用吸管吸除上清液(主要含细胞碎片,留约 1ml 细胞悬液制备标本。

(5) 标本制备。取一片经过充分洗涮脱脂,预先在蒸馏水中冷冻的洁净载片上。加 2～3 滴细胞悬液于其上,立即将载片一端抬起,并轻轻吹气,促使细胞迅速分散,然后,在酒精灯上微微加热烤干。

(6) 染色。干燥片用 20∶1 或 40∶1 的 Giemsa 染色液(pH 值 6.8)染色至适宜。自来水淋洗,晾干。一般不封片而直接观察,也可用树胶封片。

以上操作程序为陈瑞阳等确立的基本上适用于各类植物材料的程序。其关键步骤是酶解去壁是否适宜,它直接影响细胞的吸收率,而酶解的时间则又因不同材料的大小及数量而异。此外,酶的质量、浓度、pH 值和温度等,都对酶解的效果有不同的影响。从不同作者研究不同植物所报道的最佳酶解条件的不同也可以看出,这是该技术的难点。在实际操作中,要注意严格控制酶解的条件,因酶解不足或过度,都将导致失败。如果在酶解过程中,定时取样用卡宝品红染色压片镜检，以判断酶解的效果，可能会减少失误，是一项可行的补助措施，有时，甚至可直接获得优良的压片。

另一重要的操作步骤是制备细胞悬液，尚有用离心方法处理的，现以 Murata（1983 年）的操作程序为例，介绍如下：

(1) 悬液培养的芹菜叶柄细胞的染色体制备：

①取转移至培养皿中培养 2～3d 后的细胞悬液 9ml，加入 1ml 0.5%秋水仙素水溶液，在摇床上振摇 2h。

②取 2ml 经预处理后的细胞悬液，加入 2ml 混合酶液（2%纤维素酶，0.1%果胶酶和 0.6M 山梨醇，pH 值 5.5～5.6）置 100mm×15mm 培养皿中，以石蜡封边。

③置摇床上于室温下振摇 3～4h。

④用 60μm 尼龙网过滤到离心管中，离心 3min。

⑤用 0.6M 山梨醇水溶液洗 2 次，转入到 0.075M KCl 中，低渗处理 7min。

⑥离心 5min，去上清液，加入 95%乙醇-冰乙酸（3.1）固定液固定约 1h。

⑦离心，再固定一次，离心，留取固定的细胞悬液约 0.5～1ml。

⑧用吸管吸取 5～6 滴细胞悬液，滴于洁净的湿冷载片上，火焰干燥。

⑨4%Giemsa（pH 值 6.8），染色 3～4min。

(2) Brassica carinata 愈伤组织染色体的制备：

①取转移培养 5～7d 后的愈伤组织 10～20mg，置于 15ml 的离心管中，加入含 0.5%的秋水仙素的 MS 液体培养基，处理约 4h。

②离心（100×g）5min，弃去液体培养基，加入新鲜配制的固定液固定 1h。

③蒸馏水洗 2 次，加入 5ml 如上法的混合酶液，离心管加盖，在摇床上震摇 2h。

④以 60μm 的尼龙网过滤，转入另一离心管中。

以上两种方法，从作者提供的真实照片来看，其效果都很好，而第二种方法更适用于一般根尖材料的处理。

2. 涂片法　涂片法是悬液法的简化，其操作程序比较简单而易掌握，具有压片法的不丢失细胞以及可以对单个材料进行观察和研究等优点，这已成为目前应用最为广泛的方法。其操作程序如下：

(1) 固定。将经后低渗的材料，用新配制的甲醇-冰乙酸（3:1）固定液固定 30min 以上。

(2) 涂片。将材料转移至冷温的洁净载片上，加一滴固定液，然后，用镊子迅速将材料压碎涂布，并去掉大块组织残渣。

(3) 火焰干燥。将载片在酒精灯上微热烤干。

染色如悬液法。

除以上两种标准的去壁低渗火焰干燥制片法外，一些作者还针对该制片法中存在的一些具体问题进行了试验和改进。现举例如下：

例一：预先固定材料的制片法

从以上两种标准方法中可以看出，一经取材处理，各步骤必须连续完成，不能长期保存材料，也不用预先已固定或保存的材料。这对于长期的野外采集和取材处理极为不便。对实验室工作也缺乏机动灵活性。这也是该方法逊于压片法的一个主要缺点。

针对这一问题，陈瑞阳等进行了一系列试验，对处理程序作了某些改进，并在许多植物材料中取得了满意的效果，其操作程序如下：

(1) 预处理后的材料，转入 0.075M KCl 低渗溶液中处理 6min。

(2) 用甲醇冰乙酸（3∶1）固定液固定 4h，转入 75％酒精中待用。
(3) 保存的材料用蒸馏水冲洗几次，并在水中浸泡 30min。
(4) 混合酶液处理同标准方法，但处理时间可适当缩短。
(5) 以双蒸水浸泡（后低渗）60~90min。
后续步骤同标准方法。

用以上程序处理预先固定的材料，比标准法能获得较多的分裂细胞，但染色体的分散效果则一般不及标准法。

例二：Kurata 的改良法

Kurata 对水稻染色体的去壁低渗火焰干燥制片，进行了一系列的试验研究，按标准方法处理，晚前期或早前期的染色体往往不易积累，铺层也不好而易重叠，染色体形态细节也欠清晰。针对这些问题，Kurata 作了某些改进，效果优良。这对于处理其他植物材料，也是有参考价值的。其全部操作程序如下：

(1) 将不离体的根尖，直接浸入 2mM 脱氧腺苷水溶液中，于 30℃处理 15~20h。
(2) 水洗几秒钟，转入 0.5mM 尿苷溶液中浸泡 2.5~3.5h（30℃）。
(3) 把根尖切下，在 1.5mM 8-羟基喹啉溶液中于 20~25℃处理 1.5~2.0h。
(4) 根尖转入低活力的果胶酶和纤维素酶各 6％的混合酶液（溶于用 HCl 调 pH 值为 4.0 的 0.075mol/L KCl 溶液中），于 35~37℃处理 55min。
(5) 以蒸馏水快速洗涤不超过 1min。
(6) 取一根尖置洁净的湿冷载片上，从上面滴落固定液一滴，直至液体从根尖的周围扩散完（约 20~30s），镜检。如果核分散过分，以后的根尖可以将上述短时间的固定操作 2~3 次，大多数情况下核的铺展可以得到控制。
(7) 在根尖将干之前，追加固定液一滴，点火干燥标本。
(8) 染色方法与标准法完全相同。

用此法制片，可以看到水稻根尖染色体上有分带样的带纹出现。

第五节　减数分裂的制片

一、取　材

植物减数分裂的取材，一般以花粉母细胞为观察材料，因其数量大，取材方便和易于制片观察。胚囊母细胞也可以作为观察材料，但操作繁复不易观察，故很少应用。

减数分裂的取材，比一般体细胞压片的取材要复杂得多，并无共同的规律和标准可循，需根据不同植物的开花特点适时取材，这些特点主要是参照植物的开花时间和相应的某些形态特征。

（一）物候期

对于多年生植物来说，每年的生长发育都有一定的物候期，即使栽培的农作物，也有较稳定的节令农事活动。这些都可以作为取材的重要参考依据。当然，这种物候期并不是完全固定不变的，同一种植物，其生长发育时间会因纬度不同或气候的变化而改变。但就某一地区而言，每年的开花结实时间总是相差不远的，表 2-9 所列为北京地区一些木本植物的物候期。

表 2-9 北京地区树木展叶和开花期的平均日期和活动积温

植物名称 \ 物候期和积温	展叶初期		开花初期	
	平均日期	平均活动积温（℃）	平均日期	平均活动积温（℃）
旱柳	4月1日	174.7	4月6日	200.9
白榆	4月8日	227.9	3月19日	66.5
银杏	4月10日	258.9	4月15日	319.3
毛白杨	4月16日	329.4	3月24日	82.4
槐	4月17日	346.4	7月15日	2288.6
柿	4月22日	414.7	5月17日	855.2
桑	4月19日	372.3	4月26日	474.0
板栗	4月25日	459.5	6月4日	1 247.1
梧桐	4月28日	503.7	6月25日	1 771.5
枣	5月3日	570.9	5月30日	1 140.1
合欢	5月7日	628.0	6月14日	1 487.1

对大多数植物来说，一般在开花的前 5~10d，通常为减数分裂时期。此时的花药呈黄绿色，绿色示早，黄色示晚。许多木本植物，例如，松、柏、银杏、杨、榆等，同一地区的不同植株或同一植株上的不同花，开花时间大体上是同步的，花粉母细胞减数分裂的时间一般只有 2~3d。因此，届时每天取材镜检是非常必要的。

（二）形态特征

以植物的某些器官的发育状况作为形态指标取材，其优点是排除了一些外界环境条件的影响，适用性较强，不受地区的季节差异的限制，例如：

小麦：植株开始挑旗，旗叶与下一叶的叶耳距为 3~5cm（各品种之间的差异约在 1cm 之内）。穗长 3~4cm 时为减数分裂时期。每一麦穗上的各小穗发育是有规律的，一般以中部偏上的小穗最先发育，依次向上向下推移。

玉米：植株形成"喇叭口"前一周，为减数分裂时期。此时，以手捏挤下部叶鞘有松软感处，此即雄花序所在，以刀片切开叶鞘取出雄花序检查。玉米整个雄花序的发育顺序是由顶向基部推移的。每一分枝则以中部偏上的小穗先发育，依次上下推移。小穗通常成对，有柄小穗比无柄小穗发育早。每一小穗有两朵花，第二小花比第一小花发育早。每一小花具有 3 个花药，花药长 2~3mm 时适宜。

水稻：以北京地区栽培的粳稻为例，旗叶与下一叶的叶耳间距从负 5~6cm 至正 5~6cm，均为减数分裂时期。其中又以叶耳间距为 0 时（即旗叶与下一叶的叶耳重叠），为减数分裂盛期。如以穗长为指标，6~8cm 长时开始，14~15cm 时为盛期，达到穗的生长时为终止期。如以颖花的长度而言，则其长度为成熟的谷粒长的 45% 时开始减数分裂。达 55%~60% 时为盛期，达 80%~90% 时终止。一般品种的颖花实际长度大约从 3~6mm 时，为减数分裂时期。稻穗的发育顺序也是由顶向基部推移的。每一枝梗上的各小穗则是最顶部和最基部的小穗先发育，其余小穗则由基部向顶部推移。

棉花：现蕾不久便进入减数分裂时期。以陆地棉为例，花萼与花瓣等长，整个花蕾长度为 3~5mm 长时取样比较适宜。

百合：百合的花药很大，花粉母细胞数量多，染色体也较大，交叉清晰，是研究减数分裂的优良材料。取材时根据花蕾的长度，便可判断其大致处于减数分裂的什么时期。根据观察，麝香百合（Lilium Longiflorum）的花粉母细胞减数分裂时期的花蕾长度如图 2-6。

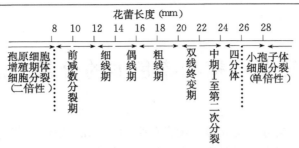

图 2-6　麝香百合花蕾长度与花粉母细胞
减数分裂各时期之间的关系

松和银杏：在北京地区，一般在 4 月上、中旬进行减数分裂，从小孢子囊和雄花的颜色变化很容易判断，未进入减数分裂时，呈绿色，黄绿色时进入减数分裂，黄色终止。

二、固　定

通用乙醇（或甲醇）-冰乙酸（3：1）固定液固定，以低温条件固定较好，1～2h 后便可压片。如果材料在 2～3d 内制片，可保存于固定液中存放冰箱待用。如需保存更长时间，可换入 70% 或 95% 乙醇中保存。

减数分裂的材料，除非特殊目的，是不需或应避免如体细胞染色体那样进行预处理的。因为，减数分裂所要观察的内容是全分裂过程中染色体的结构和行为的变化。如经预处理则会破坏其自然的结构和行为活动，导致产生假象。

三、压片操作

植物减数分裂的材料，经固定 1～2h 后便可取出直接进行压片，无需解离，因为小孢子母细胞是分离的。但是，如果小孢子母细胞的细胞质很浓厚，染色体分色不清晰，或其胼胝质壁较厚而妨碍染色时，则需用 1N 盐酸进行适当的处理，其目的是使细胞质水解和增加壁的透性。实验证明，其效果是很好的。

压片时，取出固定的花药，浸入 70% 乙醇中，用镊子将花药取出，置于滤纸上，吸除酒精，再转移到洁净的载片上，加一小滴卡宝品红染色液，用镊子或刀片将花药截断，并用镊子轻轻挤压花药，使母细胞从切口逸出。然后，用镊子把药壁残片拣除干净。为此，配备一把有弹性而又尖细的不锈钢镊子是非常必要的，因为，如不能除净药壁残片，则不能把分裂的细胞压平，染色体便难以分散。

加盖片后，在酒精灯上加热（地衣红或乙酸-铁矾苏木精染色不能加热），以不热沸为度。冷却片刻，在盖片上加一层滤纸，用拇指紧压即可。

减数分裂过程中的第一次分裂，以计数和观察单个染色体的形态和行为为主，一般需重压。而第二次分裂则需保持细胞的完整性，故宜轻压，否则，将会导致二分体或四分体细胞的分离，破坏其完整性，故宜轻压，否则会导致二分体或四分体细胞的分离，破坏其完整性。但如果染色体较小而且母细胞也小的材料，则均可以重压，有时甚至可以敲击使平。不过，多数情况下，是不宜敲击的，以免引起染色体排列的混乱和结构的破坏。

关于植物减数分裂制片所用染色剂的选择，实验表明，卡宝品红是首选的最好的染色剂，其优点是使用简便，染色体着色深，分色清晰。其次是地衣红和孚尔根染色。如果需要真实显示减数分裂前期的核仁的数目和动态，则需用洋红染色或地衣红染色。卡宝品红和孚尔根染色均不能显示核仁。

减数分裂永久封片的制作，与前述的体细胞染色体压片法相同。

第三章 植物染色体的分带方法

植物染色体的分带方法分为两大类：荧光分带和 Giemsa 分带。荧光分带是最早用于染色体的研究方法。但是，由于观察时需用荧光显微镜和荧光染料，分带不能长期保存等缺点，使荧光分带远落后于后来发展起来的 Giemsa 分带。因此，当前用于植物染色体分带的主要是 Giemsa 分带。

第一节 分带的历史和展望

常规染色体压片技术，只能显示染色体的外部形态特征，如大小或长短，着丝点或次缢痕的位置以及随体等。这些特征，固然比单一的染色体数目的资料提供了更多的信息和鉴别特征。但是，对于核型分析中较准确地识别染色体组的每个成员，以及结构变异，则仍有不少困难。所以，自从发现和开展对染色体的研究以来，细胞学家就期望能发明一种实验技术，可以导致染色体内部结构的分化染色，以获得更多的具鉴别性特征的信息，即所谓染色体的"解剖学"特征。广义而言，凡能显示染色体结构分化的实验技术，均可列为分带技术。回顾起来，已有几十年的研究历史了。自1968年瑞典的细胞化学家卡斯珀森提出染色体荧光分带，便开创了染色体分带新纪元，1971年在巴黎召开人类染色体标准化会议，报道了四种分带类型，即 Q 带、C 带、G 带和 R 带。会后分带研究和应用更加广泛、深入，发展十分迅速，迫切要求分带机制，这不仅有助于发展分带技术，且对阐明染色体结构、成分、特性、功能等基本理论有重大意义。下面按 Giemsa 分带和荧光分带两大类分别介绍。

第二节 Giemsa 带

一、C—带

在植物染色体的分带技术中，应用最为广泛的是 C—带技术，这不仅表现在已进行过 C—带研究的植物种类最多，而且各种改进的 C—带流程也最多，积累了较丰富的经验。为方便起见，下面按步骤叙述。

1. 取材和预处理　基本上与常规制片相同，各种预处理药物并不影响分带。但掌握染色体的缩短程度则不可忽视，这比常规制片的计数和核型分析要严格一些，染色体太长则不易分散，带纹难以辨认；太短则一些邻近的带纹互相融合，致使带型不准确。此外，由于在分带流程中，制片需长时间多次水洗和高温处理，染色体的丢失在所难免。所以，用于分带的制片，应尽可能具有较多的分裂细胞，否则将不适于用以分带。总之，材料生长状况良好，细胞分裂指数高，预处理适宜，是分带成功的重要基础。

2. 固　定　用于分带的材料，固定是必需的。试验已证明，不经固定的材料是不能显带或不能正常显带的。所用固定液与常规制片相同，压片法常用乙醇-冰乙酸（3∶1），去壁低渗法则常用甲醇代替乙醇。两种制片法所需固定的时间也略有差异，前者要求固定的时间略长，一般为 2～24h，以使染色体充分凝固和硬化，利于防止后续用盐酸解离对染色体的破坏。后者则固定的时间可短，一般只需 30～60min 即可。许多试验表明，染色体经固定之后，组蛋白会被不同程度的抽提或完全被抽提，这主要是冰乙酸的作用。至于 DNA，当用固定液固定分离的 DNA 时，大部分 DNA 发生变性。但固定细胞中的 DNA 时，则 DNA 并不变性。不过，长时间的固定，是否会导致 DNA 变性则仍缺乏定量研究。然而，实际经验则表明，长时间地保存在固定液中的材料，分带是极难成功的。及时转入 95％乙醇中保存，是很必要的。但时间仍不宜太长，否则，对大多数植物材料而言，分带也是不利的。

3. 解　离　解离的直接作用是促使细胞易于分离。但在分带技术中，解离的条件不同，对后续的分带处理以及分带的质量也会产生不同的影响，这是与常规的染色体制片不相同的。从后面将介绍的不同分带流程中也可以看出，其解离的条件也是有差别的，概括起来，主要有以下几种解离方法和控制条件。

（1）45％乙酸：室温下处理时间一般在 1～6h，如果在 60℃下解离，则只需 10～30min 即可。乙酸对细胞中层的水解能力很弱，它的主要作用是使细胞壁充分软化，便于压片。但它的缺点是明显的，处理时间短则软化不够，不易压片；处理时间过长，则往往导致染色体过度膨胀。所以，只用 45％乙酸解离，通常较难获得染色体形态清晰而分散良好的制片。一种替代方法是用乙酸洋红或地衣红染色液软化和染色 4～12h，然后，用 45％乙酸压片。在应用于一些禾本科作物的分带中，都获得了良好的效果。此外，有些植物，例如，百合、小麦、小黑麦、玉米、烟草等，经用 45％乙酸解离和压片后，用 2SSC 盐溶液处理，Giemsa 染色，即可显示 C—带。此即植物染色体分带的 ASG 流程。但某些植物，例如，郁金香和燕麦，不经盐酸解离，用 ASG 流程则不能显带。

（2）1N HCl-45％乙酸（2∶1）混合液：为了克服只用 45％乙酸解离时所遇到的上述困难，Tanaka 等（1975 年）用该混合液处理了 10 种植物材料，于 60℃处理 10～30s，然后，用 BSG 流程，所有材料均可显带，该混合液即盐酸分带（Hy-banding）所用的处理液，是很好的一种解离液。但在实际应用中，处理的时间并不是固定的，对某些植物，例如，禾本科植物，可以延长到 1～5min 也是有效的。

（3）1N HCl：用这样高浓度的 HCl 解离时，需格外小心，使用不当会破坏显带。一般材料只宜在 60℃处理 10～30s，或在室温下处理 1～2min。但在某些植物中，例如，郁金香，室温下处理 8min；燕麦在室温或 60℃处理 10min；大麦在室温下处理 6min；均可以正常显带。而在 Fealgen 显带技术中，1N HCl 于 60℃解离则是一个必要条件，甚至可以用 5N HCl 于室温下处理 15min（Morks，1980 年）值得注意的是，盐酸的浓度，处理温度和延续的时间不同，显带的效果也往往不同（表 3-1）。

表 3-1 显示，在用于解离的盐酸浓度相同（1N）的条件下，高温（80℃）短时间处理或低温（30～35℃）长时间（7min）处理，只显示中间带和端带而不能显示着丝点带。反之，高温长时间处理，则只显着丝点带而不显中间带和端带。条件居二者之间，则能同时显示三种带纹，但显带质量较差。此外，提高盐酸的浓度（5N）。在 20℃处理 2min，也只显示着丝点带。如果用 NaOH 将 1N HCl 的 pH 值提高到 2.0，高温和长时间处理，也是便于显示中间带和端带。

表 3-1 盐酸解离条件对郁金香染色体分带（C—带）的影响

药品	解离条件 温度(℃)	解离条件 浓度	pH值	分带流程 时间(min)	分带流程 ASG	分带流程 BSG	结果 形态	结果 染色中心	结果 C	结果 I和T
HCl	60	1N	0.65	1		+	+++	+	−	+++
				2		+	++	+	−	+++
				3		+	++	+	−	+++
				4		+	+	+/−	+	+
				5		+	++	+	+	+
				6		+	+	−	+	+
				7		+	++	+	+++	−
HCl	60	1N		77	+	+	+	−	++	−
HCl	80	1N		7		+	+++	+	+	++++
	85					+	+++	+	+	+++
	40					+	+	+	−	+
	45					+	+	+/−	+	+
	50					+	+	−	++	−
	55					+	+	−	++	−
	60					+	+	−	+++	−
HCl+NaOH	60		2.0	7		+	++	+	−	+++
HCl+NaOH	60		2.0	7	+	+	++	+	+	+
H_2SO_4	60	1N	0.65	7		+	+	−	+	+
HBr	60		0.65	7		+	++	+/−	+	+
HC	60		2.0	7		+	++	+	+	+++
HCl	60		2.0	7	+	+	++	+	+	+
HC	20	5N	0.65	2	+	+	++	+	++	−
HCl	60	1N	0.65	7	0.01% 胰酶		++	+	+	−

注：C=着丝点带；I=中间带；T=端带；+=尚可；++好；+++很好。

综上所述，温和的盐酸解离，利于显示中间带和端带，而强烈的盐酸解离，则会破坏中间带和端带，而便于显示着丝点带。这种现象在燕麦和蚕豆（李懋学，1982年）中也得到了证实。据此，一般认为植物中至少存在着两种以上性质不同的异染色质，这种特点在分带操作时应加以重视。

（4）0.1N HCl解离：考虑到用 1N HCl 解离存在两个主要缺点，其一是用 1N HCl 于 60℃处理 10～30s，时间太短，压片仍比较困难，而且难以使组织深部的细胞得以解离；其二是可以解离几分钟而对分带无影响的植物种类很少。因此，考虑到把盐酸浓度降低 10 倍，而解离时间则可以相应延长。国内不少作者的实践表明，0.1N HCl 于 60℃解离 5～10min，对绝大多数植物的显带是没有影响的，而且很易于压片而使细胞分散，这是目前大家乐于采用的一个合适的解离条件。

（5）酶解离：这是一个应用较广泛的方法，是去壁低渗法制片的主要方法，也可以用于压片法。一般用两种酶：一种是果胶酶（Pectinase），分解细胞之间的中层，使组织中的细胞分离；一种为纤维素酶（Cellulase）分解细胞壁，便于染色体自由散开。常用浓度为 2%～6%，两种酶以 1∶1 混合或根据需要而改变二者之间的比例。可用缓冲液或半等渗液配制，但也可以用蒸馏水配制（pH值约为 5.5）。酶解温度在 28～37℃，时间则视酶液浓度以及材料大小和种类而变化。

酶解离法的优点是明显的，它完全避免了盐酸对分带可能产生的各种影响。更重要的是破坏了细胞壁对染色体的覆盖，使之完全裸露，便于分带，这是去壁低渗法制片分带效果比较好的主要原因。但是，酶解离中酶的纯度是一个值得注意的问题。尤其是粗制的纤维素酶，常含有少量其他的酶，酶解时间过久，往往会部分地消化染色体，使之形态失真，也影响正常显带。

(6) 酶-盐酸混合解离：这种解离方法最适合用于压片法分带。通常用2%的混合酶溶液处理30~60min，蒸馏水洗几次，然后，用0.1~0.2N HCl于室温下处理5~10min，以45%乙酸压片。也可以将材料先以0.1~0.2N HCl解离之后，只用2%纤维素酶溶液处理即可。这种解离方法既便于压片操作，对显带也无不利影响。

4. 制 片

(1) 压片：基本操作方法与常规染色的压片相同，但也有某些特殊要求。用于分带制片所用的载片和盖片应十分洁净，不容许有任何油污，否则，染色体很容易在以后的高温和流水冲洗等一系列处理中脱落。为防止此现象发生，除保持载片和盖片的洁净外，一些作者常在载片上涂一层粘贴剂，常用的是明胶-铬矾粘贴剂，配方如下：

明胶	0.5~1.0g
铬矾	0.05g
蒸馏水	100ml

先将明胶投入蒸馏水中，微火加热，搅拌溶化后再加入铬矾，待完全溶化后并混合均匀后使用。

也有少数人使用Haupt粘贴剂，配方如下：

明胶	1g
蒸馏水	100ml
甘油	15ml
酚（结晶）	2g

先将明胶在蒸馏水中加热溶化，再顺序加入甘油和酚。

压片时，先在载片上涂抹薄薄一层上述粘贴剂，加一小滴45%乙酸，放上材料，用镊子或解剖针将材料压散成小块，加盖片，用解剖针尖轻轻敲击盖片，使细胞均匀分散，然后，用木柄端顺序重敲紧压。务必尽可能使染色体破壁而散出细胞之外，这样才便于显带，所以，需要加大压力才能达到这一目的。此外，加力紧压还可以使染色体与玻片的粘力增强，避免分带处理过程中脱落。

用45%乙酸压片者，可在相差显微镜下检查，也可在一般显微镜下检查，但需把聚光器下降或缩小光圈，使视野稍暗，以加大染色体的反差，其效果虽不及相差显微镜下清晰，但一般仍是可以识别染色体的。通过镜检挑选分裂相较多而染色体又分散较好的制片，留作分带处理。

也可以用1%乙酸洋红或地衣红作为压片时的染色剂，但要注意不要深染，以操作快速的淡染为宜，只要便于观察到染色体的形态即可。这类染色体的制片，可以在分离盖片后或直至分带处理前一天，用卡诺氏固定液处理5~10min，即可把染料褪净，这对于显带一般是没有影响的，但如果不作褪色处理，则将影响显带。

(2) 去壁低渗法制片：与作核型研究所用的酶解去壁低渗制片基本相同，但是，用于分带的制片。陈瑞阳等（1985年）作了如下改进，即用蒸汽干燥法代替传统的火焰干燥法展片。需注意的是，喷出的蒸汽流的不同高度上的温度是不同的，需用温度计预先测试，一般以60~80℃为宜，这一方法的优点是温度控制恒定，制片受热程度也易保持基本一致，因此，分带的可重复率较之火焰干燥法为高。

5. **脱盖片** 脱盖片方法与一般常规染色制片相同,盖片脱下后,通常经95%乙醇和无水乙醇处理30min,脱水和将乙酸洗净。但也有不经以上处理而直接让其空气干燥的,以下的改进对分带有明显的优良效果。

脱盖片后,将盖片和载片置于60~80℃的热板上,使有细胞的一面朝上,随即加几滴新配制的卡诺氏固定液重新固定1~2min,加热有利于破坏细胞质,对显带有利。

6. **空气干燥** 通常,新鲜的制片是不能显带或不能很好地显带的,需要存放一段时间后才能显带。这一过程称为"成熟",原理还不十分清楚,可能是一种缓慢的氧化过程,"成熟"的时间长短常因植物种类不同而略有差异,也因制片方法不同而有区别,但对绝大多数植物来说,制片后经过24~48h的贮存,即可正常显带。个别植物如郁金香,需要贮存5d以上能显带。而洋葱则变化较大,贮存24h后即可显示端带,但不能显示着丝点带。贮存半个月后,着丝点带比端带更为清晰。而贮存半年后,则整个染色体染色模糊。带纹极为浅淡而细胞质则染色更深。不过,我们的实验发现,如果用0.1N盐酸于60℃解离8~10min之后压片,其后用HSG流程显带,则只需24h的空气干燥即可显示端带,中间带和着丝点带。这表明空气干燥即可显示端带,中间带或着丝点带。这表明空气干燥所需时间与制片时的解离条件也是密切相关的。

制片的干燥法,一般是把制片贮存于切片合中,盖严,于室温下贮存。较好的方法是把制片贮存于玻璃干燥器中。如果制片在37℃温箱中干燥1h以后再贮存似乎更好。

总之,空气干燥包括三个条件:温度,一般室温贮存即可;方法,一般并无严格的要求;贮存延续时间的长短,这是影响显带类型和质量的一个主要因素。

7. **分带处理** 能显示植物C—带的技术流程很多,但应用较多的是,BSG(Barium/Saline/Giemsa)流程,HSG(Hydrochloride/Saline/Giemsa 流程),ASG(Acetic/Slaine/Giemsa)流程 HCl—NaOH流程等。其他尚有一些上述流程的基础上作某些改进的流程。为此,我们将在下面逐一介绍。

(1) BSG流程:该流程的主要步骤包括空气干燥制片用氢氧化钡($Ba(OH)_2$)处理→水洗→盐处理→水洗→Giemsa 染色。由于BSG流程既适用于各类植物,也适用于人类和哺乳动物染色体的分带,而且显带质量也较好。所以,它是显示动、植物染色体C—带的最主要流程,在此,我们将对每一步骤作较为详细的分析介绍。

①氢氧化钡处理:

<u>药品质量</u>:我们的实践经验表明,药品的质量与分带的优劣或成功与否密切相关。所谓质量,包括两方面的含义:一是纯度;二是不同厂家的产品的差异,后者实际上也是纯度问题。但是,或许是因为检测条件或其他因素,事实上存在着不同厂家生产的同一纯度等级的产品,应用于分带时,往往存在着明显的差异。所以,药品的选择对试验十分重要的,在引用他人的技术流程中往往难以完全重复的原因之一便是所用氢氧化钡质量并不相同之故。此外,即使同一厂家生产的不同纯度的产品,其处理条件也是不同的。

<u>药品的浓度和配制</u>:常用5%~8%水溶液,也有用饱和水溶液的,甚至也可用0.064M的稀释溶液。无论用哪一种浓度的溶液,一般均宜新鲜配制,配制的方法有以下几种:药品用50~60℃蒸馏水配制,震摇使充分溶解后,过滤使用,或者静置过夜,取用上清液;药品用80℃蒸馏水快速震摇洗涤几秒钟,立即倾去水溶液,然后,再加入定量的60℃的蒸馏水,4h以后使用。

处理温度：通常包括3个等级，即室温约（20℃），40～50℃和60℃。根据国内外大量试验资料分析，处理温度并不是十分严格的条件，不同的植物材料可用同样的温度处理，而同一种植物材料，也可以用不同温度条件进行处理而显带。但是，总的看来，高温作用比较强烈，一般处理时间宜短，室温处理作用温和，处理时间可稍长，到底用什么温度条件处理，下列因素可供作参考依据。药品纯度高，用室温。纯度低，宜用高温；溶液浓度高，用室温。浓度低，用高温；一般用45％乙酸压片者，用室温；用乙酸洋红或地衣红染色压片者，宜用高温；从显示着丝点带为主的材料，用高温；以显示端带或中间带主者，用室温；如发现高温处理引起染色体严重扭曲变形或粘连，可改用室温处理；反之，如室温处理后，显带模糊，带区和非带区反差小，可改用高温试验。以上诸因素应根据具体材料和试验结果加以综合考虑，灵活掌握。

处理时间：一般以5～10min者居多，也有可长达20～30min的，也有可短至几十秒钟的。

②水洗：用氢氧化钡处理后的水洗过程，是一个十分重要的环节。由于氢氧化钡溶液与空气接触的时间稍长，很容易形成不溶于水的碳酸钡膜，则很难洗净。而只要在染色体上残留有钡，则不能显带。因此，操作务求迅速，切不可粗心大意。

水洗的具体操作方法如下：

如果是在室温下进行钡处理，则可将染色缸连同制片移至水龙头下，放水将染色缸内连同氢氧化钡溶液全部冲洗干净。1～2min后换入蒸馏水静置，每隔4～5min换水一次，共5～6次，约30min。这种方法操作的钡液虽然只能使用一次，但却能安全保证制片不受污染。

如果是加温处理，则应尽量避免用冷水冲洗，因为，骤然降温常会导致氢氧化钡在制片上沉淀而污染制片。所以，应该用同处理温度相近的热蒸馏水冲洗1～2min后，再换常温蒸馏水漂洗如上法。

一片片地把制片取出，用盛有同温蒸馏水的洗瓶迅速冲洗，然后，漂洗如上法，这种操作方法可以保留氢氧化钡溶液继续使用。

由于经过氢氧化钡溶液的处理和较长时间的水洗，染色体通常会软化和膨胀，而后续步骤又是在高温下长时间处理，染色体往往易于脱落而丢失。所以，经水充分洗净之后，最好制片放在37℃恒温箱中干燥约30min，然后再转入下一步骤处理。

③盐溶液处理：通常，植物材料多用2×SSC盐溶液（即0.3M氯化钠和0.03M柠檬酸钠）处理。早期，曾将此处理过程称之为DNA复性，但后来的研究表明，在2SSC盐溶液处理过程中，还会导致有相当量的染色体DNA和蛋白的丢失（Mckenzine，1973年）。因此，用复性机制来表达这一处理步骤就欠准确性，现在已很少使用这一术语。

盐液处理过程应注意以下几点：

所用氯化钠和柠檬酸钠的质量不能低于分析纯的等级。应取用无离子水配制溶液。药品最好配成12×SSC（1.8M氯化钠和0.18柠檬酸钠）的母液于冰箱中存放。使用前用无离子水稀释成2×SSC溶液（pH值7.0）。

溶液应预先加热至60～65℃，然后，再放入制片处理。

就植物材料而言，处理时间，绝大多数为1h，少数植物只需处理2h的，但很少有超过2h的。

处理后的制片，最好用约60℃的蒸馏水换水洗几次，约10～30min。之后，宜在37℃温箱中或室温下干燥约1h后，再进行染色。

2SSC盐溶液的pH值对显带也有明显的影响。一般以pH值为7.0时显带最为正常，低于 7.0，带纹反差小而不清晰，pH 值如果达到 8.0，所处理过的染色体会明显膨胀，而且通常不显带。此外，2SSC 盐溶液在温育过程中，往往会变得偏碱性，尤其是一次处理的制片很多，或是多次使用的情况下则更是如此。所以，在使用之前应注意检测 2SSC 盐溶液的 pH 值，这是切不可忽视的。

④Giemsa 染色：

染料及其配制：Giemsa 为碱性和酸性染料混合而成的一种具有新的染色特性的中性染料。由亚甲基蓝及其氧化产物天青和曙红 Y 所组成。由于组成 Giemsa 各成分的质量差别，以及配方的变异，所以，不同厂家的产品之间乃至同一工厂生产的不同批号的产品，都可能有差别，在使用时均需预先试验。在国外，多数作者喜好使用 Gurr R66 的改良 Giemsa 以及 E. Merck 的产品。

国内外市售的 Giemsa 商品有两种剂型，一种为贮存液，即已配制好的液体染料，这种染料的质量更可靠，使用也方便，用时以缓冲液稀释即可。另一种为粉剂，需自行配制成原液备用。配法如下：

Giemsa 干粉	1g
甘油（分析纯）	66ml
甲醇（分析纯）	66ml

将 Giemsa 干粉倒入研钵内，加少量甘油，仔细研磨约 30min，至无颗粒状 Giemsa 染料为止。再把全部剩余甘油倒入研钵内，磨匀，装入棕色试剂瓶中，置约 56℃温箱中保温约 2h，加入甲醇，混匀贮存备用。

在没有优良的 Giemsa 染料时，有些作者往往自行配制，常用的配方如下：

天青Ⅱ-曙红盐	3.0g
天青Ⅱ	0.8g
甘油	250ml
甲醇	250ml

取 3g 天青Ⅱ-曙红盐和 0.8g 天青Ⅱ结晶置干燥器中充分干燥后，倒入研钵中加少量甘油，充分研磨混匀，再加入甘油和甲醇如上法。

稀释用缓冲液：用于分带技术的 Giemsa 染色，最常用的是以 Sörenson 磷酸缓冲液把原液稀释成所需要的浓度。缓冲液的配法如下：

分别配制 0.067M 或 1/15M 磷酸氢二钠（Na_2HPO_4）和磷酸二氢钾（KH_2PO_4）浓液，使用前按所属 pH 值以表 3-2 中的比例混合而成。

表 3-2　磷酸氢二钠与磷酸二氢钾混合使用时的比例

pH 值	Na_2HPO_4	K_2HPO_4	pH 值	Na_2HPO_4	K_2HPO_4
6.0	1.4	8.6	7.0	6.1	3.9
6.2	2.0	8.0	7.2	7.0	3.0
6.4	3.0	7.0	7.4	7.8	2.2
6.6	4.0	6.0	7.6	8.5	1.5
6.8	5.0	5.0	7.8	9.1	0.9

染色液宜现用现配，配制时应充分震摇使混匀，并静置片刻，然后，才用以染色。新配制的染色液一般可连续染色几次，有些人为了保证显带质量或显色比较一致，主张只用一次即废弃。但试验表明，如果染色时间短，连续染色 2~3 次是可以保证质量的，但如果一次染色时间超过 12h 以上，则应废弃。

Takayama（1974 年）曾试验过用不同缓冲液和盐溶液来配制 Giemsa 染色液，以观察和分析其对显带的影响，结果如下：

a. 用无离子水稀释 Giemsa 原液，无论用任何浓度和染色时间，均不能显示任何带纹。当用无离子水稀释 30 倍的 Giemsa 染色 5min 后，再用磷酸缓冲液（pH 值 7.0）稀释 30 倍的 Giemsa 染液 5min 同样不显带。但把制片用无水乙醇褪色后，用 0.02％胰酶处理 2s，再用同上的磷酸缓冲液稀释 Giemsa 染色液染色，则可清晰显带。

b. Fris 缓冲液（1/10M pH 值 7.0）也能显带，但质量欠佳。

c. 其他用以稀释 Giemsa 的盐溶液诱导显带的效果见表 3-3。

染色液浓度：Giemsa 染色液的浓度，常用 1％～10％，如用 1％～2％浓度者为淡染法，染色时间由几小时至十几小时不等。优点是不会过度染色，显带比较精细，同时也节省染料。用 5％～10％浓度者为浓染法，染色时间 10～30min 不等。过度延长时间常会导致染色过度，需进行褪色处理。褪色方法有两种，一为用 pH 值相同的 Sörenson 缓冲液褪色，此法需时较长，靠经常镜检至适度为止。另一种为用 10％酒精褪色，此法迅速，需时只要几秒钟即可。有些试验表明（Takayama，1974 年），高浓度的 Giemsa 染色液，有阻止显带的表现，因此，用淡染法是更可靠的。

表 3-3　用以稀释 Giemsa 的盐溶液诱导显带效果

盐	浓度（M）	pH 值	结　果
KCl	1/10	6.5	＋
NaCl	1/10	6.8	＋
$CaCl_2$	1/10	7.0	－
LiCl	1/10	7.3	＋
Li_2CO_3	1/10	11.4	－
Li_2CO_3	1/80	11.0	＋
$KHCO_3$	1/10	8.5	＋
KSCN	1/10	7.3	±
CH_3COOH	1/10	7.5	＋
CH_3COONH_4	1/10	6.9	＋

注：稀释的 Giemsa 溶液浓度均为 1/60。

pH 值：常用的 pH 值为 6.8～7.2。一用 BSG 流程处理的制片用 pH 值 6.8，用 HSG 流程的用 pH 值 7.2，而用胰酶法的则用 pH 值 7.0～7.2。一般原则是用碱处理者，pH 值宜偏低；用酸处理者宜偏高，由于 Giemsa 染料中的曙红很容易在酸性条件下沉淀出来，因此，当 pH 值低于 6 时是不能显带的，因为，染色液中的曙红大部分沉淀了。此外，在显带过程中，由于 2SSC 溶液的 pH 值改变，或甚至 Sörenson 缓冲液的改变，镜检时常易发现偏色，如，偏蓝色，可适当提高染色液的 pH 值；偏红时则可适当降低染色液的 pH 值。重要的是，在配制染色液中，应检查 Sörenson 缓冲液的 pH 值是否准确。

染色方法：常用的染色方法有两种，一种是用玻璃染色缸染色，这种方法操作和镜检比较方便，但是由于制片不洁净（尤其是当 $Ba(OH)_2$ 污染时），或染色液中不溶物较多，或染色时间太长，常常会在制片上为沉淀物所污染，而尤其是取出制片作长时间镜检时，污染更为严重。克服以上弊病，操作时应注意以下几点：前面的各项处理后，务必用蒸馏水充分洗净制片；染色液配制后，充分震摇混匀并静置约 30min 以上使用；染色之前，制片预先在 pH 值相同的 Sörenson 缓冲液中浸泡约 10min 后再进行染色；镜检时取出制片在缓冲液中洗去制片上的残余染料和沉淀物，再进行镜检。如注意仔细作到以上各点，污染情况将会大为改善。

另一染色方法是在一块洁净的玻璃板上，根据制片的大小放置两根牙签，将制片有材料的一面倒扣在牙签上，使制片和玻璃板之间有一空隙，然后，用滴管吸取染色液加满其空隙，进行染色。这种染色方法，避免了染色液的沉淀物污染，染色的制片就比较洁净，效果很好，缺点是操作和镜检比较麻烦。

快速的 Giemsa 染色法：Lichtenberger（1983年）介绍了一种可在 3min 内完成显带染色的方法，由于该染色液对染色体形态和带级没有任何不良影响，因此，可在同一制片上进行重复染色。例如，如果一次染色不甚满意，可将染料洗去，再用不同浓度的染色液或甚至不同的染料染色。

该方法所用的稀释液配方如下：

蒸馏水	100ml
柠檬酸钾	2g
尿烷（Urethane）	1g
氯化钠	0.25g
1% 曙红 Y 水溶液	0.8ml

该混合染色液的主要成分是曙红，它也是 Giemsa 染色剂中的主要成分，其他的成分仅是为了使染色液保持在一个适宜的 pH 值的范围，以防止染色体变形。

染色时，取 1ml Giemsa 原液，用 3～6ml 上述混合染色液稀释，充分混匀，立即染色约 150s，用自来水冲洗掉染色液，并用滤纸把水分吸干。初步试验时，通常在此时于制片上加一滴蒸馏水，加盖片后在显微镜下检查染色效果。如果染色较深，带纹不清晰，则可增加上述稀释液的比例，使 Giemsa 的浓度降低，再重复染色。如果染色太浅，只见到少数浅淡的带纹，则示 Giemsa 浓度太低，应减少上述稀释液的比例。

注意事项：该稀释液是不稳定的，不能长久保存，需在临用前配制。而与 Giemsa 原液混合的染色液，则仅能保存约 10min。如果需要在同一制片上再用其他染料（例如，荧光染料）染色，则可将制片用甲醇或卡诺氏固定液褪色，约几分钟即可使 Giemsa 褪尽。再用蒸馏水充分漂洗干净，然后，便可进行任何新的染色流程。

（2）ASG 流程（Evans, 1971年）：该流程为分带技术的早期用以显示人类和哺乳动物染色体 C—带的流程，也有少数作者将其引入植物染色体分带。不过，在植物材料中，所显示的仍然是 C—带而不是 G 带，而且其显带的质量也比不上后来发明的 BSG 流程，所以，已很少应用。

该流程比较简单，主要步骤如下：①根尖的预处理和固定如常。②在 45% 乙酸中于 50～60℃ 软化约 1h。③45% 乙酸压片，冰冻脱盖片。④空气干燥 24h 以上。⑤在 2×SSC 盐溶液中于 60～65℃ 处理 1～24h，水洗。⑥Giemsa 染色。

（3）HSG 流程：这是用盐酸代替氢氧化钡处理的流程。操作比较简单，虽不及 BSG 流程应用广泛，但已在许多不同类型的植物材料中应用成功，显带质量也很好，是至今仍为人们乐于采用的一个有价值的流程。

通常，用 0.2N HCl 于 25～30℃ 处理 30～60min，少者只需处理 10min（如黑麦）；多者达 180min（如玉米）。其他步骤与 BSG 流程相同，不再赘述。

值得注意的是，盐酸的浓度、处理温度和处理时间，如果有较大的改变，则往往会改变显带的类型。例如，李懋学（1982年）对蚕豆染色体的处理实验表明，0.2N HCl 在室温下处理 60～80min，可显示着丝点带、中间带和次缢痕带。而同样浓度在 60℃ 处理 25～30min，则只显示着丝点带和次缢痕带而无中间带。改用 1N HCl 处理，则无论是室温还是 60℃ 处理，均只显示着丝点带和次缢痕带。因此，在该流程中，保持盐酸浓度和温度等条件的恒定，是获得显带结果比较一致的关键。

另一种 HSG 的变异流程，该流程中把 0.2N HCl 用于解离步骤，然后，用 45% 乙酸压片，气干片用 2×SSC 处理，Giemsa 染色。

现以 Merker（1973）用于小黑麦染色体显带的程序为例，介绍如下：①根尖在冰水中处理 20h。②用甲醇-苦味酸固定液（Ostergren，1962）固定。③根尖在 0.2N HCl 中于室温下处理 1h，之后，再用 10% 果胶酶溶液处理 3～4h。④45% 乙酸压片，10min 后冰冻脱盖片，空气干燥过夜或更长时间。⑤2×SSC 盐溶液中于 60℃ 处理 1h。⑥蒸馏水洗。⑦Giemsa 染色。

（4）胰酶—Giemsa 显带流程：①材料的预处理和固定如常。②用 0.1N HCl 于 60℃ 处理 12min，或用 45% 乙酸软化 2h。③用 45% 乙酸压片。④冰冻脱盖片，酒精脱水，空气干燥 1 周以上。⑤干燥制片预先在磷酸缓冲液（pH 值 7.2）中浸泡 30min，然后，转入 0.025% 胰酶（以同上缓冲液配制）溶液中于 25～37℃ 处理 15～30min。⑥用蒸馏水洗几次。⑦于 10% Giemsa（pH 值 7.2）溶液中染色 10～15min。⑧用自来水冲洗，空气干燥。⑨用中性树胶封片。

附：木瓜蛋白酶亦可代替胰酶，用 0.1% 木瓜蛋白酶（以 pH 值 7.0 的磷酸缓冲液配制）溶液于 25～30℃ 处理 50～70min，其他条件不变。

张自立等（1981 年）曾用以上流程显示洋葱和蚕豆染色体 C—带获得成功。

（5）Feulgen—Giemsa 显带流程：①材料的预处理和固定如常。②固定后的材料用蒸馏水稍洗，转入 1N HCl 中于 60℃ 处理 8min。③在 Schiff's 试剂中染色 2h，漂洗液漂洗。④转入 2% 果胶酶水溶液中于 27℃ 处理 2～3h，水洗。⑤材料在 45% 乙酸中转化 15min，再用 45% 乙酸压片。⑥冰冻脱盖片，无水乙醇脱水。⑦制片在干燥器中干燥几天。⑧在 2×SSC 溶液中于室温处理 5～6h，或在 0.5×SSC 中处理 10～12h。⑨用 1/15M Sorenson 缓冲液（pH 值 6.5）稍洗。⑩用 2% Giemsa（pH 值 6.8）染色 5～20min。

Gostev 等（1979 年）曾用该流程对 14 种植物染色体进行了分带，但所显带纹似不精细。

（6）NaOH-SSC—Giemsa 显带流程：①材料预处理和固定如常。②用 45% 乙酸软化及压片。③冰冻脱盖片，无水乙醇脱水。④空气干燥 1d 以上。⑤干燥制片在 0.05M NaOH 水溶液中处理 30s。⑥水洗 3 次。⑦在 2×SSC 盐溶液中于 60℃ 处理 1h。⑧水洗几次。⑨Giemsa（pH 值 6.8）染色 8min。

Viinikka（1975 年）曾用该流程对小茨藻（Najas marina）染色体 C—带分带成功。

（7）HCl-NaOH—Giemsa 显带流程：①材料的预处理和固定如常。②经固定后的材料在 1N HCl 中 60℃ 处理 7min。③用 45% 乙酸压。④冰冻脱盖片，无水乙醇脱水。⑤空气干燥 1d 以上。⑥干燥片在 1N HCl 中于 60℃ 处理 6min。⑦水洗 10min。⑧空气干燥半天以上。⑨干燥片在 0.07N NaOH 水溶液中于室温下处理 35s。⑩水洗几次，晾干。⑪用 2% Giemsa（pH 值 6.8）染色。

Nocla 等（1978 年）及李懋学、商效民（1982 年）均在大麦染色体显示 C—带成功。

（8）尿素—Giemsa 显带流程：①材料预处理和固定如常。②在 0.2N HCl 中于 60℃ 处理 5min。③45% 乙酸压片。④冰冻脱盖片。⑤空气干燥几小时至 2d。⑥干燥片在 6M 尿素溶液中于室温下处理 30min。⑦浸入 1/15M Sorenson 缓冲液（pH 值 7.2）中 5min。⑧2%～4% Giemsa（pH 值 6.8）染色 8～12min。

Dobel（1973 年）曾用该流程对蚕豆染色体显示 C—带。

（9）BSHG 显带流程：①材料预处理如常。②用去壁低渗法制备染色体标本。③空气干燥 3d。④干燥片在 Ba(OH)$_2$ 饱和水溶液中于 50℃ 处理 30s。⑤无离子水冲洗 1min，晾干。

⑥在 2×SSC 盐溶液中于 60℃处理 35min。⑦水洗，晾干。⑧在 0.2N HCl 中于室温下处理 1h。⑨水洗，晾干。⑩0.5% Giemsa（pH 值 7.0）染色 10min。

林兆平等（1985 年）曾用该流程对川谷 *Coix lacryma-jobi* var. *ma-yuen* 和薏苡 *C. lacryma-jobi* 的染色体显示 C—带获得成功。

(10) HBSG 显带流程：①材料的预处理和固定如常。②45%乙酸压片。③冰冻脱盖片，无水乙醇脱水 1~2h。④空气干燥 1d 以上。⑤干燥片在 0.2N HCl 中于 60℃处理 3min。⑥蒸馏水洗几次。⑦在 Ba(OH)$_2$ 饱和水溶液中于室温下处理 10min。⑧蒸馏水洗 30min。⑨在 2×SSC 盐溶液中于 60℃处理 1h。⑩3% Giemsa（pH 值 6.8）染色。

Giraldez（1979 年）用该流程对黑麦花粉母细胞减数分裂染色体显示 C—带成功。

8. 显带效果的鉴别和处理　影响染色体显带的因素很多，有时是单因子的影响，有时是多因子的综合影响。此外，还由于显带的精确机制仍不很清楚，所以，这给显带效果的技术性鉴别和分析也带来相当大的困难，只能根据一些经验加以判断。

(1) 染色体显带正常时，染色体上的带纹呈深红或紫红色，而非带区的常染色质则染成淡红色，呈透明或半透明状，间期核中的染色中心明显可见，甚至有时可以准确地计数。此外，有时会发现染色体的带纹浅红而非带区呈浅蓝或整个染色体均呈蓝色，但也可见到带纹。这种现象，如果水洗充分而染色液的 pH 值也是正确的话，则表明这是染色时间不够的关系，这在用淡染时常见，只要延长染色时间，其颜色就会转变为红色。

(2) 染色体在 Giemsa 染色液中很快都均匀的染成紫红色，间期核也均匀着色，有如卡宝品红染色的效果，这种现象，主要是由于"变性"处理不足的缘故。这类制片可以用 45%乙酸或卡诺氏固定液褪色、水洗，干燥 1d 以上，重新进行"变性"处理，将"变性"时间延长（一般延长 1/2 倍时间），往往可以获得显带正常的效果。

(3) 染色体显带，但染色体上的非带区也染上较深的颜色，使带纹的反差大为降低。这些制片通常是因为深染法染色过度所致，可用前述的方法褪色，或者用无水乙醇全部褪色之后，重新淡染，如仍无效，可考虑延长"变性"时间。

(4) 带纹极淡或甚至无带，而染色体只能隐约可见轮廓，这主要是"变性"处理过度所致，此类制片只能作废。

(5) 可显带，但是细胞质也染成红色，这是制片高温干燥或高温染色很常见的现象，应尽可能避免。

(6) 如果制片为 Giemsa 染料的沉淀物所严重污染，可用无水乙醇褪色、水洗，然后，再重新染色。

(7) 显带的制片，切忌长时间浸在香柏油中观察，尤其是在不加盖片封藏的制片，用油镜观察后应及时用二甲苯洗净，否则，将会导致褪色。不过，即便完全褪色的制片，也可以重新染色而恢复正常。

(8) 在显带过程中，有时会发现制片中有大量的杆菌出现，被染成红色。这是从久存的 Giemsa 原液中带来的，如将其过滤之后使用即可避免。

二、N—带

1. 三氯乙酸（TCA）—盐酸处理流程（Matsui 等，1973 年）　①空气干燥片在 5%三氯乙酸水溶液中于 85~90℃处理 30min。②蒸馏水淋洗。③在 0.1mol HCl 中于 60℃处理 30~45min。④自来水冲洗。⑤Giemsa（pH 值 7.0）染色至显带。

2. 磷酸钾处理流程（Stack，1974年）　该处理流程可以同时显示植物染色体的核仁组成区（NOR）和着丝点带。①预处理后的根尖不经固定，而直接用45%乙酸压片。②冰冻脱盖片，空气干燥。③空气干燥片在0.12M磷酸缓冲液（pH值6.8）中于90℃处理10min。④转入0℃的上述缓冲液中30s，再转入60℃的上述缓冲液中1h。⑤Giemsa染色。

3. 磷酸二氢钠处理流程（Funaki等，1975年）　①空气干燥片在 96 ± 1℃的1M NaH_2PO_4 水溶液中（用1N NaOH调pH值 4.2 ± 0.2）处理15min。②自来水洗约30min。③40% Giemsa（pH值7.0）染色。

该流程为目前应用最为广泛的流程，Funaki等用该流程对27种动植物染色体进行处理，均获得了N—带的显著结果。但是，该流程中所用的温度和处理时间，并非是恒定的，不同的植物材料往往有所变动，现举部分实例（表3-4）。

表3-4　不同植物在磷酸二氢钠处理流程中所要求温度和处理时间

植物材料	温度（℃）	时间（min）
蚕豆	96 ± 1	15
水仙	96 ± 1	15
玉米	96 ± 1	15
黑麦	96 ± 1	15
黑麦	90	1～2
小麦	90	2
小麦	94～96	10～12
大麦	94～96	8～10

此外，该流程应用于大麦、小麦和山羊草等禾本科植物的染色体处理时，所显示的并不只是核仁组成区，还包括能显示部分染色体的着丝点，端粒和中间异染色质，与C—带技术所显示的带纹有一定程度的相似性。所以，认为该技术并非显示核仁组成区的专一性技术，但是，在许多双子叶植物或部分单子叶植物中，则表现出比较稳定的专一性，其原因尚不清楚。

Jewell（1981年）曾对该流程的各个处理步骤进行了大量试验，其试验结果对于我们了解该流程中的各种因素对显带的影响，是很有益的。其结果如下：

（1）冰冻脱盖片，制片在酒精中的停留时间以不超过1h为宜，延长时间则需减少在1M NaH_2PO_4 中的处理时间，而且显带质量也会降低。

（2）空气干燥时间如超过一周，同样也需减少在1M NaH_2PO_4 中的处理时间，而且显带质量同样会受到影响。

（3）1M NaH_2PO_4 溶液的pH值也对显带有影响，最近pH值在3.5～4.5，低于或高于此值则只显N—带的淡浅轮廓。

（4）1M KH_2PO_4，1M $NH_4H_2PO_4$ 和 $2\times SSC$（均调pH值4.2）也都能显示N—带，但质量不如1M NaH_2PO_4。稀磷酸（H_3PO_4）则不能显带，这可能是由于它具较弱的缓冲能力的缘故。

（5）1M NaH_2PO_4 的处理时间十分重要，时间太短则染色体均匀染色，时间太长则只能见到染色体轮廓。

（6）处理温度也重要，高于96℃，能显带但染色体结构受损，细胞易于脱落，温度降低则要相应的延长处理的时间。

（7）对于处理时间不够而均匀染色的制片，可以重新处理，只需延长处理时间则可显带，但处理过度的制片则只能废弃。

三、G—带

1. 胰酶—Giemsa 显带（陈瑞阳等，1986年）　　试验材料为川百合 *Lilium davidii*、华山松 *Pinus armandii* 和七叶一枝花 *Paris polyphylla*。

（1）根尖用酶解去壁低渗和蒸汽干燥法制备染色体标本。

（2）空气干燥 2～7d。

（3）制片在 0.05%～0.2% 的胰酶（以 Ohanks 配制）。用 3% 缓血酸胺调 pH 值至 7～8 中处理；川百合 10～60s；华山松 1～3min；七叶一枝花 1～2min。

（4）立即转入 0.85N NaCl 溶液中，充分洗去酶液。

（5）蒸馏水冲洗，风干，镜检。

该流程处理所显示以上 3 种植物的 G 带效果很好，带纹在染色体的全长上分布，例如：川百合的第一对染色体，经扫描显微分光光度计扫描和微机记录，在中期有 14 条带；早中期有 16 条带；晚前期有 23 条带；前期则有 41 条带。与人类和哺乳动物染色体的 G 带性质极为相似。以上也说明，利用早中期或前期的染色体，可以获得更多的带纹，更便于作精确的带纹比较和分析。

作者认为在该流程中，染色体避免用盐酸处理以及用蒸汽干燥代替传统的火焰干燥法，对显示 G 带可能起到重要的作用。

2. AMD—地衣红式 Giemsa 显带（詹铁生等 1986年；朱凤绥等，1986年）

（1）AMD—地衣红显带试验材料为玉米：①取约 1cm 长的根尖，在 AMD（Actionmycin D，放线菌素 D）70μg/ml 的水溶液中，于室温下在黑暗中处理 1h。②转入 Ohnuks 溶液（0.055M KCl、NaNO$_3$、乙酸钠以 10∶5∶2 混合）中，于室温下处理 1.5～2h。③卡诺固定液固定 30min。④自来水洗 1h。⑤转入 6% 果胶酶和纤维素酶（pH 值 4～5）水溶液中，于 37℃ 恒温下处理 1.5h。⑥在卡诺固定液中于 4℃ 固定过夜。⑦2% 醋酸地衣红于 40～45℃ 染色 10～16min。⑧压片。

所显示的 G 带较好。

（2）AMD—胰酶和 AMD—高锰酸钾显带：①根尖用 AMD 的 70μg/ml 水溶液于室温下暗处理 1h。②转入秋水仙素水溶液（最终浓度为 0.05%）中处理 1h。③卡诺固定液固定 24h。④自来水洗净根尖。⑤转入果胶酶溶液（以 2SSC 稀释，浓度为 10μg/ml）中，于 37℃ 处理 4～5h。⑥水洗。⑦卡诺固定液再固定 20min。⑧60% 醋酸软化根尖，打散成悬浮液，再用卡诺固定液固定，离心，制成气干片。

改良的 Seabright 法：气干片片龄 1d 以上。用 0.2N HCl 处理 5min，蒸馏水冲洗，转入无钙镁离子的 Hanks 液中 1min，再转入 4% FeSO$_4$ 水溶液中处理 5min，用 0.01% 胰酶溶液于室温下处理 20～40s，卡诺固定液固定 5min，以 8% Giemsa（0.01mol 磷酸缓冲液，pH 值 6.8～7.0）染色 8～10min，水洗，气干。

改良的 Ulaboii 法：气干片片龄 1d 以上，直接浸入高锰酸钾-硫酸镁（高锰酸钾浓度为 10mM，硫酸镁为 5mM，用 33mM 磷酸缓冲液配制，pH 值 7.0）溶液于室温处理 10～25min，卡诺固定液固定 2min，蒸馏水洗几次，1% Giemsa 染色至显带，水洗，气干。

3. 尿素—Giemsa 分带　①干燥片在 8M 尿素（Urea）与 1/15M Sorensen 缓冲液的混合液（3∶1）中于 37℃ 处理 5～15s。②在 Hanks BSS 中淋洗，再经 70% 和 95% 的酒精淋洗，空气干燥。③在 2% Giemsa 的 0.01M 磷酸缓冲液（pH 值 7.0）中染色约 2min。④蒸馏水淋洗，干燥。

4. ASG 技术分带（宋运淳等，1987年）　试验材料为玉米，根尖用 α-溴萘饱和水溶液于 28℃预处理 3.5h，用甲醇-冰乙酸（3∶1）固定 30min。①蒸馏水洗 30min。②1％纤维素酶水溶液于 27℃处理 3.5h。③去酶液，再加入固定液，置冰箱（4℃）中过夜。④火焰干燥法制片。⑤干燥片在 90℃处理 50min。⑥在 2SSC 溶液中于 60℃温育 40min。⑦用 40～50∶1 的 Giemsa 溶液（pH 值 6.9）染色。⑧蒸馏水淋洗，干燥。

第三节　荧　光　分　带

（一）材料处理
用于荧光分带的材料的预处理和固定，可按常规的制片方法。

（二）制　片
用于荧光分带的材料，不能用盐酸进行解离。即短时间的处理，也将导致荧光的消失。因此，如用压片法，通常是用 45％乙酸软化 1～5h，再用 45％乙酸压片。最好用酶解去壁低渗方法制片，制片干燥或不干燥均可。

（三）染色方法

1. Q—带　制片浸入 9.5％乙醇，再转入无水乙醇中浸润；转入 0.5％Quinacrine（阿的平）的无水乙醇溶液中，染色 20min；在无水乙醇中稍加洗涤，空气干燥；用水封片，在荧光显微镜下观察，所需激发光波长为 430nm，产生荧光在 495nm。

2. H—带　干燥制片浸入 50μg/ml 的 Hoechst-33258 的磷酸缓冲液—盐混合液（0.15M NaCl＋0.03M KCl＋0.01M Na_3PO_4　pH 值 7.0）中，染色 10min；用磷酸缓冲液（0.16M Na_3PO_4＋0.04M 柠檬酸钠 pH 值 7）清洗和封片；也可经缓冲液洗后，再用蒸馏水洗净，以甘油封片，石蜡封边。

3. D—带　制片浸入 0.5mg/ml 的道诺霉素溶液（用 0.1M 磷酸钠缓冲液配制，pH 值 4.3）中染色 15min；用同上缓冲液清洗 6min。（换三次）缓冲液封片；所需激发光为 430～485nm，产生荧光的波段为 545～565nm 范围内。

4. R—带　制片浸入 1mg/ml 的橄榄霉素的磷酸缓冲液（pH 值 6.8）中染色 20min；磷酸缓冲液清洗 2 次，共 2min，封片；所需激发光波为 405～440nm，产生荧光波段范围是 525～532nm。
R—带所显示的带纹与 Q—带相反。为富含 GC 碱基对的区段。

5. AMD＋DAPI 分带　制片浸入 McIlvaine 缓冲液（164.7ml，0.2M Na_2HPO_4＋35.3ml 0.1M 柠檬酸，pH 值 6.9～7.0）中 5min；转入含 0.25mg/ml 的放线菌素 D（AMD 的 McIlvaine 缓冲液中，处理 15～20min；转入含 0.1～0.4μg/ml 的 DAPI 的 McIlvaine 缓冲液中，染色 5～10min，用同上缓冲液清洗和封片；DAPI 所需激发光波为 355nm，产生荧光波段为 450nm。

6. 快速的 Q—带染色技术
（1）染色液的配制：

蒸馏水	120ml
柠檬酸三钠	10g
柠檬酸	2g
阿的平（Atebrin F·S）	0.25g
亚甲基蓝 0.25％水溶液	2ml

该染色液比较稳定，在低温条件下至少可保持一年之久。

（2）染色：在制片上加一滴上述的阿的平染色液，约 10s，转到水龙头下用自来水冲洗 10s。再用 Sorenson 磷酸缓冲液（pH 值 5.2）稍加淋洗，用吸水纸吸干制片上的水分，然后，用以下的蔗糖封藏剂封片。

蔗糖	40g
蒸馏水	10ml
Sörenson 磷酸缓冲液（1/15M pH 值 5.2）	10ml

配制时，在约 80～90℃的水浴中将蔗糖溶解，用脱脂棉过滤，以防止重新结晶。

该封藏剂可以很好地保存制片（至少可达 6 周）而不变质，而且尚有改进染色质量的优点。

第四节 显带机制

显带机制是一个非常复杂的问题，既有染色体自身结构和成分问题，又有处理条件相互作用以及染料的分子结构与染色体的互相作用问题。有关显带机制的研究，虽然已有相当数量的文献资料，但是基本上仍属于探讨性的，许多问题仍是不清楚的，提出的疑问远比已知的事实多得多。在此，只能摘其主要观点和问题简介如下。

（一）Giemsa 带

1. C—带　早期认为，染色体经碱 [NaOH，Ba(OH)$_2$] 或酸 HCl 处理，可以使 DNA 分子的双链拆开，叫"变性"（denaturation）。以后在 SSC 盐溶液中温育，使单链的 DNA 分子又重新形成 H 键，恢复原来的双键结构，叫"复性"（renaturation）。由于结构异染色质变性迟而复性快，早复性的异染色质便为 Giemsa 深染而显带。

但是，进一步的研究发现，其显带机制并非如此简单，一些试验观察结果表明与上述的解释是矛盾的。例如：

（1）某些 C—带区并不包含有高度重复的 DNA 或 SAT—DNA。

（2）用吖啶橙（Acridine orange G）染色的研究表明，C 带区并不一定是双链，非带区也并不一定是单链。

（3）双链 DNA 并不一定比单链 DNA 结合更多的染料。

（4）经胰酶或尿素的简单处理，也能显带。胰酶处理后，用吖啶橙染色，着丝点区和臂区的均显绿色荧光，表明 DNA 均为双链结构，未发生任何变性。

因此，后来一般认为，变性→复性并不是 C—带显带的主要机制。

核蛋白是构成染色体的重要成分，它与染色体显带是否相关？

当用非常少量（20μg）的抗组蛋白的抗体对分带机制进行研究时，发现组蛋白 H$_2$A，H$_3$ 和 H$_4$，在用甲醇-冰乙酸固定仅 5s，就被完全除去了。如果固定延长到常规的固定时间，则 H$_1$ 也被除去了，只有 H$_2$B 仍留在染色体上。如果把已经显带处理过的染色体，再用 H$_1$ 和 H$_2$A 溶液处理，就会消除显带。因此，认为在染色体的固定过程中，有选择的消除 H$_1$ 和 H$_2$A 是显带所必须的。但是，另有实验则表明，如果染色体不用甲醇-冰乙酸固定，而只用甲醛或酒精固定，这种染色体也是均匀强染的。

只要浓度适宜，所有的组蛋白都能废除 Giemsa 对染色体的显带。

在早期的 C 带流程中，包括有用 0.2N HCl 的处理，由于盐酸可以除去染色体中的大部分或甚至全部组蛋白，但也不影响 C 带的产生，在 HSG 显带技术中，盐酸起了主要作用。而且，comings 也认为，0.2N HCl 的处理对于获得优良的 C 带是很重要的。因此，人们排除了组蛋白在分带中的重要作用。

后来证明，盐酸在分带中起着对 DNA 的脱嘌呤作用，如果以 NaB_4 还原脱嘌呤而产生的醛，则不能显带。

关于 C—带与染色体 DNA 的含量和浓缩程度的关系，也进行过研究，comings 等人用放射性同位素标记研究发现，在 C 带的显带流程中，有 60％的 DNA 从染色体上被提取出去了。用 Feuigen 染色对被提取的和未被提取的 DNA 用 CsCl 离心分析，以及用电子显微镜的观察都表明，DNA 是从非带区优先被提取的，而 Giemsa 染料是简单的堆积在残留的 DNA 侧面而显带。Holmquist 认为，染色体经酸、碱、盐处理后，常染色质区的 DNA 易于丢失（或被提取），是因为常染色质 DNA 更广泛地含有腺嘌呤，在脱嘌呤位置上 DNA 极易断裂之故。

由限制性内切酶所分离的绿猴的 SAT—DNA 中有明显的非组蛋白成分，其电泳特性和核基质蛋白相似。当以酸处理以消除组蛋白，再用 DNA 酶消化，发现 SAT—DNA 对酶的消化作用有较大的抗性。Burkholder 用 DNA 酶处理小鼠或人类染色体，用 Feulgen 反应也能显示 C 带和某些 G 带，试验结果也表明，带区比非带区更能抵抗 DNA 酶的消化作用。此外，还发现浓缩而致密的染色质比之疏松的染色质更能抵抗 DNA 酶的消化作用。分析其原因，认为主要是非组蛋白能更紧密地与浓缩的染色质结合，而保护了 DNA 不被酶消化。因此，他指出蛋白质与核酸的相互作用，是形成带的重要因素。综上所述，带区的染色质更能抵抗分带过程中的各种处理，大家的意见比较一致，但是，它是一种 DNA—组蛋白的复合物还是 DNA—非组蛋白的复合物，则仍不能肯定。

2. G—带　在 G—带研究的早期，人们首先提出这样一个问题，即染色体上所显示的 G 带带纹，是人为诱导而产生的呢？还是原先存在于染色体上的带纹夸大呢？

后来的精确观察表明，G 带的特征和减数分裂过程中染色体上的染色粒很相似。染色粒是由于染色体配对以后得以夸大而显示的，G 带也可能是染色粒的夸大。

如果染色体经甲醇—冰乙酸固定后，不用显带处理而直接在电镜下观察，可见到染色体的电子密度是均匀一致的，并无分带特征。但如果用胰酶处理之后，虽然不经 Giemsa 染色，也可以看到电子密集的带区和电子密度低的间常区。即便在扫描电镜下观察，也可见到带纹状结构。那么，胰酶起了什么作用？经胰酶处理后用 Feulgon 染色，表明染色体上只有很少量的 DNA 丢失。因此推断，胰酶处理可能主要是引起了染色质的重排，带区紧缩，间带区拉开。但是，仅仅是染色质的重排仍不能完全解释 G 带的特征，因为，经胰酶处理后未染色的染色体，在电镜下所见带区和非带区的密度差异远远小于 G 带带区和非带区的差异。显然，Giemsa 染色剂对于 G 带的显示起了直接的夸张作用。

Giemsa 属噻嗪类染料，由亚甲基蓝（Methylene blue）及其氧化产物天青（Azure Ⅰ．Ⅱ．Ⅲ）和曙红（Eosin）组成，当用 Giemsa 染料中的单一成分染色时，发现除曙红外，其他成分均能显带。说明甲基在显带中起了重要作用，但张自立等的实验指出，亚甲基蓝和天青的单一成分并不能很好的显带，而只有天青-曙红盐才能很好的显带，说明曙红在显带中也是不可缺少的成分。

那么，为什么带区能结合较多的染料而非带区则很少或不染色呢？一种可能是非带区染色疏松，含 DNA 较少，或者是胰酶或盐溶液处理，消化或提取了非带区的 DNA；一种可能是非组蛋白的覆盖，使非带区 DNA 无法与染料分子相结合。

综上所述，G 带的可能机制是，染色体中具有染色粒结构，这种结构在 G 带显带过程中引起染色质的某种重排而被夸大，同时，可能有某些非带区的 DNA 被消化或提取，或者由变性的非组蛋白所覆盖，或者两种同时存在，然后，通过 Giemsa 染料在可作用的 DNA 侧面堆积，从而显示带纹。

第四章　植物染色体的银染色技术

银染色技术（AgNO₃ 染色）自 1975 年应用于染色体研究以来，已在人类和动植物细胞遗传学研究中，特别是医学应用研究中得到了广泛应用和迅速发展。核仁组成区（Nucleolar Organizing Region，简称 NOR）的数目、位置和变异与动植物核型进化的关系，植物种间杂种间的竞争与 NOR 的关系，核仁的周期性变化，联会复合体（Synaptonemal Complex，简称 SC），染色体轴心（Axial core），核基质网结构等有关染色体结构、功能与行为的研究都应用了银染色技术。因此，可以说银染色技术是继 Giemsa 和荧光分带技术之后新兴的一项重要染色体研究技术。值得指出的是，直到 80 年代才逐渐用于植物染色体的研究，而且其应用的广度和研究的深度至今仍与动物和人类染色体的研究相距甚远。究其原因，主要是植物细胞壁的覆盖使银染色更为困难之故。随着人们对银染色机制认识的深入和技术的不断改进，银染色技术对于植物染色体的研究仍有广阔的应用前景。

第一节　银染色技术的发展与应用

一、银染色技术的发展

银染色技术在细胞化学中的应用已有很久的历史，早在 20 世纪初，硝酸银溶液就已用作动物神经细胞的染色剂，其后又广泛地用于核仁染色。但是，该项技术真正应用于染色体研究，则是始于 1975 年 Howell 等人的工作。他们以硝酸银和氢氧化铵的混合液（简称银铵）处理人类染色体的气干制片，再用福尔马林（甲醛）使银还原，结果某些具有近端着丝点染色体的短臂端部被 AgNO₃ 特异地染成黑色。当时认为这是随体（SAT）染色，故将该染色方法称之为 AS—SAT 染色技术（Ammoniacal Silver-Satellite Staining technique）。同年，Goodpasture 等又提出一种称为 Ag—AS 的银染色技术，将染色体的气干制片先用 AgNO₃ 溶液染色，然后再用银铵溶液处理，结果使 9 种哺乳动物的核仁组成区（NOR）特异性染为黑色。对人类和哺乳动物染色体的银染色结果，经 Hsu 等（1975）用分子原位杂交所得结果证实，所谓银染区就是 18S+28S 核糖体基因（rDNA 基因）的分布区，即核仁组成区，而不是随体染色。从此，Ag-NOR 染色技术便成为对染色体组中 NOR 进行定位和定性研究的细胞学新技术，并在肿瘤细胞遗传学、进化遗传学、临床遗传学、体细胞遗传学等方面广泛应用。同时，技术本身也不断有所改进和发展。

银染法专一地显示 NOR 是有条件的、相对的。许多研究者在应用中对银染色技术进行了改进，在研究 NOR 的同时，不断发现银染法也能显示染色体的其他区域，如果掌握好银染条件，除 NOR 外在端粒、着丝粒甚至臂中间也能出现一定的黑色银染区。1977 年，Denton 等在银染色前用 NaOH 溶液处理染色体标本，使 NOR 和着丝粒同时染为黑色。此后，一些研究者相继发现着丝粒和 NOR 能同时用 AgNO₃ 染色。这不仅为研究染色体重组和核型进化关系时精确确定着丝点的位置提供了方法，而且也促进了银染色技术的进一步发展。1979 年，

Kasprzak 等发现较长时间的固定加上适宜的银染色，可同时显示 NOR、着丝粒和端粒。1984 年，Haaf 等用与 DNA 链上 AT 碱基特异结合的物质（Distamycin A，DAPI, Hoechst 33258）处理培养细胞，发现诱导形成的聚缩不足（Undercondensation）的异染色质区也能显示银染正反应。银染色技术更为突出的发展是银染减数分裂前期的联会复合体的成功，成为现在可在光学、电子显微镜下进行 SC 研究的主要技术。其后，银染色技术又扩大到用于核仁周期、染色体轴心、中心粒、姊妹染色单体互换和核基质网的研究。

需要强调的是，以植物为材料的染色体银染研究起步较晚，而且其应用广度和研究深度远不及动物和人类染色体的研究。1980 年，Hizume 提出了植物染色体银染法；1983 年，Maria-Encarnacion 等对植物染色体银染法作了改进。随后一些学者对植物染色体进行了银染研究，使 NOR 染色。Sato 等（1980）用银染法研究了 Allium sativum 染色体的 NOR 与次缢痕的关系。Santo 等（1984）、Lacadena 等（1984）、Orellana 等（1984）和 Cermeno 等（1984）用银染法对杂种细胞的随体丧失（Amphiplasty）作了详细研究。Linde-Laursen（1984）探索了大麦 NOR 的多态性，并发现有时在着丝粒的两边能显示"微小带"（minor bands）。国外学者普遍采用压片法制备植物染色体标本。由于植物具有细胞壁，欲使染色体均匀分散而又不被大量细胞质覆盖是很困难的。如果染色体外覆盖了大量细胞质，则限制了银离子和染色体的充分接触，往往是导致银染色失败的原因之一。我国学者刘玉欣、张自立等（1987、1990）的研究表明，染色体标本制备技术对银染效果影响极大，只有合适的酶解和火焰干燥处理才能促使着丝粒和端粒显示出银染正反应。刘玉欣等（1988）发现黑麦染色体除 NOR、着丝粒和端粒能被 $AgNO_3$ 染色外，还可用 BrdU 和 Hoechst33258 诱导出臂内银染区。张自立等（1989）发现麦类作物除 NOR 外在端粒、着丝粒及臂中间均能出现一定的黑色银染区。酶解—火焰干燥法制片，然后进行银染色，虽然效果较好，可是，该技术也有制片稍繁、干燥和染色时间较长等缺点，尤其是不能用于显示 NOR 在细胞分裂周期中动态的研究。张赞平等（1990）改进了一个适于压片法制片的植物染色体银染色新流程，比去壁低渗—酶解火焰干燥—银染色的方法更简易而快速，稳定性和可重复性很高。它的缺点是，对于非常小的 NOR 则难以显示，需要与 Giemsa 分带结合。李懋学等（1990）通过改进染色体的处理条件和染色方法，创用一种新的混合解离液，又改进了一种适于压片法制片的植物染色体银染色技术，细胞核和染色体呈浅绿或淡蓝色，核仁和 NOR 呈黑或棕色，细胞质呈黄色或无色，分色清晰而美观。该染色技术流程特别适于研究核仁和 NOR 在细胞周期中的动态，既染色清晰，又能保持细胞结构的完整性。

我们相信，随着银染色技术的不断改进和日益完善，如果掌握好银染条件使染色体上出现稳定的端粒带、着丝粒带和臂间带，将可能给银染色技术的应用开辟新的途径，对于开拓银染法在细胞遗传学上的应用范围具有重要的意义。

二、银染色技术的应用

银染色技术在应用中得到了不断改进，同时，又在发展中得到了广泛应用。自 1975 年 Howell 等和 Goodpasture 等报道人类染色体的 Ag-NOR 染色技术以来，银染色技术已在人类和动物细胞遗传学的研究中，特别是医学应用研究中广为应用。不仅体现在用于核仁、核仁组成区、中心粒、着丝点、染色体轴心、联会复合体、核型进化与有丝分裂和减数分裂中 NOR 的变化等染色体结构和行为的研究，而且体现在癌变细胞遗传学、临床遗传学中染色体疾病的诊断、进化遗传学、体细胞遗传学及体细胞杂交中 rRNA 的合成与调节等方面的研究都应用了银染色技术。下面着重介绍银染色技术在植物染色体研究中的应用概况。

1. **染色体端部 NOR** 在一个真核生物细胞的染色体中，至少有一对染色体具有 NOR，没有 NOR 的细胞是不能存活的。Ag-NOR 染色法可以作为 NOR 定性和定位的优良方法。研究表明，许多植物的染色体中有 NOR，但并不在次缢痕区。因此，可以认为次缢痕区即 NOR，NOR 并不一定在次缢痕区。例如，栽培芍药"大富贵"品种，用常规染色只可见到第 5 对染色体短臂上具小随体；而银染色研究结果表明，共有 4 对染色体的短臂端部显示银染点，相邻的一个间期核中显示有 8 个大小不等的银染核仁，这符合一个 NOR 可以形成一个核仁的规律，也证明该芍药品种具有 8 个端部 NOR，并不存在传统所称的随体。实际上，凡是横向直径小于其染色体臂而呈球状的随体，均可为 Ag-NOR 染色法所全部深染，如牡丹、大蒜、大葱、洋葱等植物。这就说明它们是真正的 NOR，或称端部 NOR，不应该再称为随体。而具衔接随体者则不然，其随体部分无论是 C 带和 N 带还是 Ag-NOR 染色研究，它们既不显带，也不为 $AgNO_3$ 染色。相反，它的次缢痕区，无论 C 带和 N 带还是 Ag-NOR 染色，均与上述小随体反应相同。鉴于两种随体形态以及组成成分完全不同，李懋学等提出，应把小形而多呈圆球状的随体改称为端部 NOR，而只把衔接或连续随体称为随体。这样，植物界具真正随体的，只有极少的一部分植物，而绝大部分植物不具随体，而是具端部 NOR。这对于正确理解 NOR 的数目、形态和行为的广泛变异及其生物学意义，具有重要的科学价值。

端部 NOR 是核型中一个多变的结构，现已证实它具有组织核仁、合成 rRNA 等特殊功能，它的数目、位置以及大小等的变异，无疑会对遗传产生不同程度的影响，这个问题还有待于进一步探索。

2. **NOR 的数目、位置和变异** 一般认为，NOR 的数目与位置具有种的特异性，细胞 NOR 数或其位置的改变意味着细胞代谢过程或遗传性状已经发生了较大的变化。在核型的比较研究中，NOR 的数目和位置的差异，是一个十分重要的细胞学识别特征。银染色可以用在核型分析中确定 NOR 的数目以及所在染色体，尤其对那些采用普通的核型比较研究难以确定的 NOR，是最为有效的。如洋葱、葱、大蒜的染色体数目、大小和形态都很相似，但其 NOR 的位置不同，因此在核型中很容易区分。大量的研究证明，Ag-NOR 染色技术定位、定性准确，特异性和可重复性优于其他染色方法。例如，豌豆染色体的 NOR 数目和位置，是一个长期争议未决的问题，应用银染色研究的结果才证明，豌豆具有 2 对（第 4 和第 7）NOR，而且均位于长臂的近端部。

NOR 的一个重要特征是具有多态性，迄今所研究过的任何种类中，无一例外地发现有 NOR 多态现象，并可归结为每个基因组中 NOR 位点的绝对数目、NOR 位点在染色体上的位置、NOR 之间的相对大小和每个细胞中活性 NOR 位点的数目 4 个方面。前两个方面一般存在于种间，后两个方面存在于种内。张赞平等用 Ag-NOR 染色法和 Giemsa C 带技术研究牡丹和芍药，发现姚黄、赵粉和紫二乔等牡丹品种，虽均有 6 个 NOR，但其分布位置明显不同，而药用芍药则具 8 个 NOR。林兆平等证明栽培水稻种内存在 2、3、4 个 NOR 的类型。又如大蒜，正常者应具 4 个 NOR，但也经常可见到只有 2~3 个 NOR 的蒜头。这种 NOR 的多态性，有时表现为一个品种的细胞学特征，有时只表现出其变异的多样性和不稳定性，与品种特征没有必然联系。在自然界，由于自然选择的结果，NOR 的多态性有时与居群的地理分布有关，成为"地理宗"，有的可稳定地构成一个新的"细胞型"。

3. **NOR 在种间杂种中的竞争** NOR 的数目多少与植物种间的倍性高低没有相关性。在种内，同源多倍化后，NOR 数目也加倍，呈正相关。但在种间杂种或异源多倍体中，则会出现两种情况，一种是杂种的 NOR 数目等于两个亲本 NOR 数目之和。但更多情况是杂种的 NOR

数与两亲本 NOR 数之和不符。在有些麦类杂交种中，亲本 NOR 出现显隐关系。例如普通小麦，含 A、B 和 D 3 个亲本的染色体组，每个亲本至少可提供 2 个 NOR，从理论上讲，普通小麦至少应该含 6 个 NOR；但实际上，通常只能观察到 4 个 NOR，而且均位于 B 染色体组（1B 和 6B 染色体上）。而在小黑麦中，也只有小麦的 NOR 存在。两位研究者分别对小麦、黑麦、小黑麦以及小麦—黑麦附加系和代换系的染色体进行了 Ag-NOR 研究。这些研究材料的染色体组包括 ABD，R，ABDR，AABBDDRR，AABBDR，ABDR+5DD，ABRR，ABRRR 等。发现无论任何一种情况下，只要有小麦染色体的 NOR 存在，黑麦 IR 上的 NOR 都将受到抑制而不能表达。在四倍体棉花中也有上述情况，即四倍体的 NOR 少于两个二倍体亲本 NOR 之和。因此，在作杂种的细胞学检查时不能简单地以 NOR 或核仁数目的多少来判断杂交是否成功。

4. 核仁周期的研究　银染研究洋葱根尖细胞的核仁周期表明，在早末期的染色体臂上，首先出现小的银染颗粒，称之为前核仁体（Prenucleolar bodies），标志核仁发生的开始。末期，核仁在 NOR 发育，聚积核仁物质。晚末期，核仁明显增大，但在核中仍有分散的前核仁体。两个子细胞形成时，前核仁体完全消失，核仁发育成熟。但是在低氧条件下，中期的持续时间会延长，在后期即可见到前核仁体出现，并在 NOR 发育成核仁。这种在正常和低氧条件下核仁形成时间上的差异，可能与能量的供应和代谢活动的改变有关。此外，通过对银染洋葱根尖细胞的核仁周期的电镜切片观察，可看出间期核仁的典型结构是由 3 部分组成的，即纤维中心、纤维成分及其周围的颗粒成分。最邻近纤维中心的纤维成分为银染的主要部分。

李懋学等（1990）对蚕豆根尖细胞的有丝分裂过程进行了银染色研究。结果表明，在间期核，可见到 1～2 个均匀深染的核仁。早前期，核仁呈松散而不规则的形状，银染色也不均匀，表明核仁开始解体。随后，核仁体积逐渐变小，围绕于 NOR 的核仁物质最后分解。至早中期，NOR 完全裸露而显现。此时的 NOR 通常表现为伸长状态，这是其染色质尚未完全浓缩之故，也表明 rDNA 是连续分布于整个次缢痕区的。至中期，NOR 浓缩至最小，定位于一对 M 染色体的次缢痕区，其数目与核仁最高数一致。后期的 NOR 又略见伸长。早末期的 Ag-NOR 仍可辨认，在聚集的染色质中常可见到一些小形的银染颗粒。至晚末期，NOR 重新组织核仁。但是，无论在核仁解体后，还是末期，均未发现细胞质中有任何银染颗粒或明显的银染前核仁体。

以上研究都表明，核仁物质在分裂前期解体后，分布或包埋在染色体中，而不是分散至细胞质中，至末期开始在染色体上出现前核仁体并由 NOR 组织成新核仁。

5. 联会复合体（SC）的研究　以往有关联会复合体的结构和功能的研究，需要借助电镜；用银染法研究 SC，则只需普通光学显微镜即可，简单方便。关于植物 SC 的研究，概括起来，主要有以下几方面的工作：

（1）在银染 SC 技术方面：植物 SC 的研究起步晚，研究的材料也远不及动物广泛，其中的一个主要制约因素就是因为植物细胞有细胞壁，制备染色体标本比动物繁琐而困难。所以，在研究植物 SC 时，制片技术本身常常成为研究的一部分内容。Stack（1982）对此曾进行过专题研究。经过多种实验和改进，发现具有薄壁花粉母细胞的材料，可基本上采用动物 SC 的制片方法，具厚壁者则需用不同酶解去壁的制片方法。

（2）在核型分析方面：Gillies（1981、1985）分别对玉米和黑麦的 SC 进行了核型分析，从 SC 的绝对长度、相对长度和臂比值的计算值来看，与根尖细胞染色体的核型分析结果是基本上一致的。SC 的核型分析的价值在于可以对减数分裂过程中染色体的结构变异，进行比较准确的定位和分析。对玉米臂内倒位、相互易位以及断点的定位分析就是很好的例子。

(3) 在 SC 的结构变异方面：在紫露草的 SC 联会与不联会的侧生成分上，尤其是在二者的交界处，发现一些随机分布的不均匀加厚的结构，它们既不是着丝点，也不是重组节，这是在其他生物 SC 中未见到的一种特殊结构。此外，在芍药的 SC 研究中，也发现有一种新类型的多聚复合体（Polycomplex）。

(4) 在联会的启动方式方面：对一种紫露草 Tradescantia ohiensis var. paludosa 的 SC 的银染研究发现，其 SC 联会的起始位点并不是固定的，也不是从端粒开始以拉练式的方式联会，而是同时从 SC 的整个纵长轴上的不同位点开始的。每核约有 251～229 个联会起始点，每点之间的距离平均为 $7.3 \sim 11.2 \mu m$。在黑麦中则稍有不同，联会首先从端粒开始，然后启动联会，每核约有 160 个位点。早期对百合的 SC 研究也与此类似。可能多位点启动联会是植物 SC 形成的主要方式。

(5) 在联会的异常现象方面：在对三倍体圆头葱 Allium sphaerocephalum 的 SC 的银染色研究中，发现 3 个同源的侧生成分中，只有两个完全联会，另一个则纵向相伴至全长，但是它有一些吸附点与二价的 SC 相连接，每一个这种不联会的侧生成分约有 50 个这种吸附点，其分布是不均匀的。到了粗线期的后期，这些吸附的结构与二价 SC 分离，未联会的侧生成分游离，但它也可以接到各种类型的同源的 SC 上去。此外，在紫露草的 SC 中，经常发现有回折（foldback）联会的片断。Hasenkamf（1984）根据回折联会和多位点启动联会等现象，推测在 SC 的形成过程中，"同源识别"的过程并不是必需的，认为同源联会通常是伴随 Zyg—DNA 合成的时空调整而进行的。

6. 染色体轴心的研究　有关真核生物的染色体结构，有多种模型，其中的"轴心模型"认为，染色体内部有一中心轴。但支持这一模型的证据，以往主要来源于对中期染色体的电镜观察和生化分析的资料。Howell（1979）首次以银染色方法在光学显微镜下，观察到人和几种哺乳动物染色体的轴心结构，它位于每个染色单体的纵轴中心，为银所深染。用 DNA 酶和 RNA 酶处理，对轴心结构无影响。但用胰酶处理则将破坏轴心结构，说明轴心的成分是蛋白质，进一步的研究表明这是一种酸性蛋白。轴心结构普遍存在于有丝分裂的染色体中，但在具散漫着丝点的染色体的 Nysius thymi 中，轴心结构在有丝分裂和减数分裂染色体中位置是不同的。染色体经特殊的预处理后用银染色，可显示出轴心为一螺旋结构。综上所述，一般认为染色体的轴心结构是真实存在的。但仍有不同的观点，有些研究者认为这是染色体处理过程中染色单体不均匀的解离和染色质不正常集结而产生的肖像。

7. 核基质网络结构　Ghosh 等（1986）对洋葱根尖和鳞茎组织的细胞核和染色体进行了银染色研究，证明植物细胞核与动物细胞核一样，存在一种纤维状的非染色质的网络结构。在有丝分裂中，它附着于染色体之外沿。用胃蛋白酶处理后则网络被分解。生物化学分析表明，这种网络的主要成分（90%以上）是蛋白质，此外，还有少量 DNA 和 RNA。

第二节　染色体的银染色原理

一、染色体银染色的化学基础

银染法最初应用于染色体研究的几年中，曾一直被认为是显示 NOR 的特异性染色法。然而，随着应用范围的逐渐扩大和技术本身的不断改进，在动、植物染色体上相继发现着丝粒、端粒也能显示银染正反应，甚至在染色体臂内也能诱导出银染区。这就表明，银染法并非专一显示 NOR 的特异性方法，银染物质同样存在于着丝粒、端粒及染色体臂内。那么，NOR 之外的这些可银染区域与 NOR 中显示的银染物质相比是否具有相同的性质？中外学者为了探索这个问题、认识银染物质的实质进行了大量的研究，细胞化学反应的实验结果说明这些不同区域的银染物质具有相同的性质。

用 DNA 酶、RNA 酶、三氯乙酸（TCA）、稀硫酸、稀盐酸、氢氧化钠或氢氧化钡处理染色体，均不影响银染而显示 Ag-NOR，但用蛋白质水解酶如链霉蛋白酶（Pronase）、胰酶或木瓜酶等处理后，染色体则不能显示 Ag-NOR。这就表明，NOR 的银染物质不是 DNA 而是蛋白质，不是碱性蛋白而是酸性蛋白。我国学者张自立等（1990）为了探索不同银染区的银染物质是否具有共同的性质，在改进银染色流程的基础上，将大麦染色体标本在银染前，用 DNase Ⅰ、RNase、胃蛋白酶（Pepsin）、硫酸十二烷基钠（SDS）、TCA 和 HCl 分别处理。银染区域的细胞化学反应结果表明，不论 NOR 还是其他区域，这些处理对各区银染反应的影响基本相同（见表 4-1）。染色体标本用 DNese Ⅰ、RNase 降解核酸或用 TCA 抽提核酸，对各区域的银染反应无不利影响；可是用蛋白酶降解蛋白质或用 SDS 破坏蛋白质，则显著地减弱了银染正反应，其中胃蛋白酶处理的影响最甚。特别是当用 0.2mol/L HCl 处理染色体 24 小时使染色体上组蛋白已全部被提取掉（快绿已经不能使染色体着色）时，这些染色体仍然能清晰地显示出银染正反应。

综上所述，由于胃蛋白酶作用的主要位置是由酸性氨基酸或芳香族氨基酸的氨基所组成的肽键，主要消化酸性蛋白，因此，染色体上各银染区域银染物质在性质上属于非组蛋白蛋白质（负电荷的酸性蛋白）。进一步的研究认为，这种被银染色的蛋白组成较为复杂，其中包含 C_{23}、PP135 等不同的蛋白组分，还可能包括 RNA 聚合酶 Ⅰ 中的部分亚基。

表 4-1　不同处理后出现银染正反应的中期分裂细胞百分数

（据张自立等，1990）

处理	中期细胞数	NOR	着丝粒	端粒
Control	100	75	54	50
DNase Ⅰ	100	89	79	77
RNase	100	83	68	70
TCA	100	80	65	65
Pepsin	100	14	10	9
SDS	100	35	28	27
HCl	100	74	51	50

二、染色体选择性银染的机制

在银染色技术应用于染色体研究的过程中，曾经出现过以下几种现象：①NOR 特异性染为黑色；②在杂种细胞和异源多倍体细胞中，某些 NOR 不能显示银染正反应；③如果掌握好银染条件，除 NOR 外在着丝粒、端粒，甚至臂内也可显示银染正反应，但不同区域的银染强度不一样。这些选择性银染现象表明其染色机制是十分复杂的。目前提出的机制有：

1. **染色体银染与 rDNA 转录活性相关**　这是最早的染色体银染机制假说。Goodpasture 等（1975）应用 Ag-AS 染色技术，使 9 种哺乳动物的 NOR 特异性染为黑色，经 Hsu 等（1975）用原位杂交技术证明，所谓银染区就是 18S+28S rDNA 基因的分布区。具有转录活性的 rDNA 基因分布区显示银染正反应，而不具转录活性的 rDNA 基因分布区不显示银染正反应。从此，确定了银染反应与 rDNA 基因转录活性的平行关系。但该假说无法解释 c 现象，即不含 rDNA 区也可显示银染正反应。Haaf 等（1984）用和 AT 特异结合的物质诱导染色体形成聚缩不足区，尽管这些区不含 rDNA，但也可显示银染正反应。尽管黑麦的 14 条染色体上都显示银染点，大麦所有着丝粒和多数端粒显示银染正反应，可是，黑麦的 18S+5.8S+26S rDNA 基因仅位于具随体染色体上，其核型也仅有 1 对具随体染色体，大麦的 rDNA 基因仅位于 NOR，即第 6、7 对染色体的次缢痕位置。

2. **染色体银染与染色质非聚缩有关**　Medina 等（1983）观察到中期 NOR 的结构是异质的，既有聚缩的染色质核心，又有非聚缩的染色质纤维，这和间期核仁纤维中心相似，他指出银染性与染色质的非聚缩有关。由此可以推测，染色体的非聚缩或聚缩不足，使嗜银蛋白在这些区域聚集，而嗜银蛋白的聚集使非聚缩或聚缩不足状态得以维持，从而在这些区域显示银染正反应。非聚缩或聚缩不足也许是银染反应发生的起码条件。这一假说可以解释前述的 3 种现象。

NOR 的活性可以受到遗传因素的控制和影响，在杂种中这种遗传控制表现为显隐性程度的变化。例如，还阳参属植物在种间的杂交是可育的，对一系列的不同种间杂交结果进行观察，发现在这些杂种中都只有一个 NOR 能组织形成核仁，而另一个受到抑制，不形成核仁，同时，次缢痕也不出现。NOR 形成核仁的能力表现出明显的显隐性关系，并且，在一系列不同物种间的杂种，NOR 在显隐强度上表现出有梯度差异。在同一细胞中，一个物种的 NOR 对另一物种的 NOR 活性有抑制作用。已经确知在这些物种中有一个 NOR 显隐程度有差别的等位基因序列存在。尽管 NOR 之间如何进行抑制的详细机制尚不了解，可抑制 NOR 的同时次缢痕也不出现是确定的，这就可以解释为什么杂种细胞和异源多倍体细胞中，某些 NOR 不能显示银染正反应，因为这些 NOR 是聚缩的。如普通六倍体小麦，有 4 对具 rDNA 基因的染色体，而仅 1B 和 6B 显示银染正反应，1A 和 5D 不能用银染显示其 NOR，也看不到 1A 和 5D 次缢痕的形成，说明这些 NOR 是聚缩的。

着丝粒和 NOR 都是染色体缢痕形成区，其中都含有松散的纤维，即聚缩不足，因此可以银染。端粒是染色体的一个特殊结构，其中的染色质纤维是无规则折叠的，看不到末端，聚缩紧密。因此，一般情况不能银染，但经去壁低渗处理，端粒解螺旋松开而使聚缩程度降低，从而显示银染正反应。诱导染色体臂内银染区亦然。

嗜银蛋白是带负电荷的酸性蛋白，依 DNA 中 AT 对的多少和染色体的凝聚状态而呈不均匀分布，具活性的 NOR 中密度最高，着丝粒和端粒次之，其他臂内区域的密度差异较小。适当的诱导剂可使染色体聚缩程度改变，从而诱导嗜银蛋白的反应集团暴露，有效密度提高，从而显示银染点。由于化学反应速度和反应物浓度成正比，在一定时间内银离子在不同区域的沉淀量不同，从而表现出选择性银染。

第三节　染色体银染法分类及技术流程

（一）Ag-NOR 染色技术

Ag-NOR 染色技术在各类银染色方法中是最有价值的方法，可以对 NOR 的数目、位置及其变异进行定性和定量的研究。主要有适于去壁低渗-火焰干燥法制片的 Ag-I 染色流程与适于压片法制片的 Ag-AS 染色流程和 HAA-Ag-I 染色流程。

1. **Ag-I 染色流程**　Ag-I 染色流程即 $AgNO_3$ 一步染色流程。干燥制片上加几滴 50% Ag-

NO₃ 水溶液，加盖片，置潮湿培养皿中于 37℃温育 18h，或 50℃温育 2～5h，至 NOR 显示黑色。Ag-I 染色流程程序简便，应用也最为广泛，在此基础上改进的流程和染色方法也很多，现举例介绍如下：

(1) 蚕豆、芍药和牡丹的 Ag-NOR 染色流程：①根尖的预处理和固定如常。②去壁低渗-火焰干燥法制备染色体标本。③空气干燥约 7 天。④气干片用 0.2mol/L HCl 于室温下处理 2h。⑤水洗后风干。⑥在气干片上加几滴 50% AgNO₃ 水溶液，加盖片，置潮湿培养皿中，于 60℃温育约 6h。⑦蒸馏水淋洗，彻底洗净 AgNO₃。⑧空气干燥，树胶封片。

染色结果，核仁和 NOR 呈棕至黑色，染色体呈不同程度的黄色，但也可能是无色。

(2) 银杏的 Ag-NOR 染色流程：①按常规去壁低渗-火焰干燥法制片。②室温空气干燥 2 天以上。③在气干片上加数滴 8% AgNO₃ 水溶液，其上覆盖一张擦镜纸，置潮湿培养皿中，加盖密封，于 60～70℃温箱中处理 2 天。④用无离子水洗净 AgNO₃ 溶液。⑤空气干燥。

(3) 小麦的 Ag-NOR 染色流程：①根长约 1cm 时切取根尖，于冰瓶中处理 24h。②材料用卡诺氏固定液于冰箱中固定 24h。③蒸馏水浸泡约 1h。④用 2.5%纤维素-果胶混合酶（pH 值 5.2）液，于 25℃酶解 2～2.5h。⑤蒸馏水浸泡 40～60min。⑥卡诺氏固定液再固定。⑦制备细胞悬液，滴片，火焰干燥。⑧制片置干燥器中干燥一周左右。⑨气干片用 0.2N HCl 处理 2h（室温），蒸馏水洗净残余 HCl。⑩在室温下气干。⑪在制片上加入几滴 50% AgNO₃ 水溶液，加盖片。置潮湿培养皿中，于 60℃温育 6h。⑫镜检，当染色体呈金黄色，NOR 呈黑色，用蒸馏水冲洗，洗净残留 AgNO₃ 液。⑬5% Giemsa 染色液复染 3min 或不复染。⑭二甲苯透明，存暗处保存。

(4) 黑麦的 Ag-NOR 染色流程：①用去壁低渗-火焰干燥法制备染色体标本。②空气干燥 3～7天。③在气干片上加 2～3 滴 50%～70% AgNO₃ 水溶液，加盖片或加 2 层擦镜纸。④制片置于垫有潮湿滤纸的培养皿中，加盖。置 50～60℃温箱中染色 12～24h 或更长时间。⑤镜检，见 NOR 呈黑色，染色体呈黄色即可用蒸馏水冲洗干净，空气干燥后观察。如果染色体无色，则经充分水洗后，用 1% Giemsa （pH 值 6.8）染色 1～2min，使染色体染上淡红色。

如果干燥 7 天后的制片，用 0.2mol/L HCl 于室温下处理 2h，水洗后再稍风干，然后进行上述 AgNO₃ 染色，则可以明显缩短染色时间。

值得指出的是，用去壁低渗-火焰干燥法制备染色体标本，只适用于显示 Ag-NOR，而不适用于显示核仁以及在细胞周期中 NOR 和核仁的动态变化。因为经低渗处理后，核和核仁往往扩散而失去固有形态特征。但是，用去壁低渗-火焰干燥法制片的一些禾谷类作物，经长时间的高温染色，往往可以显示着丝粒或端粒，这是其优点。

2. Ag-AS 染色流程 配制下列溶液：50% AgNO₃（w/v）水溶液；AS 溶液（Ammonium-Silver），4g AgNO₃ 溶于 5ml 无离子水中，再加 5ml NH₄OH，充分混匀后冰箱保存备用；3%中性甲醛（每 100ml 该溶液中加入 2g 无水乙酸钠，使用时用甲酸调 pH 值至 5～6）。

(1) 百合的 Ag-NOR 染色流程：①根尖用 0.02%秋水仙素水溶液处理 4～5h。②95%乙醇-冰乙酸（3∶1）固定 1h。③经蒸馏水洗几次后，用 0.1mol/L HCl 于 60℃解离 8～14min，或在室温下解离 4～7min。④水洗几次后，用 45%乙酸压片。⑤冰冻脱盖，空气干燥 1h。⑥在气干片上加 4 滴 50% AgNO₃ 水溶液，加盖片，置潮湿的培养皿中，于 65～70℃温育 15～20min。⑦无离子水淋洗几次，空气干燥 1～4h。⑧在气干片上加 4 滴 AS 溶液和 4 滴 3%甲醛，充分混匀，加盖片。⑨制片可放在低倍显微镜下，监视染色进程，当核仁和 NOR 显示黑色时为适宜。⑩蒸馏水淋洗几次，用 1% Giemsa（pH 值 6.8）复染至染色体呈淡红色。⑪自来水洗几次，干燥，中性树胶封片。

注意，固定的时间不宜过长，HCl处理时间要严格控制，处理过度会破坏Ag-NOR染色的专一性。

(2) 红花菜豆的Ag-NOR染色流程：①根尖用0.02mol/L 8-羟基喹啉水溶液于16~18℃处理3~4h。②用96%乙醇-冰乙酸（3∶1）固定并在冰箱中存放12~48h。③45%乙酸压片，冰冻脱盖片后，制片置37℃温箱中干燥12~24h。④气干片转入2×SSC盐溶液中于60℃处理1~3h，水稍洗。⑤在气干片上加1~4滴50% $AgNO_3$ 水溶液，加盖片或擦镜纸，置潮湿的培养皿中，于65~70℃温育15~20min。⑥蒸馏水洗后，空气干燥1~4h。⑦加1~4滴AS溶液和1~4滴3%甲醛，混匀，加盖片，置显微镜下监视染色，当NOR或核仁呈黑色或深棕色时，用蒸馏水冲洗干净。⑧再用2%~4% Giemsa（pH值6.8）复染30~60s，水洗，干燥，中性树胶封片。

染色结果表明，红花菜豆根尖细胞染色体有6个Ag-NOR染色区，与C带的大型端带数相同，因此，确认其具6个NOR。

3. 柠檬酸钠-$AgNO_3$染色流程 ①当小麦种子根长约1cm时，切取根尖置入自来水中，于0℃处理36~48h。②无水乙醇-冰乙酸（3∶1）固定2~24h。③45%乙酸压片。④冰冻脱盖片，空气干燥。⑤加1滴上述固定液于气干片上，火焰干燥。⑥配制柠檬酸钠-$AgNO_3$溶液：1g $AgNO_3$溶于1ml柠檬酸钠溶液（每500ml蒸馏水中加入0.02g柠檬酸钠，再用甲酸调pH值3）。⑦在气干片上加1~2滴上述溶液，加盖片。⑧置潮湿的培养皿中于55~60℃处理30min至几小时。⑨当染色体呈黄色，Ag-NOR呈黑色，用蒸馏水充分洗净。空气干燥后转入二甲苯中停留约5min，用D.P.X中性树胶封片。

(二) 非专一显示NOR的银染色技术

银染法专一地显示NOR是有条件的、相对的。如果掌握好银染条件，除NOR外在端粒、着丝粒甚至染色体臂中间也能显示一定的黑色银染区。张自立等（1990）为了探明染色体标本制备技术对银染的影响，采取了酶解去壁低渗-火焰干燥、酶解去壁低渗-空气干燥、盐酸水解涂片、盐酸水解涂片-火焰干燥四种方法，制备大麦染色体标本，然后银染。结果表明，染色体标本制备技术对银染效果影响极大，只有合适的酶解和火焰干燥处理才能促使着丝粒和端粒显示银染正反应，同时延长银染时间也是十分必要的条件。

1. 同时显示NOR和着丝粒的银染色技术

(1) HCl-Ag-I染色流程：该流程对植物材料很有应用价值，曾对蚕豆等15种植物进行了银染色试验，均获成功。其主要操作程序如下：①根尖预处理如常。②95%乙醇-冰乙酸（3∶1）固定（5℃）1h。③材料经70%、30%、15%乙醇转入蒸馏水。④将根尖置载片上，加2~3滴新配制的各4%纤维素酶和果胶酶混合酶液（用稀HCl调pH值至3.9~4.1），于37℃温育50~60min。⑤用无离子水漂洗几次。⑥加固定液2~3滴固定约1min。⑦再加1滴固定液，将根尖压碎，分散，再加1滴固定液，火焰干燥。⑧空气干燥1天。⑨气干片在0.2mol/L HCl中于20℃处理2h。⑩蒸馏水洗3次，每次5min，室温下干燥1天。⑪在载片上加2~3滴新配制的50% $AgNO_3$溶液，于50℃温育1~6h。等核仁和NOR呈黑色为宜。蒸馏水淋洗，晾干，树胶封片。NOR和着丝粒均为$AgNO_3$染成黑色。

注意：在该流程中，延长固定和气干时间，对显示着丝粒不利。

(2) NaOH-Ag-AS染色流程：①在空气干燥片上加4滴0.01% NaOH（用蒸馏水稀释至pH值8.5，约为10^{-5}mol/L NaOH）水溶液，处理30~40s。②蒸馏水充分洗涤后，空气干燥。③在气干片上加几滴33.3% $AgNO_3$水溶液，加盖片。置强照明灯下照射10min（温度约为50~70℃），冷却，蒸馏水洗，空气干燥。④在气干片上加2滴AS溶液和2滴3%中性甲醛，混匀，染色1~3min。⑤蒸馏水洗，空气干燥，中性树胶封片。

注意：在该流程中，严格控制NaOH的pH值和处理时间，是成功的关键。

2. 同时显示NOR、着丝粒和端粒的银染色技术

(1) 在25℃培养种子，当初生根长至1cm左右，将材料放入冰箱0~4℃前处理36~58h。

(2) 切下根尖分生组织，经甲醇-冰乙酸（3∶1）固定2h。

(3) 在25℃酶解（果胶酶和纤维素酶各占3%）2~2.5h。

(4) 双蒸水中低渗1~3h。

(5) 弃去双蒸水，用镊子将根尖捣成糊状，加甲醇-冰乙酸固定液制成悬浮液。

(6) 滴片，火焰干燥，10天后备用。

(7) 在制片上加3滴 $AgNO_3$ 溶液（0.7~0.8g $AgNO_3$ 溶于1ml无离子水中），盖上盖片，放入铺有湿润滤纸的培养皿中，于60℃温育12~14h。

(8) 双蒸水冲洗、干燥后镜检。

染色结果：NOR、着丝粒和端粒均显示出银染正反应，但在银染过程中，最早被染成黑色的地方是NOR，然后才出现着丝粒区和端粒区的银染反应，且NOR银染反应的强度也较其他两区稍强。

3. 诱导染色体臂内银染区的银染色技术

(1) 在25℃条件下培养种子，待幼根长到0.2~0.5cm时，在加入药液（50μg/ml BrdU 或100μg/ml Hoechst 33258）的培养皿中，25℃继续培养12h。

(2) 将材料放入冰箱0~4℃前处理24h。

(3) 经预处理后的根尖，用新配制的甲醇-冰乙酸（3∶1）固定30~60min，蒸馏水冲洗。

(4) 用各2.5%的纤维素酶和果胶酶混合液，于25℃解离1h。

(5) 去掉酶液，充分水洗，在无离子水中停留15~30min。

(6) 倒去无离子水，加入上述新鲜固定液。

(7) 火焰干燥制片，空气干燥7天以上。

(8) 在气干片上加4~5滴80%的 $AgNO_3$ 水溶液，用擦镜纸覆盖，使 $AgNO_3$ 溶液均匀分布。置于垫有潮湿滤纸的培养皿中，加盖。在55~60℃的温箱中染色15~24h。

(9) 无离子水冲洗，Giemsa复染或不复染，镜检，拍照。

经上述流程处理，BrdU和Hoechst33258能有效地诱导出臂内银染正反应区，使黑麦染色体上在NOR、着丝粒、端粒和臂内同时出现银染点。

（三）研究核仁和NOR在细胞周期中动态的银染色技术

李懋学教授通过创用新的混合解离液，改进了一种称为"HAA-Ag-I"的适于压片法制片、尤其适于对核仁和NOR在细胞周期中的动态进行研究的快速银染法，已在蚕豆、芍药和牡丹等多种植物中应用成功。其主要操作程序如下：

(1) 根尖或幼嫩子房（芍药和牡丹）用0.05%秋水仙素水溶液或对二氯苯饱和水溶液预处理2~4h。

(2) 蒸馏水洗约10min。

(3) 用95%乙醇-冰乙酸（3∶2）固定液于4℃固定2h或过夜。

(4) 材料经50%和30%酒精转入蒸馏水中。

(5) 转入1mol盐酸-95%乙醇-冰乙酸（按5∶3∶2新鲜配制）混合解离液中，于室温下处理5~10min，或在60℃处理4~5min。

(6) 蒸馏水洗3次，共约10min。

(7) 用 45%乙酸压片。

(8) 冰冻脱盖片，在 95%乙醇中洗 5min。

(9) 室温下干燥 2h 以上至过夜。

(10) 在洁净的载片上，加 1 滴 1%明胶（gelatin）溶液（含 1%甲酸）和 2～3 滴 50% $AgNO_3$ 溶液（用双蒸水新配制，再用 $0.2\mu m$ 的微孔滤膜过滤），混匀，加上附有细胞的气干盖片。如用附有细胞的载片染色，则加洁净盖片或擦镜纸覆盖。

(11) 放入垫有潮湿滤纸的培养皿中，在室温下静置约 5min。转至 60～65℃的恒温箱中温育约 5～10min，待明胶-银溶液变为深黄色，取出冷却，置显微镜下检查。

(12) 当核仁和 NOR 染成黑色或深棕色，染色体呈淡黄色，即示染色完成。

(13) 用蒸馏水稍加淋洗后，浸入 5%大苏打水溶液中，定影约 5min。

(14) 蒸馏水淋洗几次，彻底洗净定影液，然后以 0.001%亚甲基蓝（methyene blue）水溶液复染约 10～30s。

(15) 蒸馏水稍洗，空气干燥，用中性树胶封片。

对于小麦及大麦等禾本科植物的根尖，用以上解离液处理后，压片仍较困难，宜用 2%纤维素酶溶液于室温下处理 30～60min，水洗后再以解离液处理。或压片，或以火焰干燥法展片，染色方法同上。

正确的染色结果是：染色体和细胞核呈浅绿或淡蓝色；核仁和 NOR 呈黑色或深棕色；细胞质呈浅黄或黄色。既染色清晰而美观，又能保持细胞结构的完整性。

注意：①如果细胞质或染色体染色呈深黄，则可减少明胶溶液用量，但染色时间需相应延长。也可以不加明胶溶液，而置 50～60℃温箱中染色 4h 或过夜。②如果片龄超过 2 天，染色困难，可采用以下两种处理方法：用 0.2mol/L HCl 于室温下处理 30～60min；或用 0.07mol/L NaOH 水溶液 6ml+2×SSC 溶液 44ml 的混合液于室温下处理 1～5min。水洗后空气干燥 4h 或更长时间，再行 $AgNO_3$。

（四）联会复合体（SC）的银染色技术

银染植物 SC 的技术关键是制备染色体充分展开的标本。综合银染植物 SC 成功的报道，其技术流程可分为两类：一类适于具薄壁花粉母细胞者，不需进行酶处理；另一类适于具厚壁花粉母细胞者，需要进行酶解去壁。

1. 适于具薄壁花粉母细胞的银染流程

(1) 该类银染 SC 技术流程适用于玉米、黑麦、小麦、紫露草等植物。现举例介绍如下：

玉米的银染 SC 流程：①取 3～4 个处于减数分裂粗线期的花药，浸入有下列铺展剂的凹形载片中。0.1%牛血清清蛋白和 2mmol/L EDTA（必要时，可用 0.5mol/L NaOH 调 pH 值至 7.7）。②将花药切开，用解剖针挤压，使细胞溢出药壁，捡除花药壁残渣。③用微吸管吸取上述细胞悬液，滴入装有 0.5%NaCl 水溶液的衬有黑底的培养皿中，细胞随即炸裂。④用塑料膜片接触溶液表面以吸附铺展的联会复合体。⑤附有联会复合体的膜片在以下两种固定液中各固定 5min：4%多聚甲醛（paraformaldehyde）含 0.03% SDS（sodium dodecyl sulphate）；4%多聚甲醛。以上两种固定液均用四硼酸钠缓冲液（pH 值 8.2）配制。⑥在 0.4% photoflo（pH 值 8.0）中淋洗 20s。⑦空气干燥。⑧干燥片用 Ag-AS 银染色法染色。

(2) 黑麦的银染 SC 流程：①在有塑料载膜载片上，加 1 或 2 滴铺展剂（Eagle's 细胞培养液加 2mmol/L EDTA 和 0.1%牛血清清蛋白）和 2 滴 0.03%"Trix"去污剂。②选取一个处于减数分裂细线至双线期的黑麦花药置于上述铺展剂中，切断，挤出花粉母细胞，捡除花药壁。③3～4min 后，加 6 滴 4%多聚甲醛（用 3.4%蔗糖溶液配制，pH 值约 9），随即将载片置于 30～40℃的热板上干燥至少 4h。④用 0.4% Photoflo（Kodak，pH 值 8.0）洗 2 次，计 2min。空气干燥。⑤用 Ag-AS 方法进行银染色。⑥经银染色后的载片在低倍光学显微镜下初检。对铺展好的联会复合体进行定位标记,将有标记的塑料载膜分离并转至铜网上,电镜检查和照相。

(3) 小麦的银染 SC 流程:①在有塑料载膜的载片上加 1 或 2 滴下列铺展液:"199"细胞培养液加 0.03% EDTA(pH 值 8.2)以及 2 滴 0.35%去污剂。②将处于减数分裂粗线期小麦花粉母细胞从花药中挤出,悬浮于上述铺展剂中。③处理 5~10min 后,加 6 滴多聚甲醛(用 3.4%蔗糖配制,pH 值 8.2~9.1)。④在 37℃ 干燥 4h 以上。⑤用 Ag-AS 方法银染色与黑麦同。

2. 适于具厚壁花粉母细胞的银染流程 该类银染 SC 技术流程适于番茄、马铃薯、紫万年青、芍药和圆头葱等植物。现举例介绍如下:

(1) 番茄和马铃薯的银染 SC 流程:①将处于减数分裂前期的新鲜花药放入凹形载片中,加入以下培养液总量约 0.1ml:0.9mol/L 山梨醇;0.6mmol/L KH_2PO_4;1.0mmol/L $MgCl_2$;以 10mmol/L 柠檬酸钾缓冲液配制,再加 0.3%硫酸葡聚糖钾(Mw8000)。溶液的最终 pH 值以 0.1mol/L KOH 或 0.1mol/L HCl 调至 5.1。花药在上述溶液中处理 5min 后,用刀片将花药横切开,再处理 5min。②用解剖针挤压出花粉母细胞,捡除花药壁,加约 1mg 脱盐 β-葡糖苷酸酶(β-glucuronidase)3~5min 后,细胞壁立即被分解。③用微吸管吸取原生质体悬浮液,滴在洁净的载片上或有塑料载膜的载片上(供电镜观察用),加盖片。取约 5μl 蒸馏水,缓缓地从盖片一侧用吸水纸引流,使水从盖片下流过,细胞膜便膨胀炸裂,SC 从细胞中游离分散出来。④冰冻脱盖片,空气干燥。⑤气干片用新配制的 4%甲醛(用硼酸缓冲液配确,并调 pH 值为 8.4~8.5)在低温下固定 10min。然后浸入 4% photoflo 200(Kodak,pH 值 8.4~8.5)中几秒钟,稍干,用前述的 Ag-I 方法染色。⑥具塑料载膜的载片上的 SC,还可用于扫描电镜观察。其方法是,先在低倍显微镜下对所选择观察的 SC 进行定位,然后,在其上覆以 50 目的铜网,在蒸馏水中漂离载膜铜网,空气干燥,喷碳后观察。

(2) 圆头葱的银染 SC 流程:①将花药中挤压出的花粉母细胞在以下溶液中处理 4~8min(0.1g 蜗牛酶、0.375g 乙烯吡咯烷酮,即 PVP、MW.40000 和 0.25g 蔗糖,溶于 25ml 蒸馏水)。②在另一洁净片上加 1 滴低渗液(0.5% "Lipsol" 去污剂)。③取 1 滴细胞悬液滴在低渗液上,使 SC 展开。④干燥后,以 50% $AgNO_3$ 于 60℃ 温育 40~60min。

第五章 植物染色体核型分析

第一节 核型分析的意义

一、核型的概念

核型（Karyotype），简言之，一般是指体细胞染色体在光学显微镜下所有可测定的表型特征的总称。主要包括染色体的数目和形态结构特征。

染色体数目包括基数（x）、多倍体、非整倍体、B-染色体和性染色体等。在植物界，染色体数目的变异幅度很大，从单冠毛菊 *Haplopappus gracilis* 的 2n＝4 到蕨类植物网脉瓶尔小草 *Ophioklossum reticulatum* 的 2n＝1260。染色体数目变异的这种多样化，通常与其分类群相关。例如，某些属甚至某些科，往往具有同一的基数，而在种内或居群内染色体数目通常具有相对稳定性。植物界除小麦属 x＝7 外，不少属都含有共同的染色体基数，如黑麦和大麦以及燕麦属 x＝7，芍药属 x＝5，棉属 x＝13，茄属和辣椒属 x＝12 等。但也有一些属是多基数的，如葱属 x＝7、8、9，芸薹属 x＝8、9、10，巢菜属 x＝5、6、7、9、11，贝母属 x＝9、11、12、13 等。在这类多基数的属中，到底哪个数是该属的原始基数呢，这是研究该属的种间亲缘关系及演化趋向的很关键的问题，原始基数确定了，便是"纲举目张"，其他基数的种便知来龙去脉。因此，染色体数目尤其是基数及其变异，是用以阐明属、科以及更高等级分类群的亲缘关系及演化路线的最有价值的核型特征。在属下等级、也是鉴别多倍体、非整倍体变异、B-染色体以及某些杂交种的最可靠的细胞学依据。由于染色体数目易于判断和鉴别，用以说明问题时简明而方便，所以，它在细胞遗传学研究中，是应用最广泛的核型特征。

染色体形态主要包括染色体的绝对大小和相对大小；着丝点和次缢痕以及随体的数目和位置等特征。有些近缘种，或整个属（如百合属、稻属、茄属等）的二倍体种，均含有同一的染色体数目。因此，这些物种之间核型的差异不表现在染色体数目上，而是表现在染色体形态上。例如，葱属中的葱、洋葱和蒜，染色体数目均为 2n＝16，染色体大小也近似，但是，它们之间的随体的数目、大小和位置则有明显的不同，是一个很易鉴别的核型特征；百合科的百合属、贝母属和郁金香属三个近缘属，次缢痕和随体的分布式样便具有明显的属的特点；荞麦的染色体形态变异不大，随体染色体的数目和分布便成为种间重要的核型鉴别特征；棉属染色体类型及其在核型中排序位置的异同，是分析棉属种间核型组成异同的极其重要的核型特征。染色体形态，是研究属下或种下等级的物种或居群的亲缘关系和演化趋向的主要核型特征。Stebbins 主要根据染色体形态特征，按照核型不对称的等级，将核型分为 12 种类型，用以分析核型的变异和进化，是很有参考价值的。

染色体的"解剖学"特征是指一般光学显微镜下可观察到的染色体内部结构特征，即主要指的是分带特征。由于经显带处理后，染色体上带纹的数目、位置、宽窄与染色的深浅具有相对稳定性，具有一定的种属特异性，突破了染色体形态证据的局限性，从解剖水平（染色体的结构、成分和功能）上，进一步阐明了植物种及种下变异、物种分化和形成的遗传机理。它是染色体形态水平的研究之后的一个新的层次，是进一步逼近从分子水平揭示染色体组成、结构、行为和功能的本质基础。因而为微观水平上识别染色体及其变异提供了更精确的信息，这种信息，对于居群水平上分析染色体的结构变异与物种形成，以及在系统演化中物种亲缘关系，是很有价值的。

二、核型分析的概念

核型分析（Karyotype analysis）就是对核型的各种特征进行定量和定性的表述。

核型和带型反应了物种染色体水平上的表型特征。研究和比较各种物种的核型、带型可以确定物种染色体的整体特征，有助于对物种间科、属、种的亲缘关系进行判断和分析，揭示遗传进化的过程和机制。核型分析也是分析生物染色体数目和结构变异的基本手段之一。在杂种细胞的染色体研究和基因定位，单个染色体识别中，核型分析也具有其独特的作用。总之，核型分析是细胞遗传学，染色体工程，基因定位，细胞分类学，现代进化理论等学科的基本研究方法。

三、核型分析的应用价值

（一）植物分类的依据

染色体数目和形态学证据的引入，大大促进了系统与进化植物学研究的深入和发展，尤其是在科下等级的分类中发挥了重要作用。如坂村（Sakamura，1918）根据染色体倍性，将麦类分为三大类群，即 $2n=2x=14$，$2n=4x=28$，$2n=6x=42$；盛永俊（1934）根据3个基本种 $n=8$、$n=9$、$n=10$，理清了芸薹属植物之间的复杂亲缘关系；李懋学（1993）根据棉属种或染色体组之间随体的形态、数量及分布具有不同程度的差异，提出随体的这种差异，对分析种间亲缘关系和探讨四倍体棉的起源具有重要的参考价值；他还根据倍性和随体的形态从细胞学上区分了栽培葱属蔬菜葱、大蒜、洋葱、韭菜和荞头；另外学者根据染色体计数结果确定了蔷薇科的太行花属，是草本植物比较原始古老的残存属，对有齿鞘柄木染色体计数结果，支持鞘柄木科更接近五加科的观点。

染色体显带技术应用于植物细胞学、遗传学和进化植物学研究中后，在探讨植物种下等级的分类，疑难种的划分和同型核型的比较等方面获得了一些重要依据，如李懋学等（1980）曾用显带方法解决了黄精属 *Polygonatum* 几种玉竹 *P. odoratum* 的分类问题。而对一些菊科 COMPOSITAE 植物的带型研究则揭示了物种多样性与染色体分化的关系：*Anacyclus* 中各种的染色体组很相似，但在C—带带型上有差异，根据C—带还可以明显地区分出 *Pyrethraria* 中的一年生和多年生植物，一年生植物还可以划分出两大类群。宋运淳等研究了禾本科 POACEAE 8种作物的G—带带型，结果发现形态分类相近的种其G—带带型亦较相似，而且分类中亲缘关系愈近，带型相似性愈大。豆科 FABACEAE 苜蓿属 *Medicago* 中的1年生和多年生种的核型相同，C—带带纹可以作为识别不同种的染色体的良好特征（一种仅具着丝点带；另一种则还具中间带和端带）（Falistocco，1993）。Linde-Laursen（1992）对大麦属中32种植物的C带分析亦得到了类似的结论。

（二）探讨物种的起源

传统上对物种形成过程的研究主要是利用一些表型性状来进行，因此所得的结果往往并不一定能反应遗传上的差异。Ayala 说的更明确，形态上的变化不一定也不足以说明物种形成的出现。越来越多的事实表明：染色体这一有组织的基因集团的变化，是物种演化的遗传物质基础，正像等位基因的变化是种内品种变化的遗传物质基础那样。核型分析是在染色体水平上研究生物的遗传变异现象，因而为有效地揭示自然群体的遗传变异大小、种间关系和系统发生等诸多问题提供了有力的证据。如聂汝芝和李懋学（1991）根据棉属中棉和草棉核型的比较，得出中棉可能是由草棉的染色体易位衍生而来，起源应是更晚的。这与根据草棉×中棉的杂种减数分裂时形成一个典型的四价体以及中棉至今未发现野生类型等事实而得出的结论相符合。此外，他们（1991）还对2个四倍体棉种陆地棉和海岛棉及其D组的二倍体棉种，进行了核型比较研究，期望确定这两个四倍体棉种的D组染色体供体是否为单系发生，并确定它们的二倍体祖先。结果表明，无论从核型的大体结构还是从随体染色体的数目和类型来看，D_5与陆地棉的D组近似，推测D_1可能是海岛棉的D组供体种，这与Yunushanov（1984）根据种子蛋白质电泳分析的结果所提出的看法一致，支持了陆地棉和海岛棉D组染色体供体多系发生的观点。同时还为Stephanomeria diegensis是由S. exigua和S. virgata天然杂种进化来的以及四倍体棉种是由旧世界二倍体棉种和美洲二倍体棉种杂交而形成的双二倍体等学说提供了核型方面的证据。Giraldez和Santos（1981）带型的研究则证实了非同源但结构相似的染色体在减数分裂时进行配对的可能性，其中小麦 *Triticum aestivum* 是最著名的例子，为揭示异源多倍体的形成提供了依据。在葱属 *Allium* 的几个异源多倍体的研究中，Bruhns发现了异源五倍体A. neapolitanum（5x，2n＝35）的C显带染色体中存在2：2：1的异形现象，得到一个AAA_1BB的"核型公式"。有关物种起源问题的探讨有待于在已经开展的染色体研究的基础上深入下去，运用植物形态学、植物地理学、细胞学及分子生物学等方面的研究手段，阐明物种起源和形成的细胞、分子遗传机制。

（三）了解植物遗传和形态变异

染色体不仅是基因的载体，而且是直接参与进化过程的有组织的基因集团，进化能够对影响核型的单位——染色体——进行选择。由于进化本身是非常复杂的过程，决定于环境条件和生物本身。因此，对不同类群进行笼统的归纳意义不大，只有针对具体类群，具体分析才有意义。植物物种分化和进化研究的出发点就是居群间和居群内个体可遗传的形态变异。通过核型分析则有可能使我们了解植物适应环境的一些遗传变异。据Swanson（1981）报道，在菊科的还阳参属中，染色体变小常伴随着一年生习性的形成。在其他植物中也有染色体变小与一年生习性相联系的现象（罗鹏，1989）。染色体变大的例子也很多，并且染色体变大在一些植物中被认为是对环境的一种适应性，这种适应表现为植物对低温具有一定的抗性。Ardulov（1931）在禾本科中观察到这种例子，禾本科的原始类型竹簇植物，其染色体较小，在热带，比较进化的禾本科也是这样，但是在温带占优势的禾本科植物，如 *Festuca* 属等，它们的染色体就大的多，这是对寒冷的一种适应。John（1976）发现在不同物种的不同居群之间，B-染色体的频率差异很大，在有些类群中，这种变异与居群所处的生境密切相关。比如，来自朝鲜的黑麦在酸性土壤中B-染色体的频率明显较高，而卵叶对叶兰 *Listera ovata* 不同居群中的B-染色体数目和带B-染色体植株的频率随着纬度由北向南的改变而表现明显递减的趋势（Vosa，1983），可见，B-染色体或许有其特殊的适应意义，有证据表明，在严厉的选择压下，带B-染色体的植株比不带B-染色体的植株有更强的竞争力（Rees和Hutchinson，1973）。洪德元（1982）对 *Scilla autumalis* 的细胞地理学研究发现，分布于北非广大地区和希腊爱琴群岛的植物中，一对随体染色体是等臂的（臂比1.1～1.5），而分布于欧洲大部分地区至小细亚的植物中，这一对随体染色体却是近等臂的（臂比2.6～3.0），两种细胞型在分类上基本异域（洪德元，1987）。类似染色体水平上的物种遗传分化与环境变化相联系的例子还很多，许多多倍体具有比 2 倍体祖先更高的抗逆性，能够在极端的环境条件下生活，因此他们常常分布在二倍体祖先不利的地区。如在亚欧大陆，双盔草属的 *Biscutella laevigata* 和缬草属的 *Valeriana officinalis* 的二倍体分布在低地和平原地区，而多倍体则分布在高山地区。在澳大利亚的 *Themeda australis* 的二倍体生长在比较湿润的地区，而其多倍体却向干旱地区扩展（罗鹏，1989）。有关带型方面的例子，如 Barbujani（1989）对虎眼万年青属 *Ornithogalum montanum* 中的意大利的居群中与不同地理分布式样相关的染色体带型多样性进行了研究，在 12 条带纹中有 8 条为各居群都较一致的单态型，另 4 条带纹则与地理分布有关。所有这些都表明植物适应环境条件而发生的遗传分化可以在染色体核型的变异中体现出来，而且这种遗传分化与形态分化是紧密相连的。

第二节 核型分析

染色体核型分析至少要具备两方面的信息，即染色体的数目和染色体的形态。

一、染色体数目

（一）材料

计数染色体，一般多以体细胞染色体数目为准，尤其以种子萌发的材料为可靠。在体细胞中，染色体的个体性易于判断，此外，由于在有丝分裂过程中，染色单体均等分离，因此，在同一个体中，其数目易于保持相对的稳定性。减数分裂也可用于计数，例如，蕨类植物则以孢子的减数分裂的染色体为主要计数材料，因为，取材和制片中都比体细胞更为方便。但是，以减数分裂的染色体计数，应特别慎重，尤其是多倍体，杂合体和发生各种数目和结构变异的类型，染色体的配对情况复杂多变，有时甚至在同一花药的不同母细胞之间，也有极大差异，在价体的准确分配和统计上存在一定困难，因此，容易出现差错。例如，20 世纪 50 年代前所报道的植物染色体数目中，便有不少错误，其原因之一，可能是那时多以减数分裂的观察为依据之故。诚然，如果染色体配对比较规则又易于计算，则同样可作为可靠的依据。

（二）统计的细胞数

原则上说，观察和统计的细胞数目越多，其准确性越可靠，也容易发现变异情况。但是，在许多情况下更要考虑观察的个体数目，才更具有代表性，因为从一个个体和从多个个体所得的结果有时不一定相同，考虑到作物杂交育种的实际情况，有些珍稀个体有限，不可能作大量的细胞学观察，在全国第一届植物染色体学术讨论会上，与会者一致约定计数染色体数目以 30 个细胞以上，其中 85% 以上的细胞具有恒定一致的染色体数目，即可认为是该作物的染色体数目。

（三）多倍体

在观察中，常见到同一个体的制片中含有染色体倍性不同的细胞，如二倍和四倍体细胞，有时后者所占比例也可能很高。但即便如此，该个体只能以二倍体计数，这是由于材料在药物或低温预处理过程中产生的染色体加倍的现象，是人工诱导加倍的产物。只有该个体恒定地均含有多倍细胞时，才可认为是多倍体。注意鉴定人工诱导的多倍体时，最好不用当代根尖作为观察的材料，而应该用当代植株的花粉母细胞或第二代的种子根为材料，尤其是对幼苗进行芽处理加倍时更是如此，因为芽加倍后根不一定加倍。

有一些倍性较高而染色体数目较多的植物中，例如，猕猴桃、甘蔗和许多蕨类植物，不同细胞的染色体数目往往不尽相同，难以观察到比较恒定的整倍性。所以，在文献中常见此类材料往往只记录一个大约的数目，这是由于染色体小而多，难以准确计数或本身易于出现差异之故。如果染色体数目非常邻近某一整倍体数，一般均可认为是该整倍体，而如果染色体变异的幅度很大，则可视为混倍体。对于这类高染色体数的作物，一般只宜分析其染色体数目变异，而不适于作核型分析，一则因为其染色体较小，二则它可能含复杂的多个基因组，难以获得准确而有价值的结论。

不要轻易地根据常规核型分析作出同源和异源多倍体的判断，因为染色体形态上相似并不一定是同源。例如，百合属的卷丹，核型分析可以非常整齐一致地将 36 个染色体排成一个同源三倍体的核型图，过去把它当作是同源三倍体。后来经染色体显带后发现，有两个染色体具有同一带型，另一个染色体则具另一种带型，所以，确认它是一个异源三倍体。在苹果属、海棠属、梨属等果树的核型研究中，给它们定什么性质的多倍体，应特别慎重。

（四）非整倍体

某一个体恒定地出现某一同源染色体对中多一个或少一个成员，分别称为三体和单体，多两个或少两个则分别称为四体和缺体。三体和四体可以在二倍或四倍体中产生，而且能存活。单体和缺体，只在多倍体中可以存活，二倍体中则虽可发生但植株不能存活。这类非整倍体，在染色体工程和基因定位研究中，有重要的应用价值。在普通小麦中已建立了全套 21 个单体系列，棉花中也获得了不小单体。水稻和谷子中也相继报道了全套三体系列。这些有价值的非整倍体材料，基本上要靠染色体的观察和分析来确认。美国学者 Sears 经 15 年的大量田间观察和室内的细胞镜检，才完成了普通小麦"中国春"的全套单体系列材料，可见得来非易。因此，如果在作染色体观察时，有幸发现有价值的上述非整倍体的个体时，应特别珍惜并想法将其保存下来。

在一个物种的群体中，某一个或一些个体与其他个体比较，发现恒定地相差一对或几对非重复的同源染色体时，则可能表明该物种中存在有染色体基数的非整倍性变异的个体，这类非整倍体，称为异整倍体（clysploicl）。这是物种分化或新种产生的标志，也是同属植物中产生多基数原因。例如李懋学等在研究药玉竹群体的染色体时，便发现有一些个体染色体数目 $2n=18$ 的个体（玉竹为 $2n=20$），后又经外部形态的仔细观察和比较，便确认这 $2n=18$ 的植物应为另一物种。上述事例只想说明一点，在作染色体观察时，不要轻易无视某些异常现象，因为有些异常现象往往是我们发现新问题的源泉。

（五）混倍体

不同个体和不同细胞的染色体数目变异幅度较大，出现整倍和非整倍细胞的一系列变异，此为混倍体。常见于许多长期行营养繁殖的植物和组织培养的材料。例如，菊花、桑、甘蔗等，多数情况下表现为混倍体。对于此类材料，一般应分别统计不同染色体数目及其所占的百分比。

（六）B-染色体

当细胞中多出一个或几个小形染色体时，应考虑是否是 B 染色体（或称超数染色体）。B-染色体的存在，也是容易导致染色体计数有误的原因。鉴别 B-染色体可根据以下特点判断。

（1）一般均小于常染色体，大者约相当于染色体中最小成员的约 1/2 大小，小者仅有一个小随体大小。

（2）在同一个体中，其数目是比较恒定的，而且通常每个细胞中均存在。无论其大小如何，均具着丝点，主要为具中部和端部着丝点者。可在体细胞分裂过程中正常传递。这些特征可以易于与染色体断裂所产生的各种断片相区别。

(3) 80%出现在二倍体植物中。数目多为1~2个，少数情况下，在自然界可多达20个，在人工诱导和栽培条件下，玉米的B-染色体，在一个细胞中可累积多达34个，远远超过了其A染色体数目。少数B-染色体存在时，通常不会对外部表型产生显著影响，但多数存在，则必引起生活力降低及生殖不育障碍。然而，每种植物对B-染色体存在的忍受能力则不相同，李懋学先生观察到百合和玉米在2~3个B-染色体存在时，仍能正常结实，而含2个B-染色体的白杆 *Picea meyeri* 的幼株，从研究者发现时，其开花的雌雄球果数便明显少于正常株，而且不育，并表现顶端停止生长，连续五年观察，最后枯顶而且再也不形成雌雄球果而被园林工人挖除。此外，据文献报道，有些含B-染色体的植物，也表现出其明显的适应价值，例如适于密植，抗旱或抗沼泽环境等。

由于B-染色体的存在不能从植物的外观上加以识别，只能靠细胞学观察和机遇而发现，故一旦发现此类材料，应珍惜和尽可能将其保存，以供科研之用。

（七）性染色体

性染色体主要存在于苔藓植物和种子植物的某些雌雄异株植物中，从染色体数目和形态上看，主要有两种类型：一种是雌雄异株的染色体数目不等，如酸模 *Rumex acetosa*，雌株为2A+XX，雄株2A+XYY，即雄株多1个染色体；另一种为雌雄株染色体数目相同，但形态不同，雌株为2A+XX两个染色体是同形的；雄株为2A+XY，Y与X异形，例如，大麻和异株女娄菜 *Melandrium dioicum* 等。根据以上特点，即使是从种子萌发取根尖细胞观察，通过核型分析，也是可以判断雌雄染色体的。但是，许多雌、雄异株植物并不存在这种异型的性染色体，核型分析则无法判断。

二、染色体的形态和结构

（一）供核型分析的染色体

这里所指的是在光学显微镜下所见到的大体结构，而非指超微或分子水平上的结构。

作为供核型分析之用的染色体，最好应满足以下基本条件：染色体所处的分裂期应准确可辨；染色体纵向浓缩均匀一致；缢痕显示清晰等。据此，以体细胞有丝分裂中期经低温或药物预处理而相对缩短的染色体为准，最为可信，最少产生误差，最能充分满足上述3项要求。而早中期的染色体，虽然具有易于分散的优点，但由于其染色体正处于逐渐浓缩的过程中，而染色体臂上不同的染色质浓缩的速率往往并不一致，通常是近着丝点区的染色质早浓缩，而端粒区晚浓缩。染色时便会出现着丝点区深染而向端粒区逐渐淡化。如果经低渗和火焰干燥制片，这种情况会得到进一步的强化。因此，一些植物的染色体不经分带处理，直接用Giemsa染色，便能显示出某些深染区或淡染区，类似于C带式样。不过，这些深—淡区往往界限不甚清晰，甚至于整条染色体也缺乏明确的界限，尤其是两臂的端部虚化。在这种情况下作出的核型或所谓的"带型"，难以保证其准确性。这也是许多作者对同一作物所进行的核型和带型分析结果不一致或很不一致的重要原因之一。应尽量避免这种情况。

对一些染色体较小的重要作物，例如水稻、玉米、番茄等。过去多采用花粉母细胞减数分裂粗线期的染色体作核型分析，尤其是在玉米中应用比较成功，一则是其染色体数目较小。二则是其粗线期染色体上有特异性的"染色纽"结构，易于识别。但也存在着染色体不易分散以及着丝点不易准确判断等缺点。因此，随着染色体技术水平的提高，现已转向主要以根尖染色体作为核型和带型分析研究的材料。

近年，也有尝试用粗线期联会复合体进行核型分析的报道，就核型的准确性而言，并没有明显改善。不过，它的优点是可以在电镜下准确地识别倒位或易位的位点。

综上所述，目前的核型研究几乎全部趋向于以根尖细胞的中期染色体为材料。少数作者还结合粗线期"染色纽"的数目和形态特征，相互印证，这无疑是更有价值的方法。

（二）染色体长度

植物染色体的实际长度（或称绝对长度），指经低温或药物处理后的分裂中期染色体，变异于 $1\sim30\mu m$。其中裸子植物、百合科、石蒜科、禾本科等多含较大的染色体，而十字花科、葫芦科、猕猴桃科和蔷薇科等，则染色体普遍较小。测量染色体的实际大小，一般不在显微镜下逐个用显微测微尺测量，以减少误差。放大的图像，可按下列换算成实际长度。

$$实际长度（\mu m）=\frac{放大的染色体长度（mm）}{放大倍数}\times 1\,000$$

实际长度只有在一定条件下才有比较价值，例如，染色体大小差异比较悬殊的种或属间比较。在多数情况下，它不是一个可靠的比较数值。这是因为预处理条件和染色体缩短程度难以完全相同，即使预处理在完全相同的条件下，同一个体或同一个体的不同细胞的染色体，缩短程度也往往不同，有时可以相差 $1\sim2$ 倍。所以常常见到不同作者所报道的同一种植物的染色体实际长度值，也往往不同，有时甚至相差很大，这是无法避免的。因此，如果要进行染色体实际长度的比较，则需尽可能选择多个个体以及染色体缩短程度不等的多个细胞测量，取平均值。

根据 Lima-De-Faria 的"染色体场"（Chromosome field）的理论，把真核生物的染色体按其大小分为四个等级。第一级，小于 $1\mu m$ 者称为微小染色体，其所含基因较小，染色体场是发育不全的；第二级，染色体长度在 $1\sim4\mu m$，称为小染色体。已具有正常的着丝点和端粒，不过，由于二者之间距离太近，其基因调动的自由度较小，相邻基因有着很强的相互影响，其染色体是严密的；第三级，染色体长度在 $4\sim12\mu m$，称为中等大小的染色体，其着丝点和端粒之间的距离适宜，包含有 DNA 序列的所有类型，染色体场处于最适宜的条件。第四级，染色体长度在 $12\mu m$ 以上，称为大染色体，其着丝点和端粒之间的距离太大，基因移动的自由度也大，易于改变位置，染色体场是最不稳定的，可塑的。一般认为，第三级即中等大小的染色体是最适宜基因调控和表达的染色体场。大多数生物具有这种大小的染色体，表明这也是长期选择的结果。染色体太大或太小，对生物的进化都可能有不利之处。

相对长度是以百分比表示的长度，它的优点是排除了染色体浓缩程度不同或各人取用的细胞不同而产生的误差。因此，相对长度值就是一个相对稳定的可比较的数值。目前的核型分析中，大多采用相对长度值，而绝对长度值则往往只记录其变异范围，作为参考。计算相对长度的方法，通用的有两种：一种是以染色体组中最长或最短的染色体为100，其他染色体则以此计算其比值；近年来更为普遍应用的是按以下公式计算：

$$\frac{染色体长度}{染色体组总长度}\times 100$$

染色体相对长度指数（I、R、L）：这是郭幸荣（Kuo，S.R.）等提出的对染色体长度进行分类的方法。即

$$染色体相对长度指数=\frac{染色体长度}{全组染色体平均长度}$$

I、R、L<0.76，为短染色体（S）；$0.76\leqslant$ I、R、L$\leqslant 100$ 为中短染色体（M1）；$1.01\leqslant$ I、R、L$\leqslant 125$ 为中长染色体（M2）；I、R、L$\geqslant 126$ 为长染色体（L）。

近年，国内也有个别作者采用此计算方法，其优点是把染色体按长度不同分为4个等级，可以一目了然，相对长度指数的数字使用较前者方便。遗憾的是使用太少，未能普及。

(三) 着丝点

着丝点一词,以往也称初级缢痕,主缢痕。它是染色体构成的一个不可缺少的重要结构。一个染色体可以丢失一个臂或两个臂的大部分丢失,例如 B 染色体或端体染色体,它照样可以复制和分裂而增殖,但如果没有着丝点,便成为一个不能复制或自我繁殖的染色体断片,将会自然消失。

着丝点在核型分析中起着关键性作用,着丝点清晰与否直接关系到核型分析的结果的准确性。因此,在核型分析,力求做到每个染色体的着丝点缢痕清晰,才能获得准确的臂比值以及据此作出的染色体类型的命名,而要做到着丝点清晰,主要取决于预处理药物的选择和处理时间的掌握。此外,制片时染色体的平展度也很重要,尤其是对小染色体类型,只有在很平整的条件下,着丝点缢痕才易于清晰显示。

1. **臂比值 (r)** 即染色体的两臂的比值。染色体被着丝点分开的两个臂,长的叫长臂,短的叫短臂。其通用公式为:

$$\frac{长臂（L）}{短臂（S）} \quad 或 \quad \frac{短臂}{长臂}$$

其中,以前一公式广为应用,后一公式则只在早期的文献中应用。

2. **着丝点位置及命名** 自开展核型研究以来,细胞学家们采用了多种计算方法去确定着丝点的位置,并用相应的命名描述染色体的基本形态。例如:中部 (median);近中部 (neary median),亚中部 (submedian);近亚中部 (nearly submedian);亚端部 (subterminal);近亚端部 (nearly subterminal);端部 (terminal) 着丝点染色体等。以上这些着丝点命名中,只有中部和端部着丝点位置是固定不变的,而介于这两点之间的中间部分,则各家的命名标准不尽相同,从而产生了各种不同的命名系统。下面仅介绍目前应用最为广泛的两点四区命名系统 (Levan 等,1964 年)。

该系统的命名规则是,在两个固定的 M 和 T 之间,均等的分为 4 个区段,每一区段的范围由臂比值确定,据此确定的着丝点命名如下:

命名（简称）	着丝点位置	臂比
M	正中部着丝点	1.0
m	中部着丝点区	1.0～1.7
sm	亚中部着丝点区	1.7～3.0
st	亚端部着丝点区	3.0～7.0
t	端部着丝点区	7.0～∞
T	端部着丝点	∞

该系统在实际应用过程中,因为两着丝点区之间臂比的临界值是重叠的,所以,当臂比值恰好是临界值时,由于各人的理解不同,往往出现采用不同命名的混乱现象。例如,臂比值为 1.7,便有命名为 m 或 sm 染色体的不同处理。有鉴于此,在第一届全国植物染色体学术讨论会 (1984 年) 上,与会者约定稍加修改,在国内推行,于 1985 年公布发表修改如下:

命名	臂比值
M	1.00
m	1.01～1.70
sm	1.71～3.00
st	3.01～7.00
t	7.01～∞
T	∞

为了便于阅读其他文献时参考，下面把着丝点指数［centromeric index，简称 i，计算公式 $i=\frac{短臂（S）\times 100}{染色体全长（C）}$］和长短臂的差值［difference，简称 d，设染色体全长为10，差值 $d=$长臂（L）－短臂（S）］与 Levan 等的命名规则对比列于表 5-1 中。

臂比值、差值和着丝点指数的计算公式互换如下：

$$d=\frac{10(r-1)}{r+1};\quad r=\frac{10+d}{10-d};\quad i=\frac{100}{r+1}=5(10-d)。$$

3 种计算公式及相应的着丝点命名对照见表 5-1。

表 5-1　差值（d），臂比值（r）和着丝点指数（i）对应表

命 名	d	r	i	命 名	d	r	i
M	1.00	0.0	50.0		3.44	5.5	22.5
	1.05	0.5	47.5		4.00	6.0	20.0
	1.22	1.0	45.0	st	4.71	6.5	17.5
m	1.35	1.5	42.5		5.67	7.0	15.0
	1.50	2.0	40.0		7.00	7.5	12.5
	1.67	2.5	37.5		9.00	8.0	10.0
	1.86	3.0	35.0		12.33	8.5	7.5
	2.08	3.5	32.5	t	19.00	9.0	5.0
sm	2.33	4.0	30.0		39.00	9.5	2.5
	2.64	4.5	27.5				
	3.00	5.0	25.0	T		10.0	0.0

3. 臂指数（Number Fundamental）　所谓 NF 值，即基本的臂数。在早期，人们把具中部或亚中部着丝点染色体称之为具两臂的"V"形染色体，而把具近端和端部着丝点染色体称之为只具一个完整臂的"j"或"I"形染色体，以此来统计核型的总臂数。有些植物中，例如石蒜属的各个种，不管染色体数变化多大，其总臂数总是恒定的，即一个"V"形染色体可以变为两个"j"形染色体，反之亦然。此现象称之为罗伯逊变化（Robertson change）。它是某些植物产生基数增加或减少的重要机制。这类植物染色体数目的改变，用统计臂指数较易说明问题的实质。

值得说明的一点是，多数植物染色体具有单个而且位置固定的着丝点。上面谈到的就属此种类型。但有些植物（如莎草科、灯心草科植物）的染色体没有可辨别的着丝点，着丝点活动也不是固定在一个位置上，而是分散在染色体的首尾各处。对这种含有弥散着丝点的多着丝点染色体来说，染色体断裂未必有害，在细胞分裂过程中，由于多着丝点染色体横向分裂形成的断片能进行完全正常的中期定向和后期移动，从而造成了具多着丝点染色体的生物中断片倍数性上升的系列。例如，穗花地杨梅 *Luzula spicata* 有 3 个不同的细胞宗，2n=12，14，24，但这 3 个宗中染色体总体积差不多是相同的。这就表明染色体数目断片倍数性变异是与特殊的着丝点类型相联系的。

（四）关于次缢痕、核仁组成区（NOR）和随体（SAT）

在核型分析中，次缢痕（或 NOR）和随体的识别和判断是非常重要的，因为，它的数目、分布和大小差异，常成为区分某些近缘种或属的主要核型特征。例如，葱、洋葱和蒜，三者的染色体数目和基本形态都相近似，但随体的数目和大小则明显不同，很容易区分。其他如松属 *Pinus*、百合属 *Lilium* 和贝母属 *Fritillaria* 等，属内种间的核型差异亦此。

但是，次缢痕和随体比着丝点来说，识别和判断往往困难得多，变异也更大，成为核型分析中的难点。下面就将李懋学先生对于这方面的一些观点介绍给大家，以供参考。

1. 次缢痕（Secondary constriction） 在一些植物中，尤其是在具大染色体的植物中，每个细胞的染色体中，至少有一对同源染色体除着丝点（主缢痕）外，还有另一个收缩的部分，即次缢痕。而估计有很多植物则没有次缢痕。首先碰到的一个难点是，在一个染色体上怎样区分主缢痕和次缢痕。以下几方面的特征可供识别参考：

次缢痕主要位于染色体的短臂上。根据 Lima-De-Faria（1980）对 189 种生物染色体中次缢痕的分布的统计，位于短臂者占 90.5%，只有 9.5% 位于长臂或中部。

在制片过程中，次缢痕比着丝点更容易产生人为地分离。

在有丝分裂的中、后期，着丝点区由于有纺锤丝的牵引，所以，染色体容易在着丝点区弯曲，次缢痕则不然。

在有丝分裂的晚前期或早中期，次缢痕区通常显示出贴附于核仁的表面。

用 Ag-NOR 染色法，可将其显示特异的染色——棕或黑色。

此外，曾在少数动、植物中观察到有些次缢痕区并不具备以上后两点特性，其缢痕也不像正常的缢痕区那样明显，为了区分，Schulz-Schaeffer（1961 年）曾提议将其命名为第三缢痕（Tertiary constriction）。

2. 核仁组成区（Nucleolar Organizing Region，简称 NOR） 顾名思义，核仁组成区或称核仁组织者，即细胞中某一对或几对染色体上负责组织核仁的区域，它含有 rDNA 基因，能合成 rRNA。其实，在植物中，前述的次缢痕区即核仁组成区。二者几乎可作为同义词。只是在使用上往往有差别，通常，在对核仁作一般形态结构描述时，例如核型分析时，用次缢痕一词。而在讨论其功能时，常用核仁组成区。Ag-NOR 染色法可以作为 NOR 定性和定位的优良方法。但需特别强调的是，现已查明，许多植物的染色体中有 NOR，但并不在次缢痕区。因此，可以认为次缢痕区即 NOR，NOR 并不一定在次缢痕区。下面将讨论。

3. 随体（satellite 或 trabant） 随体一词，最早由俄国著名的细胞学家 Navashin（1912）所命名。指的是在少数染色体的臂的末端可见到小而圆球状的附属物，宛如染色体的小卫星，故命名为卫星（satellite），中文译名为随体。

通常，次缢区至染色体的末端部分，称为随体。具随体的染色体简称 SAT-染色体。按照现有的概念，随体有大有小，大者和臂的直径相等，但长短不一，例如蚕豆、大麦和小麦的随体。这类随体称之为衔接随体或连接随体。小者如小圆球或甚至难以辨认。如洋葱、玉米和牡丹的随体。随体的分布，正如在次缢痕中所述，90.5% 位于染色体的短臂上。还有少数植物，例如豌豆、郁金香和芦荟等植物，随体位于长臂上。也还有少数植物染色体上的次缢痕是位于染色体的中部和近中部，与着丝点相邻，中间为一小断片物所隔，由次缢痕至端粒的臂很长。在这种结构中，哪一部分为随体呢？有两种不同的意见：一种意见认为，从位置上来说，次缢痕至端粒部分，不论其长短如何，应该通称其为随体或叫衔接随体。即所谓的具"小体—连接丝—大随体"（Kopfohen-connecting fiber-large satellite）结构的染色体；另一种意见则认为，从结构和起源上来说，着丝点和次缢痕之间的小片断或小体，应是随体。因经 Giemsa 分带以及 Ag-NOR 染色均已证明，它和端部随体的反应完全一致。从起源上来说，认为这是端部随体连同其相接的臂发生臂内倒位而衍生而来。可称之为中部或中间随体（median satellite）。具这类随体的植物有百合、大蒜和黄芪等。

根据现代用分带技术和 Ag-NOR 染色技术研究的结果，李懋学等认为随体的现今命名是模糊不清的和不科学的，极需重新命名。实际上，凡是横向直径小于其染色体臂而呈圆球状的随体，均为 Ag-NOR 染色法所全部深染，说明它们是真正的 NOR，或称端部 NOR，而不应称之为随体。如大葱、洋葱、大蒜、牡丹等均是。具衔接随体则不然，其随体部分无论是 C 和 N 带以及 Ag-NOR 染色研究，它们既不显带，也不为 $AgNO_3$ 染色，与上述的随体性质完全不同。而相反，它的次缢痕区，无论 C 带或 N 带以及 Ag-NOR 染色，均与上述的小形随体反应相同，为 NOR。鉴于两种随体形态及组成成分完全不同，李懋学等指出，应把小形而多呈圆球状的随体改称为 NOR，而只把衔接或连续随体称为随体。这样一来，植物界具真正随体的，只是极少数一部分植物，而绝大部分植物不具随体，而是具端部 NOR。因为 NOR 位于端部，它们的染色体上也就不存在次缢痕了。但是，为了顾及现有状况和引用资料方便，在本书中，描述各种作物的核型特征时，暂时仍沿用随体一词表述端部 NOR。

在核型研究中，NOR（或随体）存在着广泛的变异，种间如此，种内也存在。对这些变异的准确观察、分析和理解，成为核型研究中的一大难点。概括起来有以下特点：

（1）在一个真核生物细胞的染色体中，至少有一对染色体具有 NOR，没有 NOR 的细胞是不能存活。有些染色体的端部 NOR 很小，染色体稍加缩短便难以分辨。因此，不能轻易作出某种植物染色体中没有随体的结论。

（2）NOR 为核仁组织者，一个 NOR 可以组成一个核仁，但实际上，核仁数与 NOR 并不是完全相符的。通常，核仁数目小于 NOR 数，这是由于核仁易发生不同等级的融合之故。当以核仁数目的多少作为判断染色体是否已加倍的指标时，要注意以上特点。

（3）NOR 的数目多少与植物种间的倍性高低没有相关性。同为二倍体，蚕豆具 2 个，豌豆具 4 个，兰州百合具 6 个，大花延龄草具 8 个。在种内，同源多倍化后，NOR 数目也加倍，呈正相关。但在种间杂种或异源多倍体中，则会出现两种情况，一种是杂种的 NOR 数目等于两个亲本 NOR 数目之和。在洋葱和葱杂交种以及百合的杂交种中均见到过。但更多情况下是杂种 NOR 数与两亲本 NOR 数之和不符。例如，小麦与黑麦的各种杂交组合的后代，黑麦的 NOR 均受到抑制，而只有小麦的 NOR 呈显性。因此，在作杂种的细胞学检查时，不能简单地以 NOR 或核仁数目的多少来判断杂交是否成功。

（4）NOR 的多态性（polymorphism）：在农作物中，同一作物的不同品种或甚至同一品种中的不同个体之间，NOR 的数目和分布位置往往不同。其中，尤以无性繁殖的作物品种间出现的频率较高。如大蒜，正常者应具 4 个 NOR，但也经常可见到只有 2~3 个 NOR 的蒜头。这种多态性，有时表现为一个品种的细胞学特征，有时只表现出其变异的多样性和不稳定性，与品种特征没有必然联系。在自然界，由于自然选择的结果，NOR 的多态性有时与居群的地理分布有关，成为"地理宗"，有的可稳定地构成一个新的"细胞型"。

（5）NOR 的杂合性（hetrozygosity）：这是指同源染色体上 NOR 的位置不同或大小不同的现象。杂合性往往反映出其杂种性质，一般在无性繁殖的作物中易于发现此类现象。

（6）NOR 联合（NOR-association），以往也称随体联合。这种现象主要发生在具端部 NOR 的细胞中，在具衔接随体上的 NOR 则罕见。在有丝分裂或减数分裂时，同源染色体上的 NOR 易于粘连在一起而不分离，其结果便会出现一个同源染色体的 NOR 增大，另一个则丢失。这也是产生 NOR 多态性的机制之一。

（7）NOR 转位（transposition）：NOR 可通过易位或移位到其他非同源染色体上去。

综上所述，NOR（或随体）是核型中最多变的结构，但是，这些变异在遗传学上和进化中的意义，还有待进一步探索。

三、关于模式核型应分析的细胞数

所谓模式核型，意即从多数细胞分析所得的平均核型，它具有代表一个物种或一个品种或一个居群的植物的核型。因此，应分析一定量的细胞，按照第一届植物染色体学术讨论会约定标准，至少应分析5个细胞，并求出各项参数的平均值，根据5个细胞的平均值，作为模式核型的参数以及绘制核型模式图。

特别值得一提的是，核型分析和计数染色体数目的要求是不同的，后者要求统计尽可能多的细胞，而前者则不尽然。核型分析更要求准确，所谓准确性，包含有两方面的含义：其一是要求制片的质量高，染色体和结构清晰，以这种细胞进行的核型分析，即便数量较少，其准确性也高。反之，染色体和结构不清，即使分析的细胞数很多，所得出的模式核型也不准确；其二是在核型分析中，同样也强调分析的个体数和材料的代表性，要求5个细胞来源于5个不同的个体。

同时，在对5个细胞的各种参数求平均值时，切记先以一个最清晰的细胞的染色体为标准，其他细胞依次对号入座。在对号入座时，主要以臂比值为参数，长度参数放第二位，当长度与臂比有矛盾时，以臂比为准。常常发现一些核型资料提供的模式参数和核型模式图，与所提供的模式照片的实际情况相差甚远，甚至染色体类型也不大相同。究其原因主要是只依据长度排序平均的结果。较准确的核型参数应该是与模式照片基本相符的。

此外，对每一个细胞所测量的核型原始资料的处理，也是一个不容忽视的问题。在作模式核型之前应认真仔细地比较每个细胞的核型资料，确认各细胞的核型结构没有明显差异时，方可算其平均值，作为模式核型。而如果有某个体细胞的核型有明显的结构变异，则宜单独列出和加以必要的说明，而不能将其与其他没有变异的核型平均，因为，这样一来不仅掩盖了变异，其模式核型反而不准确了。有时发现一些作者提供的核型模式图与染色体模式照片不符或甚至相差甚远，可能此乃原因之一。

四、基数和倍性

基数（basic number），通常以字母"x"表示，含有倍性之意。但植物配子体的染色体数目，通常以字母"n"表示，也含有倍性之意。那么两者有什么样的关系呢？

简言之，正确的含义和正确的用法是"n"用于个体发育的范畴，而"x"则用于系统发育的范畴，二者可能有联系但更有差别。在植物个体发育的世代交替中，配子体世代为"n"，即单倍体，孢子体世代称为"2n"，即二倍体。它与植物的真实倍性的高低无关。例如，通常把各种植物的花药培养都称之为单倍体培养，而把它们的体细胞称为二倍体。"x"则不然，它所表示的是某些植物在系统发育中的倍性，即，物种演化中的倍性关系。以小麦属 $Triticum$ 为例，一粒系小麦的染色体数目 $2n=14$，二粒小麦为 $2n=28$，普通小麦为 $2n=42$，其染色体数目表现出后二者约为前者的整倍数，组成一个多倍体系列，这反映了它们在系统发育中的亲缘关系。从这些染色体数目中，可以发现它们有一个共同的最小公约数7，而7正好是一粒系小麦的配子染色体数目，因而，7就是小麦属的染色体基数"x"。对一粒系小麦而言，n和x相等，$2n=2x=14$，为二倍体；二粒系小麦则可写成 $2n=4x=28$，为四倍体，普通小麦则为 $2n=6x=42$，为六倍体。上式中"2n"只表示体细胞的含义，而"x"才表示真正的倍性。上例说明，通常，在整倍多倍体系列的属（或甚至科）中，就把含染色体数目最少的种的配子体染色体数目作为该属的染色体基数。但如果这个属的基数的数值仍较大，例如，甘蔗属，现有种的最少的染色体数目 $2n=40$，$x=20$。这些基数都太大，因为根据现今全世界绝大多数研究植物系统与进化的权威们的意见，认为被子植物的原始基数可能是 7，因此，凡 $x>13$ 的物种，都可能是古多倍体起源的。

关于次生基数 x_2，这是指含两个不同基数的物种杂交并二倍化后形成的双二倍体的染色体基数，它不是任一亲本基数的整倍数，而是一个新组合的基数。此外，对于多基数的属或种而言，一旦确定其原始基数之后，其他基数则称之为衍生基数。

五、核型的表述格式

（一）染色体编号

文献中记载的染色体编号规则，有不同类型，目前应用最广泛的是一律按染色体总长度由长至短顺序排列。如果两对染色体长度相等，则按短臂长度排列，长者在前短者排后。另一规则是按短臂长度编号，也是长者在前短者排后，这种排列主要用于大部分是由 st 型染色体组成的核型中，例如蚕豆和百合等。除非为了与前人的同样排法而便于比较外，现已很少有人采用此类规则。还有一种便是分组编号，例如人类染色体的核型，也有极少人在植物中采用。但由于染色体长度往往是连续变异者居大多数，分组的界线并不易确定，所以一般不可取。只有一类核型例外，那就是一个细胞中的染色体可以明显分为长短两群的所谓二型核型（bimodal karyotype），例如中国水仙、芦荟、玉簪花等，长染色体群按 $L_{1、2、3}$……短染色体按 $S_{1、2、3}$……顺序排列。

此外，像普通小麦那样的异源多倍体，其亲本的染色体组清楚，并作过相应的核型分析，则是根据其亲本的染色体组分别排列。例如普通小麦，按 A_1……$_7$；B_1……$_7$ 以及 D_1……$_7$ 编序排列，而不是全部 21 对染色体统一编序排列。

关于具随体或 NOR 的染色体，可将其单独排在最后。多数作者仍是按其长短与其他染色体统一顺序排列。性染色体和 B-染色体则通常单独排在最后。如果核型中出现杂合性明显的同源对时，则应分别测量每一成员的臂长和臂比值，分别列入参数表中和绘制模式图。编号则一般以最长的成员为准，并附加说明。遇到这种情况千万别以二者的平均值为准列入参数表和绘制模式图，以免掩盖变异而得出错误结论。

（二）参数表

核型分析中各项测定的平均数值，通常都列表报道，内容主要包括：

（1）染色体序号：通用阿拉伯数字。

（2）染色体长度：绝对长度（μm）和相对长度（%），应详细列出长臂长度、短臂长度和染色体全长的数值。不同作者对染色体长度内容的取舍也不尽相同，主要有 3 种方式：详细列出相对长度值，绝对长度值则只列染色体全长数值，或更为简化的是在表下注明或在文字描述中说明染色体的变异范围；另一种方式则相反，详细列出绝对长度数值，而相对长度只列出染色体全长的数值；第三种是二者全部列出详细的平均数值。三种方式中以第一种方式应用最广泛。此外，随体的长度是否计算，需视随体的大小而定，小随体的长度可以不计，大随体一般应计算长度。无论计算与否。均需在表下加以说明。具随体（或次缢痕）的染色体，在表格中通常以星号"＊"为标记，以便识别。

（3）臂比值。

（4）染色体类型或着丝点位置：应准确按照命名字母填写。

此外，相对长度和臂比值一律取小数点后两位数，见表 5-2。

表 5-2 薏苡的核型分析参数表

染色体编号	相对长度			臂比 $\bar{x}\pm Sx$	染色体类型
	长臂 $\bar{x}\pm Sx$	短臂 $\bar{x}\pm Sx$	全长 $\bar{x}\pm Sx$		
1	5.17±0.35	4.70±0.11	9.87±0.45	1.10±0.03	m*
		6.37±0.47	11.54±0.57	1.23±0.02	
2	6.01±0.50	4.56±0.28	10.57±0.60	1.32±0.18	m
3	5.48±0.21	4.93±0.33	10.41±0.54	1.11±0.05	m
4	5.49±0.11	4.84±0.15	10.33±0.65	1.13±0.09	m
5	5.55±0.44	4.71±0.11	10.26±0.55	1.18±0.06	m
6	5.48±0.08	4.46±0.13	9.94±0.66	1.23±0.04	m
7	5.02±0.04	4.69±0.25	9.71±0.57	1.07±0.02	m
8	5.68±0.03	3.37±0.77	9.41±0.89	1.52±0.06	m
9	5.17±0.25	4.11±0.21	9.28±0.65	1.26±0.11	m
10	6.14±0.06	3.13±0.36	9.27±0.32	1.96±0.14	sm

* 表示包括随体长度。

（三）模式照片

一般每种材料最好能附一张质量较高的分裂中期染色体的完整照片，一则能给人以真实感，二则也便于他人评定核型分析的准确度。照片应注明其放大倍数，但最好是直接在照片上标出一个以微米为长度单位的标尺，便于目测出染色体的实际大小。其操作方法是：将照相机测得的模式细胞中的一个平直的染色体，与照片上的同一染色体核实，然后，实测照片上该染色体长度（换算成 μm），再换入下式计算：

$$\text{染色体实际长度：照片上该染色体长度} = 5\mu m : x$$

所求得的 x 值，即示应在照片上绘出的标尺长度，并注明其长度相当于 $5\mu m$。

（四）核型图（Karyogram）（图 5-1）

即一般是将与模式照片同一细胞的染色体逐个剪下，参照染色体长度和臂比值，进行同源染色体"配对"，然后，按表格中的染色体序号顺序排列于模式照片的下方或右方，并在每对染色体下方编上序号。

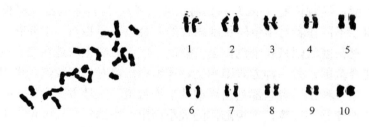

图 5-1 薏苡根尖细胞的染色体及核型图

（五）核型模式图（Idiogram）

以上述核型分析表中所列各染色体的长度平均值绘制，二者应完全相符，如图5-2。

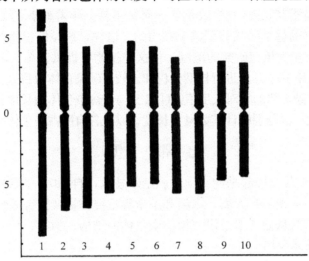

图 5-2　薏苡的核型模式图

（六）核型公式

即综合核型分析的结果，将核型的主要特征以公式表示，它简明扼要，又便于记忆和进行比较，其书写格式如下例：

芍药 *Paeonia lactiflora*：

$$2n=2x=10=6m+2sm+2st（SAT）$$

（七）核型分类

即 Levitzky（1931）最先根据他对毛茛科翠雀族（Hell eboreae）的核型研究，提出了核型对称与不对称的概念。所谓对称性核型指的是细胞中所有染色体大小相近，而且都具有中部或近中部着丝点。反之，染色体大小的差异加大，或者染色体的臂比值增大，出现 st 或 t 型染色体，核型便逐渐变为不对称。Stebbins（1950、1971）将这一概念加以丰富和发展，参照生物界现有的核型资料，根据核型中染色体的长度比和臂比两项主要特征，用以区分核型的对称和不对称程度，并将其分为12种类型，如表5-3中1A为最对称的核型，4C为最不对称的核型。

表 5-3　按对称到不对称的核型分类（Stebbins，1971年）

最长/最短	臂比大于 2∶1 的染色体的百分比			
	0.0	0.01～0.50	0.50～0.99	1.00
<2∶1	1A	2A	3A	4A
2∶1～4∶1	1B	2B	3B	4B
>4∶1	1C	2C	3C	4C

Stebbins 认为，在植物界，核型进化的基本趋势，是由对称向不对称发展的，系统演化上处于比较古老或原始的植物，大多具有较对称的核型，而不对称的核型则常见于衍生或进化较高级的植物中。但是，在具体应用这一学说时，应取慎重的态度，不能生搬硬套，因为，生物进化策略是多样的。现已知某些科、属内，核型的进化表现为由不对称到对称，或者两个相反的过程均存在。

六、关于具小染色体的植物核型分析

所谓小染色体，是指其长度约在 2μm 以下而又不易分辨着丝点的染色体。植物界具此类染色体的种类很多，有的整个属或甚至整个科均此。以往，这类植物所提供的惟一细胞学信息就是染色体数目。为了扩大核型研究的范围，使这类植物可提供比单一的数目更多一些有用的核型信息，可考虑从以下几个方面进行核型分析和比较：①染色体数目。②具随体染色体的数目（如可见的话）。③每对染色体的相对长度值。④最长与最短染色体的长度比。⑤如含有大小差别明显的染色体，可分大小群分别统计其数量和长度，以及各自所占染色体全组总长的百分比。

七、带　　型

染色体分带是 70 年代发展起来的一项细胞学新技术，自 1979 年以来，对分带技术作了改进，并对小麦、黑麦、大麦、野大麦、水稻和玉米等重要作物及银杏等特产植物的染色体核型进行了更精确的分析，为从分子水平研究植物染色体的结构、功能、行为以及染色体上的基因定位提供了一种新的技术手段。

植物染色体分带，常用的主要有两大类，即荧光分带和 Giemsa 分带。前者包括 Q 带、H 带、AO 带等，应用较少。后者则包括 C 带、N 带、G 带等，应用最为广泛。Q 带和 H 带所显带与 C 带相类似，AO 与 N 带所显带纹局限于少数染色体。近年，陈瑞阳等改进分带技术，首次在百合、松、吊兰等多种植物中显示出高分辨的 G 带，带纹也比 C 带丰富，分布于染色体整个纵长轴上。但是，有关植物染色体 G 带尚不像人类染色体那样有正式的命名系统，因此，根据第一届全国植物染色体学术讨论会上商定的结果，以下是 C 带带型和带型分析。

1. C 带的类型　　植物染色体 C 带，根据其分布位置，主要有以下 5 种类型：

(1) 着丝点带 (Centromeric band)，即着丝点区的带。

(2) 中间带 (Intercalary band)，即分布于染色体两臂上的带。

(3) 末端带 (Telomere band)，即位于染色体两臂末端的带。

(4) 次缢痕带 (Secondary constriction band)，即位于次缢区或核仁组成区的带。用 N 带分带技术，通常绝大多数植物仅此区域显带，称为 NOR 带或称 N 带。但当用 C 带技术显示时，不称 N 带，以免相混，而称次缢痕带。

(5) 随体带 (Satellite band) 即随体显带。这里需要加以说明的是，以往所说的随体带，实际上是端部 NOR 显带。像蚕豆、大麦和小麦等具有衔接随体的染色体，也只是 NOR 显带而随体并不显带。因此，不存在真正的随体带，以后应废止此带名。

2. 分带的模式照片　　一般应附一张显带清晰而染色体完整的模式照片。

3. 带型图　　与一般核型图要求相同，即最好是以模式照片上分带的染色体剪下排成带型图。如果模式照片不完全或不理想，也可不附模式照片，但带型图则是必需的。

4. 带型模式图　　先绘制核型模式图，然后在其上标示带纹。一般以横的实线标示带纹的位置和大小，用虚线表示多态带或不稳定的带纹。模式图一般以提供的模式照片或带型图上的带纹表示，不要求一定数量的细胞统计。同一个体的不同细胞间出现的带纹差异，可作为不稳定带处理。如果有杂合带存在，则应把杂合的同源染色体的带纹同时绘出。

5. 带型公式　　以一定的符号表示带纹的类型和分布，则可将带纹以简明的公式表示。上述 5 种类型的带纹，均分别以其英文大写字头表示，即 C、I、T、N、S。

例如：为表示中间和末端带在染色体上的分布可用"+"表示。如果带只分布在短臂上，则在字母的右上角划"＋"号（I⁺T⁺）；如带只分布在长臂上，则在字母的右下角划"＋"号（I_+T_+）；如表明长短臂上都有带，则不标明"＋"号。

同类型的染色体数目，以符号前的数字表示，不显带的染色体则只以数字表示。

例：黑麦C带的带型公式可以写成：

2n＝14＝2CT＋2CI＋2T＋6CI₊T＋2CI₊TS（或N）

6. 描述和统计　除非带型图和模式图不能标示或需文字说明者外，应尽量避免对染色体的繁琐描述。因为，它只不过是图照的简单重复而已。带纹通常要作数量的统计，大致包括：

（1）整个细胞所显带纹的总数和总长度。

（2）不同类型的带纹和长度占整个细胞带纹总数和总长度的百分比。

（3）某一特殊染色体带纹数和总长度占整个细胞带纹总数和总长度的百分比。

（4）整个细胞总带纹长度占所有染色体总长度的百分比。

以上的定量统计，对于区分种间带纹的差异以及探讨异染色质与物种演化的关系，都是很有价值的。

第三节　染色体图像分析

传统的核型和带型分析方法，正如本章第二节所述，都是将所获得的显微摄影照片，进行人工的测量和计算，配对和绘制出核型和带型图。这是相当繁琐和费时的，而且难免产生人为的主观误差。如果要进行比较精确的结构变异的分析，则显得粗放。近年来，随着微处理技术及数字处理技术的发展，利用计算机分析染色体图像便成了非常迫切的问题。由于计算机的高速性、可靠性等特点，使用它进行图像识别比用手工方法检测染色体快数十倍甚至数百倍，并且结果准确和可靠得多，特别是对于染色体的纹理分析，由于人的肉眼只能分辨十几级灰度，而计算机却能准确地分辨出256级不同的灰度，所以计算机能分辨出肉眼根本不能分辨出的带纹，从而大大提高了准确度和精度。从70年代起，国外开始将计算机逐步引入植物染色体的分析。日本学者福井希一研究黑麦、大麦染色体图像计算机自动分析，建立了能进行植物染色体图像半自动分析的"CHIAS"系统。苏联学者E. G. Saralidge等采用计算机扫描系统研究分带的中期染色体，并编写了大麦染色体计算机图像分析程序。J. L. Out等利用计算机图像分析方法研究了矮牵牛等植物染色体核型及其染色体分析中常用的一些参数。目前，在美国、日本等国家，用计算机进行染色体核型分析和带型分析的技术已经相当普遍。在我国，用计算机分析染色体的起步比较晚，为此，在"八五"国家科技攻关项目《国家作物资源信息系统的建立和应用研究》专题中设置了植物染色体电脑图像分析的研究课题。经中国农业科学院作物品种资源所与浙江大学计算机系通力协作，已成功地建成了植物染色体图像分析系统，简称CIARS。以上的研究报道表明，染色体图像的计算机分析的应用，其效率比人工分析提高100多倍，且数据精确，便于建立核型和带型的标准化，因而对细胞遗传学、育种学、分类学、起源和进化等学科的研究，有着极为重要的意义，无疑将会成为今后进行染色体分析的主要手段。

从目前有限的文献报道可见，不同作者所介绍的图像分析的具体方法和流程各不相同，但都包含两大步骤：第一步是获得图像和对图像进行前处理，以取得精确可靠的单个染色体信息；第二步是对图像进行匹配、分类和建立模式核型或带型。现以CIARS植物染色体图像分析系统为例加以说明：

该系统是由陈瑞卿等开发的用于植物染色体的图像分析系统。系统的功能模块和流程图如图 5-3 和 5-4 所示。

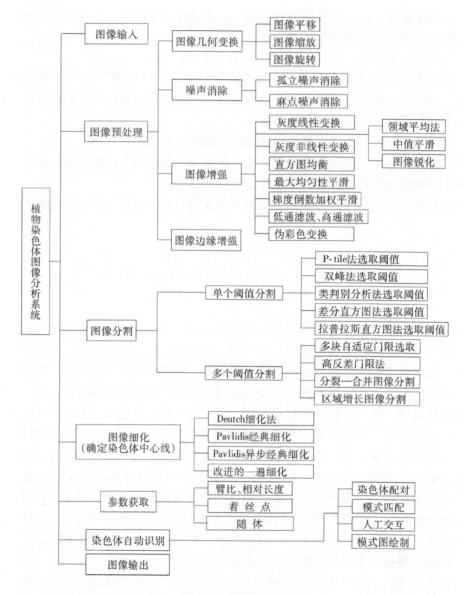

图5-3 系统的功能模块

一、系统的软硬件平台

1. **硬件平台** 4M 内存、650M 硬盘的 Deskpro Compaq 486/33L；型号为 SHARP Jx-320 300DPI 的扫描仪；32 位的图形处理微处理器——TMS 34010 图形系统处理器（GSP）；一块分辨率为 1280×1024×8bit 的图像板；一个标准的 VGA 显示器和一个 20 英寸的彩色监视器。

2. **软件平台**：MSDOS 3.31；MSC 6.0；MASM 5.1；TIGA-340（Texas instruments Graphics Architecture）软件接口。

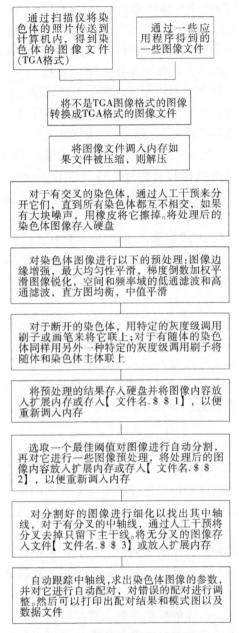

图5-4 CIARS系统的流程图

二、系统的功能模块

1. 染色体图像的获取　染色体图像的获取方式目前有以下三种方式：

(1) 通过显微镜和摄像机得到。将染色体的制片在显微镜放大几百倍后，用摄像机直接将显微镜得到的图像摄入系统。

(2) 通过扫描仪。将染色体的制片在显微镜下得到的染色体照片，通过扫描仪将染色体图像扫描到计算机里。

(3) 从其他应用程序（如 Photostyler，Coreldraw 等软件）得到。在 CIARS 系统中，采用第二种方式得到图像，其具体步骤是：首先在显微镜下得到染色体照片，然后通过扫描仪

(SHARP JX-320 300DPI) 得到的染色体图像，图像是以 True Vision 公司的 TGA 格式存储在硬盘中，图像的 8 个像素用 8 位表示。

2. **染色体图像的预处理**　通过电子显微镜，摄像机或扫描仪得到的图像，由于种种条件的限制或随机干扰（如镜头上的污点，曝光不足，曝光过度、在拍照时光线不足等），往往混入一定数量的噪声或者图像的对比度不够明显，图像不够清晰，所以必须对图像进行一定的预处理，以便得到清晰、特征明显的图像。图像预处理包括灰度变换、对比度的扩展、图像边缘的增强、噪声消除，以及增强某些特征并抑制另一些特征。

3. **图像分割**　为了得到图像的几何特征，必须对图像进行分割，将图像变成二值图像。在数字化的图像中，无用的背景数据和目标数据往往混在一起，故很难将目标和背景完全分开。在一般情况下，都是根据图像的统计性质，从概率的角度出发按最小误差分割的原则来选择合适的阈值对图像进行分割。

4. **图像细化**　将染色体的中轴线抽取出来，每一条中轴线就表示 1 个染色体，它代表了染色体的基本形状。根据细化后的中轴线，可得到染色体的一些基本参数。如：染色体的长度（以象素为单位）、臂比、有无随体等。也可得出每条染色体的着丝点端点、分枝点、拐点等特征点。

5. **单个染色体的提取及旋转拉展**　如果细化后得到的中轴线无分枝，则认为该染色体没有与其他染色体交叉，便可运用双线性插值法将染色体拉直在水平方向上；如果中轴线有交叉，则先将中轴线分开，再将染色体拉直到水平方向。

6. **染色体的配对**　在得出每条染色体的参数（染色体的相对长度、臂比、有无随体）后，就可运用最相近的原则（最相近的两条染色体长度、着丝点的位置相差不多）对染色体逐一配对。

7. **打　印**　运用图像抖动的技术打印出灰度图像。

该系统利用图像处理技术对染色体图像进行预处理，得到散列性好、带纹清晰、灰度分布均匀的图像，并运用人工智能技术进行染色体的自动分析，因而可以大大提高分析的精度，缩短分析周期，减少人为误差，使研究人员从繁杂、枯燥的手工分析中解脱出来，提高生物技术研究的效率和水平。

但是，值得注意的是，各种染色体图像的计算机分析系统，都只是在原有图像的基础上进行科学的加工处理，因此，对于分散性比较好、染色体形状比较规则、带型比较清晰的染色体图片，先对图像进行预处理（如噪声消除、边缘增强）等，然后通过图像分割、单个染色体的提取、细化、跟踪等操作得到染色体的核型参数、带纹特征，最后从知识库里抽取出专家知识对染色体进行配对。但是对于质量不大好的染色体图片，则必须依靠专家经验，通过人机交互的方式进行染色体配对和校正，这样不仅会明显延长图像分析的时间，而且有时也难免会出现难以克服的困难，甚至出现误差，因此，制备染色体分散良好而着丝点清晰的玻片标本，仍是最重要的基础工作。

第六章 植物的原位杂交

原位杂交（in situ hybridization），也称作杂交组织化学或细胞学的杂交，是一种能够从形态学上证明特异性的 DNA 或 RNA 序列存在于制备的个别细胞、组织部分、单细胞或染色体中的技术。原位杂交是研究异质细胞群中 DNA 和 RNA 序列定位的惟一方法。近年来，随着原位杂交技术的发展和方法的不断改进和完善，它已成为植物遗传学、育种学、进化学和发育生物学等学科的重要研究方法。

第一节 原位杂交的基本原理

根据 DNA 分子双螺旋结构学说，DNA 分子由两条反向平行的多脱氧核苷酸链组成，两条链围绕一个共同的轴心，以右手方向盘绕成双螺旋构型。磷酸和脱氧核糖间隔相连，位于螺旋的外侧，构成螺旋的主链。碱基则位于螺旋的内侧。两条链上的碱基必须是腺嘌呤（A）与胸腺嘧啶（T），鸟嘌呤（G）与胞嘧啶（C）配对。A 与 T 之间以 2 个氢键连接，而 G 与 C 之间以 3 个氢键连接。有少数 DNA 分子是左手双螺旋构型。DNA 这一线性的高分子化合物靠一些非共价键折叠形成三维空间构象。这些共价键都是比较弱的共价键，键能较低，很容易在外力作用下断裂，导致空间结构的破坏，使有规则结构的 DNA 变成不规则的线团，这个过程称为 DNA 的变性。DNA 变性时，连接双链的氢键也发生断裂，因此，变性的 DNA 是单链的。加热至近 100℃，或 pH 值过高（>10）、过低（<3），以及某些化学试剂（如乙酸、尿素和酰胺等）都可引起 DNA 变性。

根据 DNA 变性的程度与温度的关系，可绘制融解曲线。变性的 DNA 达到总量 1/2 时的温度称为融解温度（Tm）。Tm 值受溶液中离子的种类、离子强度、DNA 中碱基组成的均一性以及 G-C 碱基对含量等因素的影响。

变性的 DNA 在一定条件下可恢复成原来的结构，这一过程称为复性，或退火。复性后两条单链又重新按照碱基互补的原则结合起来，形成双螺旋结构。两条 DNA 单链之间能否复性，并不取决于这两条单链是否同源，而取决于它们的碱基顺序是否互补。如果两条来源不同的 DNA 单链具有互补的碱基顺序，也同样可以复性、形成一个杂交体，这个过程即杂交，或称分子杂交。

RNA 的化学组成与 DNA 相似，也有碱基、戊糖和磷酸 3 种成分。所不同的是戊糖为核糖，碱基中以尿嘧啶（u）代替了胸腺嘧啶（T），其他三种碱基与 DNA 分子的相同。分子杂交不仅可发生在两条单链 DNA 之间，而且也可发生在具有互补碱基的 DNA 和 RNA 片断之间，或 RNA 与 RNA 片段之间。

原位杂交的基本原理是，含有互补顺序的标记 DNA 或 RNA 片断，即探针，在适宜的条件下与细胞内的 DNA 或 RNA 形成稳定的杂交体。无论是 DNA 或是 RNA 探针均能用于定位 DNA 和 mRNA 并且均能用于两个主要类型的标记策略，即直接标记和间接标记。直接标记主要用放射性同位素、荧光及某些酶标记的探针与靶核酸进行杂交，杂交后分别通过放射自显影、荧光显微镜或成色酶促反应直接显示。间接法一般用半抗原标记探针,最后通过放免组织化学对半抗原定位,间接地显示探针与靶核酸形成的杂交体。

原位杂交技术是从 Southern 和 Northern 杂交技术衍生而来的。可以分为染色体原位杂交和 RNA 原位杂交。染色体原位杂交是用标记的 DNA 或寡核苷酸等探针来确定目标基因在染色体上的位置。RNA 原位杂交是用标记的双链 DNA 或单链的反义 RNA 探针,对组织切片或装片的不同细胞中基因表达产物 mRNA（或 rRNA）进行原位定位。

原位杂交是一种在分子水平上研究特定的核酸序列或基因定位以及基因表达调控的最直接有效的分子生物学技术。这一技术最初应用于动物染色体上的基因物理定位和特定 mRNA 在组织中的空间定位,后来又作为诊断工具检测感染病毒的细胞。到 80 年代后期,原位杂交才开始应用于植物基因定位和表达调控的研究。

第二节　染色体原位杂交技术

一、植物核 DNA 的提取

一般禾谷类作物总 DNA 的提取,按常规的 CTAB 法都可以获得满意的效果。但是对于双子叶农作物总 DNA 的提取,由于它们的叶中往往含有较多的酚类化合物,这类化合物在抽提时,很易氧化并与 DNA 共价结合,既难以纯化,也抑制内切酶的酶解反应,成为植物材料 DNA 提取的难点,对这类材料,李懋学等以棉花叶 DNA 的提取方法为代表作了介绍。

（一）CTAB 法提取植物总 DNA

1. 从新鲜材料提取

试剂:

(1) 2×CTAB 提取缓冲液:100mmol/L　Tris·Cl（pH 值 8.0）,20mmol/L　EDTA,1.4mol/L　NaCl,2%（w/v）　CTAB,40mmol/L　巯基乙醇。

(2) 10%CTAB:10%CTAB,0.7mol/LNaCl。

(3) 1×CTAB 沉淀缓冲液:50mmol/L　Tris·Cl（pH 值 8.0）,10mmol/L　EDTA,1%（w/v）　CTAB,20mmol/L　β-巯基乙醇。

(4) 1mol/L　乙酸铵。

(5) 7.5mol/L　乙酸铵。

(6) CsCl 梯度溶液:取 TE 缓冲液（pH 值 8.0）25ml,加入 CsCl25g,溶解后按 5mg/ml 比例加入 EB。

(7) 异丙醇溶液:向任意量的异丙醇中加 TE 缓冲液至两相出现,搅拌状态下缓慢加入固体 CsCl 至下相 TE 中出现白色沉淀,将两相混匀。

粗提操作方法:

(1) 取 1~50g 新鲜植物材料,于液氮中研成粉。

(2) 将冻粉转入预冷的离心管中,立即加入等体积（w/v）65℃预热的 2×CTAB 提取缓冲液,充分混匀,65℃保温 10~20min,其间不时摇动。

(3) 加入等体积的氯仿/异戊醇,轻缓颠倒离心管混匀,室温下,12 000 r/min 离心 10~20min。

(4) 将上清液转入另一离心管中，加入 1/10 体积的 10%CTAB，混匀，加入等体积的氯仿/异戊醇，颠倒离心管混匀，室温、12000r/min 离心 10min。

(5) 取上相，重复（4）操作1次。

(6) 将上相转入新的经硅烷化处理的离心管中，加入 1~1.5 倍体积的 1×CATB 沉淀缓冲液，混匀，室温下放置 30min，观察沉淀生成。如无明显沉淀生成，延长放置时间，随放置时间延长，沉淀量增加。

(7) 3 500~4 000r/min 离心 5~10min，去上清液，沉淀吹干，备纯化用。

粗提物纯化操作：

方法 I：

(1) 按 0.5ml/g 材料的比例加入 1mol/L 乙酸铵溶液，使沉淀溶解完全，再加入 7.5mol/L 乙酸铵至终浓度 2.5mol/L。

(2) 加入 2 倍体积的异丙醇，混匀，室温放置 10min。

(3) 用细玻璃板缠出 DNA 纤维或 10 000r/min 离心 5min，弃去上清液。

(4) 用 70% 乙醇漂洗沉淀，沉淀溶于适量 TE。

(5) 加入 1μl 1mg/ml RNase，于 4℃ 放置，备用。

方法 II：

(1) 向粗提的 DNA 沉淀加入适量 CsCl 梯度溶液，置 50℃ 水浴中轻搅溶解。

(2) 将溶解好的梯度液转入超速离心管中，严格平衡，封管，20℃、50 000g 离心过夜。

(3) 取出离心管，置紫外灯下观察 DNA 带，穿刺取出，转至另一离心管中。

(4) 加入等体积的异丙醇溶液，轻缓混匀，静置至分层，去上层。

(5) 重复（4）抽提数次，至紫红色消失。

(6) 去除 EB 的下相中加入 2 倍体积的 TE 缓冲液稀释，混匀，加入 2 倍体积的异丙醇，混匀，室温下放置 10min。

(7) 12 000g 离心 10min，沉淀溶于适量 TE 缓冲液中。

2. 从冷冻干燥材料中提取

试剂：

(1) 1×CTAB 提取缓冲液：2×CTAB 贮存液稀释 1 倍，使用前每 100ml 加入 β-巯基乙醇 0.14ml。

(2) 1mol/LCsCl 溶液：50mmol/L Tris·Cl（pH 值 8），10mmol/L EDTA，1mol/L CsCl，0.2mg/ml EB。

(3) 7mol/L CsCl/EB 溶液：7mol/L CsCl，0.1% Sarkosyl，0.2mg/ml EB。

(4) 其他试剂与新鲜材料中提取相同。

粗提操作方法：

(1) 称取 1 克冷冻干燥材料置研钵中，加入 3~4g 铝粉研磨。

(2) 将粉末转入离心管中，加入 0.6~15ml 1×CTAB 提取缓冲液，轻缓地搅拌，使材料充分分散，置 56℃ 水浴中保温 10~20min。

(3) 冷却至室温，加入等体积氯仿/异戊醇，颠倒离心管混匀。20℃、8 000g 离心 10min。

(4) 将上相转入另一离心管中，加入 0.1 体积的 10%CTAB 液，轻轻混合，重复（3）（4）操作。

(5) 加入等体积的 1×CTAB 沉淀缓冲液，轻轻混匀，室温下放置 30min 或更长。

(6) 室温条件下，1 500g 离心 10min，去上清液，沉淀纯化。

粗提物纯化操作方法：

(1) 向沉淀加入 2.4ml 1mol/L CsCl/EB 溶液，于 56℃水浴中溶解。

(2) 将溶液转入到 Beckman VTi65 超速离心管（或其他可替代的离心管）中，加入 2.9ml 7mol/L CsCl/EB 溶液，平衡，密封管口，轻轻倒置混合。

(3) 用 VTi65 转子 58 000r/min 离心 4h，或 40 000r/min 离心 16h。

(4) 320nm 紫外光照射下观察 DNA 的红色带，用 16 号针头的 1ml 注射器从离心管侧面穿刺抽取 DNA。

(5) 用 CsCl 饱和的异丙醇反复抽提 DNA，至抽提液中无明显红色（去除 EB）。

(6) 将 DNA 样品置透析袋中，于 4℃蒸馏水中透析 24h，其间更换蒸馏水 3～4 次。

(7) 透析液转入离心管中，加入 1/10 体积的 3mol/L 乙酸钠，及 2 倍体积的冷乙醇，混匀，于 −20℃沉淀过夜（或 −70℃放置 30min）。

(8) 80 000g 离心 15min，去上清液，真空干燥 DNA 沉淀。用适量的 TE 溶解。

说明：使用 CTAB 法时，操作中需要注意如下问题：①最好使用幼嫩的材料，材料含水量大时，可用 70%乙醇擦拭，蒸馏水稍冲洗后用滤纸吸干，于液氮中研磨。如果材料量大（20g 以上），或所用的材料较老，或材料含有较多的酚类物质，应提高 β-巯基乙醇的用量。②CTAB 溶液在 15℃下会沉淀，因此离心和其他操作不可在低温下进行。③氯仿抽提时，要保证抽提液中有一定的盐浓度，否则 DNA 进入沉淀。④加入沉淀缓冲液应在高于 15℃的室温下沉淀，如果室温适宜，沉淀时间足够而无沉淀出现，可能是盐浓度高，这时可加入沉淀缓冲液降低盐浓度。离心收集 CTAB 沉淀缓冲液沉淀的 DNA 时，不能离心过度，高速度及长时间的离心都会使沉淀过紧，而再溶解困难。⑤采用真空抽干沉淀时，不能抽得太干，抽得太干会使 DNA 断裂，也可不采用真空抽干，将离心管置通风柜或超净工作台中令乙醇自然蒸干，这样对 DNA 造成的损伤小。⑥10%的 CTAB 溶液很粘滞，取液时可将其加热至 56℃。⑦转移 DNA 溶液用的枪头要剪去尖，避免对 DNA 的机械损伤。⑧所得的 DNA 应为白色或灰白色，若呈褐色则有多酚物质污染。对于含多酚类物质多的材料，提取缓冲液中可加入 1%的 PVP。对于多糖含量高的材料，提取液中 CTAB 的浓度可增至 3%或更高。

（二）棉花叶总 DNA 的提取

试剂：

(1) 抽提缓冲液。葡萄糖 0.35mol/L，Tris-HCl（pH 值 8.0）0.1mol/L，Na_2-EDTA（pH 值 8.0）0.005mol/L，聚乙烯吡咯烷酮（PVP_{40}）2%（w/v），二乙基二硫代碳酸（DIECA）0.1%（w/v），加无离子水至总量 1L。

此为乳状溶液，可在 4℃贮存 1～2 周内有效。使用前加 0.1%（w/v）抗坏血酸和 0.2%（w/v）巯基乙醇和调 pH 值至 7.5。

(2) 核裂解缓冲液。Tris-HCl（pH 值 8.0）0.1mol/L，NaCl 1.4mol/L，Na_2-EDTA（pH 值 8.0）0.02mol/L，CTAB，2%（w/v），PVP_{40}，2%（w/v），DIECA 0.1%（w/v），加无离子水至总量 1L。

此缓冲液刚配制时为清液，但很快会变为黄色。室温下可存放 1～2 周内有效。使用前加 1%（w/v）抗坏血酸和 0.2%巯基乙醇。

(3) TE 缓冲液。Tris-HCl（pH 值 8.0）10mmol/L，EDTA 1mmol/L。

操作方法:

1. 组织匀浆和沉淀细胞核

(1) 加鲜叶 4g 于 50ml 离心管中,置冰上,再加 20ml 冰冷的抽提缓冲液。
(2) 转入匀浆器匀浆(约 1 000r/min)约 20s。
(3) 样品转移至冰上。
(4) 在 4℃离心(2 700g),20min。
(5) 倾去上清液,收集沉淀物。

注意:叶片也可用一般液氮冷冻研磨法粉碎。4℃离心并不是必需的,但就保证 DNA 的质量而言,4℃离心比较可靠。

2. 裂解细胞核

(1) 加 8ml 裂解缓冲液至样品中。
(2) 重新悬浮沉淀物,充分混合成匀浆溶液。
(3) 转入 65℃水浴中温育 20~30min。

3. 氯仿-异戊醇(24:1)抽提去蛋白质

(1) 加 10ml 氯仿-异戊醇混合液至样品离心管中,加盖封严,颠倒约 50 次,使与样品充分混匀。
(2) 离心(2 700g)5min。
(3) 上清液转入另一干净离心管中。

如果分层不清或上层水溶液混浊,则需再重复以上步骤。

4. 异丙醇沉淀和 DNA 的重悬浮

(1) 上清液转入 15ml 的 Falcon 管中,加 0.6 体积(约 5.4ml)的冰冷的异丙酮,加盖封严,颠倒 20~30 次,直至 DNA 集结。
(2) 在 65℃水浴中重悬浮 DNA,10~30min。
(3) 离心(10 000g)5min。沉淀杂质(可能是大量多糖类物质)。
(4) 悬浮液(含 DNA)转入另一干净管中,沉淀物丢弃。
(5) DNA 可溶于 TE 缓冲液中于 4℃贮存几周,如果冰冻则可贮存 1 年或更长时间。也可以用 70%乙醇沉淀并贮存在-20℃冰箱中。

注意:

(1) 应取用生长 1 周以内的新鲜幼叶。如果将幼叶用液氮速冻后存于-20℃冰箱中,也可贮存备用,三个月内没有影响。
(2) 纯合的 DNA 呈丝状而能用玻棒绕出,用 70%乙醇稍洗,再溶于 500μl 灭菌的 TE 缓冲液中贮存备用。如果 DNA 不能用玻棒绕出,则在 10 000g 下离心 10min 以沉淀 DNA。倾去上清液,再加 1ml70%乙醇并轻轻摇动几次洗涤结晶,再离心(2 700g)10min。倒去乙醇,并让残余乙醇蒸发,加 500μl TE 缓冲液并于 65℃重悬浮 DNA10~30min。
(3) DNA 在 TE 缓冲液中存放的时间稍长,某些不纯物还会慢慢沉淀出来,可用稍加离心的方法除去。
(4) 如果样品 DNA 很难用限制性内切酶降解表明样品中留存酚类化合物。此时,可用酚:氯仿(1:1)抽提两次,再用氯仿-异戊醇再抽提一次。然后,用 3mol/L 乙酸钠(pH 值 5.2)加冰冷的 70%乙醇(0.1:2)重新沉淀 DNA,再用 TE 缓冲液重悬浮 DNA,除去杂质。

在整个过程中,主要是针对植物叶内高含量的酚类化合物而设计缓冲液。其中的 PVP 可与酚类物质结合，DIECA 可使酚类氧化酶失活，抗坏血酸和巯基乙醇是抗氧化剂。

二、探针及标记

（一）探针的种类

探针（probe）是指能与特定核酸序列发生特异性互补的已知核酸片段，因而可检测待测样品中特定的核酸序列。DNA 序列通常可用标记的 DNA 探针检测。而 RNA 和 DNA 探针也可以用于 RNA 的检测。一般认为，探针的长度以 50~300 个碱基最为适宜。这样长度的探针不仅组织穿透性好，而且又能达到高效的杂交反应。

概括起来，用于染色体原位杂交的探针有以下几种：

1. 克隆的核酸　一个特殊的 DNA 序列的扩增，通常用克隆的方法，即将 DNA 序列插入到载体上，载体与插入的 DNA 序列在合适的寄主细胞中扩增。然后，再把扩增的 DNA 提取出来。常用的载体有细菌质粒、噬菌体（即噬菌体 lambda 和 MB）粘粒和酵母人工染色体（YACS）。有关 DNA 序列克隆的方法，请查阅分子生物学教科书，此处省略。

值得注意的是，在进行原位杂交实验之前，必需验证克隆的 DNA 序列是否与原 DNA 序列特点相符。因为克隆的过程中，插入的 DNA 序列有时会改变或甚至消失。验证的方法通常采用琼脂糖凝胶电泳和 Southern 杂交实验。

2. 双链 DNA 探针　在多数原位杂交实验中，用克隆的 DNA 序列标记作为探针。但有时候，比如插入的序列很小时，在标记前往往需要从载体上加以剪切。如果使用长探针（例如粘粒或 YACS），就可能出现有分散的重复序列，结果将导致产生附加的不需要的杂交信号。这时则需要用封阻 DNA 的竞争加以抑制。

3. 单链 RNA 探针　作 RNA 探针的序列应插入一个具噬菌体聚合酶转录起始位点的载体上。这些位点在标记和不标记的核苷酸作为底物存在的条件下，在体外可以启动转录。所产生的探针便是单链 RNA 或俗称核糖探针（riboprobes）。

4. 合成寡核苷酸　合成的寡核苷酸序列较短，一般为 10~50bp。通常用末端标记法进行标记。其主要优点是对特殊的序列能精确地杂交，可用来检测染色体上的基因、重复序列或 RNA。作为探针，较短固然组织穿透性好，但也有杂交反应敏感性低的缺点，而且探针与靶 DNA 的联结强度也减弱。因此，杂交后的洗脱要小心，以免杂交了的探针被洗脱。

不标记的寡核苷酸也可作为引物，可直接标记染色体上的 DNA 序列，即称之为引物原位标记（primed in situ labelling）。

5. 总基因组 DNA 探针　总基因组 DNA 可以标记和作为探针，用来检测和鉴别杂交植物中的原有基因组的染色体。也可用于识别细胞融合的杂种细胞中的单亲染色体。

总基因组 DNA 探针，可以用随机引物标记法（Mukai 等，1993）和缺刻平移法进行标记。人们通常选用缺刻平移法，因为它产生的探针片段大小（300~600bp）易于穿透进组织。当原始探针的 DNA 相对较大时这一点尤为重要。注意：在缺刻平移之前，必须对总 DNA 进行机械剪切至合适 DNase I/DNA 聚合酶 I 作用的大小。要产生这种长度（约 10~12kb；Schwarzacher 等，1989），可以用剧烈的旋涡振荡（Parokonny 等，1992），反复地冻融、用直径细小的针抽挤 DNA（Mukai 等，1936）或者用超声波处理。也可采用另一种方法，即在缺刻平移时加长 DNase I 酶解消化的时间或增加 DNase I 的浓度（Manuelidis，1985）。剪切后 DNA 的大小可以对照一个 DNA 相对分子量标准，在 1‰琼脂糖凝胶上进行电泳检测。倘若总 DNA 有轻微的降解，就不能用于限制性内切酶消化，但是适于作 GISH 探针。

另外，在杂种植物和杂交细胞中存在着两个或甚至两个以上基因组。基因组 A 和 B 之间共有的任何高度重复序列能够迅速将所有与它的同源的探针 A 的片段结合，因而减少了由 GISH 鉴定出的 A 和 B 之间的差异。将 B 的总 DNA 用高压灭菌或超声波处理的方法剪切成大约 250bp 片段后，不加任何标记过量地加入杂交混合液里，能够提高 A 探针杂交的特异性。（未封闭）DNA 中的重复序列能够将 B 中同源序列的位点结合，因此仅留下可供杂交的 A 特异的位点。为了最大程度地区分基因组，人们一般通过试验来确定所需加入的封阻 DNA 的量。已发表的文献中使用 10~60 倍于探针浓度的封阻 DNA（Schwarzacher 等，1992）。

（二）非放射性标记物

放射性和非放射性标记物都已用于原位杂交，最初人们发现放射性标记探针最为灵敏，但是，由于它需要的检测时间长（有时长达数天甚至数星期），而且信号的分辨率低，因此，现在人们通常愿意用非放射性标记探针。已报告的非放射标记物有 10 多种，常用的有生物素（Biotin）、地高辛精（digoxigenin，简写 dig）和荧光素。

1. **生物素** 生物素属 B 族维生素，又称维生素 H。它是非放射性原位杂交中应用最广泛的一种。生物素与卵白素（Avidin，又称抗生物素）之间有极高的亲和力。这一特性已被用于建立一些敏感性较高的免疫组织化学技术。生物素的羧基经化学修饰后可制成具有各种活性基团的衍生物，成为活化的生物素。活化的生物素能与蛋白质、糖类或核酸等物质偶联。而卵白素可与荧光素、胶体金及一些能用组织化学方法检测的酶类等标记物结合。当带有标记物的卵白素与偶联的生物素之间亲和结合后，与生物素偶联的物质即可被显示。现已有生物素标记的核苷酸（如生物素-dUTP）商品出售。用生物素-dUTP 代替放射性同位素标记的核苷酸，通过酶反应探针标记法，可制备生物素标记的核酸探针。当生物素偶联上一个光敏基团后，即成光敏生物素，它可通过光解反应来标记探针。用生物素标记探针进行原位杂交，杂交体可用生物素—卵白素系统检测，也可用生物素—抗生物素抗体检测。

2. **地高辛精** 地高辛精是一种仅存于洋地黄类植物的花和叶子中的类固醇半抗原，又称异羟基洋地黄毒甙配基。Boehringer mannheim 公司于 1987 年首先推出地高辛精 DNA 标记试剂盒和地高辛精检测试剂盒。从此，地高辛精开始被引入原位杂交技术。由于地高辛精标记原位杂交的敏感性较高，与放射性原位杂交相当，它又克服了生物素标记原位杂交中内源生物素干扰的缺点，因而近年来地高辛精标记探针在原位杂交中的应用愈来愈广泛，似乎有替代生物素标记探针的趋势。地高辛精可通过一个 11 个碳原子的连接臂与尿嘧啶核苷酸嘧啶环上的第 5 组碳原子相连，形成地高辛精标记的尿嘧啶核苷酸。Boehvinger mannheim 出售的地高辛精标记核苷酸有 dig-UTP，Dig-dUTP 和 Dig-ddUTP。它们分别适用于 RNA 探针、DNA 探针和寡核苷酸探针。用标记探针做原位杂交，杂交体可用特异性抗地高辛精抗体用免疫组织化学技术检测。

3. **荧光素** 在原位杂交中常用的荧光素有异硫氰酸荧光素（Fluoresceinisothio cyanate，FITC）、试卤灵（Resorufin，9-羟基异吩恶唑）、羟基香豆素（Hydroxycoumarin）、罗达明（Rhodamin）、氨甲基香豆素醋酸酯（Aminomethylcoumarin acetic acid，AMCA）。荧光素在原位杂交中的主要应用为：第一直接标记核酸探针，杂交体用荧光显微镜观察。目前已有各种荧光素标记的核苷酸商品进入市场，如 FITC-dUTP、试卤灵-dUTP 和羟基香豆素-dUTP 等，这三种荧光素分别呈黄绿色、红色和蓝色荧光。这些荧光素标记的核苷酸可通过酶反应法制备荧光素标记的核酸探针。原位杂交的结果直接在荧光显微镜下观察分析。这种直接法原位杂交，操作简便，但敏感性要比间接法低。第二，用荧光素标记抗体作为非放射原位杂交（如生物素或地高辛精标记探针的原位杂交的免疫组织化学检测系统。

（三）探针的标记法

用作探针的 DNA or RNA 可以用多种方法进行标记，可以用酶〔例如，缺刻平移法、随机引物标记法、末端标记法、聚合酶链式反应（PCR）法、体外转录标记法〕或者化学修饰（例如，汞化作用、磺化作用），这些 leitch 等（1994）已有综述。酶标记法使用最为广泛，而且据报道产生的探针更干净（这对于低拷贝序列的检测尤为重要）。对于大于 1kb 的探针，建议采用缺刻平移法，而随机引物标记法更适用于 100bp～1kb 的探针。对于寡核酸探针（小于 100bp），则需要用末端标记。本节给出了用荧光染料、生物素或地高辛进行标记的操作方法，也可以从 Amershan Internation，Boehringer Mannheim 或 BRL Life Technologies 购买酶标记试剂盒。

如果手头有合适的引物，那么 PCR 不失为一个简单快速的方法，可制备大至 4kb 的探针（例如，Lo 等，1988；Albertson 等，1991）。在反应里掺入标记的核苷酸，目的序列就在特异地扩增的同时标记上了。载体序列并不会在反应中扩增，因而不必费心除去。具体方法请参看本节。

用于 ISH 的最合适的探针大小为 300～600bp。市场上购得的用于缺刻平移的酶（DNA 聚合酶/DNase）和随机引物标记的酶（Klenow DNA 聚合酶）已经经过优化，从而可以产生这种长度的探针。但 PCR 则可以产生插入那么长的探针。如果探针序列大于 1kb，那么探针穿入材料将会遇到困难。为了避免这一点，大于 1kb 的探针应当通过剪切或高压灭菌处理得到小一些的片段。

1. DiG-11-UTP 体外转录标记 RNA

试剂：

（1）用于 SP_6、T_7 和 T_3 RNA 聚合酶的 10×缓冲液。0.4mol/L Tris-HCl，pH 值 8.0，0.06mol/L $MgCl_2$，0.1mol/L 二硫苏糖醇（DTT），0.02mol/L 亚精胺（spermidine）。

（2）未标记的核苷酸混合液 10mmol/L CTP、GTP 和 ATP 溶液分别配制，按 1∶1∶1 混合。

（3）标记核苷酸。取 1mmol/L Dig-11-UTP 贮存液与 1mmol/L UTP 贮存液混合，最终浓度为 0.35mmol/L Dig-11-UTP 和 0.65mmol/L UTP。

（4）10 单位 1μl RNA 酶抑制剂。

（5）线性化的模板 DNA，重悬浮于 1×TE，最终浓度约 1mg/ml。

（6）SP_6、T_7 或 T_3 聚合酶，活性 0.4 单位/L。

（7）2×碳酸盐缓冲液。80mmol/L $NaHCO_3$，120mmol/L Na_2CO_3。

方法：

（1）混合下列溶液于 1.5ml 微形管中：3μl 未标记的核苷酸混合液（2），2.5μl 10×RNA 聚合酶缓冲液（1），2.5μl RNA 酶抑制剂（最终浓度/单位/μl），$X\mu$l 模板 DNA（最终浓度 40μg/μl）（5），$Y\mu$l RNA 聚合酶（6），2μl Dig-11-UTP-UTP 混合液（3），$W\mu$l 水，总体积为 25μl。

（2）于 37℃温育 30min 至 2h。

（3）加入 1～2μl tRNA（100mg/ml Sigma 型 XXI），10 单位的去 DNA 酶 1 的 RNA 酶和无离子水至最终体积为 100μl，37℃温育 10min。

（4）加入等量的 4mol/L 乙酸铵和 2.5×的 100% 乙醇，在干冰上 15min 或 −20℃过夜，以沉淀 RNA。

（5）恢复至室温（应避免未结合的核苷酸沉淀）并于 10000g 离心 10min。

(6) 倾去上清液，加入 0.5ml 70%乙醇反复洗涤沉淀，离心 5min，去上清液，干燥沉淀物。

(7) 加 50μl 无离子水重新悬浮沉淀物，再加 50μl 2×碳酸盐缓冲液，于 60℃温育，所需时间按下式计算：

$$t=\frac{(L_i-L_f)}{K\times L_i\times L_f}$$

t——时间（min）；

K——常数（=0.11kb/min）；

L_i——起始长度（kb）；

L_f——终止长度（合适为 0.15kb）。

(8) 加入 5μl 10%乙酸和 10μl 3mol/l 乙酸钠和 250μl 100%乙醇。沉淀，洗涤和干燥步骤如(4)至(6)。

(9) 沉淀物在 20μl 无离子水或 1×TE 中重新悬浮。

(10) 以 50%甲酰胺水溶稀释探针至 5×原位杂交实验所需浓度。并于－80℃保存。

2. 缺刻平移法标记 DNA 探针

试剂：

(1) 10×缺刻平移缓冲液：0.5mol/L Tris-HCl，pH 值 7.8，0.05mol/L $MgCl_2$，0.1mg/ml BSA（去核酸酶）。

(2) 未标记的核苷酸：dCTP，dGTP 和 dATP 分别用 100mmol/L Tris-HCl（pH 值 7.5）配成 0.5mmol/L 溶液，然后按 1∶1∶1 混合。

(3) 标记核苷酸：

Dig-标记：Dig-11-dUTP（1mmol/L 贮存液）和 dTTP（1mmol/L 贮存液）混合，最终浓度为 0.35mmol/L Dig-11-dUTP 和 0.65mmol/L dTTP。

Biotin 标记：用 0.4mmol/L Biotin-11-dUTP。

荧光素标记：用荧光素-11-dUTP 或罗丹明-4-dUTP（1mmol/L 贮存液）和 dTTP（1mmol/L 贮存液）按 1∶1 混合。

(4) DNA 聚合酶/DNA 酶 1，0.4 单位/ml。

方法：

(1) 在 1.5ml 微形管中加入下列溶液：5μl 10×缺刻平移缓冲液(1)，5μl 未标记的核苷酸混合液(2)，1μl Dig-11dUTP-dTTP 混合液或(3)，2.5μl Biotin-11-dUTP 或 2μl 荧光素标记核苷酸混合液，1μl 100mmol/L 二硫苏糖醇（DTT），Xμl DNA 相当量至 1mg，Yml 水，总体积为 45μl。

(2) 加 5μl DNA 聚合酶 1/DNA 酶 1 溶液，轻轻混合并稍加离心。

(3) 置 15℃温育 90min。

(4) 加 5μl 0.3mol/L EDTA（pH8.0）终止反应。

(5) 加 5μl 3mol/L 乙酸钠（或 5μl 4mol/L LiCl）和 150μl 冰冷却的 100%乙醇。

(6) 在－20℃过夜或在干冰上冰冻 1~2h 使 DNA 沉淀。

(7) 在－10℃，12 000g 离心 30min。

(8) 倾去上清液，加 0.5ml 冷却的 70%乙醇洗涤沉淀物，如步骤(7)离心 5min。

(9) 倾去上清液，至沉淀物变干。

(10) 用 1×TE 重新悬浮 DNA。Genome 探针用 10μl，克隆探针用 10~30μl。

3. 随机引物标记（random-primed labelling）或寡核苷酸标记（oligolabelling）

试剂：

（1）10×六聚核苷反应混合液（用10×缓冲液配制，宝灵曼公司）：0.5mol/L Tris-HCl，pH值7.2，0.1mol/L MgCl$_2$，1mmol/L 二硫苏糖醇（DTT），2mg/ml BSA（去核酸酶），62.5A 260单位/ml六聚核苷。

（2）未标记的核苷酸混合液：用100mmol/L Tris-HCl（pH值7.5）分别配制0.5mmol/L的dCTP，dGTP和dATP溶液，然后按1:1:1混合。

（3）标记核苷酸：

Dig-标记：Dig-11-dUTP（1mmol/L贮存液）和dTTP（1mmol/L贮存液）混合，最终浓度为0.35mmol/L Dig-11-dUTP和0.65mmol/L dTTP。

Biotin标记：0.4mmol/L Biotin-11-dUTP。

荧光素标记：用荧光素-11-dUTP或罗丹明-4-dUTP（均为1mmol/L贮存液）dTTP（1mmol/L贮存液）按1:1混合。

（4）Klenow酶，6单位/μl。

方法：

（1）线形化的DNA（50～200ng）在沸水中变性5min，转入冰浴中冷却5min。

（2）在一个1.5ml的微离心管中加入下列溶液：3μl未标记的核苷酸混合液（2），1.5μl标记的核苷酸（3），2μl 10×六聚核苷反应混合液（1），Xμl 变性DNA，Yμl 水，总体积为19μl。

（3）加1μl Klenow酶，轻轻混合并稍加离心。

（4）在37℃温育6～8h或过夜。

（5）在2μl 0.3mol/L EDTA（pH值8.0）终止反应。

（6）加2μl 3mol/L乙酸钠（或2μl 4mol/L Licl）和60μl 100%乙醇。

（7）转入-20℃过夜，沉淀DNA。

（8）在-10℃，12 000g离心30min。

（9）倾去上清液，加0.5ml冰冷的70%乙醇洗涤沉淀物，如步骤（8）再离心5min。

（10）倾去上清液，让沉淀物晾干。

（11）用1×TE重新悬浮DNA；Genome探针用10μl，克隆探针用10～30μl。

4. PCR标记（用于插入PUC，PUB或其他M13-亲缘载体的DNA序列的标记。

试剂：

（1）10×PCR缓冲液：100mmol/L Tris-HCl，pH8.3，50mmol/L KCl，30mmol/L MgCl$_2$，0.1%明胶（Gelatin）。

（2）未标记的核苷酸：用100mmol/L的Tris-HCl（pH7.5）分别配制2.5mmol/L的dATP，dTTP，dGTP和dCTP。

（3）标记的核苷酸：1mmol/L Dig-11-dUTP或0.4mmol/L Biotin-11-dUTP或0.1mmol/L 荧光素-11-dUTP或罗丹明-11-dUTP。

（4）M13引物：M13反测序引物（17bp），M13单链引物（17bp）。

（5）Taq DNA聚合酶，5单位/ml。

（6）DNA：微量制备DNA可用水按1:100稀释，每一反应用3ml。

方法：

（1）在1.5ml的微离心管中混合下列溶液：5μl 10×PCR缓冲液（1），各2μl dATP，

dCTP，dGTP（2），3.25μl dTTP（2），1.75μl 标记核苷酸（3），9μl M13 单链引物（4），2μl M13 反测序引物（4），3μl DNA（6），23.5μl 水，总体积为 49.5μl。

(2) 进行 PCR 第一循环：
    变性   91℃   5min
    复性   47℃   5min

(3) 每管中加 0.5μl Taq 酶，混匀，再加 50μl 矿物油覆盖，进行第二循环：
    合成   72℃   *
    变性   91℃   1min
    复性   47℃   1min

(4) 用 Parafilm 去除矿物油，PCR 标记物用乙醇沉淀。

(5) 沉淀物溶于 TE 缓冲液中，并用琼脂糖凝胶检查标记产物，标记探针比未标记者移动缓慢。

5. 寡核苷酸（15～50bp）3′端末端标记

试剂：

(1) 5×DNA 加尾缓冲液：1mol/L 砷酸钾（pH 值 7.2），0.125mol/L Tris-HCl（pH 值 6.6），1.25mg/ml BSA。

注意：砷酸钾有毒，操作时应戴手套。

(2) 25mmol/L $CoCl_2$。

(3) 10mmol/L dATP 溶于 100mmol/L Tris-HCl（pH 值 7.5）。

(4) 标记核苷酸：1mmol/L Dig-11-dUTP，或 1mmol/L Biotin-11-dUTP，或 1mmol/L 荧光素-11-dUTP。

(5) 10～15 单位/μl 末端转移酶（TdT）（宝灵曼公司）。

方法：

(1) 在 1.5ml 的微离心管中加入下列溶液：4μl 5×DNA 加尾缓冲液，4μl $CoCl_2$，1μl 标记核苷酸，1μl dATP，Xμl 相当于 250～400ngDNA，Yμl 水，总体积为 19μl。

(2) 加 1ml TdT，轻轻混合并稍加离心。

(3) 在 37℃ 温育 15min 或在室温 2～3h。

(4) 乙醇沉淀。

(5) 沉淀 DNA 溶于 10～20μl 1×TE 中。

除上述探针标记方法外，尚有化学标记，引物原位标记（Primed in situ labelling）等，应用较少（从略）。

（四）检查标记掺入探针的方法

为了避免在以后出现问题，在进行 ISH 之前应当检查标记是否成功地掺入了探针。

1. 用点杂交检查生物素的掺入

试剂：

(1) 10×缓冲液 1：1mol/L Tris-HCl，pH 值 7.5，1mol/L NaCl，20mmol/L $MgCl_2$，0.5% Triton x-100。配制时先不加 Triton，待高压灭菌，冷却至室温后再加 Triton。工作浓度=1×。

(2) 缓冲液 2：3% 牛血清蛋白（BSA），用 1×缓冲液 1 配制，过滤灭菌。

(3) 10×缓冲液 3：1mol/L Tris-HCl（pH 值 9.5），1mol/L NaCl，0.5mol/L $MgCl_2$ 等所有沉淀物沉下来，溶液澄清后再倾倒出清液使用。工作浓度=1×。

(4) 生物素（酰）化的碱性磷酸酶：将 250μl 碱性磷酸酶缓冲液加入到 0.25g 冻干的生物素化的碱性磷酸酶（Sigma P8024），4℃保存。

(5) 碱性磷酸酶缓冲液，pH 值 7.3：3mol/L，NaCl，1mmol/L $MgCl_2$，0.1mmol/L $ZnCl_2$。用蒸馏水配 10ml。过滤灭菌，加 1.86mg 三乙醇胺。充分溶解后，在 4℃保存。

(6) 链霉抗生物素缓冲液：无菌的 50mmol/L Tris-HCl，pH 值 7.5，0.2mg/ml 叠氮化钠。
安全注意事项：叠氮化钠（一种防腐剂）有毒，使用时应倍加小心。

(7) 链霉抗生物素：将 0.5ml 链霉抗生物素缓冲液加入到 0.5mg 冻干的链霉抗生物素（Sigma s4762），4℃保存。

(8) NBT/BCIP 稳定混合液（75mg/ml NBT，50mg/ml BCIP；Life Technologies，193-5984SA）。

操作程序：
(1) 准备一个测试条，即在一小片硝酸纤维素膜上点 1ml 生物素标记的探针。
(2) 在空气中干燥，并在 80℃真空烘烤 30min。在同一张测试条上可以点若干个样品。
(3) 在缓冲液中放 1min 水化测试条。
(4) 在一个小秤量皿中放 10ml 预热至 42℃的缓冲液 2，将测试条放入保温 20min。
(5) 取出测试条，轻轻吸干。可以选择在 80℃真空烘烤 15min。
(6) 再次将测试条放入 10ml 缓冲液 2 中室温下水化 10min。以下的步骤需要在轻微晃动下进行（例如，放在旋转振荡器上）。千万不能让测试条干燥。
(7) 在 Eppendorf 管中，混合 1ml 缓冲液 1 和 2μl 链霉抗生物素。滴干测试条，加上链霉抗生物素溶液，晃动保温 10min。
(8) 在至少 20ml1×缓冲液 1 中，低速旋转振荡洗涤 3×3min。
(9) 在一个 Eppendorf 管中，混合 1ml 缓冲液 1 和 1μl 生物素化的碱性磷酸酶。放在一个干净的称量皿中，放入洗涤过的测试条，保温 10min。
(10) 在一个干净盘里，至少用 20ml1×缓冲液 1，洗涤 2×3min。
(11) 如步骤 10，用 1×缓冲液 3 替换 1×缓冲液 1。
(12) 将测试条放入一个三边封口，内含 5ml BCIP/NBT 混合液的塑料袋。
(13) 封上第四边，在黑暗下反应显色；1μl 生物素化的总 DNA 样品应在 5~10min 内产生一个深蓝的斑点。

检查地高辛掺入的方法与此相同，只是要做如下修改：①步骤（7），用抗地高辛的碱性磷酸酶（Boehringer Mannheim）代替链霉抗生物素蛋白，在 0.05mol/L Tris-HCl，pH 值 7.5 中以 1：5 000 稀释。②省去步骤（9）和（10）。

检查荧光染料标记核苷酸的掺入，可以吸取 1 小滴（1~2μl）探针置于显微镜载玻片上。采用正确的滤光镜，在落射荧光显微镜下，整个液滴应在合适的波长均匀地发出荧光。

三、染色体制备

由于制备物中不同细胞之间 ISH 的效率有所不同。因此，必须通过选择正确的实验材料，和进行染色体预处理等方法来使有丝分裂指数达到最大。对于荧光检测而言，每个载片上细胞的绝对数目可能要比用于染色的少一些，这是因为在同一显微镜视野中，荧光材料之间会相互干扰。最好做到,样品中没有细胞壁和细胞质,而且载玻片上没有灰尘或其他光散射碎屑。

(一) 取 材

若有全植株,细胞核应当从分裂旺盛的分生组织中分离,这里累积的代谢物最少,例如离体培养物的根尖,或者是正在完全发育的幼嫩植株的根尖。可以从24h前浇水的盒栽植物上,或者从水培养的插条上取幼嫩的根尖。从植物中得到有丝分裂和减数分裂的实验方法将在下面介绍。也可以直接从原生质体中收集正在分裂的细胞核(Van Dekken等,1989;Ciupercescu 1991)。

(二) 预处理和固定

预处理可以改善染色体的形态特征,使有丝分裂同步并积累分裂中期。低温可以促使染色体收缩而改善大染色体(例如洋葱 Allium Cepa,蚕豆 Vicia faba)的形态特征。在室温条件下,不经预处理或只进行短时间预处理时,往往是小染色体(例如菜豆 Phaseolus)反应较好。当第一次对某个植物尝试不同的预处理条件时,可以在不同时期间隔取根尖样品进行检查。以获得最佳的保温时间,对于原生质体悬浮而言还有另外的预处理方法。包括羟基脲(Wang等,1986)和 Amiprophos-methyl(Pan等,1993)。

固定可以防止DNA的丢失。还可以保持最佳的染色体形态和通透性。聚甲醛(一种交联固定剂)可使DNA丢失减至最少。但是它会减低通透性并破坏DAPI的结合。含有乙酸的固定剂可以软化细胞壁,清除细胞质,增强DAPI的结合。因而对压片制备非常好。用3:1乙醇-乙酸固定剂,4℃固定24h后得到的根尖染色体结果最好。固定较长时间(大于两星期,会导致DNA丢失或者细胞蛋白的固定。性母细胞用3:1乙醇-乙酸固定,可以促使原生质体从PMC细胞壁中挤出来,但也会形成"粘性的"减数分裂染色体。有时,用以减少细胞质的蛋白酶可能也会进一步增加这种粘性。贮存于70%乙醇中的材料可能需要酶解消化或者在压片前先浸在45%乙酸中。性母细胞壁有自身荧光,而且可能会阻止探针的穿入。也可以用酶解的方法除掉细胞壁(Dickinson和Sheldon 1984)。

操作程序:

(1) 用两把尖头镊子,从萌发的种子或幼嫩的植株下切下根尖,长度约1cm。
(2) 把根放入一种表6-1中所列的预处理溶液中,经过一定的培养时间之后,将根转至新配制的固定液(3:1 96%乙醇:冰乙酸)。
(3) 4℃放置30min至1h。
(4) 将根转入新配的固定液中,4℃保存24h~2周。
(5) 要长期保存,可将材料放入新配的固定液或70%乙醇中,存放于-20℃。

表6-1 积累中期细胞的预处理

处 理	浓 度*	时间(h)	温度(℃)
8-羟基喹啉(Merk AnalaR)(有害)	290mg/L 溶于蒸馏水中;在60℃溶解	2.5~4.5	18
秋水仙素(Sigma9754)(有毒)	5mg/L	3.5~4.0	18
秋水仙素(有毒)	5mg/L	1.5~2.0	室温
1,4-二氯苯 Aldrich32,933-9(有害)	饱和水溶液	20~24	4
1-溴代萘 Merk(有害)	在5ml自来水中加入2~3滴充分混匀	20~24	4
冰镇水	—	最长到24	1

*所有的溶液在4℃保存。

(三) 玻片的预处理

在 ISH 操作过程中，为了防止材料的丢失，载玻片都要经过处理，或对其进行包被 [例如用 Silane, Poly-L-lysine 或者 Denharclt's 溶液（Huang 等 1983；Mouras1991；leith 等 1994）] 或对玻璃进行修饰 [例如，用 Vectabond]，使他们具有更好的保持力。载玻片包被物在彻底清洗干净的载玻片上附着效果更好。Vectabond 处理过的载玻片不需要特别清洗，但是如果载玻片看上去有油脂，也可以进行清洗。制备时使用 $20mm^2$ 的盖玻片，而在封固杂交后的载玻片时则用 $22mm^2$ 的盖玻片。这样能够保证盖玻片的边缘不会损坏周边的细胞。

(1) 铬酸处理：①将载玻片放入用 80% 硫酸中配制的氧化铬，在室温下至少放置 3h。②流水冲洗 5min。③用蒸馏水彻底漂洗，在空气中干燥。④将载玻片放入 100% 乙醇中。按要求去掉乙醇并干燥。

(2) Vectabond 处理：①在一排 5 个染色缸中依次放入：400ml 丙酮；350ml 混有 25ml Vectabond 的丙酮；和 3 个染色缸的水。②将载玻片放入金属架。在一个标准的 $120mm^2$ 的玻璃染色缸中，375ml 溶液可以刚好覆盖装有 25 个载玻片的架子。不要让载玻片背对背放置，因为这会在干燥步骤时妨碍蒸发。不要使用塑料的器具和架子。③用夹钳拿起架子并浸入每种溶液中，在 Vectabond 中旋转放置 5min。水洗时要充分振荡。如果能将架子放在流动的蒸馏水下，那洗涤效果更好。稀释后的 Vectabond 不能贮存，因此一次准备 500 个载玻片。④将载玻片彻底滴干，晃动去掉所有残留液体，室温下或 37℃ 干燥。⑤将载玻片放入盒中于室温下存放。

注意安全，Vectabond 会对人体组织产生严重伤害。必须戴手套和保护眼睛。所有操作最好在通风橱中进行。

(3) 盖玻片的处理：①用剃须刀刀片刮盖玻片两面。②浸入乙醇中数秒。③滴干并用无绒布擦拭。

(四) 根尖压片制备染色体样品

操作程序：

(1) 根据不同材料的根尖大小，从 1~3 个根上切下根尖。

(2) 将根尖放在 Vectabond 处理过的载玻片上，去掉根冠。

(3) 对于小根尖，加 $10\mu l$ 45% 乙酸，用"挤压针"挤压根尖，直到释放出分生组织细胞。对于大根尖，可纵向剖开，用一个小解剖刀将分生组织刮到 $10~20\mu l$ 45% 乙酸中。然后像上面那样挤压分生组织。

(4) 用皮下注射针或尖头镊子除去碎片（不要让细胞干燥）。

(5) 用皮下注射针头搅拌细胞悬浮。并用 45℃乙酸调整体积至 10~15ml。

(6) 将准备好的盖玻片盖在细胞悬浮液上。

(7) 用滤纸条吸掉多余液体。

(8) 迅速地将载玻片在火焰上过 1~2 次。不要过热-载玻片不应热到拿不住的程度。

(9) 在盖玻片上放上滤纸，轻轻挤压。

(10) 用相差显微镜观察细胞。重复步骤（8）~（9），直至细胞分散度合适。

(11) 记下分散良好的中期细胞的坐标，并用金刚钻笔在盖玻片上标记位置。

(12) 将载玻片浸入液氮中（用夹钳）速冻，或者盖玻片向上在干冰块上放置至少 5min。

(13) 用解剖刀快速掀掉盖玻片，立即将载玻片浸入 96% 乙醇中，至少 5s。

(14) 在空气中干燥。将载玻片放入装有一袋硅胶的密封的塑料玻片盒中，-20℃ 保存。

（五）酶解制备染色体样品

操作程序：

（1）用解剖刀切下固定好的根尖。

（2）除去所有坚硬的根冠。

（3）每个经 Vectabond 处理过的载玻片上放 1～3 个根尖，滴一滴柠檬酸缓冲液。

（4）用滤纸条吸掉缓冲液，加上一滴酶混合液不要加盖片。

（5）将载玻片放入湿润的温箱，37℃最长可达 2h。

（6）小心地用一个巴斯德吸出管或者微量移液器吸掉酶液（这时的根会非常软），在解剖镜下监控这一过程。

（7）加入 1 滴 45% 乙酸，根应解离。如果有必要，可以轻轻地将根拉开。

（8）在液滴上加上准备好的盖玻片。

（9）用低倍（×10）相差物镜观察细胞。如果有必要，可以轻敲盖玻片，直到根解离为单个细胞。

（10）继续根尖压片制备染色体样品的步骤（9）～（14）。

（六）减数分裂染色体的制备

进行原位杂交时，采用花粉母细胞（PMCs）比采用体细胞组织更具有优越性：①分裂相多而且高度同步化。②在不同时期，染色质的凝聚程度也不同，这往往可以克服与 DNA 密度和压缩程度相关的问题。③可以研究更宽范围的细胞学参数。

操作程序：

（1）从正在发育的花蕾中取出一个花药，将内容物挤压入 2% 乙酸地衣红，检查分裂时期。

（2）在 Vectabond 处理过的载玻片上，将花粉母细胞（PMCs）从减数分裂的花药中挤压入 1 滴 45% 乙酸中。

（3）用"挤压针"搅成花粉母细胞悬液。用一对尖头镊子除去残屑，在细胞悬液上盖上准备好的盖玻片。

（4）将载玻片放入含有 45% 乙酸的湿润温箱中，室温放置 30～60min。

（5）将载玻片一个一个拿出。将滤纸边缘放在盖玻片边上，吸净多余的液体。然后把滤纸放在盖玻片上面，轻压，直至细胞壁破裂，始终用相差显微镜检查。

安全注意事项：乙酸产生有害蒸气。在通风橱或通风良好的地方打开盒子。

（6）当细胞壁破裂后，再用 45% 乙酸加在载玻片上，直到原生质体自由漂浮。

（7）用滤纸轻压盖玻片，压力的大小以使细胞处于最佳的扁平状态为好。

（8）继续根尖压片制备染色体样品的步骤（11）～（14）。

四、杂交前处理

杂交前处理其目的有二，一是提高探针的通透性，增加靶核酸的可及性，以及防止探针与细胞之间的非特异性结合，二是充分干燥和重固定，以防止染色体脱落。

试剂：

RNase A 贮存液的配制：溶 10mg/ml 去 DNA 酶的 RNA 酶 A 于 10mmol/L Tris-HCl（pH 值 7.5）和 15mmol/L NaCl 溶液中，煮沸约 15min，冷却，冷冻贮存，临用前用 2×SSC 按 1：100 稀释。

4％多聚甲醛水溶液：取 2g 多聚甲醛置 40ml 蒸馏水中，加热至 60～80℃，再加约 10ml 0.1mol/L NaOH 清净，至总量为 50ml。

操作程序：

(1) 染色体制片在 40～60℃的温箱中干燥过夜。

(2) 在气干片上加 200ml 100μg/ml 的 RNA 酶 A（用 2×SSC 配制），加盖片后置潮湿培养皿中。于 37℃温育约 1h。

(3) 2×SSC 洗涤 3～5min。

如果制备的染色体上带有很多细胞质，建议在这一步进行胃蛋白酶处理。胃蛋白酶可以酶解消化蛋白，使探针和试剂更易进入。反应步骤为：载玻片置于 0.01mol/L HCl 中 2min。在 0.01mol/L HCl 中加 50μl 与 5μg/ml 胃蛋白酶（猪的胃粘膜层，活性：3 200～4 500U/mg sigma）盖上塑料盖玻片。37℃保温 10min。用 SDW 洗涤 2min 终止反应，然后放入 2×SSC，2×5min。对于不同的材料，可能需要调整蛋白酶处理的时间和浓度。

(4) 加新鲜配制的 4％多聚甲醛水溶液，室温固定约 10min。

(5) 经 70％、90％、无水乙醇脱水后室温干燥备用。

五、杂交反应

杂交是将杂交液滴于经杂交前处理的玻片标本上，加盖硅化的盖玻片，按所要求的温度进行孵化。虽然杂交反应操作简单，但要注意的环节是很多的，而且相当重要。

(一) 杂交混合液的配制

杂交混合液最好是用前新配制。当然，配好的杂交混合液如果在 -20℃冰箱中也可以保存约 6 个月。其配方如下：

序 号	溶 液	用量/片 (μl)	最终浓度
1	100％甲酰胺	20	50％
2	50％ (w/v) 硫酸葡聚糖	8	10％
3	20×SSC	4	2×
4	探 针	4	
5	封阻 DNA	X	
6	10％ (w/v) SDS 水溶液	Y	
7	无离子水	加至总量 40μl	

(1) 甲酰胺可使 Tm 降低，以防高温对染色体形态和结构的损害和脱落。应使用去离子的高质量药品（如 Fison's 电泳级），分装保存于 -20℃。

(2) 硫酸葡聚糖能与水结合而减少杂交液的有效容积，提高探针的有效浓度。其贮存液应以 0.22Mm 的微孔滤膜过滤灭菌，-20℃冰箱中保存备用。

(3) Na^+ 可使杂交率增加，可以减低探针与组织标本之间的静电结合。

(4) 探针浓度依其种类和实验要求略有不同，一般为 0.5～5.0μg/μl 最适宜的探针浓度要通过实验才能确定。

(5) 封阻 DNA 的浓度变异较大，所需加入的封阻 DNA 的量一般要通过经验来确定。已发表的文献中使用 10～60 倍于探针浓度的封阻 DNA (Schwar Zacher 等 1992)。

(6) SDS 是一种湿润剂，可帮助探针穿透进入。其使用浓度一般为 0.05％～1％。

(7) X 和 Y 任意结合。

（二）潮湿密闭的容器

原位杂交反应必须在潮湿密闭的容器中进行。由于原位杂交中所应用的杂交液成分复杂，为了防止杂交液中液体蒸发后造成杂交液的浓缩，甚至完全干燥，使探针非特异性吸附增多，本底增高，必须使用潮湿密闭的容器。容器底部所加液体必须与杂交液中盐的浓度相同，并要防止容器顶部水滴流入玻片上，使杂交液中探针过度稀释而影响杂交结果，为了防止杂交液的蒸发，还可在杂交液上加盖一张硅化的盖片，其边缘用橡胶水泥封闭，用石蜡封闭也可以很好地防止杂交液蒸发。

（三）探针和靶 DNA 的变性

在进行杂交反应之前，探针和靶 DNA 以及封阻 DNA 都必须变性成为单链 DNA。RNA 探针虽是单链，但有时也会局部形成分子间的双链，因此，通常也进行变性处理。靶 RNA 作为单链分子固定在核质中，所以，无需变性。变性方法可分为两种。即探针和靶 DNA 分别变性和共变性。普遍认为后者优于前者。共变性操作如下：

(1) 准备一加盖之大培养皿，垫滤纸，用 2×SSC 浸润，并在水浴或温箱中预热至所需的变性温度。

(2) 将杂交混合液于 70℃ 预变性约 10min，迅速冰冷约 5min。

(3) 每张制片视盖片大小加 30～40μl 杂交混合液，加盖片，置预热的培养皿中。

变性的温度和时间：变性温度可根据双链的解链温度（melting temperature）Tm 计算其近似值。但实际应用的变性温度应比 Tm 值高，RNA：DNA 杂交，应高于 Tm10～15℃，RNA：RNA 杂交应高于 Tm 20～25℃。DNA 双链大于 250bp（在溶液中），Tm 的经验式如下：

$$Tm=0.41（\%GC）+16.6\log M-500/n-0.61（\%甲酰胺）+81.5$$

上式中，GC 的百分比为探针的 GC 含量。如果不清楚，对禾谷类植物一般可按 45% 计算；M 是指杂交液中单价阳离子（Na^+）的克分子浓度；n 是探针的长度（通常为 250～500bp）；甲酰胺为 V/V 的百分浓度。

在实际工作中，变性的温度变异较大，这是由于靶 DNA 是在染色体上，因物种不同，细胞类型不同以及固定的不同而变动。因此，各种不同植物或同一植物染色体 DNA 的变性温度和时间，不同作者的程序中也不尽相同，没有统一的标准，靠试验来确定。

探针变性后，要迅速进行杂交反应。

（四）杂　交

变性后迅速将培养皿和材料转入所需温度的温箱中，杂交过夜。

杂交温度：杂交温度应低于杂交体的 Tm20～30℃。原因是在这一温度下的杂交反应得到的杂交率最高。一般，当杂交液含 50% 甲酰胺，盐浓度为 0.75mol 左右时，DNA 探针的杂交温度约为 42℃，RNA 探针为 50～55℃，寡核苷酸探针约为 37℃。

杂交时间：杂交反应的时间可能随着探针浓度的增加而缩短，但在一个相当大的范围内，杂交反应应在 4～6h 内完成。但为稳妥起见，一般将杂交反应时间定为 16～20h。为了工作安排方便，可将杂交液和标本孵育过夜，从现在的文献看无明显的不良结果。然而，杂交反应的时间不要超过 24h，反应时间过长，形成的杂交体会自动解链，杂交信号反而减弱。

（五）杂交严格度

杂交体双链间碱基的相互配对程度，可影响杂交体的稳定性。在温度较低的情况下，探针不仅可与碱基对完全互补的特异性靶核酸序列相结合，同时也可以与含不相配碱基对的类似序列结合。这种决定探针能否与不相配碱基核酸序列结合而形成杂交体的条件即为杂交严格度。

在高严格度下，只有碱基对完全互补的杂交体才稳定；而在低严格下，碱基对并不完全互补的杂交体也可形成。影响杂交严格度的主要因素有甲酰胺的浓度、温度和盐浓度等。低甲酰胺浓度，低温度及高盐浓度的条件即为严格度低，反之严格度就高。用下面的方法可以改变严格度：

(1) 盐浓度可以 0.3mol/L 至 15mmol/L NaCl（2×SSC 至 0.1×SSC）之间变动。
(2) 甲酰胺浓度可在 10%～60% 变动。
(3) 改变杂交和杂交后洗涤的温度。
或者（1）至（3）结合起来。

上述条件，与封阻 DNA 方法结合起来使用，可以对探针和目标之间可检测到的序列同源程度进行"微调"（Schwarzacher 等 1992；leitch 等 1994）。原位杂交的一个主要优点就是，其杂交反应的特异性可通过调节反应条件而进行精确的控制。

六、杂交后处理

杂交后处理的目的是除去未参与杂交体形成的过剩的探针，除去探针与组织标本之间的非特异性结合，从而减低背景，增加信/噪比。杂交后的处理分为高严格度和低严格度两种。高严格处理，只有碱基完全互补的特异杂交体得以保存。反之，低严格处理，染色体上原位杂交的信号会增多，但非专一性的背景信号也随之增加。一般认为，最好先用低严格度洗脱，再根据杂交信号强弱及背景情况决定是否用高严格度处理。

一般的洗脱程序如下：①用 2×SSC 于 42℃洗脱盖片。②在 20%甲酰胺（0.1×SSC 配制）中于 42℃ 2×5min。③2×SSC，42℃，3×3min。④冷却 5min。⑤室温下，2×SSC，3×3min。⑥ 2×SSC，42℃和室温洗脱各一次，每次 5min。

七、杂交信号的检测

标本经杂交后处理，即可对杂交体进行检测，检测的方法因探针的标记物不同而异。20世纪 80 年代以前，用于染色体原位杂交的探针，主要用放射性同位素标记，杂交信号用敏感性高的放射自显影技术进行检测。80 年代以来，相继发展了一些非放射性标记和检测系统。由于其安全性好，省时方便，而且可以几种探针同时杂交等优点，现已为大家普遍采用。

非放射性原位杂交，由于标记物种类较多，所用的检测方法则要根据标记物的性质而定。常用的非放射性标记探针原位杂交信号的检测主要有二个途径：①直接检测探针标记物；②用免疫组织化学或亲合组织化学间接地检测探针标记物。

（一）直接检测探针标记物

如果用荧光素标记探针进行原位杂交，杂交信号可直接在荧光显微镜下观察。如果用辣根过氧化物酶或碱性磷酸酶标记探针，原位杂交的信号可用相应底物的酶促反应来显示。常用的底物与酶的反应为：过氧化物酶与 DAB 成色反应，碱性磷酸酶与 BCIP/NBT 成色反应。直接检测探针标记物的方法，操作简便，但敏感性较低。

（二）用免疫组织化学或亲和组织化学间接地检测探针标记物

生物素标记探针原位杂交，其杂交体可以根据卵白素—生物素亲合组织化学原理，或生物素—抗生物素抗体的免疫组织化学原理进行检测。地高辛精标记探针原位杂交，则可用特异性抗地高辛精抗体用免疫组织化学技术检测。所用的报告分子可以是辣根过氧化物酶、碱性磷酸酶、荧光素或胶体金等。其主要优点是既可用荧光检测，也可用酶反应检测。此外，检测还可以多级放大。缺点是色彩分辨率较低，并且实验步骤较复杂（A. R. leitch 等，1994）。

1. 生物素标记探针杂交的检测

试剂：

(1) BSA 封阻液：5%（w/v）BSA 溶于 4×SSC/吐温（0.2%吐温 20 溶于 4×SSC）。

(2) 偶联的 Avidin：稀释适当的偶联物至 BSA 封阻液中，如下所示：

检测系统	Avidin 偶联物	使用浓度（μg/ml）
荧光	Texas 红	5
荧光素	5	
酶	辣根过氧化物酶	10

(3) 正常的山羊血清封阻液：5%（v/v）山羊血清溶于 4×SSC/吐温（同上）。

(4) 生物素标记的抗-抗生物素蛋白：5μg/ml 生物素标记的抗-抗生物素蛋白溶于山羊血清封阻液。

方法：

(1) 制片在 4×SSC/吐温中处理 5min。

(2) 每片加 200μl BSA 封阻液，加盖片，处理 5min。

(3) 去盖片，甩干 BSA 液，加 30μl 偶联的 Avidin，加盖片，于 37℃温育 1h。

(4) 用 4×SSC/吐温液于 37℃洗涤 3×8min。

信号放大：

(5) 在制片上加 200ml 正常山羊血清封阻液，加盖片，处理 5min。

(6) 甩去上述溶液，加 30ml 生物素标记的抗-抗生物素蛋白，加盖片，37℃温育 1h。

(7) 用 4×SSC/吐温于 37℃洗涤 3×8min。

(8) 在 BSA 封阻液中处理 5min。

(9) 同步骤（3）。

(10) 4×SSC/吐温 37℃洗涤 3×8min。

2. 地高辛标记探针杂交的检测

试剂：

(1) BSA 封阻液：5%（w/v）BSA 溶于 4×SSC/Tween（0.2%吐温 20 溶于 4×SSC）。

(2) 抗—地高辛偶联物（取自绵羊）：稀释适当的偶联物在 BSA 封阻液中。如下所示：

检测系统	抗地高辛偶联物	使用浓度
荧光	荧光素	5μg/ml
	罗丹明	10μg/ml
酶法	过氧化物酶	7.5μg/ml

(3) 正常的兔血清封阻液：5%（v/v）溶于 4×SSC/吐温 20（0.2%）。

(4) 偶联的兔抗羊 lgG：稀释适当的偶联物于正常兔血清封阻液中，如下所示：

检测系统	抗羊偶联物	使用浓度
荧光	FITC	25μg/ml
	罗丹明	25μg/ml
酶法	辣根过氧化物酶	13μg/ml

方法：

(1) 制片在 4×SSC/吐温中处理 5min。

(2) 加 200μl BSA 封阻液，加盖片，处理 5min。

(3) 去盖片，甩干封阻液，加 30μl 抗—地高辛偶联物，加盖片，37℃温育 1h。

(4) 4×SSC/吐温中37℃洗涤3×8min。

(5) 加200μl正常兔血清,加盖片,处理5min。

(6) 甩干,另加30μl标记的抗—羊偶联物,37℃温育1h。

(7) 同步骤(4)。

3. 辣根过氧化物酶检测　辣根过氧化物酶氧化DAB(diaminobenzidine)可以在杂交原位点形成棕色沉淀。DAB的沉淀物也可以用银处理加以放大。

(1) 试剂:①DAB检测试剂:5mg DAB溶于5ml水中,再加9.5ml50mmol/L Tris—HCl(pH7.4)。②银放大溶液A:0.2%(w/v)硝酸铵,0.2%硝酸银,1%钨硅酸(tungstosilicic acid),0.5%(v/v)甲醛。③银放大溶液B:5%(w/v)Na_2CO_3。

(2) 方法:　①从4×SSC/吐温中取出制片甩干,加200μl DAB检测液,在4℃暗处理20min。②甩干制片,再加200μl DAB检测液(新配制的30%H_2O_2贮存液1μl加2μl DAB检测液),4℃处理20min。③加过量水终止反应。

(3) DAB沉淀的银放大:①A液B液等量混合,立即加500μl至制片上,加盖片,置显微镜下监测银粒沉淀。②加过量水终止反应,并加1%乙酸处理2min。然后复染和封片。

八、复染和封片

1. Giemsa

试剂:

(1) Sörenson's 缓冲液:0.03mol/L KH_2PO_4 和 0.03mol/L Na_2HPO_4,pH值6.8。

(2) Giemsa4%(用上述缓冲液配制)。

方法:

(1) Giemsa染色10min。

(2) 蒸馏水淋洗,空气干燥。

(3) DPX或Euparal封片。

2. 荧光染料复染——DAPI和PI　DAPI的激发光(uv)和发射光(blue)的波长均不覆盖Texas红、罗丹明或FITC的荧光。此外,PI也可以用于FITC的复染,前者为红色后者为绿色荧光。各种荧光染料的最大激发光和发射光波长见表6-2。

表6-2　荧光素的波长和颜色

荧光染料信号发生系统	最大激发光波长	最大发射光波长	荧光颜色
Coumarim AMCA*	350	450	蓝
Fluorescem* FITC	495	515	绿
R-phycoerythrin	450~570	575	红
Rhodamine*	550	575	红
Texas 红	595	615	红
DNA 复染			
Chromomycin A	430	570	黄
DAPI	355	450	蓝
Hoechst 33258	356	465	蓝
Propidium iodide (PI)	340~530	615	红

* 能与核苷酸直接偶联。

试剂：

(1) McIlVaine's 缓冲液（pH 值 7.0）：A＝0.1mol/L 柠檬酸，B＝0.2mol/L Na_2HPO_4，A 液 18μl 和 B 液 82ml 混合，pH 值 7.0。

(2) DAPI：100μg/ml DAPI 溶于水为贮存液，在 －20℃ 保存。贮存液用（1）缓冲液稀释至 2μg/ml 为工作液。此液也可在 －20℃ 保存。

PI：100μg/ml PI 溶于水为贮存液，在 －20℃ 保存。使用前用 4SSC/吐温 20（0.2%）稀释为 2.5μg/ml。

方法：

DAPI：

(1) 每片加 100μl DAPI，加盖片，处理 10min。

(2) 用 4×SSC/吐温稍加洗涤，抗衰减剂封片。也可用 PI 复染（3）。

PI：

(3) 每片加 100μl PI，加盖片，处理 10min。

(4) 4×SSC/吐温稍加洗涤，封片为上。

注意：PI 不能与 Texas 红、罗丹明等红色荧光染料复染。

3. 抗衰减剂封片

荧光染料染色后，为防止荧光快速衰减，可用 90% 甘油（V/V）加 10mg/ml P-苯二胺配制抗衰减剂封片。

九、观察和摄影

(1) 明视野显微镜观察。褐色的 DAB 信号用吉姆萨（Giemsa）染色后呈蓝色。

(2) 荧光显微镜观察。荧光显微镜检测的原理是用一定波长（激发波长）的光激发荧光染料中的电子，使它们跃迁到外层电子层。这些激发的电子很不稳定，在回到稳定状态的过程中将释放能量，即发射荧光（发射波长）。激发光通常是用高压汞或氙电弧灯产生，它可以发射出高强度的所需波长的光。用滤光镜选择合适的激发波长的光后，即可以显示某一特定的荧光染料。最常用的荧光染料有 DAPI（在 UV 光激发下发出蓝色荧光）、FITC（蓝光激发下发出绿色荧光，以及罗丹明和德克萨斯红（绿光激发下产生红色荧光）。表 6-3 显示所用的滤光片。

表 6-3 荧光染料染色后在表面荧光显微镜下显示所用的滤光片

荧光染料	激发光颜色	激发光滤色片	光色分裂器	阻挡滤片	荧光颜色
DAPI	紫外	G365 或 BP340～380	CBS420	LP420	蓝
FITC	蓝/紫外	BP450～490	CBS510	LP520	绿
Texas 红	绿	BP536～556 或 BP515～560	CBS580	LP590	红
PI	绿	BP536～556 或 BP515～560	CBS580	LP590	红

注：BP：带通滤光片，波长在数字之间的示透射。

CBS：光色分裂器，波长少于数字值为反射，大于数字值为透射。

G：匀质玻璃滤光片，类似带通滤光片，仅透射一种光谱波长，但不及带通片有效，波长周围的数值为透射。

LP：长通（longpass）滤光片，波长长于数值为透射。

(3) 拍摄。拍摄 ISH 荧光可能比较困难，因为通常荧光信号仅占图像框的一小部分，并且背景黑暗。如果显微镜带有自动照相设备，它是根据整个拍摄视野的光来计算曝光的，取的是荧光周围黑暗区域的平均值。因此会使拍摄的照片曝光过度。使用点测量设备或者在显微镜照相机上的暗视野设置，或者手动控制曝光时间，这个问题即可迎刃而解。还有一种方法，即在预期曝光设置以下至少选两个设置曝光。对于明亮的 ISH 信号，其曝光时间大概在 10~30s 左右。对于较弱的信号，例如低拷贝探针的信号，可能曝光时间要达到 5min。DAPI 图像通常比 ISH 信号亮得多，则仅曝光数秒即可。

十、载玻片的再杂交

拍摄之后，载玻片可以进行再次杂交，可以加入另外的探针进行杂交以获得更进一步的信息，还/或者可以用一个已鉴定的探针杂交来确认该染色体。

十一、对　　照

对于任何 ISH 实验，定好合适的对照确定探针杂交的特异性是十分重要的。当实验失败时，对照也有助于找出失败的问题所在。针对实验的各个不同方面，人们使用不同类型的对照。

阳性对照：阳性对照是用来证明所使用的变性、杂交及检测试剂均反应正常。如果阳性反应正常而试验的载玻片却失败，就表明试验用的探针有问题，并非是 ISH 反应本身的问题。阳性对照包括那些靶序列已知在试验中以多拷贝存在的探针，如核糖体 DNA 探针。

阴性对照：一是用来确定非特异性标记的程度。不使用任何探针或者同一个在试验材料中不存在的不相干的探针，或者用来标记的目的 DNA 序列进行实验；二是用来确定杂交的特异性。在不同的严格度条件下进行实验。随着严谨性的增加，杂交位点的数量会减少。在较高的严谨性条件下，留下的只有那些与目的序列相对应的特异的杂交位点。

十二、疑难解答

由于原位杂交的时间较长，步骤较多，不可避免地会产生很多问题。表 6-4 列举出常见的问题，以及这些问题可能产生的原因和解决办法。

表 6-4　疑难解答——可能的原因和解决办法

问　题	可能的原因	可能的解决办法
• 实验材料丢失	——用于染色体制备的载玻片上有污垢和油脂	——用于染色体制备的载玻片必须彻底清洗（例如用铬酸清洗），另一种办法是用能够"附着"染色体材料的溶液包裹载玻片
• 信号弱或没有 ——染色体形态良好	——探针未标记，因而检测试剂无法检测	——经常检查探针，确保标记掺入
	——如果用高度重复探针时，在样品及阳性对照上均无信号，那么有可能检测试剂不行	——配制新鲜的检测试剂，不要贮存稀释的抗体或抗生物素蛋白/抗-抗生物素蛋白溶液。尽可能地用与探针点杂交测试相同的检测试剂进行 ISH，保证检测试剂没有问题
	——探针未能完全变性至单链，因而不能与染色体上的靶序列进行杂交	——检查一下水浴温度是否 76℃。加热后将杂交混合液放在冰上至少放置 5min，防止单链 DNA "回咬" 形成复合物

(续)

问 题	可能的原因	可能的解决办法
• 信号弱或没有 ——染色体用 DAPI 复染较弱且边缘参差不齐	——染色体 DNA 未能完全变性至单链，因此探针无法进入 DNA 序列	——检查变性溶液的温度。可能有必要除去与 DNA 结合的蛋白，特别是当目的序列接近或位于染色质内时。可用胃蛋白酶处理材料。另一种办法是在同一张载玻片上重复 ISH 步骤，而变性时间延长 1min。重新变性可能有助于探针进入
	——严谨度过高	——如果探针与目的序列不完全相同，那么应降低严紧度，让那些虽不相同但很接近的序列杂交上
	——用碘化丙锭过度复染可能使 ISH 信号变暗，特别是当 ISH 信号较弱时	——移去盖玻片脱色，在 BT 缓冲液中洗涤，2×15min。进行再封固
	——染色体温度变性导致材料中的 DNA 过量损失。正确的变性条件是由目的序列以及其被 DNA 结合蛋白保护的程度决定的。要取得最佳的变性效果，不同的序列可能需要略微不同的预处理条件	——进行染色体固定可减少变性过程中 DNA 的损失。例如，在脱水之前，将载玻片放在 3∶1 乙醇∶醋酸中固定 10min。另一种办法是使变性时间缩短。需要根据经验确定每一个新材料的条件
	——载玻片太旧（大于 1 个月）且/或保存不正确。在旧载玻片上染色体 DNA 可能降解，在 ISH 过程中易丢失	——载玻片应在 −20℃ 条件下，干燥保存不超过 1 个月
• 信号弱或没有 ——染色体周围有明亮的绿色自发荧光（在 FITC 滤光镜下）	——有太多的细胞质，阻止探针及检测试剂进入染色体。细胞质还可能妨碍染色体的变性	——用胃蛋白酶处理染色体可能对细胞质较多处有所帮助。可能的话，采用无细胞质污染的染色体
• 有信号，但成块状	——如果试剂未混合充分，或者在保温前盖玻片下面的气泡没有排除，都会造成信号成块状	——用前将所有试剂涡旋振荡，特别是杂交混合液，因为硫酸葡聚糖非常粘稠，易沉于小管底部。盖上盖玻片时应小心，减少气泡的产生。如果出现气泡，轻轻地抬起或放低盖玻片数次，将气泡拉至边缘
• 载玻片上遍布背景信号	——探针与材料的非特异性结合	——增加洗涤步骤的次数及时间，但是要注意不要过度洗涤，以免损坏或丢失材料
	——检测试剂与材料的非特异性结合	——总是使用新鲜稀释的检测试剂，并在用前过滤除菌。减低检测试剂的浓度也可有助于减低背景
	——倘若目的序列已经表达，转录的 RNA 与目的序列同源，可与探针结合	——RNase A 处理非常重要，可去除这一个背景来源
• 背景信号限于染色体上	——严紧度太低	——提高严紧度，排除那些与目的序列部分同源的 DNA 序列与探针的杂交
• ISH 信号和复染剂耀眼闪亮	——封闭后，载玻片上残留了太多的甘油	——尽可能地挤出盖玻片下面的封固剂，因为封固剂中的甘油会产生耀眼的光
	——保存了数月的载玻片通常会出现耀眼光亮及背景荧光增强的现象	——小心地移去盖玻片，用 BT 缓冲液洗涤，3×2min

第三节 RNA原位杂交技术

RNA原位杂交与染色体原位杂交相比较，由于RNA很容易降解，因此对操作过程的要求更为严格。整个操作过程中应尽量避免RNase污染，耐高温器皿180℃烘烤8h以上，其他器皿用氯仿冲洗；溶液用0.1%焦碳酸二乙酯（DEPC）处理或DEPC-H_2O（DEPC处理过的蒸馏水）配制，DEPC是一种RNase强烈抑制剂。

一、取材、固定

取材、固定是RNA原位杂交非常重要的第一部。其目的在于避免组织中核酸的降解，保存组织的形态结构，以及增加组织的通透性。由于DNA比较稳定，而RNA很容易降解，所以当检测细胞、组织中RNA时，对取材、固定的要求更为严格。

组织应尽可能新鲜。由于很多RNA降解速度很快，所以一般新鲜组织和培养细胞应在30min内固定。为了避免外源性RNA酶引起靶组织中RNA丧失，取材时应戴手套。所用的器械、容器都要经高压消毒，或清洁后用DEPC处理水清洗。要避免用含RNA酶很丰富的手指直接接触组织、器械、容器和溶液等。

化学固定剂有沉淀固定剂和交联固定剂两类，常用的沉淀固定剂有乙醇、甲醇和丙酮等，交联固定剂有多聚甲醛、甲醛和戊二醛等。经用沉淀固定剂固定的组织通透性较好，利于探针穿入组织。但是沉淀固定剂可能引起RNA的丧失，而且组织的形态结构保存也不十分理想。醛类交联固定剂可较好地保存组织中RNA，对组织形态结构的保存也优于沉淀固定剂。但是组织经象戊二醛这样的强交联剂固定后，通透性很低，致使探针进入组织很困难。一般认为，4%多聚甲醛对用cRNA探针检测mRNA的组织固定较为适宜。它既能有效地保存靶RNA和组织的形态结构，又可使组织具有一定的通透性。

固定的时间也很重要。时间太短，组织细胞固定不良，不论是形态结构还是核酸的保存都不理想。时间过长，可能会减低靶核酸对探针的可及性，从而使杂交信号减弱。适宜的固定时间取决于固定剂的种类及组织对固定剂的可透性。

二、标本制备

制片方法有多种，如冷冻切片、石蜡包埋切片、PEG包埋切片、树脂包埋切片以及微小材料的整体装片。冷冻切片的优点是速度快、不需要花太长的固定和包埋时间，尤其对谷粒等坚硬材料有利；缺点是组织切片不容易保持完整性。石蜡切片应用最广泛，因为其切片能较好地保持细胞形态并能长期保存。PEG和树脂切片能够保持更加精细的细胞结构，对胚珠等幼嫩的材料尤为有利。

不论采用哪一种标本，在制备时要尽量避免RNA酶的污染。操作时要戴手套，要用70%酒精或10%SDS擦洗工作面、切片机的刀架、摇柄和载物台等手常接触的部位，以及镊子、刷子等用具。所用的载玻片要清洗干净，使其不含RNA酶。为了牢固粘贴切片而不至于在脱蜡、脱水、复水、预杂交、杂交、冲洗等一系列复杂过程中脱落，粘贴剂的选择是很重要的。一般采用50μg/ml多聚赖氨酸或0.15%～1%明胶+0.01%～0.25%硫酸铝钾。将洁净玻片浸入粘贴溶液中使整个玻片都涂上粘贴剂。

切片厚度可根据具体情况而定。如果靶组织中待测 mRNA 的量较少，所采用的原位杂术技术敏感性较低，为了能在局部得到较多的信号，切片可厚一些（约 10～15μm），反之，切片则可薄一些约（2～5μm）。

如制备石蜡切片，展片时要用含 0.04%DEPC 的双蒸水。一般都用加温台展片。制成的石蜡切片置于 52℃烤箱过夜，随即可用来做原位杂交。经烤干的切片也可在室温下保存。冰冻切片可以从新鲜组织或固定的组织用恒冷箱切片机制备。制成的冰冻切片置 37℃干燥 4h 或过夜后，即可进行原位杂交。也可将切片放在置于干燥剂的密闭容器内-70℃保存 1 年，或将切片浸在 70%酒精内 4℃保存 1 年。从新鲜组织制备的冰冻切片，最好先用固定剂固定（如用 4%多聚甲醛固定 10min），然后再干燥，-70℃保存或在 70%酒精中 4℃保存。

三、探针及标记

探针有三种类型：DNA 探针、RNA 探针和寡核苷酸探针。双链 DNA 探针最先用于原位杂交，其优点是比 RNA 探针难以降解，分子量大（>1kb）能在细胞内形成网络而放大信号。但很少用来做探测细胞内 mRNA 的原位杂交，这是因为，双链 DNA 有意义链和无意义链之间的复性会使能与靶 mRNA 结合的有效探针明显减少，而细胞内的 RNA 一般拷贝量较少，双链 DNA 探针检测的灵敏度太低。RNA 探针使用最为广泛。其优点是比双链 DNA 敏感性强，不需要变性。RNA—RNA 比 DNA—RNA 要稳定得多，而且可以使用较高的杂交和洗涤温度以减少非特异性信号。RNA 探针的最大优点是反义和有义链都可以分别体外转录，而有义链可作为非特异性杂交的背景对照。杂交后还可用 RNA 酶处理，以除去未结合的探针，而 RNA—RNA 杂交体则不受 RNA 酶的影响。RNA 探针的缺点是，制备过程比较复杂，需要分子生物学的实验条件；它对 RNA 酶敏感，易受 RNA 酶破坏。因而在操作时要谨防 RNA 酶污染。寡核苷酸探针是单链 DNA，很容易化学合成，且方法简便，不需要复杂的分子生物学实验条件；探针一般较小，组织穿透性好；可根据目的基因的特异性序列设计探针，因而特异性强；合成寡核苷酸探针性质上是脱氧核苷酸，所以对 RNA 酶不敏感，因而它要比 RNA 探针更稳定，而且便于操作。其缺点是因末端标记的量少而影响其敏感性，并因杂交体的热不稳定性而引起杂交特异性的明显降低。

探针标记物大致可分为同位素和非同位素两类。选择何种标记物主要依据不同要求，如敏感性、速度、分辨率和安全性而定。但是，这些因素有时相互冲突。我们一般将分辨率和敏感性作为主要因素来综合考虑。同位素标记物主要有^{32}P、^{35}S、^{3}H。它们都以不同的动能发射 β 粒子。^{32}P 以高能 β 粒子引起较宽范围的银粒散射而短期内（3～5d）产生可检测到的信号，但没有单细胞水平的分辨能力，适合于组织区域性快速 mRNA 定位。^{3}H 具有最低的比活性和 β 粒子发射穿透力，能获得很高的分辨率但需要长达 3～6 周的放射自显影过程。原位杂交的敏感性和放射自显影效果最好的是^{35}S，能在较短时间内（5～10d）获得较高分辨率的细胞 RNA 定位。应用最为广泛。非同位素标记物主要有 BIO、DIG、二硝基苯酚、溴脱氧尿苷等，为半抗原物质，通过免疫酶促显色反应，免疫荧光反应或胶体金来检测信号。以前因非同位素标记探针比同位素标记探针敏感性和分辨率差而较少使用。现在，非同位素标记探针不仅在精确定位方面达到和超过了同位素标记探针水平，而且还具有同位素标记探针所没有的优点。例如，免疫荧光系统可以多级放大，提高信号的检出率和信噪比；可与各种显微摄影技术（如共聚焦激光扫描显微镜、数字成像系统等）配合进行精确的比色定量分析；能使用两种以上的探针同时标记不同的靶 RNA 进行多色荧光原位杂交。另外，非同位素标记探针还有安全、保存时间长、操作方便等优点。DNA 和寡核苷酸探针的标记方法有随机引物法、缺刻平移法和 PCR 法等，RNA 探针标记方法为体外转录。探针的具体标记法请参看第二节。

四、杂交前处理

杂交前处理有两个目的：一是使探针更易接近靶 RNA；二是降低非特异性杂交背景。动物组织的预杂交处理包括脱蜡（石蜡切片）、0.2 mol/L HCl 处理、70℃热处理（冷冻切片）、蛋白酶 K 处理和乙酰酐处理。脱蜡处理增加探针的穿透性；酸处理打断 mRNA 二级结构，分离核糖体；热处理使切片粘贴更加牢固；蛋白酶 K 部分消化蛋白质以及打断蛋白质与 RNA 的交联；乙酰酐可中和组织中的正电荷以减少探针的非特异性杂交。植物组织原位杂交借鉴了这些处理步骤，但不同的作者均作了必要的修改。

五、杂交反应

杂交条件对杂交信号的特异性和敏感性影响很大。主要参数包括温度、探针浓度和杂交持续时间，它们随探针长度和溶液与组织对探针的竞争性不同而变化。常用的杂交温度为 40℃ 和 45℃，但其范围可以为 37～60℃。尽管杂交信号在几小时内就可检测到，但为了方便起见，一般都在湿盒内过夜。杂交液成分在不同的研究中有些变化，但都含有盐、甲酰胺、二硫苏糖醇和 RNA 传递体（如 Poly（A）和酵母 tRNA）等。高浓度盐促进稳定；甲酰胺降低所需温度；葡聚糖逐渐析出杂交液中的水分而相应增加探针浓度以提高杂交效率；二硫苏糖醇减少探针的非特异性杂交背景，RNA 传递体使探针均匀分布。另外，还有一些成分如 Denhardt's 液能使探针的非特异性信号减少，但常被省略。

六、杂交后的处理

杂交后处理的目的是通过严格的清洗而除去过量的探针。对于 RNA 探针还可以用 RNase 消化。

七、杂交信号的检测和对比染色

同位素标记探针与组织切片中靶 RNA 杂交后，用 X-光片或乳胶进行放射自显影。显影时间长短主要取决于 mRNA 丰度和标记探针的同位素种类。乳胶的稀释既要混匀又要少搅拌，以免产生气泡而增加背景颗粒。可以先将几张空白载玻片浸入乳胶以除去气泡。乳胶不能重复使用。放射自显影后的切片染色有多种染料。Dow 等比较了曙红 Y、俾士麦棕、氯唑黑、固绿、甲苯胺蓝和天青 B。他们的结果显示，用天青 B 和甲苯胺蓝对染获得最好的组织染色和银粒反差。非同位素标记探针杂交后，进行免疫酶促反应或免疫荧光反应。以 DIG 标记探针为例，在抗 DIG 抗体免疫反应过程中，胎牛血清、正常绵羊血清和正常的兔血清均能起封阻作用。组织中的内源碱性磷酸酶能严重干扰显色过程。Levamisole 是哺乳动物碱性磷酸酶的有效抑制剂。但对植物内源碱性磷酸酶的抑制效果不佳。而现在还没有找到一种理想的抑制剂。5-溴-氯-3-吲哚磷酸（BCIP）-氮蓝四唑（NBT）显色反应很慢，导致反应中间产物（吲哚酚）渗出至反应液中，从而干扰杂交位点的精确定位并引起终产物的损失而降低信号。Block 等发现，聚己烯醇（PVA）能减少这种渗出而增加信号。他们的实验结果表明，10% 的 10KDa PVA 能增加信号 5～10 倍，10% 的 70～100KDa PVA 能增加信号至少 20 倍。

八、RNA 原位杂交结果的评定

1. **特异性与敏感性** 核酸原位杂交的特异性主要由杂交的严格性所决定。在对 mRNA 定位的原位杂交中，非特异性杂交最常见的原因之一就是探针与 tRNA 的非特异性结合。因此在进行原位杂交之前，必须先应用 Northern 杂交以检测探针的不同严格条件，以此评定原位杂交的结果。除了探针的非特异性结合之外，检测系统亦是导致非特性结果的原因之一。生物素、地高辛标记的探针常用免疫组织化学方法检测，在许多组织和细胞中含有内源生物素和酶，而出现假阳性结果。

高度敏感性是原位杂交的优点之一，用放射性标记的 RNA 探针可检测到细胞内 20 个拷贝 mRNA，而双链 DNA 经缺刻标记的探针，则需 200 个以上拷贝的 mRNA。同时，固定与杂交的条件则随杂交检测目的而异。不均一组织中 mRNA 的检测则更为复杂，敏感性更难以评定，因此每一次反应中必须有阳性和阴性对照。取材后若不及时固定，可能会由于 mRNA 降解而出现假阴性结果。探针的长短、浓度、在组织中穿透能力，杂交及杂交后处理严格性，检测系统的灵敏性等都可产生假阳性和假阴性结果。

2. 对照的选择　原位杂交有高度的敏感性和特异性，但这种优点如无确切的阳性或阴性对照则很难以评定，因此除探针的选择应经过鉴定之外，必须在每次实验中选择阳性和阴性对照。阳性对照选择可用：①Northern 印迹杂交；②将原位杂交与免疫组织化学联合应用；③用已知阳性组织对照。阴性对照的选择可用：④用已知的阴性组织；⑤用正义 RNA 探针；⑤省去标记探针；⑥杂交前用 RNA 酶或 DNA 酶消化处理切片；⑦标记探针与未标记探针的竞争试验等。此外核乳胶或其他显色系统应先进行本底检测，以排除假阳性和假阴性。

3. 原位杂交结果的定量分析　原位杂交不仅可以精确确定靶 mRNA 的时空表达位置而且能定量分析其表达水平。当然现在还不能计算杂交体的绝对量以及与靶 mRNA 拷贝数的关系。事实上，很难使 RNA 保存率和杂交率以及控制程序标准化，而只能将供试组织与对照作相对定量分析。通常通过杂交细胞的闪烁计数或核乳胶放射自显影颗粒进行定量分析；DOW 等通过乳胶银粒计数对 rRNA 作定量分析，从而估算出核糖体相对数量。Nurnez 等对杂交组织放射自显影的 X-光片进行光密度分析，将光密度测量数据与校正曲线比较并转换成单位放射活性浓度。

第四节　原位杂交的应用

原位杂交是在组织和细胞内进行 DNA 或 RNA 精确定位和定量的特异性方法之一。在植物基因的染色体物理作图、遗传转化材料分析、染色体识别、分子核型构建、异源多倍体物种进化、减数分裂染色体行为分析、外源染色体或染色体片段检测、染色体基因组在细胞中的空间排列以及植物基因表达的规律等研究中，取得了一些重要成果，展示了广阔的应用前景。

一、植物基因的染色体物理作图

植物染色体原位杂交是确定基因在染色体上物理位置的最有效的方法。它已被用于重复序列、多拷贝基因家族、寡拷贝和单拷贝基因的物理定位。玉米的蜡质基因被定位到玉米第九号染色体上，大麦的醇溶蛋白基因被定位到大麦的第五号染色体上，节节麦基因组专化的 DNA 序列被定位到小麦和山羊草物种的 D 组染色体上，决定 18S、26S rRNA 的成簇基因被定位在小麦、山羊草、黑麦、鹅观草、水稻、Pinus、Cycas 的中期染色体上。此外，尚有豌豆的豆球蛋白基因和小麦的抗 Hessian 蝇 H20 基因的定位等。由于已有多种探针标记程序，因此，同时检测几种 DNA 序列已成为可能。在人类中期染色体上利用组合荧光素与数字图像显微技术已可同时观察到 7 种不同的 DNA 探针。在植物中，Leitch 等在黑麦染色体上同时检测和定位了两个高度重复的 DNA 序列。用生物素、地高辛和荧光素标记已能在一个细胞中检测多种探针并对各种序列进行定位。在小麦的单一染色体上已能以不同颜色检测出 5 种 DNA 探针。

通过原位杂交对 DNA 序列在植物染色体进行物理定位，现在在植物分子生物学的很多研究领域正变得日益重要。ISH 可以给人们提供基因和 DNA 序列在染色体上的位置和次序的新信息。这可有助于通过染色体步查分离目的基因的研究，也使人们可以对遗传图谱和物理图谱进行比较。这些结果已越来越多地用于将 DNA 序列与基因组高级结构、基因活性和遗传重组联系起来，并且用于阐明染色体进化的机制。除此之外，人们还用 ISH 来确定植物基因的转化，鉴定 DNA 插入的位点。

二、染色体识别、分子核型构建和异源多倍体物种进化等

用全基组 DNA 作探针的原位杂交技术称 GISH。在这一技术中一个物种的 DNA 用作标记探针，而另一物种的 DNA 则不加标记并以高得多的浓度作为竞争者，此技术对于分子水平上识别染色体、构建分子核型、验证异源多倍体的亲本基因组十分有用。徐琼芳应用 GISH 对 Z_6 的中间偃麦草染色体供体亲本无芒中 4 的染色体组成进行了分析，证实 Z_6 的中间偃麦草是 1 对完整的非易位染色体。Schwarzacher 等用非洲黑麦 *Secale africanum* 的基因组 DNA 作探针，与杂种 *Secale Africanum* × *Hordeum Chilense* 根尖染色体进行杂交，在细胞周期的每个阶段，都看到染色质呈红、黄两种不同颜色的荧光，杂交上的染色质发黄色荧光，未杂交上的染色质发红色荧光。在细胞分裂中期，有 7 条大的发黄色荧光的染色体和 7 条小的发红色荧光的染色体，长度测量表明前者来自亲本非洲黑麦，后者来自 H. Chilense。在间期和前期，来源于双亲的基因组似乎不是随机混合的，而是各自占据一个确定的区域。

异源四倍体的栽培烟草，其染色体数目 $2n=4x=48$，含 S 和 T 两个基因组，S 组的供体种一致公认为林烟草（*Nicotiana Sylvestris*，$2n=2x=24$），T 组究竟是耳状烟草（*N. Otophora*，$2n=2x=24$）还是绒毛状烟草（*N. Tementosiformis*，$2n=2x=24$），难以定论。用以上 3 个供体种的稀释总 DNA 为探针，分别与栽培烟草 DNA 进行点杂交发现，林烟草表现均一的强标记，耳状和绒毛状烟草也均表现与栽培烟草有广泛的同源性，但标记强度明显低于林烟草。用烟草的特异性 DNA 分散重复序列为探针，与林烟草和耳状烟草的染色体原位杂交，均显示均一的颜色标记，而与绒毛状烟草杂交，则显示杂色标记，如果以 T 组两个种的 DNA 相互杂交，也显示类似的杂色标记染色体。因而认为，栽培烟草的 T 基因组实际包含两个供体种，即耳状和毛绒状渐渗杂交的产物。

三、减数分裂染色体行为的分析和外源染色体或染色体片段的检测

GISH 是研究减数分裂染色体配对和交叉的有力工具。李义文在小麦—簇毛麦杂种减数分裂和染色体易位研究中，利用该技术不仅可以非常容易地分辨小麦和簇毛麦染色体的配对、错分裂以及细胞核中微核，而且可以观察到外源染色体减数分裂过程中形态变化、染色体易位的形成时期和频率。因此，它是揭示染色体易位细胞学机理的重要工具之一。

GISH 也是植物远缘杂交中检测和追踪外源染色体或染色体片段的重要手段之一。在小麦—亲缘物种异源易位系的筛选与鉴定方面，以基因组 DNA 为探针的 GISH 发挥了很大作用，目前得到的易位系中绝大多数是利用 GISH，并结合 Giemsa C—分带等其他技术鉴别出来的。在鉴别易位或互换的细胞学技术中，银染联会复合体（Ag—Sc）的电镜观察可以准确定位易位的断点，但识别易位的染色体则十分困难。C—带分带技术可以较准确地识别小麦—黑麦的易位染色体，但确定易位的断点则难以准确。应用染色体原位杂交技术，则染色体易位断

点以及易位的外源染色体大小都能清晰地显示出来。但是原位杂交在鉴定易位方面也有局限性，主要表现在无法确定易位所涉及到的染色体。最近发展起来的原位杂交/分带序续技术，将原位杂交和分带结合在一个实验中，使得经过一次实验就能分辨出易位断点的位置，易位片段的大小以及所涉及的染色体。原位杂交这些新技术的应用将会进一步提高其检测外源染色体或片段的能力。

四、基因组的空间分布

基因组和同源染色体在细胞中的空间分布，是随机的还是有序的？这是一个重大的理论问题，因为它与染色体行为、基因的表达、DNA 的复制以及基因组的进化密切相关。80 年代以前，已有不少作者用常规染色的压片法和切片法研究上述问题，但都因缺乏鉴别染色体的精确手段而争论纷呈。1982 年，Bennett 等采用石蜡和电镜切片结合三维重建技术，研究黑麦×大麦杂种根尖细胞有丝分裂中期染色体着丝点的空间定位，提出了不同基因组的染色体在分裂中期是呈区域性分布的假说。该假说的提出，再次激发了许多细胞学家的研究热情。基因组 DNA 分子原位杂交技术，它能准确地鉴别异源染色体组、单个染色体和染色体片段，是至今研究染色体空间分布的最佳技术。属间杂种，种间杂种细胞中染色体，经各亲本基因组总 DNA 的探针标记和检测表明，不同种的染色体在杂种细胞中是呈区域性分布，而非随机混合分布的。但在有的属间杂种细胞中，DNA GISH 显示，大部分间期核中仍维持有丝分裂后期的构型（Rab）构型，即着丝点附着于核膜，端粒趋于另一级，并不呈现基因组的分离，至中期，两基因组才呈现分离现象。至于体细胞联合现象，李懋学等在芍药的根尖细胞中，戴灼华等在果蝇的神经细胞中都曾报道过此类现象。相反的报道也不少，在大麦×球茎大麦的杂种根尖细胞中，则没有发现同源染色体联合的倾向。看来，染色体在细胞中的空间分布并不是固定不变的，在不同类型或在不同发育阶段可能有不同构型，因此，这个问题，还有待于更深入和更广泛的研究。

五、植物基因表达的规律

RNA 原位杂交技术由于能够精确确定基因表达的时空分布，而得到了越来越广泛的应用。

1. **特异基因表达定位** RNA 原位杂交技术从一开始就主要用于特异基因表达的空间定位，不但用于正常植物各种器官的组织发育，而且用于体外培养器官发育的基因表达定位。Martineau 等用 RNA 原位杂交技术检测 C_4 植物玉米，发现磷酸烯醇丙酮酸羧化酶（PEP-Case）mRNA 只在叶肉细胞中积累，而核糖 1,5-二磷酸羧化酶（RuBPCase）大亚基 mRNA 局限于维管束鞘细胞中表达。Uchino 等进一步发现两栖草 Eleocharis vivipara 在陆山状态下为 C_4 植物，PEPCase 和 RuBPCase 小亚基 mRNA 分别在叶肉细胞和维管束鞘细胞中表达；在淹水条件下为 C_3 植物，RuBPCase 小亚基 mRNA 在两种细胞中都表达，PEPCase mRNA 则都不表达。Coen 等通过原位杂交发现，调控金鱼草花序与花芽转型分生组织的 f_{10} 基因，短暂地表达于花芽发育的很早时期。f_{10} 基因最早在苞片原基中，然后在萼片、花瓣和心皮原基中表达，但不在雄蕊原基中表达。

2. **非特异基因表达定位** 非特异基因虽然没有器官组织的表达特异性，但在植物发育过程中不同阶段有着表达量的时空差异。陈绍荣以钙调素或磷酸化酶反义 RNA 为探针，研究烟草和水稻有性生殖过程中钙调素和磷酸化酶基因的表达特征，发现钙调素基因主要在烟草和水稻花药发育早期强烈表达，集中在绒毡层、药隔维管束、花粉母细胞等部位，到发育成熟阶段则在表皮毛和花粉萌发孔等部位集中表达。水稻雌蕊中的钙调素基因主要在柱头、花粉管通道和退化助细胞中表达。水稻雌蕊中的磷酸化酶基因在柱头、花柱、子房壁以及维管组织中大量表达，而胚珠中除合点部位外表达很弱。积累淀粉的胚乳细胞在初期分裂阶段就比其他组织的表达量高，到成熟阶段则强烈表达。Weber 等研究了蔗糖运载体基因（VfsuT1）和己糖运载基因（VfTP1）在蚕豆（Vicia faba）种子发育过程中表达特征。这两个基因表达产物在营养器官和种子中都能检测到。在胚胎中，VfsuT1 和 VfTP1 mRNA 只在表皮细胞中检测到，并有不同的时空特征。VfTP1 mRNA 在覆盖具有有丝分裂活性的薄壁组织的表皮细胞中积累，而 VfsuT1 mRNA 则在覆盖传递细胞和储藏组织的表皮细胞中表达。

3. 分离基因的功能分析 当前，RNA 原位杂交技术应用最广泛的方面是结合其他技术对分离的基因进行分析。其主要步骤包括 CDNA 文库构建，文库筛选、Southern 和 Northern blots 分析、DNA 序列分析以及原位杂交定位分析等。其材料可以是正常植株或转座子，T-DNA 以及其他方法产生的突变体。Tsuchiya 等用水稻小孢子发育阶段的花药建立 CDNA 文库，并通过差异筛选分离出两个小孢子时期花药优势表达 CDNA（Osc4，Osc6）。cDNA 核苷酸序列和推演的氨基酸序列与已知的分子没有明显的同源性。Northern blot 表明 Osc4 和 Osc6 在单核小孢子期的花药中强烈表达，而在二核和三核花粉期的花药中不表达。RNA 原位杂交进一步揭示 Osc4 和 Osc6 只在单核小孢期花药的绒毡层中表达。这样为 Osc4 和 Osc6 的功能分析提供了有用资料。Nadeau 等用差异筛选法从不同发育时期的蝴蝶兰胚珠中分离出 7 个 cDNA 克隆（O39，O40，O108，O126，O129，O137，O141）。Northern blot 揭示，4 个克隆仅在胚珠中表达，并具发育阶段特异性；1 个为花粉管特异；另外 2 个为非特异性克隆。再通过序列分析和原位杂交确定了 O39 等 5 个基因的功能和时空表达位置。Luo 等从金鱼草中分离出第一个控制花不对称性基因（cycloidea）。cycloidea 基因在非常早的时期就在花芽分生组织的远轴区域表达，此区域直接影响生长原基的起始和生长速率。cycloidea 基因在远轴内一直表达到发育后期，从而影响了花瓣和雄蕊的不对称性、细胞大小和形态。在结合 RNA 原位杂交技术分离基因的功能方面已积累了相当丰富的资料。

4. 基因家族的功能差异分析 基因家族成员在结构和功能方面既有同源性，又有时空表达差异。乙烯受体基因家族已分离出 5 个成员（ETR1 ERS1 ETR2 EIN4 ERS2）。Hua 等以拟兰芥为材料，用 RNA 原位杂交技术检测这 5 个成员的表达特征，发现它们虽然都属于广泛表达基因，但有明显的时空表达差异。现在研究最为广泛的是 MADS box 和 Homeobox 等基因家族成员。

5. 外源基因在转基因植物中的表达定位 导入外源基因可以引起转基因植物产生各种类型的突变，而这些突变体是用于基因分离和功能分析、植物器官组织发育机制研究以及遗传育种的有用材料。烟草 TA56 基因启动子在不同发育时期花药的环形细胞团、裂口和药隔部位有表达活性。Beals 等将细胞毒素 TA56/barnase 基因与分别连结于 3 种不同启动子（TP12、TA20、LECTIN）的抗细胞毒素 barstar 基因同时导入烟草植株。用原位杂交技术检测含有 TA56/barnase 和 TP12/barstar 基因的花药。结果指出，barstar 和 barnase mRNA 均存在于含有 TA56/barnase 和 TP12/barstar 基因的花药中；barstar mRNA 表达水平高于 barnase mRNA 表达水平；内源 TP12 和 TA56mRNA 在 barnase/barstar 复合体存在条件下而免受降解。

6. 外源刺激引起的基因表达定位 外源刺激因素有光照、激素、低温、糖、盐等等。Procissi 等用不同光照处理发育过程中的玉米种子，原位杂交实验显示其色素调节基因有光依赖性的时空表达差异。Peck 等用乙烯处理蚕豆，引起豆荚钩状结构顶端不对称性伸长，其基因表达有明显的位置差异。Perata 等发现糖抑制大麦胚胎中赤霉素依赖性信号传递途径，赤霉素诱导的 d-淀粉酶 mRNA 的表达在糊粉层细胞内未受影响，但在胚胎细胞中受到抑制，仅在盾片上皮细胞中表达。

第七章 植物组织器官制片的方法和原理

植物的一切生命活动，都是以细胞作为基本结构和功能单位进行的。因此，对植物的组织、器官的研究就成为植物学其他分支学科，如植物分类学、植物生理学、植物遗传学、植物系统演化等研究的重要手段。对于农业科学领域的植物病理学和植物育种学方面的研究，细胞学技术更是被广泛应用的重要方法。

经典植物细胞学研究手段主要是石蜡切片，虽然这一方法比较古老，但目前在日常的教学、科研及农业生产实践中，仍然被广为采用，发挥着重要的作用。

为了求得切片能够在显微镜下观察的清晰，以显示出细致结构，反映其真实性（尽可能保持生活状态下的结构），并能作为永久保存的石蜡制片法，需要经过以下的步骤：选材；杀死、固定和保存；冲洗和脱水；透明；浸蜡和包埋；切片；粘片；染色；封固。

上述各步骤是互相制约、相互影响的，每一步骤对于制片的质量都有着极大的影响，操作时应予重视。

第一节 选 材

选择材料是由制作者的目的所决定的，在制片技术中所选取的材料是在于"精而小"，不在于"大而多"（但也要照顾其完整性）。并且应尽可能采用新鲜的、健康的、正常的、有代表性的材料，此外还要注意材料的季节性和生长的不同时期等情况。最可靠的办法是先作徒手切片观察一下，决定是否适用。材料选择好后，并要求在极短的时间内加以杀死和固定。

植物材料的切取：在取切植物器官时，应先确定切取哪种切面，因为不同的切面对于细胞的形状、排列以至在结构上均存在着差异。现在以茎、根为例予以说明：

植物器官的切取面一般可分为横切面、纵切面。

1. **横切面** 切取时，刀的切向横越根、茎的横断面（与长轴方向垂直）的切面（图 7-1a）。在横切面的切片中，可观察到材料由外向内的各种组织的横切面结构。各种组织细胞的特征及所占比例等都可以从这种切面上辨别出来。

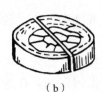
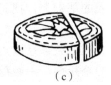

图 7-1 茎、根的切割面
(a) 横切面；(b) 半径切面；(c) 切线切面

2. **纵切面** 切取时，刀的切向与根、茎的长轴方向平行的切面。这种切面又可分为两种：
(1) 半径切面：刀穿过中心点与其半径吻合的切面（图 7-1b）。这种切面可以观察到各种组织纵向排列的情况。

（2）切线切面：刀沿植物体的表面与其半径成直角所切的切面（图7-1c）。

上述各种切面，对于研究组织甚为重要，很多材料往往需要切成三个切面进行观察，才能全面地了解到它的整体结构，而取得完整的概念。

叶片在进行取材时，必须切成许多小块。由于叶片的形状、大小不同，其切割的方法也不一样。对于扁平叶片来说，往往都是做横切面观察，而很少做纵切面来进行观察。现以两种不同的叶片为例说明于下：

（1）细长的叶片：如水稻、小麦等禾本科植物的叶以及某些双子叶植物的叶片等，其宽度约5mm左右，可用刀片横切成长约4mm的小段（图7-2a）。

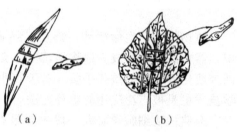

图 7-2 叶子的切取法

(a)细而长的叶片切割法；(b)大而宽的叶片切割法

（2）大而宽的叶片：切取的材料面，应先选定适当的部分。在研究叶片受真菌危害的部分时，应注意菌类寄生的部位。切取材料时，应设法表明叶的长轴及两侧，以便以后切片时易辨明切面，一般是自叶的主脉处切取约5mm宽8mm长的小片，主脉两侧的叶片应相等（图7-2b）。

此外在切割材料时，必须注意用力要均匀，避免组织破裂，影响制片效果。

第二节 杀死、固定和保存

当我们选择某种材料制作切片时，应立刻把材料加以处理，否则组织结构很快会发生萎缩、死亡或分解等变化。如何处理才能把材料按原来生活的状态保持下来，这是制片首先遇到的问题。因此，材料在选定后，即需将动植物的组织迅速地予以杀死和固定下来，使它保持生活时之自然状态，而不至于在死亡之前，在形态及结构上发生变化。下面分别讨论有关这一过程的原理、性质和作用等问题。

一、杀死、固定和保存的概念

（1）杀死：指用一种或多种化学药品，很迅速地终结生物组织的生命而言。这一处理要求越快越好，尽量减少改变其生活状态的可能性。所以要选择渗透力很强的化学药品来做为杀死剂，力求在很短的时间内迅速浸入到组织中的每一个细胞内，以避免在生命死亡之前发生变化，这是选择杀死剂的一个重要原则。

（2）固定：在杀死的基础上，把组织或细胞按生活的状态固定下来，使在以后制片的任何过程中不发生变化。

杀死和固定两者之间的关系是极为密切的，是两个不同的步骤，但又是相互统一、相互作用的过程。我们常用的杀死剂，一般都兼作固定剂，在选配时就应加以考虑。

（3）保存：材料经杀死、固定处理后，需要把组织或细胞的结构在较长的时间内保存下来，不至于发生溶解或其他的变化。我们常用的固定剂有的能兼作保存作用，例如甲醛-醋酸-酒精固定液，材料可长期保存于该溶液中几年或更长时间，也不会变坏。有的固定剂则不能兼作保存的作用，例如铬酸类的固定剂，在固定作用完成后必须更换保存液，否则会使材料变坏。通常所用的保存液为70%的酒精溶液，一般的材料在其中可保存较长的时间而不至变坏。

二、固定的理论

为了使生物体组织或细胞的细微结构及其内含物完整的固定下来，在制片的各个步骤中也不至发生变化，通常都是利用化学药品加以处理。到目前为止，还没有一种化学药品能达到十分完美的效果，使材料在固定后能完全保持它的原来生活状态。这点也不难理解，因为生命在死亡之前是要强烈的"挣扎"，并对外来的刺激有反应。因此，材料经过处理后，就或多或少会发生一些改变的。用化学药品来处理，实际上对于生命来说是一种毒杀作用，要求一成不变是不可能的。但是人们可以寻找或发现符合理想的化学药品，来达到理想的目的，那么，什么算是理想的固定药剂呢？对此我们应先了解下述几个问题。

（一）固定作用的原理

（1）化学作用：即凝结作用。例如细胞内的蛋白质，遇到酒精后即凝结成块状，并不在以后所用的任何药剂中发生变化或溶解。

（2）物理变化：即沉淀作用，如油类和脂肪等遇到锇酸即发生黑色沉淀。但必须指出某种沉淀发生后又能溶解于水，这样就不能看做是固定。

（二）固定的目的和理想的固定剂

我们要求达到固定的目的，可以归纳为以下四点：

（1）迅速地杀死原生质，并显示出其原来的细微结构；

（2）增加细胞结构及内含物的折光程度，使各部分结构更为清晰，适于在显微镜下观察；

（3）凝固组织中某部分，使材料适当的硬化，而便于切片；

（4）促进生物组织对于某些染色剂的媒染作用。因为固定剂可直接影响以后的染色，有的固定剂会阻碍或不利于某种染色剂的着色，而另一些固定剂则可以促进或有利于着色。在选用固定剂和染色剂时，若配合得好可得到良好的效果，配合的不好，则难以着色。因此，在选用固定剂时，就应事先加以考虑以后将采用何种染色剂染色，否则会造成着色的困难或效果不佳。

根据上述的要求，一种较理想的良好的固定剂，应具备下列条件：

（1）渗透力强，能迅速地渗透到生物组织或细胞的各个部分，立即杀死原生质，并固定其细微的结构，使其不发生变化；

（2）使组织或细胞不发生收缩或膨胀现象；

（3）能增加染色能力或媒染作用；

（4）固定剂又必须是良好的保存剂（当然有些组织的良好固定剂，不一定能作保存剂），材料经固定后能经久不坏；

（5）使组织适当的变硬，并具有一定的坚韧性，而便于切片。但是，又不能使材料过于坚硬或变成松脆，而不利于切片。

要达到上述各项所要求的条件，如用单纯的化学药品来处理，显然是难以达到。因有的药品渗透力很强，但容易引起收缩，如酒精是最常用的固定剂，它的渗透力很强（95％酒精每小时渗透速度可达1mm），但它的缺点能使原生质发生收缩，而醋酸则可产生相反的作用，使原生质发生膨胀。若两种药剂按适当的比例混合使用，则可相互抵消缺陷。所以，我们通常采用的固定剂，都是由两种或两种以上的化学药品配合而成，谓之混合固定剂，目的在于相互制约，克服单纯固定剂所不能达到的效果。

目前所用的混合固定剂的种类是很多的，但是，尚没有一种可以完全适合于各种生物组织的固定，就是同一器官或组织，其幼年和老年的结构、特性也不同。因此，在选择固定液时，必须根据动、植物的种类、不同的器官、年龄、特性以及制片者的经验和观察的目的等而决定。

三、固定像（fixation image）

1. **酸性固定像** 即是在酸性固定剂中可使细胞分裂期间的染色质、核仁、纺锤丝保存下来，细胞质固定成索状海绵质，核质和线粒体则被溶解。

2. **碱性固定像** 在碱性固定剂中和酸性作用相反。使分裂期间的染色质和纺锤丝被溶解，而核质和线粒体被保存，细胞质固定成透明质状态，植物细胞内液泡也可保存下来。

我们通常使用的固定剂，大多数是产生酸性固定像，只有少数的固定剂才产生碱性固定像。固定后所产生的结果，是和固定剂以及材料的种类有关，例如有时用酸性固定剂，对某些材料进行固定，也发现线粒体的存在。此外还与应用的脱水剂、透明剂亦有连带关系，如波茵氏（Bouin's）液固定、纯酒精脱水、二甲苯透明的结果，则和用叔丁醇为脱水剂的结果显然不同。

有的固定剂可以产生两种固定像。例如重铬酸钾在 pH 值 4.8 时，同时可以保存染色质和线粒体。固定剂中若含有两种以上的化学药品时，其固定结果所产生的象，主要决定于此种混合液中的渗透力最强的一种。

在制片技术中，酸性固定剂较碱性固定剂应用的为多，而碱性固定剂仅适用于研究细胞的内含物，线粒体等。

四、固 定 剂

（一）单纯固定剂的种类、性质及其应用

1. 酒精（ethyl alcohol）C_2H_5OH 酒精是常用的固定剂，依其水分的含量可分为两种：

（1）纯酒精（无水乙醇）：纯酒精的标准浓度为 100%，是一种良好的杀死及固定剂。假如材料需要立即杀死与固定，纯酒精相当适用。但它的缺点能使原生质发生收缩，故很少单独使用。若应用时，固定的时间要短，一般不超过 1h。例如小型的菌类仅需 1min，植物的根尖、茎尖、花药、子房等固定 15~20min 已足够。用纯酒精不但可以杀死和固定，而且还有脱水的作用。固定后只需要更换两次，将组织中的水分彻底除去，即可进行透明。

（2）95% 酒精：它的标准浓度为 95%~96%，是普通的杀死与固定剂，并可兼作保存剂。材料经固定后，不需进行冲洗或换液等手续就可进行脱水，所以平时应用很多。它的缺点也是能使原生质发生收缩，而对于植物的细胞壁仍能保持原来的形状，一般制作无需保存细胞内含物的切片是很适用的。用 95% 酒精固定的时间，一般 15~30min 为宜，较大的材料 1~2h 即可。若固定的时间过长，材料则变脆而易折断，难以切片。要长时间的保存，则必须加入等量的甘油而成酒精甘油混合液，材料保存其中可长久不坏。材料经 95% 酒精杀死固定后，一般常换入 70% 酒精作保存液。

酒精常与其他药品配合使用，但要注意它本身是一种还原剂，很容易被氧化成乙醛，甚至成为乙酸。因此，不宜与铬酸、重铬酸钾或锇酸等配合；而能与甲醛、冰醋酸或丙酸等配合使用，且固定效果良好。

酒精可使组织中的蛋白质发生沉淀，而且此种沉淀为不溶性的，它也可使核酸发生沉淀，但沉淀为可溶性的。此外，酒精又可以溶解脂肪、磷脂，所以不宜用于两者的固定。

2. 甲醛（formalin）HCOH 甲醛通常叫福尔马林或蚁醛，它是一种气体，市上出售的是溶于水中的无色溶液，40% 为其最高的饱和度（但由于吸水作用，常为 38% 的浓度）。制作切

片时，通常都是以40%的浓度当作100%的浓度来配制固定液，但必须是化学纯的甲醛，一般商用的甲醛因含有杂质，品质不纯，因此不宜用来配制固定液。

甲醛可单独作为杀死和固定之用，有时可得到很好的效果。它的缺点是容易使材料发生收缩和固定过度的现象。因此，最好是与其他药品配合使用，可以大大增加其效果。如单独使用甲醛作固定时，其浓度一般为5%～10%左右为宜。

甲醛为很好的硬化剂，惟其渗透力慢，如单独使用时可产生碱性固定像，而不能沉淀蛋白质。它和酒精混合使用，可以阻止因酒精成材料过度坚硬的缺点，甲醛对于脂肪既不保存也不破坏，对于磷脂则有保存的功用。

甲醛是一种强的还原剂，易于氧化成蚁酸，故不能与铬酸或锇锇酸等混合使用。此外，甲醛贮存过久则会变成蚁醛酸，可加入5%吡啶来中和。

3. 冰醋酸（glacial acetic acid）CH_3COOH　纯的醋酸在低温的时候，即凝结成冰花状结晶，所以又叫冰醋酸。它是带有强烈刺激性的无色液体，通常用1%～5%的浓度作为固定剂，而不单独使用。

醋酸主要的功能是渗透力很强，而且十分迅速，它能溶解脂肪，产生酸性的固定像。醋酸是一种良好的保存剂，除防腐之外，还可保存其中的蛋白质等，使它不至变质，另外它又是染色体很好的保存剂。

醋酸能使组织的细胞发生膨胀作用，可防止其他药剂如酒精、甲醛、铬酸等容易引起收缩的缺点，可以有相互平衡的作用。它还可与水或酒精任意混合成各种需要的固定液。

4. 铬酸（chromic acid）H_2CrO_4　铬酸为三氧化铬（CrO_3）的水化物，是一种红棕色的结晶体，十分容易潮解，故平时盛放的容器必须严密封紧。由于铬酸为一强烈的氧化剂，因此不能与酒精或甲醛等还原剂预先配合，混合配合后必须立即使用，否则失效。例如酪酸遇到酒精，很快地还原为氧化铬而失去固定的作用。

酪酸是一种很好的固定剂，可以使蛋白质、核蛋白、核酸等产生良好的沉淀，而且所产生的沉淀不再溶解，它对于脂肪及拟脂类等没有作用。组织固定在铬酸中时，不能直接暴露在阳光下，否则会引起已固定的蛋白质分解。

铬酸在制片技术上广于使用，尤其在研究细胞学方面是必不可少的药剂，是许多杀死剂与固定剂的基本成分。它的缺点是容易使组织收缩，渗透力较弱，且能使组织发生过度硬化，所以它常与作用相反的其他药剂混合使用，克服上述一些缺点，而得到良好的效果。

铬酸的饱和度可达62%或更高，通常配成2%～10%的水溶液作为基液，应用时可随时稀释至所需的浓度，一般用0.5%～1%的水溶液作为固定之用。用铬酸液固定时，用量要多一些，固定后要用流水彻底冲洗干净。

用含有铬酸固定剂固定时，材料会出现棕黑色，有碍于染色。为此，常常将切片浸入1%的高锰酸钾水溶液中进行漂白，约1min即可，再用水洗干净。

用含有铬酸固定剂固定时，材料会出现棕黑色，有碍于染色。为此，常常将切片浸入1%的高锰酸钾水溶液中进行漂白，约1min即可，再用水洗净，然后再浸入5%的草酸中约1min，用水洗净便可进行染色。

5. 苦味酸（picric acid）$C_6H_2(NO_2)_3OH$　苦味酸又名三硝基苯酚，是一种淡黄色的具光泽的结晶，为一种强烈的爆炸药，干粉遇高温或撞击时易爆炸，因此常以过饱的水溶液进行保存。它在水中的溶解度，根据室内温度而有所变化，一般溶解度约为0.9%～1.4%，亦可溶于酒精、二甲苯及苯中。

苦味酸的渗透力较强，能使组织发生较强的收缩。通常用它的饱和水溶液作为固定之用。它可使蛋白质、核蛋白及核酸发生沉淀作用，对于胚囊自由核时期的固定效果很好，并且可以防止过度硬化，还可以增进以后的染色效果。

苦味酸很少单独使用，常与其他溶液配合用作固定。用苦味酸溶液固定后，材料必须用50％酒精或70％酒精洗涤，不能用水冲洗，否则沉淀物将会破坏（除非原来的固定液中所含的其他药剂不能溶解沉淀物时，才能用水冲洗）。用酒精也不必洗涤很久，因为在脱水时，要经过一系列不同浓度的酒精，在这过程中还起着洗涤的作用。此外，如在石蜡切片中，当溶去石蜡以后的染色过程又经过酒精及二甲苯等，亦可不断的洗去此种物质。平常经处理后，组织中虽存留着黄色，此种颜色对于染色并无多大妨碍。若要洗净，可在70％酒精中加入少许碳酸锂进行洗涤即可。

6. 锇酸（osmic acid）OsO_4　　锇酸即四氧化锇，是一种灰黄色的结晶，它不是一种酸类，它的溶液呈中性反应。此药品十分昂贵，通常将0.5g或1g的结晶封储在小玻璃管内，配制成溶液时，连同小管在瓶中击碎。它是一种强烈的氧化剂，不能和酒精、甲醛混合。平常配成2％的基液备用，其饱和度可达6％。配制时要特别小心，所用的蒸馏水要绝对纯净，如果所用的蒸馏水及盛具含有极微量的有机质存在时，也可使其还原成黑色，而失去固定的效力，储存时应用棕色瓶盛装。为了便于保存，防止其还原，可用下列方法处理：在溶液中加入适量的高锰酸钾，使溶液呈玫瑰色，如颜色减退，可再次加入；将锇酸溶于1％铬酸溶液中配成1％的溶液；在溶液中加入少量的碘化钠。

锇酸是目前制技术中最好的固定剂，尤其在细胞学方面的研究，此种固定剂最为优良。在电子显微镜下做的超薄切片也用此药作为主要固定剂，对于细胞内的细微构造能固定良好，并为脂肪性物质惟一的固定剂，尤其对线粒体的研究常用此液固定。材料经此液固定后，又能防止用酒精脱水所产生的沉淀作用。

锇酸的渗透力很弱，且不易固定均匀，往往材料外面固定过度而里面尚未固定完全。所以材料应愈小愈好，待材料已全呈现棕黑色时，表示固定作用完成。

固定以后在脱水之前，必须在流水中彻底洗涤，约需一昼夜的时间，染色前可用过氧化氢漂白（1份H_2O_2加入10份70％～80％酒精中），以免影响染色。

7. 重铬酸钾（potassium cichromate）$K_2Cr_2O_7$　　重铬酸钾是一种橙色的结晶粉末，它在水中的溶解度大约为9％，用作固定液的浓度为1％～3％，它的水溶液略带酸性。它是一种强烈的氧化剂，因此不能与酒精、甲醛等事先配合。此外，它又为一种强烈的硬化剂，但它渗透力则较弱，被固定的材料以小为宜。重铬酸钾很少单独使用，常与其他药品配合作固定之用。

重铬酸钾和其他药剂混合时，因为配合后的酸碱度不同，对于组织的固定，可以产生两种固定像。当它酸性液体混合后，pH值在4.2以下时，其固定性能像铬酸，可以固定染色体，细胞质及染色质则沉淀为网状，但不能固定细胞质中的线粒体；如果pH值在5.2以上时，染色体被溶去，染色质的网状不明显，但是细胞质则保存得均匀一致，尤其对线粒体固定有着很好的效果。

8. 氯化汞（mercuric chloride）$HgCl_2$　　氯化汞又名升汞，是一种剧毒的无色粉末，不单独使用，常与醋酸等混合。是一种杀死力强，渗透力迅速，对于蛋白质有很强烈的沉淀作用的固定剂，它的缺点是容易引起细胞发生收缩现象。

用此药固定的材料，必须彻底洗净，因氯化汞易留存于组织中成结晶体。氯化汞通常是用饱和的水溶液作固定之用，有时也用70％酒精为溶剂。水溶液的要用水冲洗干净，酒精溶液的则要用同浓度的酒精冲洗，并加少许碘液便于将汞盐提出。洗净汞盐后，再用0.2%硫代硫酸钠溶液将碘洗去，然后再用水或酒精洗净。

应用此液固定的材料，要迅速进行包埋，以免材料经久会变坏。含有氯化汞的固定液，对于细胞学的研究不宜使用。

9. 碘（iodine）I₂ 碘是一种很好的防腐剂，可与碘化钾配合成为良好的固定剂。其配制的方法：取饱和的碘化钾水溶液若干，加入碘的结晶直到饱和为止，经过滤再用蒸馏水稀释成深棕色为止。固定时仍需加水稀释至淡棕色溶液，是低等单细胞生物、群体生物以及藻类植物等的良好固定剂。它的渗透力很强，如与冰醋酸或甲醛配合可得到更好的效果。固定后用流水冲洗，如材料中含有的淀粉核被着色未能洗去，可在水中加入0.5%鞣酸水溶液，即可将各种色彩除尽。

（二）混合固定剂的种类、性质及其应用

1. 混合固定剂的混合原则 上述各种单纯的固定剂，各有其优缺点，通常均系配合成混合液而使用，这样可相互抵消其缺陷，而得到所需的固定液。

在配合时，要注意它们的特殊性，所用的各种药剂之间要有一种平衡作用。如某种药剂可使细胞质收缩，必须与另一种可使细胞质膨胀的药剂同时并用。另外强的氧化剂不能与强的还原剂同时配制在一起，若需混合应用的，则两者分别配制，待临用时再为混合。

2. 混合固定剂的种类、性质及其应用的范围 根据它们所产生的固定像，可分为两大类：

（1）产生酸性固定像的固定液：这类固定液所产生的固定像，是完全呈酸性反应，所有的染色质及核仁都固定的好；而内含物则被溶解。属于这类的固定液的种类很多，在制片技术上应用的混合固定液绝大部分是此类。

①酒精-甲醛固定液。此液可作为一般生物组织的固定，且不易发生收缩现象，作用相当好，尤其对于花中柱头上萌发的花粉管的固定，可以得到良好的结果，动物组织中的肝糖亦可用此液固定。固定后的材料可以立即用作观察，通常固定的时间为24h，也可以将材料放在此液中长久保存，其中甲醛的含量可视材料而定。其配法如下：

70%酒精	100ml
甲醛	2～10ml

②甲醛-醋酸-酒精（简称F.A.A）固定液。这种固定液通常称为F.A.A，是生物制片中最常用的一种良好固定液和保存液。差不多一般植物的器官和组织均可用此液来固定，也适于昆虫和甲壳类的固定，而且都可得到很好的效果。故又称之为"标准固定液"或"万能固定液"。但此液在研究细胞学的制片和固定单细胞生物、丝状藻类以及菌类则不如其他专用的固定液好，因为其中含有酒精，易使原生质发生收缩现象。其配法：

50%或70%酒精	90ml
冰醋酸	5ml
甲醛	5ml

上列的冰醋酸及甲醛的比例，经常是根据材料而略加改变，这要根据制片者的经验来决定。如发现原生质有收缩的现象则应增加冰醋酸的比例，减少甲醛的比例。一般说来，容易引起收缩的材料则宜多加冰醋酸而减少甲醛的含量；坚硬的材料可略减少冰醋酸而增加甲醛。如用在植物胚胎的材料上，可改用下列方法：

50%酒精	89ml
冰醋酸	5ml
甲醛	6ml

至于酒精的浓度,通常应用的原则是:固定柔弱幼嫩的材料用低度酒精,即50%的浓度为好;固定较老或较坚硬的材料以70%酒精为佳。

材料在此固定液中,通常固定24h即可进行脱水步骤。同时它又是良好的保存液,材料在此液中放置很久也无妨碍,甚至保存数年仍可制作切片。在上式的配方中,如果加入5%甘油,能防止蒸发及材料变硬,可增进保存性能。经此液固定的材料,用50%或70%酒精换洗两次即可进行脱水。

③酒精-醋酸固定液。此种固定液的主要成分是纯酒精和冰醋酸,但有时还加入氯仿、氯化汞等化学药剂。常用的配法有下列几种:

a. 卡诺氏(carnoy)液:

甲法:

纯酒精	15ml
冰醋酸	5ml

乙法:

纯酒精	30ml
冰醋酸	5ml
氯仿	15ml

上述两种配方的渗透力都非常迅速,常作为动植物组织及细胞的固定。材料在此液中固定时间很短,如根尖只需15~20min,花药只需1h,动物组织1.5~3h,时间不能太久,以不超过一天为宜,否则材料受到破坏。此液固定作用完成后,需用纯酒精洗涤2~3次至材料不含冰醋酸及氯仿的气味为止,即可很快的进行透明。如果材料在此液固定后,不能及时进行下一步的操作,必须更换保存液进行保存。

b. 酒精-醋酸液:

95%酒精	1~3份
冰醋酸	1份

此液可作动物组织及细胞的固定,通常固定2~24h,视材料的大小而定。固定后即用95%酒精脱水,如用作细胞学上的涂片,则回到70%酒精,然后操作。

④铬酸-醋酸固定液:铬酸-醋酸固定液在生物制片中应用甚广,一般都可得到很好的效果。铬酸与醋酸的比例有几种不同的配合,主要根据材料和经验而加变更,用此液固定时用量要多,以不少于25倍为宜。固定时间为24~48h,材料在此液中可放置几天无甚妨害,但也不能放置太久。脱水前必须在流水中彻底洗净铬酸成分,否则染色困难,颜色模糊。

铬酸是极易受潮解的物质,每次配制时称量颇为不便,故常配成不同浓度的水溶液作为基液,以便随时应用。常用的铬酸-醋酸固定液有如下几种:

a. 弱型铬酸-醋酸液:此液常用于容易渗透的材料,如藻类、菌类以及苔藓、蕨类的原叶体、孢子囊等。其配法如下:

10%铬酸水溶液	2.5ml
10%醋酸水溶液	5ml
蒸馏水	92.5ml

b. 中型铬酸-醋酸液:为幼嫩组织如根尖、茎尖、子房、胚株等最好的固定液。其配法如下:

10%铬酸水溶液	7ml
10%醋酸水溶液	10ml

蒸馏水	83ml

c. 强型铬酸-醋酸液：此液对木质材料、坚韧的子叶都较为适用，应用时加入2%的麦芽糖或尿素，5%的皂素，则有助于溶液的渗透，其配法如下：

10%铬酸水溶液	10ml
10%醋酸水溶液	10ml
蒸馏水	100ml

⑤铬酸-醋酸-甲醛固定液：此液为细胞学和胚胎学最适用且效果十分良好的固定液，尤其对于涂抹小孢子的材料，如花药以及根尖都很适合。许多制片者固定这些材料时，先用卡罗氏液固定5～10min，然后再换此液，因有些材料外密被绒毛，如小麦的子房、芽等，用水溶液的固定液不易渗透，采用上述方法则可获得成功。

铬酸-醋酸-甲醛固定液又名拉瓦只氏（Nawashin）固定液，系拉氏于1912年首创，此液到目前为止，经许多学者加以变更，因此种类很多。现把主要几种分述如下：

a. 冷多夫（Randoph）改良拉瓦兴液：此液应用甚广，比拉氏原液更佳，对于根尖、花药、子房等固定都可得到理想的结果，尤其对于细胞有丝分裂，能把染色体、纺锤丝等显示出来。其配法如下：

甲液：

铬酸	1.5g
冰醋酸	10ml
蒸馏水	90ml

乙液：

甲醛	40ml
蒸馏水	60ml
皂素	3g

注意上述甲、乙两液中的铬酸为强的氧化剂，甲醛则为还原剂。因此，不能预先混合配备，需分盛于二个容器中，用时甲、乙二液等量混合。材料在此液中固定12～48h，如固定液呈暗绿色时，即表示固定的能力已消失，这是其中铬酸还原的缘故，仅有保存的作用。固定后可用水或70%酒精冲洗两次，然后在进行脱水。

b. 贝林（Belling）改良拉瓦兴液：

甲液：

铬酸	5g
冰醋酸	50ml
蒸馏水	320ml

乙液：

甲醛	200ml
蒸馏水	175ml
皂素	3g

此液如果用作固定细胞分裂的中期及后期分裂的涂片时，则将乙液中的甲醛改为100ml，蒸馏水改为275ml，固定3h即可，固定后可将涂片移入0.5%铬酸水溶液中几分钟，以除去甲醛再进行染色。

1951年沙司（Sass）把常用的拉瓦兴固定液列成表7-1。

表 7-1　常用的拉瓦兴固定液

成　分	拉瓦兴原液	I	II	III	IV	V
1%铬酸	75	20	20	30	40	50
1%醋酸		75				
10%醋酸			10	20	30	35
冰醋酸	5					
甲醛	20	5	5	10	10	15
蒸馏水			65	40	20	

表 7-1 中五种配法，最常采用的为III、IV二式，究竟哪种效果好，要视材料和制片者的经验而定。

⑥铬酸-醋酸-锇酸固定液：此液是由佛莱明氏（Flemming）首创，所以称之为佛莱明液。它对一般材料的固定都较适合，均可得到满意的效果，特别是在细胞学的研究方面甚为重要。但由于锇酸十分昂贵，在采用此液前应加以考虑，且锇酸极易氧化，配时要特别小心。此液目前有多种配法，通常配合的方法有如下方式：应用锇酸的水溶液，在固定时为适当比例的铬酸及醋酸混合；将2%的锇酸溶液溶于2%的铬酸中，当需用时与醋酸配成适当比例应用。

佛莱明氏（Flemming）液：

a. 强型：

　甲液：

　　　1%铬酸　　　　　　　　　　　　　　　　　　　　　　　　45ml
　　　1%冰醋酸　　　　　　　　　　　　　　　　　　　　　　　3ml
　　　蒸馏水　　　　　　　　　　　　　　　　　　　　　　　　40ml

　乙液：

　　　2%锇酸　　　　　　　　　　　　　　　　　　　　　　　　12ml

b. 弱型：

　甲液：

　　　1%铬酸　　　　　　　　　　　　　　　　　　　　　　　　25ml
　　　1%醋酸　　　　　　　　　　　　　　　　　　　　　　　　10ml
　　　蒸馏水　　　　　　　　　　　　　　　　　　　　　　　　55ml

　乙液：

　　　1%锇酸　　　　　　　　　　　　　　　　　　　　　　　　10ml

两液临用时配合，锇酸应溶于棕色瓶内，或用黑色纸包裹密封于暗处，用于细胞分裂与染色质、染色体与中心体等固定。固定时间为24～48h，以水冲洗、固定后材料如变黑色，应在染色前用3%过氧化氢漂白2～4h，或用1%铬酸经3h漂白。

泰勒氏（Tayley）将佛莱明氏液原公式加以变化，列出强、中、弱3种配合方法，见表7-2。

表 7-2　泰勒氏（Tayley）液强、中、弱3种配方（ml）

成　分	强	中	弱
10%铬酸水溶液	3.1	0.33	1.5
2%锇酸（溶于2%铬酸水溶液）	12	0.62	5
10%醋酸水溶液	3	3	1
蒸馏水	11.9	6.27	96.5

强型适合于坚硬的材料，弱型适合于柔软细小的材料，此液在应用时临时混合，不可事先配好，否则引起氧化-还原作用而失去效能。固定时间为24～48h，此液不能作为保存液，脱

水前材料必须在流水中冲洗干净或漂白。

⑦苦味酸混合固定液：此液最早由波茵氏（Bouin）配成，故称之为波茵氏液。此液在动物制片中应用甚广，但在植物制片中常易使材料变得脆硬，造成切片困难，因而很少用原来的配方。目前在植物切片技术上所采用的，均经过加以改良的配方，对于植物胚囊自由核时期及根尖分裂细胞的固定效果十分良好，因此在植物胚胎学的研究方面广为应用。

1951年沙司（Sass）将艾伦-波茵氏液综合成表7-3。

表7-3 艾伦-波茵氏液

成 分	波茵氏原液	Ⅰ	Ⅱ	Ⅲ
1%铬酸		50	50	25
10%醋酸		20		40
冰醋酸	5		5	
甲醛	25	10	10	10
苦味酸饱和水溶液	75	20	35	25

此液含有氧化与还原剂，故不能事先配合好贮存，通常是把醋酸和铬酸配成甲液，甲醛和饱和苦味酸配成乙液，用时配合。上述三式中以Ⅰ式最常用，适合固定幼嫩的组织，如根尖、茎尖及胚胎等材料。固定时间为12~48h，固定后用70%酒精（不宜用水）洗涤数次，然后脱水。

此外还有一种配法，适用于胞间连丝的固定，其配方如下：

硫酸	2ml
蒸馏水	100ml
饱和苦味酸	0.25%

材料在此液中固定2h，用70%酒精（不宜用水）洗涤数次。切片在染色前置2%~5%硫酸中使细胞壁膨胀，时间约半小时。

⑧重铬酸钾混合固定液：

3%重铬酸钾	80ml
甲醛	20ml

此液配法很多，在动植物制片中多采用此种。固定叶绿体。此液是氧化还原性很强的药剂，应在固定时临时配制。固定时间为12~24h，最好中途更换一次固定液，固定后用流水冲洗干净。

⑨氯化汞混合固定液：氯化汞混合固定液在植物制片中，多用于藻、菌类的固定。

a. 适于藻类固定的配方：

氯化汞	4g
冰醋酸	5ml
甲醛	5ml
50%酒精或水100ml	

此液对于固定微小的藻类很有效，如用甘油、甘油胶或松脂精封藏，则用水溶液的固定液；如作石蜡切片则用酒精性固定液。

用这种固定液所固定的小型藻类的纤毛也能显出，团藻属的材料用此液固定，也能获得成功。

b. 适于菌类固定的配方：

60%酒精	50ml
蒸馏水	40ml
冰醋酸	2ml

硝酸	7.5ml
氯化汞	10g

此液称吉尔森氏（Gilson）液，用于固定菌类，尤其是柔软具多胶质的菌类为宜，固定时间为 18~20h，固定后用 50% 或 70% 酒精洗涤数次，直到无醋酸的气味即可。

上述两液因含有氯化汞，在材料中会产生黄褐色的沉淀物，应染色前除去（参阅固定剂氯化汞部分），否则会影响染色和镜检。

（2）产生碱性固定像的固定液：这类固定液所产生的固定像完全为碱性反应，所有的染色质均可溶解，但适合于线粒体、液泡等的固定。这类固定液种类不多，主要有下列两种：

①齐-欧氏（Zirkle-Erliki）液：

重铬酸钾	1.25g
重铬酸铵	1.25g
硫酸铜	1g
蒸馏水	200ml

此液可作固定线粒体之用，固定时间至少需 24h，固定后用流水冲洗干净。

②齐氏还原铬酸液：在含有未还原的铬酸固定液中，加入甲醛，铬酸即起还原作用，液剂就失去效用，所以常用一种已经还原的铬盐。其配法如下：

硫酸铬	5g
氧化铜	稍过量
甲醛	10~50ml
蒸馏水	50~90ml
	（溶液总量应为100ml）

此液固定线粒体和液泡效果很好，固定时间为 48h，固定后用流水冲洗干净。

在溶液中加入氧化铜的原因是使混合液的 pH 值达 4.6，至于甲醛的浓度，主要看材料的种类与制片者的经验而定。一般甲醛的浓度过高时，易使原生质收缩和液泡膨胀；太低时则混合液的浓度可能由于材料组织中液体的作用而冲淡，将难得到一种正确的固定效果。

常用的固定液（产生酸性固定像）的配法及应用范围见表 7-4。此外为了解固定液对组织的渗透速度，另将几种药剂列成表 7-5，以供参考。

表 7-4　几种常用的固定液

固定液	配　法	适用动植物材料	注意事项
F.A.A	50%或70%酒精 90ml 冰醋酸 5ml 甲醛 5ml	一般动、植物材料都适用。但不适于细胞学、藻类及原生动物等的研究	可做较长时间的保存液
酒精-醋酸液	95%酒精 1~3 份 冰醋酸 1 份	动、植物组织及细胞学材料	固定后，如不进行下步骤的操作，可换至保存液中。可作保存液
酒精-甲醛液	70%酒精 100ml 甲醛 2~10ml	一般植物材料，特别是萌发的花粉管	可作保存液
铬酸-醋酸液	铬　酸　　1g 冰醋酸　　1ml 蒸馏水　　100ml	藻类、菌类、蕨类原叶体等柔软材料，以及一般组织结构	不能作保存液，固定后用流水冲洗

(续)

固定液	配法	适用动植物材料	注意事项
卡罗氏固定液	纯酒精 15ml 30ml 氯仿 15ml 冰醋酸 5ml 5ml	一般动、植物组织和细胞学材料	固定时间很短,达到固定作用后,材料不能在此液过久,否则变坏
拉瓦氏兴液	甲液 { 1%铬酸 Ⅰ20 Ⅱ20 Ⅲ30 Ⅳ40 Ⅴ50 1%醋酸 75 10%醋酸 10 20 30 35 乙液 { 甲醛 5 5 10 10 15 蒸馏水 65 40 20	适合一般生物组织及细胞学材料。愈嫩的材料应用含蒸馏水较多的,较坚硬的材料应用含水量少的类型	先配成甲、乙二液、用时混合,可做短期保存
波茵氏液	甲液 { 1%铬酸 Ⅰ50 Ⅱ50 Ⅲ25 1%醋酸 20 40 冰醋酸 5 乙液 { 甲醛 10 10 10 苦味酸 饱和水 20 35 25 溶液	适合动物组织及根尖、茎尖细胞分裂及胚胎材料	先配成甲、乙二液,用时混合,固定后用70%酒精(不宜用水)洗涤
林格氏液	3%重铬酸钾 80ml 甲醛 20ml	高等植物生长点的细胞学材料	临时配用,固定后流水冲洗
佛莱明氏液	强 中 弱 10%铬酸 3.1 0.33 1.5 2%锇酸 1 2 0.62 5 +2%铬酸 10%醋酸 30 3 1 蒸馏水 11.9 6.27 96.5	尤其适用于细胞学的研究,强型:坚硬的材料;中型:一般的材料;弱型:柔软的材料	不能做保存液,固定后用流水冲洗或漂白。临时混合,不可事先配好

表 7-5 固定剂的渗透时间

固定剂	单位时间内渗入距离 (mm)			
	1h	4h	12h	26h
F.A.A液	2	3	6	8
佛莱明氏液	1	2	4.5	5
1%苦味酸	0.5	1	1.5	1.5
0.5%锇酸	0.25	0.75	1	1
1%铬酸	0.5	1.5	2.5	4
10%甲醛	0.5	2	2.5	5
70%酒精	0.5	1.25	2.5	8
90%酒精	1	1.75	3.5	8
5%醋酸	1	2.5	4	8

五、固定时应注意的事项

上述为有关杀死、固定以及固定剂的理论和应用范围。在固定时为了使材料尽量维持原状,还必须注意下列因素:

(1) 固定液的选择:不同的组织和细胞结构,对于化学药剂有着不同的反应,须根据观察的目的和不同的对象而选用不同的固定液。如幼嫩的组织——花粉粒、花药、子房、胚囊、根尖、茎尖(示细胞分裂的生长锥)等,一般用冷多尖改良拉瓦兴液。如观察根、茎及一般动物的组织结构时,可用F.A.A液。

(2) 固定液的渗透力:固定液的性质、浓度和温度都影响其渗透能力,此外要考虑材料的大小和组织的紧密度。

（3）固定的时间：固定液对于不同材料，完成固定的时间是不同的。时间过短不能完成固定作用，过长则有些固定液对材料有不良的影响或不易着色等。

（4）固定液的用量：固定液的用量不可过少，因生物体内含有大量的水分会稀释固定液，而不能完成固定作用。一般固定液的用量应比材料多20~50倍左右，同时要使材料四周有均匀的固定液为好。

（5）保持材料的新鲜和避免机械损伤，选取的材料应立即投入固定液中。

（6）对含有氧化剂、还原剂混合的固定液，在必要时中途还应更换一次新液。

（7）材料要进行抽气：生物组织常有气体的存在，使材料不能沉入固定液中，而妨碍固定液的渗入。因此，在固定时一定要抽气，使得固定液很快渗入组织和细胞内。

最简便的抽气法是用一个10ml或20ml的注射器（除去针头），将材料连同固定液倒入注射器内，插入注射器手柄，仰起注射器，轻轻将管内空气排出，用左手食指紧按住注射器的孔口，右手向外拉出注射器手柄，使管内压力减小，这时可见到材料上有气体排出，如此反复数次直到材料下沉，即表示抽气作用完成。抽气时用力不能过猛，否则会损伤材料。此法的优点是简便易行，无需其他设备，并可根据材料的性质掌握用力的大小，其缺点是对于大批的材料不能同时进行抽气。

完善的抽气装置如图7-3所示，其全部装置包括：抽气机、安全瓶、干燥瓶、控制瓶、气压计、抽气瓶等部分。

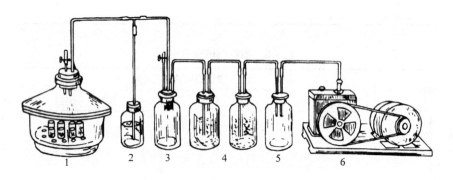

图7-3 电动抽气泵的抽气装置
1. 抽气瓶（内放材料）；2. 水银柱；3. 控制瓶；
4. 干燥瓶（内盛氯化钙）；5. 安全瓶；6. 抽气泵

（1）抽气机：电动机为1/4马力的真空油泵式抽气机。

（2）安全瓶：防止干燥剂进入抽气机内或抽气机内的油倒流至其他瓶内。

（3）干燥瓶：1~2个，内盛有干燥剂（氯化钙），用以吸收水分。

（4）控制瓶：其上有3个孔，一孔与干燥瓶相连；一孔通过"T"形玻璃管和气压计及气瓶相连；另一孔插入一支具有活塞的玻璃管，其上方连接一管口较细的玻璃管（或用一段橡皮管，用钢丝夹夹住），利用活塞开闭的大小（或控制钢丝夹），可予以控制抽气的缓猛程度。

（5）抽气瓶：可采用干燥器，在抽气时，瓶盖要涂以羊毛脂或凡士林，以免漏气。

抽气时，将选好的各种材料，分别投入盛有固定液的平底管内，再将其放入抽气瓶内，用羊毛脂将盖薄薄涂一层盖好，不使漏气，根据材料的性质、大小决定抽气时间，一般开动抽气机 2～5min，此时并控制活塞开闭的大小，使气压计水银柱调节在 25～30mm 左右，当达到一定时间后，关闭抽气机，徐徐开启活塞，流入空气，才能将抽气瓶打开。

当材料投入固定液后，必须贴上标签，注明材料的名称，何种固定液以及固定日期等，以免混乱。

此外，还可利用自来水龙头进行抽气，如图 7-4 所示。其装置是在自来水龙头下方装置一金属抽气管，由橡皮管及"Γ"形玻璃管连在一安全瓶的橡皮塞孔中，此时材料中的气体即被排出。此法亦可根据材料的性质，利用自来水的流速而控制抽气的快慢，以避免材料的收缩。

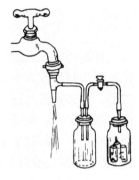

图 7-4 自来水抽气装置

第三节 冲洗与脱水

一、冲洗的意义

材料经固定后，在进行下一步骤或将材料保存起来以前，一般说都要把材料洗涤干净。所谓冲洗，即用洗涤剂渗透到材料组织中去，把固定液洗掉。

常用的冲洗剂是水或低浓度酒精，这主要是根据配制固定液的溶剂而定。一般水溶液的固定液是用水冲洗；酒精溶液的固定液则用同浓度的酒精冲洗。下面介绍几种固定液在固定后所应用的冲洗剂：

(1) 用 F.A.A 固定液固定的材料，不必经过特别冲洗，用同浓度的酒精更换两次即可进行脱水，在脱水过程中还有逐渐洗涤的作用。

(2) 拉瓦兴或其他弱酸类的固定液，固定后的材料用水冲洗数次即可。

(3) 用苦味酸或苦味酸类的混合液（苦味酸-甲醛液除外），在固定作用完成后，用较强度的酒精（70%）冲洗，不宜用水冲洗，因水能使这种固定剂所发生的作用消失。

用苦味酸液固定后，也不宜多洗，因组织易浸渍分散而影响效果。

(4) 用佛莱明或锇酸类的固定液，材料经固定后，要用流水冲洗，必要时还要进行漂白。

(5) 用氯化汞混合固定液，固定后的材料，用水或低浓度酒精冲洗均可。冲洗时可略加些碘液，以试氯化汞是否已洗去，如已全部洗去，则加入碘后在短时间内不致变色。

关于冲洗的时间，要根据固定液及材料的性质和大小而定，一般 1～6h 即可。

二、冲洗的方法

(1) 一般不需流水特殊洗涤的材料，就在平底管（小指形管）内更换数次，每次隔 1～2h 即可洗净固定液。

(2) 若需用流水冲洗的，可用广口瓶在瓶口用细纱布扎好，并通上橡皮管，另一端接在水龙头上，调节适当的流水速度，徐徐进行，水龙头绝对不能开得太猛，以免损坏材料。

(3) 另一种流水冲洗的方法，是把材料置于一个两头接通的玻璃管内，两端管口用纱布扎好，然后放入烧杯或其他容器中，再用橡皮管接上水龙头，使水徐徐流入烧杯内冲洗（图 7-5）。此种方法比较好，不会损坏材料。

图 7-5 冲洗的方法

三、脱水的作用

凡是制成永久的制片，材料需用加拿大树胶或其他封固剂封存，在这之前都要经过脱水。在石蜡法制片或火棉胶法制片中，因要把材料包埋在石蜡或火棉胶中，所以在浸蜡或浸入棉胶之前，都必须把材料中的水分除尽。若材料中含有水分，则石蜡或火棉胶就无法渗透进入细胞中。所谓脱水，就是用一种药剂把材料中的水分全部代替干净。脱水的作用不外下述两点：①使材料变硬，形状更加稳定；②除尽材料中的水分，才能使包埋剂和封固剂渗透到组织中。因为我们所用的包埋剂和封固剂多不能与水混合，必须把水除尽，然后才能进行包埋或封固。

用作脱水剂的药品，应具备两个特性：其一必须是喜水性的，能与水成任何比例的混合，以便代替细胞中的水分；其二必须能和其他有机溶剂互相混合和取代。

四、常用的脱水剂

1. 酒　精　酒精是目前制片技术中最常用的一种脱水剂，实际上它并不是最理想的脱水剂，因为它容易引起组织发生收缩，或使材料变硬不利于切片，而且在脱水后还必须再用其他有机溶剂除尽酒精，然后才能与石蜡、火棉胶等混合，手续比较繁杂。但是，由于酒精应用已久，且能大量购到，价格又较其他脱水剂低廉，在方法上也容易掌握。因此，目前还是普遍的应用它。在制片技术中所用的酒精有两种，即95%酒精和纯酒精（由95%酒精再经蒸馏而制成，因制作过程较为复杂，所以价格较贵，用时要注意节约）。

脱水的过程应从低浓度开始，逐渐替换高浓度酒精。不能在开始时将材料置于高浓度酒精中或操之过急，否则会使细胞发生收缩或损坏材料。用酒精配制成的混合固定液，当然可以从不同浓度的酒精开始脱水。一般是从30%开始，经过50%→60%→70%→80%→90%→95%→纯酒精，依次逐渐进行。材料在各级酒精中所停留的时间，须看材料的性质、大小而定。材料的体积约2mm^{2}大小的，各级2~4h，大的或较坚硬的材料，各级停留的时间要延长些，否则材料中央部分渗透不到，而影响除尽水分。在操作时，低浓度酒精可稍快些，到高浓度酒精时则不能过快，这样才能脱净水分。对于已切成的切片，因材料已被切的很薄，则只需1~2min即可。研究细胞学用的材料，应从10%酒精开始脱水。

从95%酒精放入纯酒精后，放置的时间不能过长，否则能使材料变得硬脆，以后在切片时会增加困难。为了使材料在纯酒精中彻底将水分脱净，要更换两次。纯酒精脱水后再逐步过渡到二甲苯，如果产生乳白色的混浊，即表明水分未彻底脱净，应再回到纯酒精中重新脱水。

另外，当材料到95%酒精时，需加入少许番红或曙红，把材料染成红色，这样便于包埋在石蜡或火棉胶中而易于识别。

配制各级浓度的酒精，常用95%酒精制成，而不应用纯酒精来配制，否则是极大的浪费。配制的方法很简便，即用95%酒精加上一定量的蒸馏水即成。下列公式可供配制时参考：

原浓度－欲配制的浓度＝所需加水的量

例如用95%酒精配成50%的浓度，按公式代入：95－50＝45，即取95%酒精50ml，加入45ml蒸馏水即成50%浓度的酒精，其他依此类推。

脱水的各级浓度的酒精，应事先配好，以便随时取用。脱水用过的高浓度酒精（70%以上的浓度）可回收经蒸馏重新应用，或用于酒精灯，低浓度的因含水分太多，用处不大。

2. 氧化二乙烯　此剂可以和水、酒精及油类混合，它的优点是有脱水和透明的作用，而且也不会使组织发生硬化及收缩的现象。脱水时只要经过30%→70%→90%→100%各级，即可进行浸蜡。它的缺点是因它的比重较熔融的石蜡还重，所以在包埋前，要竭力除掉这种药剂。一般是通过一次二甲苯或氯仿，然后再浸蜡，这样就可避免上述的缺点。

此剂系由石油中提炼出来，容易引起燃烧，应用时应特别注意，而且多吸其气体，对于健康也有损害。

3. 正丁醇　此剂可与石蜡溶合，但在一般应用上还未能完全代替酒精。平常都是与酒精合成一定的比例作脱水之用，到最后才经过纯粹的正丁醇。此剂不必经过透明剂即可浸蜡，是它的优点。

4. 叔丁醇　叔丁醇也叫第三级丁醇，可与水、酒精及二甲苯等剂混合。可单独或与酒精混合使用，是目前应用较广的一种脱水剂。此剂的优点是不会使组织收缩或变硬，同时也不必经过透明剂，并且由于它比熔融的石蜡轻，所以在包埋时很容易在组织中除去。应用此剂可以简化脱水、透明等步骤。因此，已逐渐代替酒精。

5. 丙酮　丙酮可以代替酒精，它的优点是脱水作用比一般脱水剂均快，但它不能溶解石蜡，所以仍需经过二甲苯或其他透明剂，然后才能进行浸蜡和包埋。

6. 甘油　甘油也是一种良好的脱水剂，尤其对于细小柔软的材料很适合。用甘油脱水可以避免原生质发生收缩现象，但在用甘油脱水前，必须将材料中所含的固定剂完全洗净，否则在包埋及染色时将发生困难。利用甘油脱水，可从 50% 浓度开始，逐渐蒸发至纯甘油，再换纯酒精。

第四节　透明及透明剂

材料在除尽水分后，还要经过一种既能与脱水剂又能与包埋剂（石蜡、火棉胶）相混合的溶剂来处理，以便于包埋剂的渗入。由于这种溶剂能使材料透明。因此这个步骤则称之为"透明"。在制片技术中，除了应用一些既能脱水及透明，而又能与包埋剂或封固剂相混合的脱水剂外（例如氧化二乙烯，正丁醇），一般应用酒精脱水的制片，都要经过透明的步骤，目前常用的透明剂有下列几种：

1. 二甲苯（xylol）　二甲苯是目前应用最广的一种透明剂，作用迅速，能溶解石蜡、加拿大树胶，但缺点是易使材料发生收缩变脆，使用时材料必须彻底脱尽水分，否则发生乳状混浊。

为了避免材料的收缩，而采取逐步从纯酒精过渡到二甲苯中。一般是从 2/3 纯酒精＋1/3 二甲苯→1/2 纯酒精＋1/2 二甲苯→1/3 纯酒精＋2/3 二甲苯→二甲苯。

二甲苯应更换两次，以除尽酒精。在二甲苯中的时间不宜放置过长，否则会使材料收缩或变得硬脆，要视材料的大小而定，一般 1~3h（染色后的切片，经 5~10min 即可）。

2. 氯仿[①]（chloroform）　火棉胶法的制片，都采用氯仿作为透明剂，石蜡法也可应用，但它的挥发性能要比二甲苯快。氯仿的渗透力较弱，对材料的收缩性能也较小，浸渍的时间应予延长。此外，氯仿能破坏染色，所以对于已经染色的切片作透明时不宜使用。

3. 甲苯（toluol）　甲苯的性能与二甲苯相同，国内出产较多，价格亦较便宜，可作二甲苯的代用品。

---

① 氯仿又名三氯甲烷，为麻醉剂，挥发的气体有甜味，呼吸过久会引起麻醉。在盛装时应用棕色瓶，并避免日光曝晒。

4. 苯（benzene）　苯的性能与二甲苯相似，亦可作透明剂。

5. 丁香油（clove oil）　丁香油为切片经染色后，在用树胶封固以前最好的透明剂。例如固绿，橘红 G 等可在丁香油中溶成饱和液，待染色到最后一步时，可作为染色，分色，透明三步合并使用。效果很好。经丁香油透明后的制片，尚需经二甲苯处理一下，而将组织中的残油除净，否则混暗不清。另外丁香油蒸发很慢，如不经二甲苯，制片虽放置很长时间，亦不易干涸。丁香油的价格甚贵，应用时往往采用滴剂，处理后多余的可回收再用。

6. 香柏油（cedar oil）　纯的香柏油多用于油镜上，普通的常混有杂（如二甲苯等），此种可用作透明剂，并且不易使材料收缩变硬，但它的作用很慢，应用时可从纯酒精放入。此剂不易挥发，因此最后仍经过二甲苯一次，以便除净香柏油，加速石蜡的渗透。

7. 冬绿油（minter-green oil）　冬绿油可作整体制作的透明剂，尤其对于显示植物维管系统的制作效果很好。但因此剂的渗透力很慢，并具有毒性，平时较少应用，而采用其试剂代替。

第五节　浸透和包埋

（一）石蜡浸透法

材料经完全透明以后，进一步就是浸蜡。浸蜡的目的在于除去材料中的二甲苯（或其他透明剂），而代之以石蜡（或火棉胶）。其要点是使石蜡完全浸入细胞的每一个部分，同时要使石蜡紧密地贴在细胞壁的内外，成为不可分离的状态，而便于切片。

浸蜡一般是从低温至高温，从低浓度到高浓度，这样可使石蜡慢慢渗入组织内，而将透明剂替代出来。如果操之过急，则石蜡浸入不彻底，而影响浸蜡的效果。

浸蜡的步骤：先将石蜡切成小块或薄片，取少许溶化在含有材料的透明剂中，使其随着透明剂渗入组织。待溶解后，再不断加入小块石蜡，直至达到饱和后，将其放入 36~40℃ 的温箱中，并不断地加入石蜡，直达 1/2 透明剂和 1/2 石蜡的体积为止。经几小时后，移入 58~60℃ 的温箱中，打开瓶塞，让透明剂蒸发，放置数小时后，将材料投入盛有已融化的石蜡的酒杯中，再经数小时后换纯蜡一次，经数小时后，此时材料中完全被石蜡浸透并除尽透明剂，即可进行包埋。

（二）包埋剂

关于石蜡制片法的包埋剂——石蜡的性质，对于切片的成败有着密切的关系。因此，对于石蜡的选择应予以注意。在石蜡制片技术中，所用石蜡的熔点一般是 52~56℃，同时要求质地平滑均匀而无杂质的为好。但是这里也必须指出，此石蜡还有一个缺点，即是在常温下或切取极薄的片子时，往往不能切得令人满意，如果应用二种或 3 种不同熔点（为 54℃、56℃ 及 58℃）的石蜡配合使用，则可得到较好的效果。此外，也可采用石蜡混合剂进行浸蜡和包埋，也可达到很好的效果。因为纯粹的石蜡质地疏松，虽然可以将它放在容器中作较长时间的煮炼，使它变得紧密，但是无论如何，其中还是有微小的空隙存在。因此，常采用石蜡或少许蜂蜡（黄蜡）混合（至于加入蜂蜡的比例要视材料的性质来决定，一般为石蜡 5 份，蜂蜡 1 份），因为蜂蜡质地柔软润滑并带有粘性。

浸蜡及包埋时所用的石蜡，还要依季节而有所选定，即是在夏季时应采用熔点较高（如 56~58℃）石蜡，但石蜡熔点愈高，质地愈疏松，不易切得连续的切片，如采用上述的混合剂，则可获得较好效果。在冬季制片时，则宜用熔点较低（52~54℃）的石蜡。

（三）包埋的操作及用具

材料经浸蜡以后，进一步就是包埋。在包埋前应准备好纸盒、金属温台、镊子、酒精灯及熔化的纯石蜡等用具。纸盒是包埋蜡块的铸型，其制作是取质地坚韧、光滑而不易透水的白纸（如重磅道林纸或图画纸），裁成长方形的纸块（大小视材料而定），如图 7-6 所示，折叠成纸盒。

包埋的方法：先将纸盒放置在温台上，在温台的一角用酒精灯保持一定的温度（应较石蜡的熔点稍高些），将已熔化的纯石蜡迅速倒入纸盒中，并取镊子或解剖针放在酒精灯上加热插入盒中，沿纸盒的边缘轻轻移动，以除去石蜡中的气泡，如图 7-7 所示，此时，可将纸盒从温台上取下，放在桌上，不多时盒底部的石蜡即能凝固一薄层，接着即将材料用已加热的镊子移入纸盒内，并迅速将材料按照所需要的切面整齐的排好，要注意每个材料之间要有一定的距离，以免将来修整蜡块时将材料毁坏。在这个过程中，所用的镊子和解剖针要不断地加热，将材料四周的气泡赶出，同时也使得材料和周围的石蜡温度一致，而避免石蜡凝固以后与材料发生分离的现象，而影响切片，当材料排好并赶尽气泡以后，待石蜡的表面凝固一薄层时，用双手平稳的将纸盒放入冰水中，等到表面已凝固后，将纸盒全部压入水中，使石蜡迅速凝固。如果让其自动凝固，则石蜡往往发生"结晶"现象，而不能进行切片。

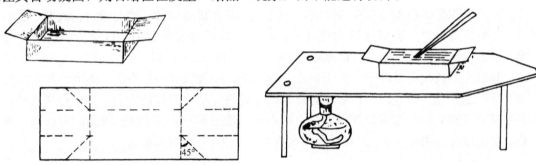

图 7-6　包埋用的纸盒（下图为折叠方法）　　　图 7-7　金属温台

（四）包埋时应注意的事项

包埋的好坏，能直接影响到切片的效果，因此，在包埋时技术应熟练而迅速，特别要注意温度的控制，温度太高，则石蜡凝固太慢，往往在蜡块中出现气泡，如果将它突然放入水中，蜡块又会产生破裂现象；温度过低时，不仅不易操作，而且常使材料与其周围的石蜡不能凝固的紧密，也不易赶走气泡，造成材料与石蜡分离的现象，而不能进行切片。

第六节　切　　片

包埋完毕后，下一步即可进行切片，这是石蜡切片法的重要步骤之一，它的成功与否，关系到下一步骤的进行，所以应仔细操作。

一、蜡块的固着与修整

包埋好的蜡块，必须安放在载蜡器上，始可切片。其方法如下：选取要切的材料，撕去外面的纸匣，用解剖刀或单面刀在所要切取材料的四周蜡块上画数条直线，刀口不宜过深，约 1～2mm，否则容易损伤材料，然后用两手的大拇指和食指夹住蜡块轻轻用力折断。如果不易折断，可再用刀片在原线处深刻，不可用强力将蜡块折断，否则不但边缘不齐，而且易损坏材料。切下

图 7-8 蜡块的贴附

的蜡块用刀修整齐，一般可修成梯形（有材料的一面较小，另一面较大，便于粘附于载蜡器上）。这时取载蜡器（木制或金属的）在固定蜡块的面上（有沟槽的一面）放几块碎石蜡，在火上微热熔化，稍凝后翻转载蜡器于桌上，然后左手拿已修好的蜡块，右手拿解剖刀柄（或镊子柄）在火上加热，趁刀柄的热量迅速将蜡块粘附在载蜡器上（图 7-8）。两者贴牢后，蜡块四周可再用碎蜡烫牢。保证蜡块粘贴在载蜡器上非常重要，否则当切片时容易脱落，或者由于颤动影响切片厚度不均，往往在染色时发现深浅不一，质量不佳。粘贴牢固的载蜡器投入冷水加速凝固，取出后再修整蜡块就可安放在切片机的夹物部上，即可进行切片。

二、切片过程

在切片之前，必须了解切片机的装置。一般石蜡切片通常使用旋转式切片机。现将切片的主要步骤列下：

（1）将粘有蜡块的载蜡器装在切片机的夹物部上。

（2）装刀以前必须检查刀口是否锋利，如刀口上有缺口或较钝，均会使材料破裂，这样必须磨刀，以免浪费材料。磨得锋利的切片刀，在装刀前最好进行荡刀，以清除刀口上的金属屑，使刀口更为锋利，减少切片时的摩擦。

（3）将切片刀装在夹刀部上，调正切片刀的角度，一般以 5°～8°为宜。调节切片刀的角度时，如刀口作过分直立的方向，在切片时石蜡往往成粉屑粘在刀口的内面，即使切成片子，也都粘贴在刀上（图 7-9a）若刀口倾斜太甚，则不能切取成片（图 7-9c）。因此，刀口倾斜度必须合适，才能切片（图 7-9b）。刀口倾斜角度在切片机上常有数据标出。

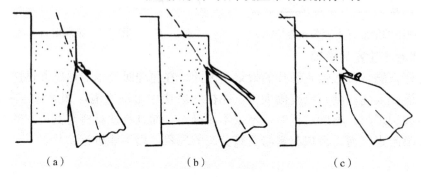

图 7-9 切片刀的倾斜角
(a) 倾斜角过小，损坏材料的表面，不能切取切片；
(b) 倾斜角恰当，约 5°～8°左右，能切取良好的切片；
(c) 倾斜角过大，材料变形亦不能切取切片

此外还须注意蜡块的切取面和刀口平行，但两者间要有一定的距离，使刀口恰好邻近蜡面，切忌蜡块超过刀口（图 7-10）。

切片刀有着不同的类型，用于不同的切片法，如图 7-11 所示。

（4）调正厚度计，一般石蜡切片以 5～12μm 厚度最为适宜，当然这也要根据材料的性质、制片者的目的以及石蜡的特点来决定。在调节厚度时，必须对准刻度，决不能调在两个刻度之间，否则不仅会损坏机器，同时也影响切片厚度的不均。

（5）上述各点在调节好后，即可摇动飞轮，进行切片，用力要均匀，速度要适宜，初切的

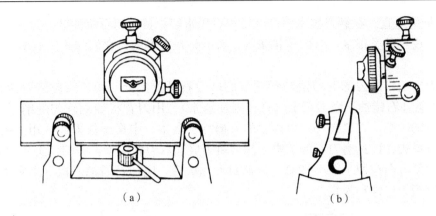

图 7-10 蜡块边缘与刀口的关系
(a) 正面观；(b) 侧面观

片子往往不完整，这是由于蜡块的面不平所致，待切数片后，就能得到完整的蜡带，到蜡带长度达到 20～30cm 时，即可用毛笔挑起安放于盘中的白纸上，按顺序排好，便于以后检查，操作时要敏捷准确。

（6）切片工作完毕，要注意清理仪器和工具。切片刀上的石蜡，可沾取少许二甲苯擦去，再用清净绒布擦干，放入盒内保存，以免生锈。切片机要仔细擦拭，保护机件延长使用寿命。

三、影响切片质量的因素

良好的切片，应切成连续的蜡带。可是有时会产生不能令人满意的结果，其原因如下：

（1）蜡片卷曲主要由于：①切片刀不锋利；②切片刀的角度不正确；③切片太薄或太厚；④石蜡太软或太硬（与温度有关）；⑤蜡块中的材料不在中央。

（2）材料与蜡片分离是因为包埋时，石蜡温度与材料温不一致。

（3）蜡片上有条纹，是因为切片刀上有缺刻。

（4）蜡带不成直线，是因为蜡块上下不平整。

（5）切片有时发生蜡片破碎不成蜡带而吸附于切片刀上，这是由于材料过脆与刀口摩擦产生静电的原因。

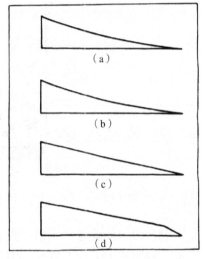

图 7-11 切片刀的类型及应用范围
(a) 凹度较深的平凹面刀，适用于火棉胶法；(b) 凹度较浅的平凹面刀，适用于新鲜生物标本的切取；(c) 楔形双平面刀，适用于石蜡法、木质及橡胶等材料的切取；(d) 单刃双平面刀，适用于塑料法及其他硬质材料的切取

四、切片刀的磨荡法

切片刀经多次使用后，刀口往往迟钝或发生缺口，如不纠正这缺点，不但以后切的片子易发生组织破裂、压挤等毛病，而且刀口的伤处也会渐渐扩大，为了获得良好的切片并延长切片刀的寿命，因此，切过几次后必须磨刀。

（一）磨刀用具及磨刀法

1. **磨刀用具**

（1）磨刀石：常用的是黄石和青石，但都必须是质地细致而均匀，磨石大小一般以 2.5～

11.5 吋左右最为适宜。在磨刀技术中，通常青石用水磨，黄石用石蜡油磨。

（2）荡刀皮：种类很多，有的是长条的，有的是长方形的，它们的式样虽多，但主要部分是皮革。

（3）磨刀方法：剃刀的磨刀法与切片刀的磨刀石平置桌上，切片刀应装刀柄和刀背（图7-2），先用滴管加石蜡油于磨刀石上（青石则加清水）。用刀背将油滴均匀的铺平，磨时将刀斜置于磨刀石的一端，刀口向外，以两手的大拇指、食指、中指压住刀片（用力要均匀），然后将刀向斜方推去，以达磨刀石的前端，然后将刀竖起（刀背向下，刀口向上）翻转，斜置石上，刀口向内斜方向拉回（图7-12a）。每来回十几次后，应加石蜡油一次（不宜太多），如此反复进行，直到刀口锋利为止。

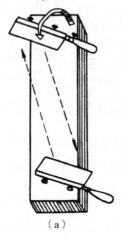 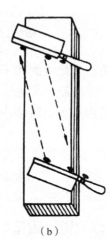

图 7-12　磨刀和荡刀的操作技术
(a) 磨刀法；(b) 荡刀法

（4）刀口的检查：先用布擦去刀上的石蜡油，然后用清洁的白布蘸取二甲苯，把刀上的油去掉，擦净后的切片刀置显微镜的载物台上（台上应垫一张质地较细的白纸）用 10× 物镜检查刀口是否有缺口，如有缺口用上法继续磨，如无缺口则应手拿片页纸一张，右手持刀，往纸上拉动，如刀锋利则刀口切入纸中，如刀迟钝则刀口不能切入纸中。

（二）荡刀用具及荡刀法

为了使刀口更加锋利细致，在磨刀后应荡刀，荡刀的方法与磨刀的方法相同，但刀口的方向与磨刀相反，否则将割破皮革（图7-12b）。荡刀皮有两种类型。

目前除上述人工磨刀外，由于仪器的发展而产生了自动磨刀机，它应用在生物制片技术上不仅大量节省了磨刀的时间，而且效果更佳。

第七节　粘片及粘片剂

切好的蜡带经显微镜检查合格后，即可用粘贴剂将蜡片粘贴在载玻片上，这个步骤称之为"粘片"。常用的粘贴剂有下列几种：

1. 郝伯特（Haupt）粘贴剂

　　溶液甲：动物胶（明胶）　　　　　　　　　　　　　　　　　　　　　　　　　　1g
　　　　　　蒸馏水　　　　　　　　　　　　　　　　　　　　　　　　　　　　　　100ml

	甘油	15ml
	石炭酸（结晶）	2g
溶液乙：	甲醛	4ml
	蒸馏水	100ml

配制时先将动物胶放入蒸馏水中，在36℃的温箱中使其慢慢溶解，待全部溶解后，再加入甘油及石炭酸，并搅拌使完全溶解，经过滤后贮存于瓶中。此剂为目前植物制片中最常用的一种粘贴剂。

粘贴时，在擦净的载玻片上滴上一小滴溶液甲，用洁净的小手指涂匀，然后加上1～2滴溶液乙，将蜡片放在液面上（蜡片的光面向下），然后将带有蜡片的载玻片放在烤片台上（温度在36℃左右），蜡片受热后即慢慢伸平，待完全伸平后，可吸去多余的水，经烤干后放入切片盒中，可用37℃左右的温箱再行烘干或放在室内让其自干。

2. 火棉胶粘贴剂 木材、种子等的连续切片，因一般切片较厚，如果只用普通粘贴剂粘附后，在染色时往往易脱落，在经过上列粘贴剂粘附后，再用1%～2%火棉胶溶液滴敷一薄层使其完全干燥，则在染色时不致脱落。染色时可用石炭酸-二甲苯（1：4）以除去石蜡，再入纯酒精中，顺序进行染色。

3. 蛋白粘贴剂

	新鲜鸡蛋白	25ml
	甘油	25ml
	石炭酸	0.5g

配制时先将鸡蛋打孔，倒出蛋白，加入甘油及防腐剂，然后用力摇动，此时即产生很多泡沫，放置一些时候使泡沫上升到液面，倒去此部分或用细纱布过滤即成。

此剂亦为制片技术上常用的一种粘贴剂，特别是在动物制片上应用甚广，但其粘贴性能比动物胶为低，且易着色，同时放置时间也不能太久，约1～2个月就逐渐失去粘附性能。

第八节 染色及染色剂

粘贴在载玻片上的蜡片等其完全干燥后，即可进行染色工作。在染色之前，必须将石蜡溶去，一般都是用二甲苯去蜡，然后再逐步移入酒精或水中（视染料溶于酒精或水中而定）。为了避免材料的收缩，也是逐步的过渡。染色缸有多种，一般以五片立式和十片卧式两种较为常用（图7-13）。

为了更好地掌握染色技术和原理，对于染料的性能及植物组织器官分色的程度其配制应予了解和掌握，前面章节中介绍的染色剂是专对染色体研究在本章主要针对石蜡切片现分述于下：

一、染 色 剂

(一) 染色剂的作用

生物的组织结构，如果不经染色，在某一限度内，由于组织各部分的折光率存在着差异，置显微镜下也可以进行观察，但这只限于新鲜含有色素的组织，可是对于十分透明的组织，则很难得到一定的效果（相差显微镜可清晰观察，原理见显微镜技术部分）。此外在制成永久制

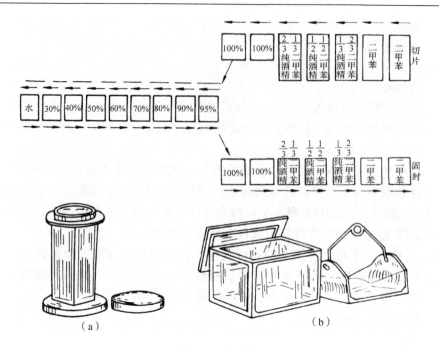

图 7-13 染色缸
(a) 立式 5 片装；(b) 卧式 10 片装

片时，要用加拿大树胶封固，这样使得折光率变得均匀，如果不染色，则组织各部分的细微结构分辨不清，而难以进行镜检。因此，在制片技术上应用染色方法，使组织与组织之间的各部分显示出不同的颜色，而达到镜检效果。

生物学染色剂与一般染料有所不同，它专供生物学使用。其制造过程中特别严格，而且更加精致与细致。使生物组织经染色后成为清晰可见。

（二）染色剂的种类

随着科学的发展，目前在生物制片中，所应用的染色剂种类越来越多。在前面植物染色体常规压片中已谈到部分染色剂，但不全面，在石蜡切片中根据它们的化学性质及对植物组织着色的情况和应用等，可分为下列几类：

1. **根据化学性质而分** 根据化学性质，通常把染料分成 3 类：即碱性染料、酸性染料和中性染料。所谓酸性染料和碱性染料，并不是指染色液中的氢离子浓度而言，主要是依据有色部分是阴离子还是阳离子。若为阴离子即为酸性染料；若为阳离子即为碱性染料；若它们的阳离子和阴离子都有颜色则称为中性染料（复合染料），染料和染料的溶液的酸碱反应并无直接关系。例如碱性染料结晶紫的溶液呈酸性反应；而曙红为酸性染料，但其染色溶液则呈碱性反应；中性红系一种微碱性染料，而其染色液则为中性，遇酸呈现鲜红色，遇碱呈现黄色。

(1) 碱性染料：此类染料具有一种有色的有机盐基，能与无色的醋酸盐、氯化盐或硫酸根等结合，一般都能溶于水或酒精中，如番红及苏木精等。

(2) 酸性染料：此类染料具有通常为钠和钾的金属基，能与一种有色的有机酸根结合，也能溶于水及酒精，如固绿、曙红等。

(3) 中性染料：中性染料是由酸性染料和碱性染料结合而成，所以也可称为复合染料。这类染料中，阳离子和阴离子都各有一个发色团。它也能溶于酒精和水，如吉姆萨。

2. **根据对生物组织着色情况而分**

(1) 组织染料：指能够使植物组织的染料。

(2) 细胞染料：①细胞质染料（能与细胞质发生亲和力的染料）；②细胞核染料（能与细胞核中的染色质发生亲和力的染料）。

3. 根据染色剂的来源而分

(1) 天然染料：天然染料是由动物或植物体中所提取出来的。在生物制片中所用的天然染料的种类虽不很多，但是很重要而且常用，目前很少能用人工的方法合成它（地衣红已有合成品）下面分别加以介绍：

①苏木精：也叫苏木色素，是生物制片中最常用、最重要的一种染料。它是由苏木科植物的苏木的木材（心材）中用乙醚浸制提取出来的一种色素，这种植物特产于美洲墨西哥地区。

苏木精的化学结构分子式为 $C_{16}H_{14}O_6$。配好的苏木精溶液，经过一段较长的时间，由于氧化作用成为有色的氧化苏木精，此时分子式即变为 $C_{16}H_{12}O_6$。

苏木精是一种十分重要的生物学染色剂，它的优点不仅是一种很好的核染料和染色质染料，而且还有明显的"多色性"，由于细胞中的结构不同，在一个切片上只要经过适宜的分色作用，就能得到好几种由兰到红的不同色调。由于苏木精本身对于组织的亲和力很小，它必须借助于金属盐如铁、铝、铜等的媒染才有作用，才容易沉淀而附于组织内。因此，在应用苏木精时，需要一种媒染剂。通常用的媒染剂，有硫酸铝铵（铵明矾）、硫酸铁铵（铁明矾）、铜盐等。

苏木精的染色效用，要看所用的媒染剂性质及染色后的处理方法而别，遇酸呈红色，遇碱呈蓝色。常用的苏木精浓度是 0.5%（水溶液），但要预先配好，经过一段时间（约1周）的氧化作用（成熟）后才能使用。最好是将苏木精溶解于纯酒精中做成 10% 的基液，需要时再稀释到 0.5%。苏木精的配合方法很多，而且不同的配合方法其染色作用各有不同，下面介绍几种常用的配方：

a. 海得汉氏苏木精（Heidenhain's hematoxylin）：海得汉氏苏木精是生物制片技术中非常重要的一种染色剂。约在 1842 年被海氏首先发现，不久即被广泛采用，现在仍然是研究细胞学、胚胎学等方面所普遍采用的染料。用这种染料进行染色可以得到良好的效果，尤其对于染色体、蛋白质核（淀粉核）、线粒体等，可与番红或曙红作二重染色，但染色好，而且颜色可保存长久，其配方如下：

甲液：为媒染剂，2%～4% 硫酸铁铵蒸馏水溶液。此液应藏于暗处，数日后易生黄棕色薄膜，过滤后仍可用，置久性能渐退，用时最好临时配制新鲜液。

乙液：0.5% 苏木精蒸馏水溶液为染料。溶苏木精于蒸馏水，盛于大烧杯内，杯口用纱布盖严，置阳光下并使空气流通，每日搅拌数次，俟其氧化至深红色，即可过滤使用。或先配以 10g 苏木精，溶于 100ml 之纯酒精中，使其成熟为储藏苏木精，用时将此酒精 4～5ml 加入 100ml 蒸馏水以冲淡之。

加速苏木精氧化的方法有：将过氧化氢数毫升（5～10ml）加于新配的苏木精溶液中，即可促进其氧化的速度；将蒸馏水煮沸，再加入苏木精，等冷却后即可应用；配好的苏木精溶液置于大而浅的玻璃瓶或烧杯中，然后在 2m 外放一小型的水银弧光灯，用强烈的光照射在溶液上，并时常用玻璃棒搅动溶液，大约经 45min 即可应用。

b. 代拉飞特氏苏木精（Delafield's hematoxylin）：代拉飞特氏苏木精简称代氏苏木精，也是生物制片中常用的良好染色剂。对初学制片技术的人员最容易掌握，同时能得到良好的效果，用其他染色剂发生困难或失败时，改用代氏苏木精染色常获得成功的结果。

代苏木精对于纤维素的细胞壁效果较好，染色质及造孢细胞等在分色时多加注意均可得到满意的结果，可与曙红之 80% 酒精或番红作二重染色。其配制方法如下：

溶硫酸铝铵于 100ml 蒸馏水中饱和之，另溶 1g 苏木精于 10ml 纯酒精中，以此液渐渐滴于前液内，不可太骤，装此液于广口瓶，束以纱布，曝于空气中约 1 周过滤之，加 25ml 甘油及 25ml 甲醇，使其成熟，直至颜色呈现葡萄酒状，约两月方成，时间越久，功效越佳。

代氏苏木精原来的配法如下：

　　甲液：硫酸铝铵的饱和水溶液　　　　　　　　　　　　　　　400ml
　　　　　苏木精　　　　　　　　　　　　　　　　　　　　　　4g
　　　　　95％酒精　　　　　　　　　　　　　　　　　　　　　25ml
　　乙液：纯甘油　　　　　　　　　　　　　　　　　　　　　　10ml
　　　　　木精（甲醇）　　　　　　　　　　　　　　　　　　　100ml

甲液配成后曝于空气中，经过两三天再将乙液加入，至少需经两个月后，让它颜色变深，过滤后才可应用。如果急用，可加入过氧化氢，使之成熟，几分钟后即可应用。有的用水银汞灯照射该溶液，两小时后即可应用。但这两种方法都不如自然成熟的好，所以最好应提早配制让它自然成熟。这种溶液成熟后，可经久不坏，配制时可多配些，以免临时配合，但要注意塞紧瓶塞放在阴凉地方。

成熟后的代氏苏木精是极强的染色剂，在使用时要用蒸馏水稀释。

②洋红（carmine）：洋红也叫胭脂红，是从一种热带昆虫即胭脂虫 *Cocus cacti* 的雌虫体，经干燥后研磨提炼得来的胭脂虫红（cochineal）再加上明矾处理后，除去一部分杂质，即成洋红。洋红为一种复杂的化合物，它的分子式为 $C_{22}H_{22}O_{13}$ 略呈酸性，其中颜色的主要成分为洋红酸（carminic acid）。

洋红具有极大的渗透力，能把整块的材料着色。对于幼嫩或小型材料如花粉母细胞等，染色后可直接用甘油胶或糖浆封存，不必进行切片手续。所以非常适用于涂抹制片。洋红可使细胞核染成深红色，细胞质成浅红色，且能长久保存不褪色。

洋红对组织的亲和力甚微，因此通常要和铁、铝或某些其他金属一并使用，即以这些金属的盐类，先作媒染或与洋红同时染。其配方很多，现两种常用的配方：

a. 醋酸洋红：将冰醋酸、蒸馏水各 50ml 混合后并煮沸，再加入洋红到饱和为止，冷却后过滤即可应用，并可长期保存。

这种染色液对花粉的染色十分好。用新鲜的材料加上醋酸洋红，有着固定和染色的作用，但只染细胞核。

贝林（Belling）对此法进行了改良，称之为"贝林氏铁醋酸洋红液"，其配方是在上述液中再加入铁水醋酸（在 50ml 蒸馏水中加 50ml 冰醋酸再加氢氧化铁，直到溶液变为蓝红色而不发生沉淀为止）数滴。这种溶液对于涂抹制片的染色，如花粉粒最为有效，染色体显现清楚，但它的缺点是只能保存数天。因此作为临时观察很好。

b. 铁矾-醋酸-洋（iron-aceto-carmine）：这种溶液是我们常用在细胞学的染色，可获得极好的效果，其配法也较简便：

溶解 1g 洋红在 100ml 煮沸的 45％醋酸中，冷却后过滤，再加 1~2 滴 4％的铁矾水溶液（不能多加），过几小时后即可使用。

这种溶液对于临时染色和涂抹制片是十分理想的，在观察小麦的花粉粒形成过程（从造孢细胞形成花粉母细胞，经减数分裂形成二分体、四分体到花粉粒的一系列过程）用涂抹法铁矾醋酸洋红染色可获得良好的效果，染色体、细胞核显示十分清楚，被染成深红色，细胞质浅红。在其他材料如洋葱根尖及其鳞茎表皮细胞的染色都得到同样的效果。

③地衣红（orcein）：地衣红是从茶渍地衣（Lecanora tinctoria）中提出，可在酸性及碱性溶液中染色，但通常是溶于醋酸中染色。植物细胞学中应用较多，用作花粉母细胞及根尖等的固定和染色，其优点是细胞质着色较浅，效果较醋酸洋红还佳（目前已常用其合成染料）。其配制方法与醋酸洋红相似，用法亦同：

地衣红	1g
45％醋酸	100ml

加热搅拌至沸，即离开火焰，再继续加热至沸，即离开火焰，再继续加热5~10min，冷却后过滤即成。

（2）煤焦染料：煤焦染料也叫人造染料，是用人工方法从煤焦油中的一种或数种物质提炼制备而得，在制片技术中主要是应用此种染料。随着科学的进展，合成染料的种类十分繁多。由于头一个合成染料是用苯胺制成的，所以合成染料往往也称作苯胺染料。但是这一名词并不妥当，因为目前很多种染料和苯胺全然没有关系，并且也不是苯胺的衍生物，正确命名煤焦油料是有着根据的，因所有的人造染料都可由煤焦油中提出而得。一切煤焦染料都是芳香系有机化合物，换句话说，它们可以认为是碳氢化合物或是苯的衍生物。现将常用的一些煤焦染料的性质、配制方法及应用叙述如下：

Ⅰ．番红（safranin）有4种配方（常用为①法）：

①	番红	1g
	50％酒精	100ml
②	番红	1g
	95％酒精	100ml
③	番红	1g
	蒸馏水	100ml
④	番红	4g
	甲赛珞素	200ml
	蒸馏水	100ml
	95％酒精	100ml
	醋酸钠	4g
	甲醛	8ml

先溶4g番红于200ml之甲赛珞素内，至完全溶解再加100ml 95％酒精及100ml蒸馏水。加醋酸钠可使染色效力增加，甲醛有媒染作用。

番红为碱性染料，分子式为 $C_{20}H_{19}N_4Cl$ 或 $C_{21}H_{21}N_4Cl$，在植物组织学上甚为重要，染木化、角化、栓化细胞壁、染色体、核仁、中心体等为红色，染色时间约2~24h，如时间太长，有可能会将结晶体、淀粉粒除去。常与固绿、亮绿、苯胺蓝做二重染色，或与结晶紫、橘红G做三重染色。

Ⅱ．结晶紫（crystal violet）：过去常将结晶紫与龙胆紫混为一谈，其实龙胆紫为复合物（多种紫染色剂的混合物），结晶紫则较纯，生物制片中常用的是结晶紫。

结晶紫为碱性染料，一般碱性染料染色较慢，而结晶紫染色却很快。为细胞学、组织学上的常用染料，染细胞核、细胞质、纺锤丝和鞭毛等呈紫色。

结晶紫与番红做二重染色，可染真菌的菌丝体和子实体；与番红、橘红G做三重染色，是细胞学上重要的染色方法；也为细菌学上格兰氏反应的重要染料。

结晶紫有3种配方：

① 1%结晶紫水溶液

	结晶紫	1g
	蒸馏水	100ml
②	结晶紫	1g
	95%酒精	100ml
③	结晶紫	0.5g
	纯酒精（或丁香油）	100ml

染色前若浸入5%高锰酸钾水溶液5min，或于染色后浸入碘液（碘1g与碘化钾2g，溶于300ml水中）可得较好之染色。

Ⅲ．亮绿（light green）有3种配方：

①	亮绿	0.2g
	95%酒精	100ml
②	亮绿	1g
	丁香油	100ml
③	亮绿	1g
	丁香油	15ml
	纯酒精	25ml

亮绿为酸性染料，可与番红或玫瑰红（phloxime）作二重染色，染色时间第一法约需20～50min。第二、第三法约需1min，亮绿极易将番红溶去而代之。此时可将材料浸入盐酸酒精中褪色，以95%酒精洗净，在90%、80%、70%、60%酒精中浸几分钟，后再染番红，经脱水至95%酒精再染亮绿。木质化细胞壁染成红色，纤维素细胞壁染成绿色，纺锤丝染成绿色。

Ⅳ．固绿（fast green）：又名快绿，是一种酸性染料，配制方法和染色时间及性能均同亮绿。它的优点是不易脱色，染色时间很短，因此应用甚广。

Ⅴ．孔雀石绿（malachite green）有2种配方：

①	孔雀石绿	1g或3g
	水	100ml
②	孔雀石绿	0.5g
	95%酒精（或丁香油）	100ml

染色时间1min，可染纤维素细胞壁，多与刚果红做二重染色。

Ⅵ．碘绿（iodine green）：

碘绿	1g
70%酒精	100ml

碘绿为碱性染料，染木质化细胞壁、细胞核或染色体，染色半小时或24h，脱水须速，可与真曙红（erythrosin）、酸性品红、曙红等做二重染色或做活体染色。

Ⅶ．甲基绿（methy green）：

甲基绿	1g
水	100ml

甲基绿为酸性染料，对木化细胞很有效，但很少用，如加醋酸数滴更好，多用为活体染色。

Ⅷ．苯胺蓝（aniline blue）：

苯胺蓝	1g
85%或95%酒精	100ml

苯胺蓝为酸性染料，对纤维素细胞壁、非染色质之结构、鞭毛等很有效，尤其染丝状藻类

较好，多与真曙红或麦格打拉红做二重染色，高等植物多与番红做二重染色。

Ⅸ．酸性品红（复红）（acid fuchsin）：

酸性品红	1g
水（或70%酒精）	100ml

酸性染料，多用70%酒精溶液，染2～3min，染胚囊、花粉粒，须1～2h，用饱和苦味酸之70%酒精分色，以70%酒精洗去黄色为止，多与甲绿做二重染色。

Ⅹ．碱性品红（复红）（basic fuchsin）：

碱性品红	0.5g
95%酒精	20ml 或 2ml
水	100ml

碱性染料，为生物制片的重要染料，习作活体染料，以及染高等植物之维管束，常用于细胞学上的孚尔根染色。

孚尔根染色液的配制：

碱性品红	0.5g
蒸馏水	100ml
1N HCl	10ml
偏亚硫酸钾	0.5g

将碱性品红放入蒸馏水中煮沸搅和，冷却至50℃时过滤，加HCl和偏亚硫酸钾搅和，放于黑暗中18h。所用的药品必须纯净。

Ⅺ．刚果红（congo red）：

刚果红	0.5～1g
水	100ml

酸性染料，多用于细胞学之研究上，在组织学上则用饱和水溶液，多与苯胺蓝或孔雀石绿做二重染色，须速脱水。

Ⅻ．曙红（eosin）：

曙红	1g
水或70%酒精	10ml

酸性，有2种，eosin bluish 带蓝色，eosin yellowish 带黄色，在植物组织学上少用，多以番红代之，宜用于强度酒精中。在甘油制片法中，须用1%水溶液染色24h，再以2%醋酸水溶液处理5～10min，更换数次，洗去多余曙红，再浸入10%甘油溶液中，等浓缩后封藏。

在石蜡切片中，则用1%曙红的95%酒精溶液，染5～50min，可与苏木精或甲基蓝做二重染色。

ⅩⅢ．俾斯麦棕（bismarck mown）：

①	俾斯麦棕	2g
	70%酒精	100ml
②	俾斯麦棕饱和水溶液	

碱性，染10min，与龙胆紫做二重染色，对不透明材料染色最好。

ⅩⅣ．橘红G（orange G）：

强酸性，多用作衬景，染细胞质或木质化细胞，橘红G在丁香油中溶解较慢，可以1g之橘红G放入100ml纯酒精中，保持温度52℃左右，则渐溶化，待酒精蒸发至50ml时，可加100ml丁香油静置，俟其全溶过滤后应用。用时滴数滴于材料上，用后将多余者回收，以便再为应用。多与番红、龙胆紫作三重染色，或与铁矾苏木精并用。

XV．中性红（neutral red）：

虽呈中性实为微碱性，用以染活体材料，而显示生物组织中活细胞的结构，其配方常为 1/10 000～1/1 000 的水溶液。

表 7-6 所列的常用染料溶解度，是指精制的纯染料而言，一般市售的染料由于质量好坏不一，其溶解度有很大变化。质量越差的染料其溶解度越小，因其中含的杂质多，这点在配制时应加以注意。

通常所用的染料配制后都必须经过过滤才能使用，否则染色后无法去掉杂质。

表 7-6　常用染料溶解度（%）

染料名称	溶解度 水	95%酒精	染料名称	溶解度 水	95%酒精
苏木精	1.0	30.0	亚甲基蓝	2.75	0.05
番红 O	5.45	3.41	亚甲基绿	1.46	0.12
坚牢绿-F.C.F	16.04	0.35	碱蓝	0.25	0.25
亮绿-S.F	20.35	0.82	中性红（氯化）	5.64	2.45
结晶紫（碘化）	0.035	1.78	中性红（碘化）	0.15	0.16
结晶紫（氯化）	1.68	13.87	靛青蓝	1.68	0.01
橘红 G	10.86	0.22	甲基绿	1.46	0.12
孔雀绿	7.60	7.52	苦味酸	1.18	8.93
苏丹Ⅲ	不溶	0.15	真曙红（钠盐）	11.10	1.87
苏丹Ⅳ	不溶	0.09	真曙红（镁盐）	0.78	0.52
甲基橘红	0.52	0.08	真曙红（钙盐）	0.15	0.35
俾斯麦棕-Y	1.36	1.08	真曙红（钡盐）	0.17	0.04
刚果红	不溶	0.19	玫瑰红（钠盐）	50.90	9.02
茜草红-S	7.69	0.15	玫瑰红（镁盐）	20.84	29.10
酸性品红	0.26	5.93	玫瑰红（钙盐）	3.57	0.45
碱性品红	12.0	0.3	玫瑰红（钡盐）	6.01	1.17

二、染色剂的选择

(1) 全部染色：俾斯麦棕、洋红、洋红酸、哈利斯苏木精。

(2) 纤维素细胞壁：酸性品红，苯胺蓝，俾斯麦棕、刚果红，代氏苏木精，结晶紫，真曙红，甲基紫，固绿，亮绿，甲基绿，亚甲基蓝，亚甲基绿，碱性品红。

(3) 角化细胞壁：酸性品红、结晶紫、真曙红、甲基绿、甲基蓝、番红 O。

(4) 木化细胞壁：结晶紫、碘绿、甲基绿、亚甲基绿、番红 O。

(5) 角质：番红 O。

(6) 细胞质：酸性品红，苯胺蓝，真曙红，固绿，靛青洋红，橘红 G，刚果红。

(7) 细胞核：洋红，结晶紫，甲基紫，碱性品红，海氏苏木精，碘绿，番红 O，甲基绿，甲基蓝。

(8) 中层：海氏苏木精，钌红。

(9) 栓化细胞壁：番红 O，苏Ⅲ，苏丹Ⅳ。

(10) 筛板塞：树脂蓝，苯胺蓝。

(11) 植物胶质：俾斯麦棕，刚果红，假玫瑰素。

(12) 非色素部分：苯胺蓝，真曙红，固绿，甲基紫，结晶紫。

(13) 分裂时的染色体：秘鲁木素，洋红，洋红酸，苏木精，结晶紫，碘绿，甲基绿。

(14) 脂肪：苏丹Ⅲ，苏丹Ⅳ。

(15) 线粒体：橘红素，苏木精，酸性品红，结晶紫，甲基紫。
(16) 质体：结晶紫，甲基紫，海氏苏木精。
(17) 染色体：巴西木精，洋红，洋红酸，苏木精，碘绿，甲绿，番红。
(18) 后含物：酸性品红，橘黄精，结晶紫，海氏苏木精，詹钠斯绿 B。

三、染色的理论

生物制片上的染色原理，大致与平常纺织品的染色差不多，只是制片过程中所应用的范围较小，而且更加精致细微。因此，一般关于染色上的原理，仍旧可以用来做参考。

生物制片染色的原理很复杂，根据染料着色的不同情况，综合起来可以从物理和化学两个方面的理论做解释。这两方面各自都可以说明染色上的一些问题。但是，如果要单独来说明的时候，却存在着许多困难。

近年来，知道染色上的事实愈多，愈了解到生物组织中染色步骤的复杂性，很难单纯的应用某一种理论完满地解释复杂的染色现象。目前已逐渐认为生物的细胞之所以能够染成各种颜色，乃是由于物理的与化学的综合作用的结果。

这里将物理上的和化学上的理论略为加以介绍：

（一）物理上的解释

(1) 认为物质是有孔隙的，被染物质也存在许多小孔隙，染色液可以因为毛细管现象或渗透作用，使染色液稳固地存留于组织细胞的孔隙中。

(2) 组织、细胞能被染色，可用溶液学说（吸收作用）来解释，认为组织细胞吸收染色液后，可以与之牢固地结合，形成一种"固溶体"，所以组织的染色与染色液的颜色相同，而与干燥染料的颜色不一定完全一致。如碱性品红，干燥状态时为带有绿色的结晶，而且溶液则为红色，被染物质亦呈红色，而且使组织变干燥，其颜色仍保持溶液的红色。

(3) 各种组织之所以有特殊的染色反应，可用吸附作用来解释。不同组织、细胞具有不同的吸附表面，即对离子的吸附是有选择性的，因此各种组织能选择某种吸附的染料，而产生一定的反应。

(4) 细胞内的酸、碱或其他化学物质，可以与染料发生沉淀作用，此沉淀作用虽有可能是化学作用，但一般不认为染料与组织之间有真正的化学结合。

以上所列的每种因素似乎都可以起一定的作用，只是在不同的情况下，可有程度的不同。

关于第一点，一般都公认为染料进入组织里，是可以由于渗透的作用。用吸收作用来说明染色的现象，亦是很简单，而且容易证明，因为组织中的染色，往往亦是溶液的颜色。

吸附作用是固体所具有的一种吸附周围液体中质点的作用，这种质点可以悬浮在液体里，或者形成离子。某种离子可以被某种别的物质所吸附，同时任何离子吸附的速度，亦因为溶液中其他离子的存在而有影响，尤其对于氢离子和氢氧根的存在，影响更大。

上述 3 种现象，可以说明染色上的一些问题，例如组织或细胞中"分化染色"的现象，媒染剂作用，染色溶液的浓度影响染色的速度、酸性或碱性染之受酸碱度的影响等等问题，但是单独的用物理现象来解释仍不能全面说明染色中的问题的。例如一种染料均匀的渗入细胞之后，有些部分很容易再离析出来，但是有些部分则不太容易，此种现象就最好用化学的反应来解释。

（二）化学上的解释

由于细胞学上的研究，可以知道在组织或细胞中某些部分具有酸性的反应，而另些部分却具有碱性的反应，这亦可以说明酸性的部分是能够与所接触的溶液中的阳离子相结合，而碱性的部分能够与阴离子结合。染料中之所以显现各种颜色，乃由于含有阳离子（碱性染料）或阴离子（酸性染料）等不同的关系，如此就很容易说明组织或细胞中的各部分不同染色系由于它们与染料所起化学反应的不同。

化学上的解释亦能说明染料上的一些问题，如媒染作用"分化染色"等，但亦存在很多缺点：

（1）化学上的解释，认为染料的颜色，乃是由于离子化的作用，但是这只能是组织或细胞在解离状态下才能进行作用。生物制片学中普通组织或细胞中的蛋白质经过杀死固定以后，已经硬化为固体，又如何能像一种电解质那样，进行化学反应呢？这是不可理解的。

（2）如果说染料与组织是一种化学结合，那么可能形成与原来参加变化的物质完全不同的一种物质，同时以后就很难用简单的溶剂，将原来的物质又分离出来。但事实上，组织经过染色以后，并不形成什么新物质，只是组织中染上了溶液中与染料同样的颜色，如果将已染好颜色的组织，长久的浸在水里或酒精里，很大部分（或全部）的染料，又会从组织中离析出来。

（3）假使将组织浸在很稀的染料溶液里，组织或细胞并不能将溶液中所有的染料吸取进去，倘若这种染色是一种化学变化的话，那么在变化过程中，某一方面的物质，应该完全在溶液中消失，然后才停止作用，事实上，却亦不是如此。

关于组织的染色，究竟由于化学上的或物理上的作用，则因为染色程序中内在的复杂性，仍旧是很难理解的，因此目前还不能下结论，其实化学化合和吸附作用是可以同时的，化学化合学说和吸附理论也不是互相冲突的。无论如何，在学习制片染色的时候，能够了解一下各种理论的内容，对于选择染料及预期得到的结果，是可以起不少作用的。

四、有关染色剂与染色的一些问题

（一）染色液的浓度

染料在溶液中的浓度，对于材料的染色有很大的影响，一般说采用高浓度的染色液的效果，不如用低浓度的染色液加长染色的时间，效果来的好，但是有的材料在低浓度染色液中，染色作用困难，不易着色，则此时可采用高浓度的染色液可得到良好的效果。因此，要根据材料与经验而定。

（二）染色的温度与时间

温度对染色是有很大的影响，增加温度可以促进染色，但在一般情况下，室温就可以了。有时要加速染色作用，可以提高温度，使加快着色。至于染色的时间，要根据染料性质及材料而定，但惟一的标准，在染色时要时常在显微镜下检查染色程度，认为合适为止。

（三）固定剂对于染色的影响

固定剂对于染色影响很大，有的固定剂对于某些染色有促进的作用，有的固定剂则阻碍于染色，例如：

（1）我们曾做过这样的实验，用同样的染料（洋紫苏茎尖显示细胞有丝分裂过程）采用不同的固定剂作比较。一个采用拉瓦兴固定液，另一个用F.A.A固定液固定，然后材料用同样的染色方法（番红-结晶紫-橘红G做三重染色），结果用拉瓦兴固定液固定的材料，获得良好的结果，细胞核、染色体被染成深红色，细胞质染成紫色。而用F.A.A固定液固定的材料，则分色不清，细胞核及细胞质均染成紫红色，不易辨别。分析结果表明，在拉瓦兴固定液中含有铬酸，起着媒染的作用。铬酸增加了番红对细胞核与染色质的亲和力，使颜色加深。用

F. A. A 固定的材料在染色之前，如用铬酸液处理（即媒染一天）可得到同样良好的效果。

(2) 若干种固定液可将有丝分裂中的染色质网保存得很完全，在此类固定剂中，某些物质对于染色质网发生媒染作用，因此，在以后染色时染色质网就能着色。但有的固定剂则不发生媒染作用，必须加用其他媒染剂。有的用了媒染剂反而不好，由于这种关系，即告诉我们为什么在染色过程中，起初认为可以将纺锤丝显出，有时则失效。这种不好的结果，并不是由于染色液用的不适当，而是由于生物组织未被固定剂发生适宜的媒染作用所造成的。例如用拉瓦兴固定液后，虽能保存染色质素但无媒染的效能，结果染色时就不能把染色质网染出。

(四) 染色时应注意的问题

(1) 染色之前，应该根据材料的结构和性质或者一定的观察目的来选定染色方法。

(2) 材料从溶液中取出放入染色液时，此两种溶液的浓度应当相同。例如，在水溶液的染料染色，材料必须过渡到水中才进入；在50%酒精溶液的染料染色，应过渡到50%酒精中进入。

(3) 染色宁可较深，不可太浅。一般在染色后，必须注意分色，此工作很重要。

(4) 加酸或碱褪色后，必须注意彻底洗净，否则以后再用他种染料时不易成功，同时制好的片子本身的颜色也会渐渐褪掉。

(5) 染色及分色的步骤，每种染色法虽然有一个时间范围，但因材料性质不同，或其他条件不同，往往可以有出入，所以时间很难死板规定，工作者应该灵活掌握，制作开始时最好以少数材料作尝试，成功后，再以同样的时间和方法大量制作，以免造成意外的损失。

(6) 染色后或已制成制片，不可置于日光下，以免褪色。

五、染色方法的简介

在制片技术中，染色的方法甚多。这不仅表现在应用的染料性质方面，而且在染色剂的数量上也有不同。现将经常应用的一些染色方法列后，以便于了解和掌握。

(一) 番红-固绿二重染色

(1) 取材（有代表性、正常的、新鲜的）。

(2) 固定于 F. A. A 中 24h。

(3) 50%酒精洗二次（如果是用铬酸或拉瓦兴固定则用水洗）。

(4) 脱水 60%→70%→80%→90%→95%（加一些番红，使材料染成红色，便于包埋后分辨），100%酒精二次，每次 1～2h。

(5) 透明，1/3 酒精＋1/3 二甲苯→1/2 纯酒＋1/2 二甲苯→2/3 二甲苯＋1/3 纯酒精→二甲苯（二次）每次 1～2h（如用氯仿时间应延长些）。

(6) 浸蜡：①室温（20～30℃）浸蜡至饱和；②置温箱中（30～40℃）继续浸至二甲苯和石蜡的比例为 1:1 的体积；③置温箱中（58～60℃）打开瓶盖让二甲苯蒸发；④浸纯蜡中，6h 以上。

(7) 包埋。

(8) 切成含有一块材料的蜡块。

(9) 将蜡块粘在木块（或圆型金属载蜡器）上。

(10) 切片。

(11) 粘片，烤片台温度在 36～40℃。

(12) 脱蜡：二甲苯→2/3 二甲苯＋1/3 纯酒精→1/2 二甲苯＋1/2 纯酒精→1/3 二甲苯＋2/3 纯酒精→纯酒精→95%→90%→80%→70%→50%酒精。切片在二甲苯中应完全去掉石蜡，其余每次 1～2min。

(13) 放入 0.5% 番红的 50% 酒精溶液中染色，6～12h。
(14) 用 50% 酒精洗去多余的染料。
(15) 70%→80%→90%→95% 酒精脱水，每次 1min 左右。
(16) 0.5% 固绿（95% 酒精溶液）中染色 1min 左右。
(17) 用 95% 酒精分色，或用酸酒精分色。
(18) 纯酒精→纯酒精→2/3 纯酒精+1/3 二甲苯→1/2 二甲苯+1/2 纯酒精→2/3 二甲苯+1/3 纯酒精→二甲苯（二次），每次 1min 左右，但在纯酒精中时间不可太长，否则会使固绿退色。
(19) 树胶封固。
(20) 贴标签。

(二) 铁矾-苏木精染色法

铁矾-苏木精是显示染色体的最好的一种方法，也可与番红复染。
(1) 切片脱蜡→蒸馏水。
(2) 切片放入 4% 铁矾水溶液中媒染 20～60min。
(3) 流水冲洗（此步骤很重要，否则不能入苏木精中）。
(4) 在苏木精中染色（0.5% 苏木精水溶液）1～4h。
(5) 流水冲洗。
(6) 在 2% 铁矾溶液中或苦味酸溶液中分色，在显微镜下检查分色是否合适。
(7) 用自来水洗（或蒸馏水中加少许氨水）。
(8) 脱水→透明→封固，如用番红复染（番红可用 35% 酒精溶液），染色后在苦味酸酒精溶液（95% 酒精）中分色。

(三) 代氏苏木精-番红二重染色法

番红-固绿及代氏苏木精-番红二重染色法是生物解剖学中最常用的染色法。因为番红可染木质化、角质化、栓质化的细胞壁及细胞核，而固绿及代氏苏木精可染薄壁细胞（纤维素的细胞壁）及细胞质。因此，可以明显的区别各种解剖结构。
(1) 去蜡→蒸馏水。
(2) 在代氏苏木精中染色 30min 左右。
(3) 在蒸馏水洗去多余的染料。
(4) 在酸水（100ml 蒸馏水中加 1～2 滴盐酸）中分色（退色至呈灰蓝色）。
(5) 用自来水冲洗（或蒸馏水加少许氨水，使材料呈蓝色）。
(6) 30%、50% 酒精中各 1min 左右。
(7) 番红中染色 1～6h。
(8) 在 50% 酒精中洗去多余的染料。
(9) 70%→80%→90%→95%→100% 酒精（二次）中各 1min 左右。
(10) 透明：2/3 纯酒精+1/3 二甲苯→1/2 纯酒精+1/2 二甲苯→1/3 纯酒精+2/3 二甲苯→二甲苯（二次）（检查切片，如番红染的太深，可退至纯酒精；若番红太浅可退回重染）。
(11) 加拿大树胶封固。

(四) 番红-结晶紫-橘红 G 三重染色法

在细胞学的研究中，通常采取三重染色法，效果很好。此种方法以染细胞分裂的材料为佳，如根尖、茎尖的细胞分裂等切片。如染色成功，则可见红色的染色体、紫色的纺锤丝及橘红色的细胞质（橘红G是一种分化剂，以衬托背景之用），颜色极为美观，材料宜用拉瓦兴或铬酸-醋酸固定液固定之。

(1) 切片去蜡→50%酒精中。
(2) 在1%番红（50%酒精溶液）中6～12h。
(3) 50%酒精洗去多余的染料，并逐级脱水至90%酒精。
(4) 1%结晶紫（95%酒精溶液）中染1min左右。
(5) 95%酒精洗去多余染料，脱水至100%酒精。
(6) 1%橘红G（丁香油溶液）滴染并分色约30s至1min左右。视材料有紫色外渗即停止分色。
(7) 100%酒精1min。
(8) 透明。
(9) 树胶封存。
(10) 贴标签。

注：上法中的番红可配成50%酒精溶液，结晶紫可配成水溶液，橘红G可配成丁香油的饱和液（应用时用滴染）。染色过程自去蜡→50%酒精后，进入番红染色，再入结晶紫，然后逐渐脱水至纯酒精中，取出切片用橘红G丁香油液进行滴染，再透明到封固。

(五) 鞣酸-铁矾及番红-橘红G染色法

此法常用于分生组织的染色，因为分生组织的细胞壁幼嫩，常不易和其他部分区分，因此，染色常常模糊，用鞣酸、铁矾、番红及橘红G进行染色，则可得到良好的效果。近年来此法也常常应用到其他材料的染色上去。

(1) 去蜡并逐渐过渡到蒸馏水中。
(2) 在2%氯化锌中处理1min。
(3) 在自来水中洗5min。
(4) 在1:25000的番红水溶液中染5min。
(5) 在自来水中洗2～5min。
(6) 在下列溶液中1～2min。

橘红G	2g
鞣酸	5g
盐酸	4滴
酚	数粒
蒸馏水	100ml

(7) 在自来水中洗5s。
(8) 在下列溶液中处理5min。

鞣酸	5g
酚	数粒
蒸馏水	100ml

(9) 在自来水中迅速（1～3s）洗一次。
(10) 在1%铁矾中处理2min。
(11) 在自来水中迅速（1～3s）洗一次。
(12) 50%酒精中5s，95%酒精中5～15s。

(13) 在纯酒精中处理 10s，擦去酒精。
(14) 在 1/2 纯酒精＋1/2 二甲苯浸 20～30s。
(15) 在二甲苯中 20～30s。
(16) 用加拿大树胶封固。

注：如若简化手续，可省去（6）、（7）、（8），而在下列溶液中染色。染色后再从（9）项进行。

橘红 G	5g
鞣酸	10g
盐酸	4 滴
酚	数粒
蒸馏水	100ml

第九节 封 固

(一) 封固剂

切片经染色完成后，要用封固剂来进行封固而成为制片。用来封固的物质，要求透明而折光率高，并且要求干燥后能凝固的物质。常用的封固剂有下列数种：

1. 加拿大树胶（canada balsam） 加拿大树胶是最常用的封固剂，溶于二甲苯或苯中即得。用于滑动切片时，须要稍浓些，用于石蜡切片的则需稀些。不需加热，绝对不能混入水及酒精。

2. 甘油胶（glycerine jelly）

明胶（gelatin）	1 份
蒸馏水	6 份
甘油	7 份

每 100ml 混合液中加石炭酸 1g。

配制：取明胶于水中（可放在 40～50℃温箱中）待胶全部溶解后，加入纯甘油，最后加入石炭酸，不断搅拌至完全均匀为止。经过滤盛于瓶内而冷后为凝固冻状，用时用经水浴微热便可融化应用。用时最好只取一小部分，不要时常经热，以免变坏。

甘油胶封固后，在盖玻片的四周可用瓷漆封边。

3. 糖浆 对于不能经酒精及二甲苯处理的材料，常用糖浆进行封固。其配制：

糊精	3g
麦芽糖	0.25g
蒸馏水	3ml
0.1% 石炭酸	1 滴

(二) 封固技术

(1) 准备好盖玻片、载玻片、镊子、树胶、酒精灯；
(2) 将有标本的载玻片自二甲苯中取出；
(3) 用白布揩去标本周围的二甲苯；
(4) 在标本上加一滴树胶或其他封固剂；
(5) 如果封固剂带有气泡可将载玻片置酒精灯火焰上来回摆动 2～3 次，以除去气泡。

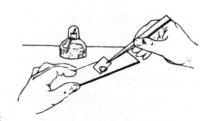

图 7-14 封固的方法

（6）将盖片一端先与树胶接触，然后缓缓抽去镊子，让盖玻片缓缓下降如图7-14。

用甘油、甘油胶、糖浆等封藏的标本，因易受霉菌侵染，同时上述之封固剂因易受热溶化，使盖玻片脱落，因此，必须经过密封处理：①盖玻片必须绝对干净，如有油渍可用白布蘸70％或95％的酒精轻轻擦拭；②盖玻片的周围必须干净，如有水汽或封固剂透出应除掉；③盖片内不能有气泡存在；④用毛笔蘸取浓度适宜的瓷漆少许，在盖玻片的周围封成一薄层（图7-15）。

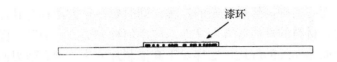

图 7-15　瓷漆封边法的侧面观

封固完毕后，要粘贴上标签，这是制片最后的一个程序，同时可装入切片盒平放于32℃左右的温箱内烘干，或置于室让其自干后即为成品。

第八章 植物学制片的各类方法

我们在第七章中已经谈到，生物的制片方法甚多，有的不需经过切片，有的需要经过切片，有的手续很简单，而有的则需经过复杂的过程。同时每一种方法都有其优异性，因此，我们则可根据制片的目的，材料的性质等方面来考虑应用何种方法。上面已经围绕石蜡法的制作过程和原理作了较为全面而详细的叙述，这样对于其他制片方法，则会迎刃而解，现再分别介绍各种制片法的制作及其应用范围，以便学习和掌握。

第一节 徒手切片法

徒手切片法在生物制片技术中甚为重要，因为此法能及时的观察到生活组织的结构（这在永久制片中很难达到），在植物组织化学研究上也常利用此法，制作上不需特殊的设备，而且也节省时间。此外在制作永久制片前，也往往先用此法进行观察，才能决定材料是否符合要求，否则徒劳往返，浪费时间及药品。因此，徒手切片法对于制片者来说，是必须不断地熟练和掌握的技术之一。

徒手切片法也有其缺点，即是对于微小、柔软、水分过多、肉质以及坚硬的材料等则不易切取，也不能制成连续的切片。此外，也难于切成完整和厚薄一致的切片，然而对于熟练者来说，往往可以克服这一缺点。

徒手切片法必须具备锋利的剃刀或刀片，切片时以左手三指拿住材料，并使材料突出手指以外（约 2～3mm），右手握稳剃刀，材料必须与剃刀垂直，否则所得的切面不正，影响效果。同时双手不应靠紧身体，而是自由地活动，用臂力，均匀地沿刀口的后方起，拉向前方，而反复切割材料。切下一片后不要及时取下所得的切片，而是连续地切取数片后，用毛笔蘸水轻轻沿刀口取下，放入盛有水的培养皿内，在此过程中，左手握着的材料仍不应放下，否则，再切时很难在原部位拿住材料。此外，在切取的过程中，材料上必须经常用毛笔蘸水湿润，这不仅可避免材料干涸破坏，而且也便于切割。

当切取一定数量后，可在培养皿内挑取较薄的切片，用低倍显微镜检查，选取合乎要求的切片即可，否则需重切。

切得的材料，如果为了临时观察，可封在水中进行观察；若欲制成永久制片，即可在染色皿中进行固定、脱水、染色及透明等过程，再将切片用镊子夹取放在载玻片上，用封固剂封固即成。

有些材料过于柔软，可用"垫切物"（如胡萝卜、马铃薯等）夹取进行切片，其切取的方法如上所述。

此外徒手切片法还可用台式切片机进行切片。其构造比较简单，但能切取良好的切片，适用于一般组织切片和植物材料的切片，它利用直刃刀或切片机刀在两片水平的玻璃板上平稳地滑动而作均匀的切割。切片的厚度是利用机体下方的推进刻度转盘的旋转来控制，可切得 10μm 厚度以上的切片机体上的夹具而将切片机固定在实验台上，操作甚为方便。

第二节 暂时封藏法

在生物的制片技术中,有时不需经杀死、固定、脱水、透明、包埋、切片、染色、封固等一系列步骤也能得到良好的切片,以供暂时的研究和观察之用。

一、简易观察法

有些材料不需切片即可进行观察。如淀粉粒、单细胞、群体或丝状体藻类、动植物的精子、卵、原丝体、原叶体、孢子囊及一些菌类生物等,只要把材料放置在载玻片上,加水一滴盖上盖玻片在显微镜下即可观察其生活的情况,假如游动很快或各部分不够清楚,可在盖片的一端加上碘溶液,而在盖玻片的另一端用吸水纸吸取多余的碘溶液,在盖玻片的上方,千万不能有碘液,以免侵蚀显微镜的镜头。

观察原生质运动也可以用这种方法,因原生质本身是无色透明的物质,可加一滴洋红水溶液作为衬托,但是,绝对不能加入碘溶液。

二、悬滴培养法——孢子及花粉粒萌发情况的观察

孢子及花粉粒萌发情况的观察可用特殊的方法,称为"悬滴培养法"。此法所用工具是凹面载玻片、玻璃环、橡皮环或厚纸板(图8-1)。

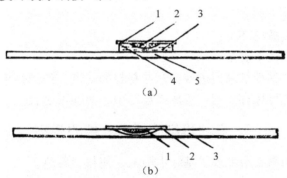

图8-1 悬滴培养法
(a) 平面载玻片培养法
1. 盖玻片;2. 培养液(内有材料);3. 蒸馏水;4. 玻璃环;5. 载玻片
(b) 凹形载玻片培养法
1. 培养液(内有材料);2. 盖玻片;3. 凹面载玻片

操作步骤及方法:
(一) 培养液
5%~40%蔗糖+洋菜(琼胶)0.7%~10%。

花粉粒是偏碱性的,所以培养液是中性或偏弱酸性为佳。各种作物花粉粒培养液浓度和花粉粒成熟时间列于表8-1,供参考。

（二）用具准备和消毒

表 8-1　各种作物花粉粒培养液浓度和花粉粒成熟时间

作物名称	蔗糖浓度（%）	花粉粒成熟时间
水　　稻	10～15	10:00
黑　　麦	20	6:00、16:00～17:00
玉　　米	20～30	8:00～10:00
小　　麦	15～20	5:00～6:00
番　　茄	20～30	4:00～8:00
马　铃　薯	20	
南瓜、向日葵	30～40	
棉　　花	20～30	9:00～11:00
黄　　瓜	15～20	

（三）培养方法

(1) 培养应注意温度、湿度和空气；
(2) 将玻璃环用蜡固着在载玻片上；
(3) 盖玻片上加上一滴培养液（如凝结则需加热至融化）；
(4) 在玻璃环底部加一滴水；
(5) 把花粉粒撒在培养液上（应注意密度，合适者为在 120 倍镜的视野中有 30～50 粒为宜）；
(6) 玻璃环上涂以凡士林；
(7) 将盖玻片倒盖在玻璃环上；
(8) 置载玻片在显微镜下观察。

在培养液中也可加各种药剂来促进或抑制花粉粒的萌发，如加生长素等。

这种临时制片，大约可保存 1 周，若放在冰箱中，时间可延长。

三、花粉母细胞减数分裂的观察

在培养液中加少量的曙红溶液或甲基绿水溶液，使材料着色。

取花粉母细胞放于培养液中 2～3h 后即可放在显微镜下观察。

第三节　整体封固法

在生物制片技术中，许多小型或扁平的材料，例如：单细胞和丝状藻类、菌类、叶子的表皮、花粉粒等都可以不须切片，而将整个生物体或其一部分器官，封藏在适宜的封固剂中。

整体封固能明显的表现出其器官的全部特性，但由于生物的整体有的是几层细胞，因此，有时没有切片清晰。

整体封固由于用的脱水剂、透明剂和封固剂的不同，有不同的方法：

（一）甘油法

甘油法能保存很多生物的自然颜色，如单细胞生物或群体的绿藻和丝状藻类、菌类孢子及花粉粒等。

1. 不染色的制片法
(1) 先收集材料（如浮游生物类可用离心法、沉淀法收集）；
(2) 用3%~4%福尔马林固定，或用铬酸—醋酸固定12~14h；
(3) 用水冲洗；
(4) 将材料放入10%甘油水溶液中，置于干燥器里（其中贮无水氯化钙）；
(5) 至甘油蒸发到纯甘油溶度，将材料取少许于载玻片上；
(6) 以纯甘油或甘油胶封固；
(7) 盖玻片四周用瓷漆封边；
(8) 贴标签。

2. 染色的制片法（以水绵为例）
(1) 用铬酸—醋酸固定液固定12~24h；
(2) 用水冲洗至少24h；
(3) 4%铁明矾媒染2~12h；
(4) 水洗30min；
(5) 0.5%苏木精染色12~24h；
(6) 水洗30min；
(7) 以2%铁明矾分色至细胞核中结构清晰；
(8) 水洗；
(9) 曙红水溶液染24h；
(10) 如染色太深，再以10%醋酸水溶液洗去多余的染料；
(11) 水洗；
(12) 将材料移入10%甘油中，置于干燥器中使甘油成为纯甘油；
(13) 挑取少许材料于载玻片上；
(14) 甘油或甘油胶封固；
(15) 用瓷漆封边；
(16) 贴标签。

有些不易收缩的材料如花粉粒、孢子，可以直接用新鲜的材料封藏在甘油中。

（二）糖浆法

用糖浆封固的材料可以不必脱水，材料染色后，可以直接从水封入糖浆中。

为了显示植物体乳汁管的分布，不宜用石蜡切片法，因二甲苯会将橡胶溶解，而使切片不合理想，用糖浆法则无此弊病。

(1) 如橡胶草或蒲公英用F.A.A固定24h；
(2) 用50%酒精洗2次；
(3) 放入70%酒精中1h；
(4) 苏丹Ⅲ（70%酒精溶液）中染4~12h；
(5) 50%酒精中1min；
(6) 蒸馏水冲洗1min；
(7) 在稀释的代氏苏木精（在蒸馏水中滴数滴代氏苏木精）中染色；
(8) 自来水中分色；
(9) 蒸馏水中冲洗；

(10) 用糖浆封固。

（三）加拿大树胶封固法（以表皮细胞为例）
(1) 撕取叶下表皮细胞，用 F.A.A 固定 12h。
(2) 50%酒精洗 2 次；
(3) 番红（50%酒精溶液）中染色 12h；
(4) 60%→70%→80%→90%→95%酒精中各 1min 左右；
(5) 固绿（95%酒精溶液）中染 1min 左右；
(6) 分色（95%酒精中加少许 HCl）；
(7) 纯酒精→2/3 纯酒精+1/3 二甲苯→1/2 纯酒精+1/2 二甲苯→1/3 纯酒精+2/3 二甲苯→二甲苯，各 1min 左右；
(8) 加拿大树胶封固；
(9) 贴标签。

第四节　涂抹制片法

这种制片法，对于单细胞生物、小型群体藻类、组织疏松以及易于分离的高等植物某些部分，如花粉囊中的花粉母细胞、根类、根瘤等都很适合，现在许多细胞学者多喜用这种制片法来研究细胞的分裂。

现将几种不同材料的处理和染色步骤介绍如下：

注意事项：①应用新的、绝对干净的载玻片；②不必使用粘贴剂；③材料置于载玻片上（材料须洗干净），再用一载玻片横着盖在材料上，略用力压碎，使其薄薄涂于载玻片上。

（一）根尖涂片法——醋酸洋红染色
(1) 取正在生长的洋葱、小麦或水稻等根尖，用卡诺氏液（醋酸-纯酒精 1∶3）固定 15～60min。
(2) 将材料移入下列溶液中 5～30min，使细胞间的中层（果胶质）溶解，便于涂片。

95%酒精	1 份
浓盐酸	1 份

(3) 用 100%酒精洗 5min；
(4) 将根尖放在载玻片上，加一滴醋酸洋红，待几分钟后涂片；
(5) 加盖玻片；
(6) 将载玻片在酒精灯的火焰上越过几次，使温度提高，加速染色；
(7) 用石蜡封边后，可暂时保存一星期左右，如果要作成永久制片则须继续下列步骤；
(8) 将载玻片放入 10%的醋酸中，使盖玻片自行脱落；
(9) 将载玻片和盖玻片移入 1/4 醋酸+3/4 纯酒精→1/10 醋酸+9/10 纯酒精→1/2 纯酒精+1/2 二甲苯→二甲苯；
(10) 用加拿大树胶封固（封固时用原来的盖玻片，注意粘有细胞的一面要和载玻片相接触）。

（二）花药涂片法——铁矾苏木精染色
因为花粉母细胞之间没有中胶层，不必分离，可以用新鲜材料直接涂片。

在涂片之前，先准备好用具，药品及材料。涂片时从花苞中取出花药，将其二端切去，过大的还可切成几段，然后涂片。

(1) 涂片；
(2) 在那瓦兴固定液中放 20min；
(3) 除去载玻片上的零碎材料；
(4) 水洗 15min；
(5) 在 2%～4%铁矾媒染；
(6) 水洗 10～15min；
(7) 0.5%苏木精中染色 20min；
(8) 水洗；
(9) 在铁矾或饱和苦味酸中分色；
(10) 水洗 30min（必要时可加 1 滴氨水）使颜色变蓝；
(11) 脱水；
(12) 透明（可在 1/2 纯酒精＋1/2 二甲苯中加少许固绿复染）；
(13) 加拿大树胶封固。

(三) 根瘤涂片法——结晶紫染色

(1) 置材料于载玻片上，再用一载玻片横盖于材料上，略用力压碎，再略移动使其薄薄的涂在载玻片上；
(2) 火焰上迅速移动几次，烘干之；
(3) 以结晶紫或甲基紫水溶液染色，约 2～5min；
(4) 水洗；
(5) 95%酒精分色；
(6) 烘干；
(7) 加拿大树胶封固。

酵母菌、细菌材料也可用上法进行，染色剂则视需要而定。

第五节　组织分离制片法（离析法）

在细胞学的研究中，不但要了解细胞的平面观，同时也要了解细胞的主体结构。因此，我们必须用化学的方法或机械方法以溶解胞间层的物质，使细胞分离。最常用的有下列几种：

1. Schultze 氏分离法　这种方法用于坚硬的组织，即木质化组织，如木材、纤维、石细胞、平滑肌等。

(1) 将材料切成火柴梗那样粗的小块或撕成细条，盛于试管中；
(2) 50%硝酸水溶液淹没材料，再加入氯化钾数小粒；
(3) 微热（置水浴锅中）至有气泡发生，材料变白色为止（约 4～5min）。注意：加热所产生的气体，切勿靠近皮肤，以免受伤；
(4) 用玻璃棒捣碎未分离的材料，水洗 4～5 次；
(5) 置离心器中，使材料沉淀，将上层水倾去，如此反复数次，至酸完全洗净；
(6) 脱水：30%→50%→70%→80%→95%酒精（每次需离心）；

(7) 在1%番红（95%酒精）中染色1~2h；

(8) 95%酒精洗至纤维细胞成浅红色为止；

(9) 结晶紫（95%酒精溶液）染色30~60s，95%酒精中分色；

(10) 100%酒精1min；

(11) 二甲苯1min；

(12) 树胶封固。

2. Jeffrey氏分离法 (1) 将材料切成小块置试管中；

(2) 加水煮沸；

(3) 冷却；

(4) 浸在Jeffrey氏溶液中（10%铬酸溶液1份＋10%硝酸1份）24~48h（视材料而异），放在35℃温箱中；

(5) 水洗；

(6) 以下接"一"的第（5）步骤继续进行。

3. 盐酸-草酸铵离析法 此法性能较缓和，适用于草本植物的髓、薄壁细胞、叶肉组织等。在急需作离析观察时，可以将材料放入试管中，加入此种离析液，在酒精灯上加热煮沸（此时并可加入少许氯酸钾加速作用），数分钟内即使组织的细胞分离，不过加热离析时，需要特别注意，稍一掌握不好，多使材料完全溶化。

方法是把材料切成小块（约1cm×0.5cm×0.2cm），放于3∶1的70%酒精和浓盐酸中（若材料有空气，则需抽气。抽气后再换一次溶液）浸24h，然后用水洗净，放入0.5%草酸铵水溶液中，时间视材料性质而定，可以每隔1~2日作检查，其他按"一"的第（5）步骤继续进行。

4. 氨水离析法 适用于观察分生组织细胞的立体形状。

将刚发芽的蚕豆或其他材料的胚根（务必在贮藏淀粉尚未在分生组织中出现以前截取）切成薄的纵切片，在浓氨水中浸24h以溶解去胞间层，再在10%氢氧化钠和50%酒精溶液中浸24h，以溶去细胞壁以内的物质，然后用水洗净，以染纤维素的方法染色。取少许放在载玻上，盖上盖玻片，用解剖针轻敲，使细胞分离，在显微镜下即可看到分生组织细胞的立体形状。

5. 氯化钾（0.01M/KCl）氯化镁（0.01M/MgCl$_2$）分离法 两液均为根尖细胞（生活材料）之分离剂。材料置任何一液中经12~24h即可。分离的原因是由于材料在不含钙之水中，细胞失去其可溶性之类脂体所致。

分离之细胞，仍可培养。

6. 氢氧化钾分离法 叶片或茎枝上之表皮及表皮上之毛、气孔等难于自叶肉或皮层剥离时，可以1%KOH煮至透明为止，即能达到目的。

第六节 滑动切片法

徒手切片法的最大优点是简便，不需要很多设备，只要有熟练的技术，也可以切成理想的切片。但是也有一个很大的缺点：就是切成的切片厚薄不均匀。故对一些坚硬的材料（如木本茎、枝条、骨质等）则可用滑动切片法，利用滑动切片机进行切片，不仅能使切片厚薄均匀，而且也能切取完整的切片。可克服徒手切片法的缺点。滑动切片的材料如木材、骨质因质地坚硬，在切片之前需要经过软化处理，经常用的软化剂：

1. 甘油酒精　对新采下的木材和质地不很坚硬的材料可以利用，浸泡时间随材料种类不同而异。

　　　纯甘油　　　　　　　　　　　　　　　　　　　　　　　　　　　　　　1份
　　　50%酒精　　　　　　　　　　　　　　　　　　　　　　　　　　　　　1份

2. 氢氟酸法　10%～30%氢氟酸水溶液，浓度主要是根据木材的不同硬度而定，浸泡时间一般为1～2周，但极硬的材料须1～2个月。氢氟酸之所以能使材料软化是由于它能除去材料中的矿物质。软化后用水洗净材料上的氢氟酸，约需几小时之后，再将材料移入甘油酒精混合液中。

氢氟酸能腐蚀玻璃，因此需用塑料瓷盛装，同时不能接触皮肤，以免损伤。

3. 醋酸纤维素法　对极硬的木材（如槲树、榉树）久浸氢氟酸中，往往易受损伤，可用醋酸纤维素处理。

（1）材料浸入酒精中约1～2天；

（2）移入纯丙酮中约2h，以除去酒精；

（3）移入12%醋酸纤维素丙酮液中，如加热到40℃，则可缩短软化所需的时间；

（4）软化后的材料，可移入丙酮中溶去醋酸纤维素；

（5）移入酒精中，并下降到水中。

4. 石炭酸软化法　材料浸渍95%酒精饱和石炭酸内，在60℃水浴槽中浸透，木材很快被软化。

5. 冰醋酸、双氧水（1:2）法　溶液的容量要比材料多20倍，在水浴臂中加热，即可软化。

滑动切片的步骤：

（1）取材（以苹果、桃树为例）。

（2）材料在烧杯中煮沸20min，除去材料中的空气。

（3）软化。

（4）冲洗。

（5）切片。

（6）染色（在染色皿中进行）。①脱水至50%酒精；②番红（1%的50%酒精溶液）10～20min；③50%酒精洗至纤维素细胞成浅红色为止，如不易退色可用酸酒精洗（100ml 50%酒精中加几滴盐酸），但必须再用50%酒精将多余盐酸洗净；④70%→80%→90%酒精各1min左右；⑤在0.5%固绿中约1min；⑥在95%酒精中分色；⑦100%酒精1min。

（7）透明。

（8）树胶封固。

第七节　蒸汽切片法

对于十分坚硬的材料，如木材、竹茎等，有时用滑动切片法不能成功，可用蒸汽切片法，能得到良好的效果。蒸汽切片的基本操作和滑动切片法相同，但增加了蒸汽的发生和喷射装置（图8-2）。

切片前材料需经如下处理：将材料切成合适的小块，在水中煮沸（时间长短视材料的硬度而定）后将材料移入甘油酒精液（配方见58页）中软化，经数天至一周后取出，便可进行切片。

对于极其坚硬的材料，经煮沸一定时间后，可用氢氟酸液（10%～30%水溶液）中软化，达到软化效果后，进行彻底水洗，再进行切片。

切片时将材料固定在切片机的固着器上，装好切片刀，按图8-2所示，装蒸汽发生器，煮沸开水使蒸汽大量从喷头喷向材料，材料受热软化，这样就可切成较薄而完整的切片。

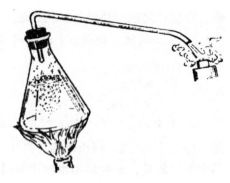

图 8-2　蒸汽发生装置

所得的切片可进行染色、脱水、透明直至封固，作成永久制片。

第八节　冷冻切片法

此法对于水分较多且易收缩的材料很适合，若用一般方法则很难获得良好结果。此法是利用滑动切片机或手摇切片机，装上特别设计的冷冻装置而进行切片，因为材料通过冷冻过程，使细胞在很短时间冻结，而使细胞保持生活状态，并且也很少有收缩现象。这样方法还可以保存材料内的脂肪、橡胶等物质。在医学上，冷冻切片法能及时获得病情原委，以作急速诊断。

冷冻装置：冷冻装置有好几种方法，旧式的装置常采用下列方法：

（1）将液体CO_2贮于特别的钢筒中，用一钢管连接在开关上，另一头为冷冻头，连接在切片机的固着器上，冷冻头上有开关可控制CO_2的放出。使用时先把钢筒上的开关打开，然后再启开冷冻头上的开关，CO_2即放出。由于压力减低，使CO_2气化，并吸收材料周围大量的热，可使温度降低，而使材料冻结。

（2）利用专用的冷冻切片机进行切取，也是利用液体CO_2气化，使材料冻结。

除以上两种方法外，还有利用乙醚蒸发以吸收热量，而使材料冻结。

冷冻切片法也有一些缺点：即是一般不能切成连续的切片，也不易切成较薄的切片，在使用液体CO_2的过程中，如果操作不慎，往往发生爆炸的危险。

切片过程：新鲜较小的材料，可不经任何处理直接放在固着器上进行冷冻切片。对于较大质硬的材料，则需先浸渍在"维持液"中（配法：2%～5%阿拉伯胶或动物胶液），然后放在37℃的温箱中6～12h，再换到10%胶液中，再经6～12h后，可即取出进行切片。并需预先把冷冻装置好，打开液体CO_2钢筒上的开关、接着再打开冷冻头上的开关放出CO_2使材料冷冻。然后滴一些胶液在固着器上，胶液即逐渐冻结，关上开关，用镊子把材料的位置放好，再开放CO_2使材料固定在冷凝的胶液中，并用刀片把材料上多余的胶冰修平则可进行切片。

切片时要控制冷冻头上的开关，以调节温度。太冷会使切片卷曲，组织易于破碎；温度高则会使切片难于成形。此外若维持液溶化，材料固着不牢，则不能进行切取。

切得的切片，可移至固定液中，固定后经冲洗、脱水，按所需的染色液进行染色，再经透明、封固作成制片。

新式的冷冻切片机在切割时是在一密闭的恒温室内进行，能自动除霜确保在操作时不会积聚凝霜现象而影响视线和切片的进行。恒温室内的操作温度最低可达－40℃，而冷冻头的温度则可调节在10℃上下，以便于切片，即使是在打开切片机的门时，亦能保持恒定不变的温度。在切取标本时，可根据材料的性质自动调节刀的上下运速，同时利用脚踏板自由灵活的操纵。

第九节　火棉胶制片法

火棉胶制片在生物制片技术上已不经常采用，这主要是因其制作的时间过长，不能成连续的切片。但对于一些质地十分坚硬，脆而易折或过软的材料，若采用火棉胶法制作，则能获得良好的效果，且材料不易收缩。因此，在制片技术中仍具有一定的重要价值。

此法亦应用滑动切片机进行切片，但材料要经过火棉胶的处理。火棉胶是一种硝化纤维素，它的特性是易燃烧。火棉胶有条状、片状等干燥且透明的制品，也有溶于等量的乙醚及纯酒精中的液体，其浓度常为2%、4%、6%、8%及10%数种。火棉胶也可自备，即是将照相底片（硝化纤维素）除尽片上的药膜，切成小片后用火燃之，如无灰烬则系纯粹的硝化纤维素，可将其溶于等量的乙醚及纯酒精中，而配成不同浓度的火棉胶液。现将火棉胶制片的方法叙述如下：

1. **选材**　固定及冲洗均同石蜡切片法。
2. **脱水**　逐级从低浓度至高浓度的酒精（各级1～3h），直至纯酒精二次，接着过渡到1/2纯酒精＋1/2乙醚中（1至数小时）。
3. **浸火棉胶的方法**

(1) 将材料浸入2%的火棉胶液中，置45～50℃的温箱中，每隔48h加一次火棉胶块，直到火棉胶液呈刚可流动时为止。

(2) 将材料放入2%的火棉胶液中，置45～50℃的温箱中，密封瓶塞，经24～48h（视材料的大小而定），冷却后换入4%的火棉胶液内，如上法逐级换至10%的火棉胶液，然后每天可加入少许火棉胶块，直到刚可流动为止。

(3) 材料放入2%的火棉胶液内，置37℃温箱中让其慢慢蒸发至一半后（4%），再加入4%火棉胶液到原来的容量，按此法蒸发直到刚流动时为止。

注：①换出之火棉胶液，可收回以便重用。②如何决定火棉胶的浓度已适于包埋，可用一小木棒挑取少许火棉胶浸入氯仿中，约经30min后，如果火棉胶已凝结成透明的块状并易切成薄片即可。

4. **火棉胶包埋**

(1) 先准备好小纸匣，里面涂上薄薄的一层凡士林，以便将来易于除去纸盒，此时可将解剖针或镊子先浸入乙醚一下，再将材料按所需切面排列整齐，并赶出气泡。

(2) 俟纸盒中的火棉胶凝固呈白色时，即将纸盒浸入氯仿中，并加盖以防止氯仿蒸发。经数小时至24h后，火棉胶即凝固成透明的硬块，完全凝固后取出放入等量的95%酒精及甘油中，材料可在此液中长期保存，而且时间越长越好，否则时间过短，切片时易卷曲且组织也易脆裂。

5. **作火棉胶块**　将木块浸入乙醚中15min，同时将已包埋好的材料分割成小块，接着将木块的一端以及火棉胶块的一端浸于4%～6%的火棉胶液内，取出后将两者粘贴在一起，立即投入氯仿中使其变硬，约经1h后取出修正，即可进行切片。

6. **切　片**　置滑动切片机上进行，切取时用毛笔蘸取95%酒精润湿材料和刀口，切得的切片放入 95%酒精中。

7. **染　色**　染色时如果需要将火棉胶除去，可经纯酒精移入 1/2 纯酒精＋1/2 乙醚中溶去，然后顺序退下，按所需染色剂进行染色。若无需除去火棉胶时，就可将带有火棉胶的切片进行染色。

8. **脱　水**　已溶去火棉胶的切片，可自低浓度酒精逐步过渡到纯酒精中。无需溶去火棉胶的切片到达纯酒精时，由于纯酒精能溶去火棉胶，可在纯酒精中滴入数滴氯仿以保存火棉胶。如果在染色时火棉胶也着上色，而影响到观察效果时，则应将火棉胶除去，在脱水至纯酒精后，转至 1/2 纯酒精＋1/2 乙醚中即除去。

9. **透　明**　封固作成制片。

第十节　透明制片法

透明制片法是利用药剂使材料变为透明，而显示出内部的结构，例如维管束在组织或器官中的分布等。此法不仅用在制片上，而且亦可用在保存标本方面。透明有很多方法，现将常用的两种方法列后：

1. **乳酸-石炭酸法**　此法适合于较小的材料，作成的材料可采用"正体封固法"进行封固。具体步骤是把材料放于载玻片上，直接加上一滴乳酸-石炭酸液，然后在酒精灯上来回摆动数次而使其加热，以促进药剂的渗入，并除去材料中的气泡。冷却后材料变为透明，加盖玻片（或封固）即可进行观察。

乳酸-石炭酸的配法：

石炭酸（结晶）	10g
蒸馏水	10ml
乳酸	10ml
甘油	10ml

配制时先使石炭酸溶于蒸馏水中，待全部溶解后再加入乳酸及甘油，搅匀即成。

2. **氢氧化钠法**　此法系将材料浸于 2%～10%（通常为 5%）的氢氧化钠水溶液中（或 2%～10%NaOH＋50%酒精），溶液的用量约为材料的 30～50 倍。此液能将细胞以内的物质溶去，而使材料变为透明。浸渍的时间需根据材料的大小、老嫩程度而别，一般约需浸渍 24h 换一次新液，直至材料变为完全透明时为止。细小的材料可进行整体透明，对于较大的材料尚需切成小块再浸渍。

透明后的材料，用蒸馏水充分洗净，一般无需染色，但在必要时可用 1%结晶紫水溶液或 1%番红（50%酒精溶液）中染色。

材料经染色后，欲制成永久制片时，可将材料经 50%酒精过渡到纯酒精，再逐步过渡到二甲苯中，最后用树胶封固。另外亦可在染色后，在蒸馏水中逐渐溶入甘油，直至达到 2/3 甘油后，将材料用甘油胶封固。

除上述二法外，还有以冬青油、甘油及丁香油作为透明剂，特别对于制作细小材料的整体透明，可以得到良好的效果。

第十一节 显微研究特殊法

一、孚尔根（Feulgen）氏反应法

正确的说这不是一种染色法，而是一种鉴别细胞中核酸的反应的组织化学方法。这一反应的结果，可产生特殊的紫红色。当染色质中所有的醛类与一还原无色的碱性品红作用时，就出现这种颜色来。

染色之前，先把下列几种溶液配制好：

(1) 离析液：1mol/L 盐酸（取 84ml 浓盐酸加蒸馏水至 1000ml）须十分精确。

(2) 染色液：为脱色碱性品红（leucofuchsin），亦称席夫试剂（Schiff reagent），用 0.5g 碱性品红溶于煮沸的蒸馏水（必须是十分纯粹中性的）中搅和，冷却至 50℃，过滤于一有色的小口玻璃瓶中，并加入 10ml 1mol/L HCl 及 0.5g 偏亚硫酸氢钠（$NaHSO_3$）或偏亚硫酸氢钾（$KHSO_3$）搅和，将瓶塞盖紧，置于黑暗处，经 18h 后，即可应用（此时染色液为淡茶色或无色）。*

(3) 漂白液：1mol/L HCl 5ml
　　　　　10%偏亚硫酸氢钠（或偏亚硫酸氢钾）水溶液 5ml
　　　　　蒸馏水 100ml

染色程序：

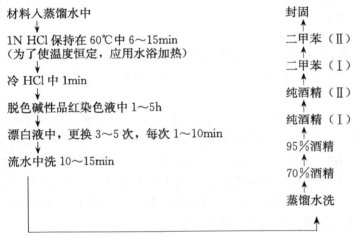

注意：

(1) 配制脱色碱性品红时，需十分注意干净，所用玻璃用具洗净后均需重蒸馏水再洗一次，配制用的蒸馏水也必须用重蒸的，所用染料也必须十分标准的，应放置在黑暗处，否则容易变坏。此液反应并受温度的影响，在 9~11℃时最活跃，如室温高达 30~35℃往往受影响。

(2) 材料在 60℃ 1N HCl 中处理的步骤，是一水解作用。为使核内蛋白质释放醛基，从而与脱色碱性品红（为 SO_2 漂白）起化学反应而组成有色的化合物，水解时间的长短因各种固定剂与组织的不一样而有差异。

---

* 染色液与漂白液中所用的偏硫酸氢钠或偏亚硫酸氢钾亦常用偏亚硫酸钠（$Na_2S_2O_5$）或偏亚硫酸钾（$K_2S_2O_5$），但两者必须一致，否则难以获得成功。

这其中最重要的是温度，必须保持在60℃（±0.5℃），因为过高使蛋白质破坏，过低不能达到水解的目的。

（3）所用的漂白液必须新配制，如果溶液中已失去SO_2刺激味即不能应用，材料在此液中有分色的作用，可退掉多余的染色。

（4）将孚尔根染色的材料，经脱水至95%酒精后，需要时可用固绿或橘红G对染。

（5）此染色法可用作整体或切片后染色，效果都十分良好，如果用作整体染色则在染色液和漂白液中的时间要长些，如要制成石蜡切片，脱水时间按一般石蜡切片法即可。

二、甲基绿-吡咯宁G显示DNA和RNA法

甲基绿专门能染染色质中的去氧核糖核酸（DNA）使成绿色，而吡咯宁G则能把核仁和细胞质中的核糖核酸（RNA）染成不同程度的红色。

这种染色法已被广泛地应用到细胞学和胚胎学的研究范围中。最早温那（Ynna）曾确定了下面这样一个配方：

甲基绿y（黄色结晶状）0.5g，吡咯宁G 0.25g溶于2.5ml 95%的酒精中；再把此混合液以20ml的甘油和100ml的0.5%浓度的石炭酸水溶液稀释之。

切片染20min，很快地用水洗净，然后很快地放入纯酒精中脱水。之后再用柑橘油或二甲苯透明，用加拿大树胶封存。

用酒精固定液固定的材料，可以获得理想的颜色。

1951年特列冯（Треван）和夏洛卡（Шарока）所创造的配方。

配制两种溶液：

溶液A：5%吡咯宁水溶液   17.5ml
　　　 2%甲基绿水溶液   10ml
　　　 蒸馏水   250ml

溶液B：0.2mol/L的pH值为4.8的醋酸盐缓冲液。配法：先将1.2ml醋酸液用水稀释到100ml，再将2.7g的醋酸钠用水稀释到100ml，然后将此二液按如下的比例混合，前者77ml和后者100ml。

在应用之前，把A液和B液按等量混合，混合液可以保存一周时间，时间长则效果不佳。

切片在溶去石蜡以后，又经一系列的步骤由酒精而进到水中，然后再将切片从水中移入混合液中（10~20min到24h）。此后再把切片移入水中数秒钟，因为时间过长会把吡咯宁G洗去。然后再用滤纸把切片材料周围的液体吸去，待切片稍干再放入100%丙酮中，很快地再用100%酒精脱水，又放入100%丙酮中，然后再顺序经丙酮对二甲苯1:1和丙酮对二甲苯1:9的步骤。然后切片再经纯二甲苯，用加拿大树胶封存。

染色体被染成绿色、蓝绿或绿红色，而核糖核酸呈红色。

由于甲基绿中总含有少量的甲基紫，因此，事先应把它除去，只有在不含甲基紫时才能作组织化学反应试验。在把吡咯宁和甲基绿混合以前，应先把后者用氯仿洗净，方法是向染料中加入略为过量的氯仿，经长时间的摇动，静置2~3天。此时的上层含有甲基绿的液体即可用分液漏斗分出。而氯仿和溶于其中的甲基紫即沉降下部。染料应用此法反复洗2~3次，一直到氯仿层内不显颜色为止，则表明没有甲基紫存在。此时染料即适宜应用，染色质由于有甲基紫的存在会被染成绛红色。

三、高碘酸-席夫染色法

此法称之为PAS反应法，适用于高等植物纤维素细胞壁及淀粉粒的染色化学反应。其药

剂中的席夫试剂与漂白液均同孚尔根反应法；高碘酸液是用 0.5g 高碘酸溶于 100ml 蒸馏水中即成（另有用高碘酸钾溶于 100 ml0.3％的硝酸中）。

染色程序：

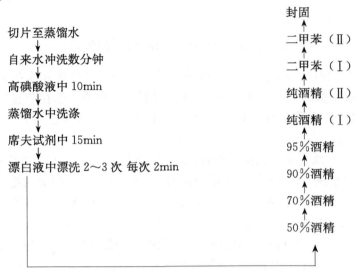

四、线粒体染色法

线粒体（mitochondria）是生活细胞中的微小颗粒体，形状变化很多，有杆状、线状、粒状、螺旋状等。线粒体很容易被一般的固定液，特别是含有酸的固定液所破坏，即被酸类所溶解，或改变它们原来的形状。又固定液中如有酒精，也将线粒体破坏，因此，须用特别的固定液处理，应尽量减少或避免应用酒精。

（1）彭达氏固定剂的配合方法如下：

1％铬酸水溶液	16ml
2％锇酸水溶液	4ml

材料经固定后，用水冲洗，彻底除去其中的酸类，然后依一般的铬酸—醋酸固定液处理逐渐脱水，用海氏苏木精染色，用铁矾媒染。由此制成的切片，往往可得极好的效果。

（2）彭斯雷氏固定液的配合方法如下：

2％锇酸水溶液	1份
2.5％氯化汞水溶液	4份

同时在每 10ml 的固定液中，加一滴冰醋酸，材料在此液中固定24～48h，然后用水冲洗，除去酸类。在材料切成薄片，粘于载玻片上以后，用过氧化氢进行漂白，漂白后，用水彻底冲洗，再用碘液试氯化汞是否完全洗去。如已洗净，再用水冲洗，这时即可进行染色，最适用的染色为海氏苏木精。

（3）雷加特氏法：此法对洋葱等根尖细胞的线粒体的染色极佳，其步骤如下：

①将材料固定于重铬酸钾-福尔马林液中 4 天，并时常换液，此液配合方法如下：

3％重铬酸钾水溶液	8份
4％福尔马林水溶液	2份

②移入 3％重铬酸钾水溶液中一星期，每天换液一次；

③用水冲洗；

④脱水，透明至包埋；
⑤切片、脱蜡、下降至水中；
⑥用海氏苏木精染色；
⑦脱水-透明-封固。

五、胞间连丝（plasmodesmata）染色法

1. 简便的方法　①将材料切成薄片，或贴好的切片置于等量的硫酸和水的混合液中，约 2～10min（这步主要使细胞壁膨胀）。②用水彻底洗去材料中的酸类。③在苯胺蓝水溶液中染色（苯胺蓝 1g 溶解于饱和苦味酸的 50% 酒精溶液 100ml 中，并加几滴醋酸）。④染色后用水冲洗。⑤脱水、透明、封存。

2. 斯氏（Styasburger）改良法　此法为改良的梅氏（Meyer）法。①将切片浸于 1% 锇酸水溶液中 5～7min。②用水洗 5～10min。③用碘液处理 20～30min。碘液的配法：碘 0.2g，碘化钾 1.62g，蒸馏水 100ml。④移入 25% 硫酸中 0.5～24h。⑤移入饱和碘的硫酸液中，加一滴甲基紫液 5min。⑥用水冲洗。⑦脱水、透明、封固。

3. 梅露氏（Meyer）法　①将材料固定在硫酸水溶液中（硫酸 2ml＋水 100ml＋苦味酸约 0.25%），固定 2h；②在 70% 酒精中洗涤；③放入 2%～50% 硫酸中 0.5h；④染色（一份甲基紫的饱和酒精溶液，用 30 份 25% 硫酸稀释，另加碘的碘化钾溶液数滴作为媒染剂之用）至染色适度为止；⑤用 70% 酒精洗涤；⑥脱水、透明、封固。

六、花粉管的染色法

关于花粉管的染色方法及全部封固，有各种不同的方法，下面介绍几种比较简单的方法：

（1）牛康柏氏（Newcomber）法：0.5g 冻粉加适量的糖（小约 1g）于 25ml 清水或其他营养液中，凉至 35℃ 再加 0.5g 的明胶，搅匀溶融为止，将此溶融物质保存在 25℃ 的温箱中。制片时，用手指涂抹一小点在清洁的载玻片上，然后把花粉撒上，放在润湿器中让它萌发，并时常在显微镜下观察，认为适合时即行固定。

最适用的固定液为拉瓦兴固定液，固定 12～24h，用结晶紫染色 5min，用橘红 G 丁香油溶液分色。然后脱水、透明、封固。

（2）另一个方法是固定柱头、花粉在柱头上自然萌发后，用梅蔼氏洋红矾染色。脱水后用稀胶浸透，在封固前，将柱头解剖或压碎于载玻片上然后在显微镜下观察，封固。

附：梅氏洋红矾配法与染色：溶 12g 硫酸铝钾于 160ml 蒸馏水中，加热使它沸腾，加入 12g 洋红，并继续加热约 20min，然后静置使其冷却，待完全冷却后倾出上面的溶液，并加入多量的水，再加热煮沸，待冷却后再倾出上面的浮液，然后让它缓缓蒸发到 100ml 为止，加入少量麝香草酚以防止发生霉菌，此液可贮藏备用。染色时间为 24～48h，然后用水冲洗 20～60min，除去其中的钾矾。

（3）将受精的花柱纵切后放入乳酸酚-苯胺蓝中染色。染色液浓度应低，以不超过 0.1% 为宜，材料可直接封固在染色液里。

附：乳酸酚-苯胺蓝的配法：先配好乳酸酚，即用乳酸、酚、甘油、水各 100ml 先把酚溶在水里（不要加热，以防氧化）溶解后再加入甘油及乳酸。然后再把苯胺蓝溶解该溶液中配成 1% 苯胺蓝乳酸酚溶液，染色时再稀释至 0.1%。

（4）花粉管中染色体的染色法：洋菜 0.5g，蔗糖 1g、水 25ml 加热煮沸，放入 0.5g 的明

胶粉搅拌，涂在热载玻片上，然后把花粉撒在上面，放在湿器里萌发，用拉瓦兴液固定，在 1％高锰酸钾中染 3min，用 5％草酸洗 1～3min；在 10％铬酸中媒染 30min；水洗后在 1％结晶紫水溶液中染 4h；再用碘-碘化钾溶液处理；用 95％酒精洗；用橘红 G 的 1％丁香油溶液套染 2～4min（染色体染成很深的颜色）；用纯酒精洗；透明；封固。

第九章 植物组织化学的简易测定法

植物显微化学是以测定植物器官，组织与细胞中物质的微细含量和确定这些物质的分布与所在部位为目的的。

植物显微化学能够运用于数量极其微小的研究材料是一个非常重要的特点，可以准确地测定出组织切片中的不同物质，这是一般化学方法所做不到的，其方法简便，工作速度也快，因此，成为野外调查或室内测定的一种很好方法。显微化学还有一个很重要的特点，就是反映的局部性，能够精确地测定待测物质在一定范围内（组织、细胞）所占据的部位。

显微化学还有一些缺点，如已知的显微反应还不够多，测定还达不到完全理想的可信性，测定的试剂大多数是能毒害和杀死原生质的药物，使原生质结构、物质分布的秩序被破坏。另一方面是由于细胞内含物组成上的复杂性，给显微化学研究带来很多困难。因此，在工作中必须利用有利的因素，克服不利的因素，创造性的工作。

现将几种与生产关系密切的物质的测定方法介绍如下：

（一）钙的测定法

植物组织中钙的测定法较多，如用硫酸、碳酸及草酸来处理，使其生成硫酸钙、碳酸钙和草酸钙的结晶，而且很易加以鉴定。

(1) 切片先用无酸酒精（70%～90%）固定，再降到40%的酒精中；
(2) 将已处理的切片置于载玻片上，加1滴30%的醋酸；
(3) 镜检有无针状的硫酸钙结晶。

（二）镁的测定法（制备好切片分别置于3张载玻片上）

Ⅰ法：在第一张载玻片的材料上加1滴醌茜素试剂（quinalizarin reagent）于切片上；醌茜试剂的配法是将醌茜素100g和醋酸结晶500mg混合研碎。取混合研碎物500mg，50%氢氧化钠100ml，再加1滴10%氢氧化钠，有镁存在呈现蓝色。

Ⅱ法：在第二张载玻片的材料上加1滴0.2%钛黄（titanyellow），随后再加1滴10%氢氧化钠，有镁存在则呈现砖红色。

Ⅲ法：在第三张载玻片的材料上加1滴0.1%偶氮蓝（azoblue），有镁存在即显紫色。

（三）铁的测定法

1. 试剂的配制

(1) 20%亚铁氰化钾（黄血盐）或铁氰化钾（赤血盐）；
(2) 酸酒精（以70%酒精配制10%盐酸）；
(3) 有机铁试剂：等量的1.5%亚铁氰化钾和0.5%盐酸混合液；
(4) 有机铁转换剂：30%硝酸溶于95%酒精中。

2. 无机铁的测定

(1) 材料固定在95%酒精中24～48h；
(2) 按石蜡制片法直到切片；
(3) 脱蜡下降至蒸馏水中；
(4) 在20%铁氰化钾（或亚铁氰化钾）中处理约10min；

(5) 用水冲洗；

(6) 用曙红或番红染色；

(7) 脱水、透明、光学树胶封固，有铁存在时镜检呈蓝色。

3. 有机铁的测定

(1) 材料固定在 95% 酒精中 24~48h；

(2) 按石蜡制片法直到切片；

(3) 脱蜡下降至蒸馏水中；

(4) 将切片移至有机铁转换剂中浸约一昼夜（在 36℃ 温箱中进行），使铁从束缚形式中解放出来；

(5) 用蒸馏水洗涤数次；

(6) 浸入有机铁试剂中约 1~3min；

(7) 用水冲洗后用曙红或番红染色；

(8) 脱水、透明后用光学树胶封固，有铁存在时镜检呈蓝色。

(四) 淀粉的测定法

一般说来，由于淀粉粒具有特殊的形状和光学特性，通常不需用任何专用的观察方法，即能很容易地在组织中识别出来，只有鉴别极小的淀粉粒或食物产品的淀粉或少量的淀粉（如花粉或叶绿体中的淀粉）才应用碘的反应。

(1) 将材料制作切片置载玻片上；

(2) 在切片上加碘-碘化钾溶液 1 滴。

配方如下：

碘化钾	2g
蒸馏水	5ml
结晶碘	1g

先将碘化钾加热溶解于蒸馏水中，而后溶于结晶碘，将所得溶液稀释至 300ml，保存在暗处或装入棕色玻璃瓶中；

(3) 在切片材料上盖上盖玻片，1~2min 后，并用吸水纸吸去多余的碘液，同时在与吸水纸相反的一方加 1~2 滴水，使水流入盖玻片，将材料洗净；

(4) 置显微镜下观察淀粉粒染成蓝色或蓝紫色，轮纹也格外清楚。

(五) 糖的测定法

(1) 将切片材料置载玻片上；

(2) 在切片上加 1 滴 2% 的 α-萘酚的 95% 酒精溶液，然后马上再加 1~2 滴浓硫酸；

(3) 切片上加盖玻片，置显微镜下观察；

(4) 当有糖存在时就呈现出黑紫色。

(六) 脂肪的测定法

脂肪物质常可用苏丹Ⅲ或苏丹Ⅳ检查出来，但大多数的拟脂类对于这些染料不起作用，同时对液泡也不起作用，欲区别脂肪油点与液泡时，只有应用中性红，因为中性红为液泡所吸收，但不为脂肪油点所吸收。

(1) 切片材料置载玻片上；

(2) 在切片材料上加苏丹Ⅲ液，经 20min，用 5% 酒精洗涤。洗时要快，要小心，然后转入甘油中；

苏丹Ⅲ溶液的配制：

配方Ⅰ：苏丹Ⅲ   0.01g
　　　　95%酒精   5ml
　　　　甘油   5ml
配方Ⅱ：苏丹Ⅲ   0.5g
　　　　70%酒精   100ml

在Ⅰ溶液中染色时间需长些。

（3）加盖玻片置显微镜下观察，脂肪染成淡黄色至红色。树脂挥发油，木栓化细胞壁和角质化细胞壁，则染成鲜艳的樱桃红色。

（七）蛋白质的测定法

蛋白质的性质非常复杂，并具多样性，因此，很难作出某一蛋白质的显微化学反应，因它能同时表现出一切蛋白质所具有的特性。为了消除测定中的误差，反应前应作一些处理：①反应前须将切片先用水煮，然后再用纯酒精煮；②如材料含有多量生物碱，必须用酒石酸、酒精处理；③如要除去橡胶和难以溶解的脂肪，可用氯仿处理。

碘-碘化钾反应：

（1）切片材料置载玻片上；
（2）加碘-碘化钾溶液：

　　　碘   1份
　　　碘化钾   3份
　　　蒸馏水   100份

（3）材料上加盖玻片置显微镜下观察；
（4）蛋白质染成黄色，而淀粉则染成蓝色。

不过除了蛋白质以外，有些其他物质也可以被染成黄色。但这些物质是可以很容易用水预先从切片中洗去（如细胞液中所含的各种物质）。

曙红反应：

（1）切片；
（2）在切片上加极稀的曙红水溶液1~2滴；
（3）染色后将切片放入甘油中1~2h分色；
（4）置显微镜下观察天然蛋白质能吸收酸性染料，含有核酸蛋白质吸收碱性染料，淀粉往往也染上些颜色，但脂肪、树脂、粘液、树液、果胶等始终不会被染色。

硝酸的朊黄反应：

（1）切片材料置玻片上。
（2）在材料上加浓硝酸，如果吸去一部分硝酸而加入氨液，则颜色便加深，而变成橙色、深黄色或近于棕色。

当用苛性钠作用时，颜色就变成了棕红色。树脂、生物碱和若干种羟基芳香族化合物都能产生这种反应，但是用氨液处理以后，只有蛋白质才显出由黄色到棕黄色的急剧变化。

（八）纤维素的测定法

（1）切片置载玻片上；
（2）在材料上加66.5%硫酸，使纤维变成胶化纤维素：

　　　95%硫酸   7份
　　　蒸馏水   3份

(3) 加 1 滴碘-碘化钾溶液：

碘	0.3g
碘化钾	1.5g
蒸馏水	100ml

(4) 置显微镜下观察，胶化纤维即呈现蓝色反应。

(九) 木质素的测定法
(1) 切片置于载玻片上，加一滴间苯三酚，加上盖玻片，让部分试剂挥发；
(2) 在盖玻片上的一边加 30%～50%盐酸，使向内扩散；
(3) 显微镜下观察，如有红色反应，则知有木质存在。

木质素因木化的程度不同，显色亦异，木化程度高则显紫红色，否则显樱桃红色。

(十) 角质与栓质的测定法
(1) 在切片上加 1～2 滴苏丹Ⅲ或苏丹Ⅳ（溶于 70%酒精中）的饱和溶液，新鲜材料在溶液中经 10～20min；
(2) 用 50%酒精洗去过剩的染料；
(3) 加上一滴甘油，然后在显微镜下观察，即显红色反应；
(4) 若检查栓质或角质时，则将材料浸于浓氢氧化钠中数小时之后，栓质和木质变成黄色，微微加热之后，栓质层慢慢膨胀，黄色逐渐变浓，将温度提高，使之煮沸，木栓酸钾颗粒物逐渐出现，冷却后用水洗净，加 1 滴碘-氯化锌，木栓酸钾很快变为红紫色。

(十一) 果胶质的测定法
取钌红少许放入表面皿中，将蒸馏水逐滴滴入染料上，待其溶液呈现清澈的品红色为止（钌红溶液曝光后极易还原沉淀而退色，在使用前应新配制少量应用。同时器皿必须清洁）。

(1) 将切片置钌红溶液中 10～30min；
(2) 在水中充分冲洗，常因组织内有其他物质的干扰，而对染料有所吸附，以致影响观测；
(3) 用甘油封固镜检，果胶质染成红色。

(十二) 检查活细胞或死细胞的染色液

0.1%中性红	1份
0.1%甲基蓝	1份

活细胞则液泡成红色，而死细胞则全部染成蓝色。

附　　录

(一) 制片中常用的仪器及用具

1. 精密仪器

   旋转切片机：作石蜡切片之用。

   滑动切片机：作滑动切片、火棉胶切片、冷冻切片及蒸汽切片之用。

   冷冻切片机：专用于冷冻切片。

   冷冻设备：液体 CO_2 钢筒，输气管及冷冻头等。

   切片刀及刀背：应具备用于石蜡、滑动等不同硬度的切片刀，刀架是在磨刀时应用，切片刀常附有。

   显微镜：用于检查制片，只需一般的显微镜即可。

   体视显微镜：作为检查和解剖材料，包埋很小的材料用。

   温箱：用于熔蜡、烤片。最好备有 56～60℃及 32～36℃二个恒温箱。

磨刀设备：包括粗细磨石，类型有黄石（油石）及青石、石蜡油、荡刀皮等。

烤片台：作粘片时烤片之用，最好能恒温（32~36℃左右）亦可用水温台代替。

旋转台：用漆封边时应用。

天平：称药品用。

离心机：制作离析制片或微小材料时，用以沉淀材料之用。

钻石笔：标刻切片记号用。

抽气设备：电动抽气机、干燥器等。

2. 玻璃用具

染色缸：有直立式5片装及卧式10片装等数种。

载玻片：25mm×75mm，厚度1mm。以平整，不带有杂质为好，此外还有圆窝载玻片。

盖玻片：有方形（18mm×18mm；或22mm×22mm）；长方形（22mm×40mm；25mm×50mm或25mm×60mm）；圆形（直径18mm）等数种，厚度以0.16~0.18为宜。

量筒：容量100ml。

烧杯：50~1 000ml数种。

表面皿、小培养皿、染色碟。

细口瓶：50~500ml用以盛各种试剂、固定液及各种酒精及其他应用。5 000ml带有下口的可盛蒸馏水等用。

滴管、洗瓶、小酒杯：浸蜡用

树胶瓶、酒精灯、平底管：用作固定材料及脱水等用。

漏　斗

3. 一般用具

剃刀及刀片：作徒手切片用。

温度计、扩大镜

解剖器：包括解剖刀、解剖针、剪刀、镊子等。

毛刷、去污粉、肥皂等：用以洗刷用具。

毛笔：切片时用以取片用。

切片盘：存放蜡带。

切片盒：存放切片用。

剪枝剪：剪取材料。

掘根器：掘取植物地下部分的材料。

金属三角架：包埋时用。

石棉网、取蜡铲、标签、软木塞

保温漏斗：过滤石蜡用（如果没有可在温箱中进行过滤）。

清洁用布：纱布及白绸布。

记号笔：用以标记符号用。

载蜡器：有木制及金属二种。

钢丝夹：染色时用来夹取切片之用。

角匙：用以称量药品时用。

滤纸：过滤溶液。

试纸：测定pH值。

玻璃纸：称量贵重药品之用。

（二）常用的药剂

酒精及纯酒精：ethyl alcohol and absoluteethyl　　　　冰醋酸：glacial acetic acid

甲醛：formalin
二甲苯：xylol
丁香油：clove oil
氯仿：chloroform
加拿大树胶：Canada balsam
明胶：gelatine
重铬酸钾：potassiums dichromate
锇酸：osmic acid
苦味酸：picric acid
草酸：oxalic acid
盐酸：hydrochloric acid
硝酸：nitric acid
氯化汞：mercuric chloride
氯化铁：ferric chloride
乙醚：ether
香柏油：cedar oil
氧化二乙烯：doxan
铁明矾：iron alum
火棉胶：celloidin
石蜡：paraffin
甘油：glycerin
硫酸：sulphuric acid

铬酸：chromic acid
铵明矾：ammonium alum
间苯三酚：phlorogiucin
高碘酸：super iodie acid
石炭酸：carbolic acid
丙酮：acetone
正丁醇：alcohol normal butyl
叔丁醇：alcohol tertiary butyl
氢氧化胺：ammonium hydroxide
氢氧化钾：potassiums hydroxide
氢氧化钠：sodiums hydroxide
丹宁：tannin
丙醇：alcohol propyl
醋酸铜：copper acetate
三氯醋酸：trichloracetic acid
氯化钙：calcium chloride
氢氟酸：hydrofloric acid
过氧化氢：hydrogen peroxide
尿素：urea
碳酸锂：lithium carbonate
偏亚硫酸钠：sodium meta sulfite
偏亚硫酸钾：potassium meta sulfite

（三）常用的染料

苏木精：haematoxylin
洋红（胭脂红）：carmine
巴西木素：brazilin
番红：safranine
固绿（快绿）：fast green
亮绿：light green
结晶紫：crystal violet
酸性品红：acid fuchsin
碱性品红：basic fuchsin
苯胺蓝：aniline blue
刚果红：congo red
曙红：eosin
真曙红：erythrosin
俾斯麦棕：bismarck brown
中性红：neutral red
橘红 G：orang G
孔雀绿：malachite green
甲基绿：methyl green
碘绿：iodine green

苏丹Ⅲ：sudan Ⅲ
苏丹Ⅵ：sudan Ⅵ
甲基紫：methyl violet
钌红：ruthenium red
鞣酸橘红：orange tannin
靛蓝：indigo blue
甲基橙：methyl orange
詹纳斯绿：janus green
马提渥黄：martius yellow
吡咯宁 B：pyronin B
吡咯宁 Y：pyronin Y
茜素红：alizarin red
碘：iodine
碘化钾：potasium iodide
次甲基蓝（亚甲蓝）：methylene blue
红汞：mercurochrome
碘-氯化锌：chlorozine iodine
鞣酸：tannic acid

(四) 溶液的配制

实验室常应用的溶液多数是以蒸馏水或不同浓度的酒精为溶剂,其浓度随溶剂的量和溶质的质量而定。溶液浓度的配制方法,在制片技术中主要有下列几种:

(1) 质量百分比浓度:即溶质的质量占全部溶液质量的百分率。可用公式表示如下:

$$质量百分比浓度\% = \frac{溶质的质量}{溶液(溶剂+溶质)的质量} \times 100$$

例如:2gNaCl 溶于 98g 水中,它的百分浓度为 2%;

又如:15%NaCl 溶液,即 100g 溶液中会有 NaCl 15g 和 H_2O 85g。

(2) 摩尔浓度:即 1L 溶液中所含溶质的摩尔数(摩尔数/升),用符号 mol/L 表示。

例如:1L 食盐水中含有 1mol (58.5g) NaCl,这溶液的浓度叫做 1mol 浓度;如果含有 0.5mol (29.25g) NaCl,则为 0.5mol/L。

又如:0.5mol/L 蔗糖溶液的配制方法为:蔗糖($C_{12}H_{22}O_{11}$)的摩尔质量为 342.2,称取 171.1g 蔗糖,用少量水溶解后,稀释至 1L(即在容积为 1L 的容量瓶中,先用少量蒸馏水溶解后,再加入蒸馏水至瓶颈上刻有标明容积为 1L 的刻度为止)。

第十章　植物细胞学研究方法"经典实验"

实验一　植物根尖染色体压片

材料：洋葱、蚕豆、大麦、薏苡、大豆等。

药品：对二氯代苯（P-Dichlorbenzene）、饱和水溶液、0.2%秋水仙碱、8-羟基喹啉-放线菌酮（20μl/L）混合液、卡诺氏固定液、1mol/L HCl；卡宝品红染色剂；Scniff's试剂；45%乙酸。

用具：培养皿、镊子、解剖针、刀片、滤纸；绘图纸，防水绘图墨水，生物染色体冷冻机、酒精灯。

（一）预处理

用刀片切取上述植物根尖（长约2～3mm）10个，放入预处理液（小培养皿）中，于室温下处理3～4h。

（二）固　定

经预处理后的根尖，用蒸馏水洗1～2次，转入卡诺固定液中，固定2h以上。

（三）解　离

倒去固定液，直接转入预热60±1℃的1mol/L盐酸中，解离6～8min。

（四）染　色

(1) Scniff's试剂染色：蚕豆根尖直接转入Schiff's试剂中染色1～2h，至根尖染成紫红色。然后转入蒸馏水中以备压片。

(2) 卡宝品红染色：洋葱和其他植物根尖经蒸馏水清洗2次，每次5min。再转入卡宝品红染色液中染色约1h即可压片。

（五）压　片

用镊子取一个根尖置滤纸上，以吸去水分，再转移到清洁的载片上，切除伸长区部分。加1滴45%乙酸（蚕豆根尖）或卡宝品红染色液（洋葱和其他根尖），用镊子将根尖充分压碎，加盖片。在酒精灯上微热，稍冷却后，左手食指压紧盖片一角，右手持解剖针，以针尖轻轻敲击盖片，使细胞均匀分散。然后，再换用解剖针的木柄端敲击盖片，使细胞压平。最后，在盖片上垫一滤纸片，用拇指紧压使更平。

（六）观察和标记

制片用显微镜仔细观察，蚕豆染色体数目2n=12，洋葱2n=16，大麦2n=14，薏苡2n=20，大豆2n=40。选取染色体数目准确，染色体分散良好，缢痕清晰的细胞，用绘图笔在细胞一侧点一墨点，再把制片翻转，沿墨点划一圆圈作为标记。

（七）脱盖片

如作临时封片，可用指甲油将盖片四周密封，可保存数月之久，如作永久封片，则需脱盖片，其方法是将制片的盖片一面朝下，置于生物染色冷冻机的冷冻台上，待充分冷冻（约3～5min后），用刀片从盖片一侧插入。轻轻揭下盖片。置40℃温箱中干燥30～60min。

(八) 封 片

通常。大部分细胞附着在盖片上。因此，一般另取一洁净载片，加一小滴叔丁醇溶树胶。加盖片封藏即可。封片后立即在显微镜下检查。看所标记的细胞是否存在。否则，需另取一洁净盖片将原有载片封藏。则标记的细胞必在载片上。

结果：染色体染成紫红色，细胞质淡红或无色。

实验二　花粉母细胞的涂片

因为花粉母细胞之间没有中胶层，是游离的细胞，所以不必分离，固定后可直接拔出花药，挤压涂片。

材料：玉米、小麦等。

方法步骤

1. 取　样　由于各种作物和品种不同，各地区自然条件（物候期）亦有差异，所以采集时间各有不同，一般均以形态指标为准。

玉米：手摸植株顶部喇叭口有柔软感觉（变松），完全展开叶片大约11～14片（早熟品种较少，晚熟品种较多），雄花基部紧实用刀取出雄花花序分枝。

小麦：旗叶与下一叶片的叶耳距为2～4cm，为减数分裂时期。

2. 固　定　玉米雄穗的分裂时期，其最老的部位是每一分枝中上部，由此向上向下逐渐幼嫩，可依次连续取样获得减数分裂的各个时期，将所取材料立即投入固定液（卡诺3：1）中，经12～14h后，倒去固定液，再置70%的酒精保存备用。

3. 涂抹制片　先将已固定的雄穗分枝置于培养皿内，加入少许保存液，以防干燥，然后用弯头解剖针或解剖针从适当大小的小花内挑出花药2～3个（最好取不同部位的花药），置于吸水纸上，除去酒精，再放在载玻片上，加一滴卡宝品红染色剂，用镊子挤压，挤出花粉母细胞，然后除去药壁及残渣，加盖片，将一小块滤纸覆盖于载玻片上，左手固定滤纸右手大拇指用力压盖玻片，使染色体平铺散开，注意压片时切勿使盖片滑动，如果压片后有气泡，可在盖玻片的一边加1滴染色液。

4. 镜检观察　将载片置于显微镜下检查，如果染色体未着色很淡，则可在酒精灯上再加温，如染色液减少，可在盖玻片边缘再加1滴染液，如此反复数次，直至染色体清晰可见为止。观察时在视野里寻找那些体型很大（大约为普通细胞的8～9倍）呈椭圆形或者扁圆形的细胞，即是花粉母细胞，其他形态很小，均匀整齐的多边形细胞则是花药壁和其他一些体细胞，可不别观察。若在视野中观察到一些圆球形，细胞壁很厚，有萌发孔的细胞，则为花粉粒。说明所取的花药已经完成了减数分裂，因此必须再取幼穗下部的颖花很小的花再重新染色压片观察。然后根据减数分裂各时期的特点，判断属于减数分裂的哪个时期，细心观察染色体的行为变化。

5. 封　片　均和常规根尖压片法相同。

实验三　去壁低渗法

(一) 材料的处理

(1) 取材和预处理与压片法相同。

(2) 前低渗：在0.07mol/L KCl或熏蒸水中低渗处理30min。

(3) 酶解去壁：材料直接转入 2.5%纤维素酶和果胶酶（1∶1）的混合水溶液中，于 25℃处理 2~4h。

(4) 后低渗：在重蒸水中停留 10~30min。

（二）制 片

1. 悬液法

(1) 倒去蒸馏水，用镊子立即将材料充分挟碎，制成细胞液。

(2) 固定：向细胞液中加入新配制的甲醇——冰乙酸（3∶1）固定液 2~3ml，使成细胞悬液。

(3) 去沉淀：静置片刻，使大块组织沉淀。然后向另一小瓶中倒取上层细胞悬液。弃去沉淀物。

(4) 去上清液，上层细胞悬液静置 30min 左右，视细胞已沉淀，则用吸管轻轻吸去上清液，留约 1ml 左右细胞悬液。

(5) 制片：取一张充分洗净并预先在蒸馏水中冷冻的载片，用滴管滴加 2~3 滴上述细胞悬液于其上，立即将载片一端抬起。使其倾斜，并轻轻吸气，以促使细胞快速分散。然后，在酒精灯上微微加热烤干。

(6) 染色：干燥的片子用 5%Giemsa 染色至合适，自来水洗去浮色。空气干燥，无需封片。如有必要，也可用树胶封片。

2. 涂片法

(1) 固定：经后低渗处理的材料，用甲醇：冰乙酸（3∶1）固定液固定 30min 以上。

(2) 涂片：将材料放在预先在蒸馏水中冷冻的洁净载片上，加一滴上述固定液，然后用镊子迅速将材料挟碎涂布，并去掉大块组织残渣。

(3) 火焰干燥：将载片在酒精灯上微热烤干。

(4) 染色（同悬液法）。

实验四 核型分析

核型或染色体组型（karyotype），是指体细胞在有丝分裂中期的表型。包括数目、大小和一切可测定的形态特征的总和。核型分析就是对一个细胞中染色体的各类特征进行定量的表述。核型分析在细胞遗传学和细胞分类学中，是研究和分析染色体变异的基本方法之一。

实验操作步骤如下：

(1) 将染色体分散良好而结构也清晰的细胞进行显微摄影，洗印出合适的照片。把照片上的染色体用剪刀逐一剪下。

(2) 把剪下的所有染色体放在坐标纸上，以染色体长度和着丝点位置两个参数为依据，进行同源染色体的"配对"，并分别记录每一个染色体的长臂和短臂的长度值和总长度值，接着求出每对同源染色体各项长度的平均值。

(3) 将每对染色体的各项长度平均值，按以下公式换算成相对长度值。

$$相对长度 = 染色体长度/全组染色体总长度$$

(4) 根据以下公式，求出每对染色体的臂比值。

$$臂比值 = 长臂/短臂$$

(5) 根据臂比值，按下表标志出每对染色体的着丝点位置。

臂比值	着丝点位置	简写符号
1.00	正中部着丝点	M
1.01~1.70	中部着丝点区	m
1.71~3.00	近中部着丝点区	sm
3.01~7.00	近端部着丝点区	st
7.0以上	端部着丝点区	t
∞	端部着丝点	T

(6) 按染色体长短顺序，把以上所测量和计算的各项数值，列入下表。并在表下写出核型公式。

序　号	相对长度（%） （长臂＋短臂＝全长）	臂　比	着丝点位置

(7) 根据相对长度值（按规定应取5个以上细胞的平均值，本实验只用一个细胞的平均值），先在坐标纸上绘出核型模式图，然后，再用硫酸纸绘制正式图。

(8) 排版：取一张白色硬纸板，用铅笔在其上划出宽14cm和长21cm的版心。然后把一张模式照片，剪下的染色体，绘制的核型模式图以及上述表格，适当安排并贴在板上的版心范围内。

(9) 在照片上绘出标尺：选出已拍照的制片，在显微镜下，用显微测微尺测量模式细胞中的任何一个平直的染色体的长度（以 μm 计）。查出照片上该相应染色体的长度，代入下列公式：

染色体实际长度，照片上该染色体长度＝$5\mu m : x$，所求得的 x 值，即示应在照片上绘出的标尺长度，并在标尺下注明示 $5\mu m$。

实验五　植物染色体C—带技术
（BSG和HSG显带方法）

材料：洋葱、蚕豆根尖

药品：对二氯代苯饱和水溶液；卡诺氏固定液，0.1N和0.2NHCl；5%Ba(OH)$_2$水溶液；45%乙酸；2SSC溶液；Sörensen磷酸缓冲液；Giemsa原液

操作步骤：

(1) 根尖预处理及固定同实验三。

(2) 在0.1N盐酸中于60℃处理6~8min，转入蒸馏水中。

(3) 用45%乙酸压片。

(4) 冰冻脱盖片，盖片分别经95%和无水乙醇脱水，每级历时10~30min。载片弃之。

(5) 盖片装入塑料小切片盒中，置40℃温箱中干燥1天以上。

(6) 分带处理：

①洋葱根尖细胞干燥片用0.2N盐酸大约30℃处理40~60min。

②蚕豆根尖细胞干燥片用5%Ba(OH)$_2$水溶液于50℃处理10~15min。

③均用蒸馏水换水洗30min，每5min换水一次。

④40℃温箱中干燥约 30min。
⑤转入 60～65℃的 2SSC 溶液中温育：洋葱为 60min；蚕豆为 120min。
⑥温热蒸馏水洗 4～5 次，每次 5min。
⑦染色。用 Sörensen 缓冲液（pH 值 7.0）将 Giemsa 原液稀释为 5% 染色液，充分振匀。静置约 30min，倒入染色缸中，制片于室温下染色 30min 以上，及至染色体显带清晰为止。正常显带时，带区为紫红色，非带区为淡红色。
⑧用自来水洗去浮色。
⑨在 40℃温箱中干燥约 1h。
⑩在二甲苯中透明 10～20min。
⑪树胶封片。

注意：如果核和染色体均不着色或仅有轮廓而无带纹，则示 $Ba(OH)_2$ 或 0.2N 盐酸处理过度，只能废弃。如果核和染色体均匀着色而深染，则示处理时间不足，盖片水洗后，可用卡诺氏固定液褪色 1～2min，水洗后干燥 24h 以上，重复分带处理，但 $Ba(OH)_2$ 或 0.2N 盐酸的处理时间，应比原处理时间延长 1/2 时间或更长。2SSC 处理时间不变。

附：带型分析

植物染色体分带（chromosome banding）可分为两大类，即荧光分带和 Giemsa 分带。前者已很少应用，主要为后者。两种分带所显示的带纹也是基本上相同的。在 Giemsa 分带中，无论是 BSG 法，HSG 法，胰酶法等。所显带纹均为结构异染色质（constitutive, heterochrometin）统称为 C-带。

1. C-带的类型　植物染色体的 C-带，主要有以下 5 种类型：
(1) 着丝点带（centromeric band）即着丝点及其附近的带纹。
(2) 中间带（intercalary band）即分布在染色体两臂上的带纹。
(3) 末端带（telomere band）即位于染色体两臂末端的带纹。
(4) 核仁缢痕带（nucleolar constriction band）即位于核仁缢痕区（次缢痕区）的带纹。
(5) 随体带（satellite band）即随体显带。

2. 分带标准照片　一般应附一张染色体显带清晰而完整的标准照片。

3. 带型图　与核型图要求相同。

4. 带型模式图　即在核型模式图上标示带纹，一般以横的实线标示带纹的位置和大小，用虚线标示多态带或不稳定的带纹。模式图一般以标准照片所显带纹标示，不要求一定数量的细胞统计。在同一个体的不同细胞间的带纹差异，可作为不稳定带处理；个体间或居群间的带纹差异，可作为不稳定带处理；个体间或居群间的带纹差异，可作为多态带处理，如果有杂合带存在，则应把杂合的同源染色体的带纹同时绘出。

5. 描　述　除非模式图不能完全表示而需文字描述加以说明者外，一般应避免逐对染色体的繁琐描述，因为它会使读者感到重复和得不到要领。最好进行必要的综合性描述。例如：在整个细胞中，各类带纹的数量；带型的主要特点或变异；每一染色体带纹总长度和它占整个染色体总长度的百分比；整个细胞总带纹长度占所有染色体总长度的百分比等。既有带纹的数目和分布；又有异染色质（带纹）的定量分析。前者便于区分种间带型的差异，后者则便于探讨或阐明异染色质含量的多少与物种的进化关系。

6. 带型公式　以一定的符号表示带纹的类型和分布。则可将带型以简明的公式表示。上述 5 种类型的带纹，均分别以其英文大写字头表示，即 C, I, T, N, S。

为表示中间带和末端带在染色体上的分布可用"+"表示。

如果带只分布在短臂上。则在字母的右上角划"+"号。

(I^+T^+)；如带只分布在长臂上，则在字母的右下角划"+"号（I_+T_+）Ⅱ，不标明"+"号，表明长短臂上都有带。

同类染色体数目，以符号前的数字表示，不显带的染色体以数字表示。例如黑麦的C-带带型公式。可以写成：

$2n=14=2CT+4CI_+T+6CI_+T^++2CI_+TN$

实验六 Ag-NOR 染色技术

配制以下溶液：

(1) 50% $AgNO_3$ (W/V) 水溶液；

(2) AS 溶液 (Ammonium-Silver)，4g $AgNO_3$ 溶于 5ml 无离子水中，再加 5ml NH_4OH，充分混匀后使用；

(3) 3%中性福尔马林（每 100ml 溶液中加入 2g 无水醋酸钠，使用时用甲酸调 pH 值至5~6)；

(4) 45%乙酸溶液；

(5) 2%的明胶水溶液；或 1%的明胶溶液（2g 粉状明胶溶于 100ml 无离子水中，再加 1ml 甲酸）；

(6) 2×SSC 盐溶液（见分带药品）；

(7) 5%的硫代硫酸钠水溶液；

(8) 0.001%亚甲基蓝水溶液。

NOR 染色流程：

(一) Ag-As 染色流程

根尖用 0.02%秋水仙素溶液处理 4~5h 卡诺固定液固定 1h→水洗后用 0.1M HCl 于 60℃解离 8~14min，或在 1M HCl 中于室温下解离 4~7min→水洗后用 45%乙酸压片→冰冻脱盖片后空气干燥 1h→加 4 滴 50% $AgNO_3$ 水溶液，加盖片后置潮湿培养皿中于 65~70℃温育 15~20min→水洗后气干 1~4h→加 4 滴 As 溶液和 4 滴 3%福尔马林，混匀，加盖片，镜检，至 NOR 显示黑色→水洗后可用 1%Giemsa (pH6.8) 复染→水洗，干燥，中性树胶封片。

注：固定时间不宜太长。盐酸处理要谨慎，处理过度会导致着丝点染色。

(二) Ag-Ⅰ染色流程

此即 $AgNO_3$ 一步染色流程。干燥制片上加几滴 50% $AgNO_3$ 水溶液后，加盖片，置潮湿培养皿中于 37℃温育 18h，或 50℃温育 2~5h，至 NOR 显示黑色。

现以蚕豆为例，简介如下：

经预处理后的根尖用卡诺固定液于冰箱中固定 24h→去壁低渗法制片，干燥约 1 周→0.2NHCl 于室温下处理 2h→水洗后风干→加几滴 50% $AgNO_3$ 水溶液，加盖片，60℃温育约 6h。

Ag-Ⅰ染色流程的程序简便，应用也最为广泛，改进的流程和染色方法也很多，现摘其部分介绍如下：

(1) $AgNO_3$-明胶染色法：空气干燥片上加 1 滴 2%明胶溶液（2g 粉状明胶溶于 100ml 无

离子水中，再加 1ml 甲酸）和 2 滴 50%AgNO$_3$ 水溶液，混匀，加盖片，在 40~50℃ 温育 6~8min，水洗后加几滴 5%硫代硫酸钠水溶液，处理 4~5min，水洗后干燥。此法染色时间短，染色均匀，缺点是细胞质也易染成黄色。

（2）干燥片先在硼酸盐缓冲液（pH 值 9.2）中处理 15~20min，然后，用 50%AgNO$_3$ 染色。

（3）干燥片在 2×SSC 盐溶液中处理 1~3h，然后，用 50%AgNO$_3$ 染色。

（4）干燥片用 BSG 显示 C-带的处理以后，用 50%AgNO$_3$ 染色。

（5）干燥片先经 Schiff's 试剂处理 1~3h 后，用 50%AgNO$_3$ 染色。

（6）用 100μm 的微孔尼龙薄片代替盖片染色效果会更好。

此外，一些更详细的改进流程的具体操作，不再详述。

（三）HAA-Ag-Ⅰ染色流程

许多实验表明，上述的 Ag-Ⅰ染色法，是不适用于植物染色体压片法制片的，可能是因为有细胞壁和细胞质对 NOR 的覆盖，从而妨碍了银粒与 NOR 结合之故。最近，李懋学改进的一种适用于植物染色体压片的快速银染色法，已在多种植物中应用成功。而且对麦类植物的试验也表明，它只对 NOR 特异染色。其主要操作程序如下：

（1）根尖预处理如常。

（2）在酒精-冰乙酸（3：2）中于 4℃ 固定 2h 或过夜。

（3）在 1N 盐酸-酒精-冰乙酸（5：3：2）溶液中于室温下解离 6~10min，或在 60℃ 解离 4~5min。

（4）水洗后用 45%乙酸压片。

（5）冰冻脱盖片，于 95%乙醇中洗 1~2min。

（6）37℃ 温箱中干燥 2~4h，或在室温下干燥过夜。

（7）在干燥制片上加 1 滴 1%明胶水溶液，再加 2 滴 50%AgNO$_3$ 水溶液，混匀，加盖片，在室温下浸染约 5min，转入铺有滤纸的培养皿中，置约 60℃ 温台或温箱中染色约 5~10min 待溶液呈金黄或棕黄色。

（8）镜检，至 NOR 呈黑色或棕黄色，染色体呈浅黄色为宜。

（9）蒸馏水淋洗干净染色液。

（10）0.001%亚甲基蓝水溶液复染 30~60s。

染色结果，细胞质黄色；核和染色体浅绿色；NOR 和核仁黑色或深棕色。

注意：如果背景或染色体染色深黄，则可减少明胶的用量，但染色时间会随之需延长。如不加明胶溶液，则需在 50~60℃ 温箱中染色 4h 或过夜。

片龄超过两天，染色困难，此时可采用以下两种处理方法：或用 0.2NHCl 于室温下处理约 30min，水洗后晾干；或用 0.07N NaOH 水溶液 6ml 加 2SSC 溶液 44ml 的混合液处理 1~5min，水洗后晾干，再进行银染色。

实验七　整体封片法

整体封片法适用于微小或扁平的植物材料，例如，单细胞藻类，丝状或片状的藻类，菌类、纤细柔嫩的苔藓植物，蕨类原叶体和孢子囊，高等植物的表皮、小花和花粉粒等。

该方法因所用脱水剂、透明剂和封藏剂不同而有各种不同方法。最常用的有半永久性甘油胶冻封片法和永久性的树胶封片法。

材料：衣藻，花粉，蚕豆和小麦叶。

用具：载片和盖片（20mm×20mm），圆盖片、培养皿、镊子、毛笔、温台、转台。酒精灯。

药品：卡宝品红，代氏苏木精，2%纤维素酶水溶液，0.2%固绿95%的酒精溶液，含甲基绿的甘油胶冻，油漆或指甲油，叔丁醇溶树胶，各度酒精，叔丁醇，卡诺氏固定液，和3%戊二醛固定液，1N盐酸。

（一）甘油胶冻封片法

1. 花粉整体封片　取少量新鲜花粉，撒于洁净的载片上，加1滴95%酒精，以溶去花粉外壁上的油脂类物质，便于染色，同时也可促使花粉扩散均匀。稍干后，即加一小滴溶化的甘油胶冻凝固。制片在转台上用毛笔蘸油漆或指甲油封边。

2. 衣藻整体封片

(1) 固定：新采集的衣藻经500r/min离心沉淀后，用3%戊二醛固定液固定12h以上。

(2) 制片：用吸管从固定液中吸取少量衣藻，滴于涂有Haupt粘贴剂的载片上，在温台上烘干，然后转入37℃温箱中继续干燥1天以上。

(3) 水洗：干燥制片置蒸馏水中清洗2~4h，每半小时换水一次，彻底洗除残留于细胞内的戊二醛。

(4) 染色：制片在1NHCl中于室温下处理10~20min，水洗10min。用卡宝品红染色剂滴染，加盖片，在酒精灯上微热以加速染色，静置约5min，用自来水冲洗除去盖片及染色液，稍晾干，用甘油冻封片如上法。

结果：核和眼点为红色，叶绿体绿色，鞭毛为淡绿色。

注：制片经染色和水洗后，也可经50%，70%，85%酒精脱水，在0.2%的固绿95%酒精中染色1~2min，无水乙醇洗去浮色，用叔丁醇溶树胶封成永久封片。效果同前，只是材料会略有收缩。

（二）永久封片法

1. 叶表皮的分离和固定

(1) 蚕豆幼叶，取新鲜的蚕豆幼叶，用镊子轻轻撕取下表皮，投入卡诺氏固定液中固定2h以上。水洗几次后即可进行染色。

(2) 小麦叶：将小麦的成熟叶片切成长约2cm的小段，用卡诺氏固定液固定12h或过夜。叶片转入自来水换水洗几次，将其平放在载片上，用新刀片轻轻刮除上表皮和部分叶肉细胞。再用蒸馏水换水洗5~6次，每次10min，彻底洗净残留的固定液。

在洁净的培养皿中加入2%纤维素酶水溶液10~20ml，将叶片侵入酶液中，置37℃温箱中4~8h。蒸馏水清洗后，用毛笔轻轻刷去已解离的叶肉细胞，至只留一层表皮细胞。

2. 染　色

(1) 将已分离洗净的蚕豆和小麦叶表皮，分别置培养皿中，加入1:5稀释的代氏苏木精水溶液，染色1~2h。

(2) 自来水洗几次。

(3) 用约0.01%的盐酸分色，至细胞核呈粉红色为止。

(4) 自来水连续洗几次，再转入碳酸锂（Li_2CO_3）的饱和水溶液中充分蓝化。

(5) 经50%，70%，85%酒精脱水，转入0.2%固定95%酒精中染色1~2min，用无水乙醇洗去浮色，经1/2无水乙醇和1/2叔丁醇，转入叔丁醇中透明。

(6) 用剪刀将叶片剪成适当的小片，用叔丁醇溶树胶封片。
结果：细胞核蓝紫色，细胞壁浅绿色。

实验八　徒手切片法

这是指手持刀片（或剃刀）把新鲜或固定的材料切成薄片的方法。通常不经染色或经简单染色后，用水封片作临时观察。如有必要，也可制成永久制片。该法简易，是组织化学，生药检定以及石蜡切片前选材时常用的方法。因此，掌握这一切片技术是很必要的。不过，由于徒手切片不易切薄，切匀，切全，不易作成连续切片。所以，更精细的教学和研究用的制片，则需用其他切片方法。

材料：印度橡皮树叶和芹菜叶柄。
用具：双面保险刀片或剃刀，包装用硬泡沫塑料块，镊子，毛笔，培养皿，载片和盖片。
药品：0.01%亚甲基蓝（methylene blue）水溶液。
操作程序：

将硬泡沫塑料切成长 2cm，宽 1cm 和厚 0.5cm 的小块，再用刀片从中央纵向切一深 1.5cm 切口。另将叶片切成长和宽约 1cm 小片，叶柄则切成长约 1cm 的小段。然后，把材料夹于塑料块切口中，作横切，切口与塑料块切面持平。

切片时，左手持夹塑料块，右手持剃刀，刀口向内，刀片由左前方向右后方拉切材料，中途不要停顿，要一次切下，力求切薄切匀。拿刀片时两手不要紧靠身体或压在桌面上，拉切时用臂力而不是用腕力。切忌拉锯式切割。此外，切面应经常用水润湿，以便切片和防止材料干萎缩。

切片用毛笔取下，置入有蒸馏水的培养皿中，使其展平。

用镊子选取薄而均匀的切片，置载片上，用滤纸吸去水液，加一滴 0.1%亚甲蓝水溶液，加盖片，在显微镜下观察，印度橡片树叶横切面，注意观察叶的一般结构及其特有的钟乳体结晶。芹菜叶柄着重观察其厚角组织的结构特征。

实验九　冰冻切片法

冰冻切片法即先将新鲜或固定的材料进行低温冰冻，然后用切片机切片的一种制片方法。它的主要优点是简便快速，易于保存细胞的原有成分和结构，很少引起细胞收缩或变形。与徒手切片法相比，更易于将材料切薄和切完整。该切片法常用于组织结构和组织化学研究中的快速观察和测定，尤其适用于油脂和橡胶等物质以及酶的鉴定。

材料：大豆或花生种子，芹菜叶柄。
用具：半导体冷冻致冷装置，滑走切片机，切片刀，毛笔，培养皿，载片，盖片，酒精灯。
药品：苏丹Ⅲ染色液，格兰氏碘液，永-溴酚蓝染色液，0.5%乙酸，0.02%钌红，0.01%亚甲蓝水溶液，3%戊二醛（磷酸缓冲液配制，pH 值 7.0）10%二甲基亚砜，白明胶。
操作程序：
（一）了解半导体冰冻致冷装置的结构和致冷原理
整机包括两部分：一为镇流器，一为致冷器。致冷器又包括冷台和冷刀器两部分，二者外形不同，但均由水箱，元件及冷冻面所组成。该装置系根据温差电现象设计而成，当一块N型半导体元件与一块P型半导体元件联接成电偶并通以直流电时，电偶对流过的电流就发生能量转移，在一个接头上放出能量，在另一个接头上则吸收热量。当流动的自来水放热端的热量带走，那么，吸热端将会迅速冷却，达到致冷的效果。如果断水，放热端的热量便会累积而升温，及至将整个元件烧毁。有的在整流器上装有断水保护装置，断水后立即断电。本实验所用整流器上无此保护装置，因此，使用时应特别小心，注意流水是否通畅，以防发生事故。

（二）切片操作

1. 新鲜材料直接冷冻切片　凡含水分较少而质地坚实的材料，均可直接冷冻切片。切片前，先打开连接冷却水管的水龙头开关，见流水通畅后，再打开整流器上的电源开关，并调节电流强度至15A。将冷台固定在切片机的夹物台上，冷刀器固定在切片刀上。先加一小滴10%的阿拉伯胶（Arabic gun）水溶液，当胶液开始冷冻时，将切成约5mm长的花生种子置于胶液中，然后再加一滴胶液，使材料完全封固。待材料完全冷冻后，开始切片，切片厚度10～15μm。切片可用毛笔小心取下，置入盛水的培养皿中使其自然展开，然后进行染色。

注意，冰冻切片的质量与冰冻温度密切相关，温度太低，刀口与组织接触时阻力较大，并有冰屑回溅，切片往往不能卷附于切片刀上，切片易碎。温度太高，冷冻不足，则往往切不着材料或将材料挤压破碎。通常，合适的温度约为-10℃，切片时有轻度阻力的感觉，切片大多能卷着在切片刀上。控制温度可以通过电流强度而加以调节。

2. 固定和明胶包埋切片　一些幼嫩的组织或含水分较多的材料，如果直接冷冻切片，往往由于大量水分结冰，切片时会造成细胞的严重的机械损伤而使组织破碎，此外，材料太软还容易使切片褶叠而难以展平，所以，这类材料通常需经过固定液固定，使组织有一定强度，然后再用抗结冰剂处理和明胶包埋切片。

其操作程序如下：

（1）切取长约0.5cm的一段芹菜叶柄，用3%戊二醛固定液于4℃固定12h或过夜。

（2）以蒸馏水换水洗2～4h，以彻底洗净固定液。

（3）转入10%二甲基亚砜（Dimethyl sulfoxide）简称"DMSO"水溶液中1～2h。

（4）转入明胶包埋剂中。

包埋剂配方：

　　　白明胶　　　　　　　　　　　　　　　　　　　　　　　　　15g
　　　蒸馏水　　　　　　　　　　　　　　　　　　　　　　　　　100ml

加热溶化后再加入二甲基亚砜1ml，冰箱中凝固，用热针烫开一小孔，将材料迅速置入溶化的小孔中，再行冷冻使凝固。

（5）切片：将包埋材料的明胶切成方形小块，移至冷台上冷冻，切片厚度约10μm。切片用毛笔小心取下，准备染色。

（三）染　色

1. 大豆、花生种子的切片染色

（1）切片用苏丹Ⅲ染色液滴染，加盖片，在酒精灯上微热，油滴被染成橘红色。

（2）用同上切片，在盖片一侧加1滴I-KI溶液，另一侧用一小滤纸条吸去苏丹Ⅲ染色液，随着I-KI溶液的渗入，淀粉粒将逐渐被染成蓝紫色。

2. 芹菜叶柄切片的染色

（1）切片加1滴0.01%亚甲蓝水溶液，加盖片，纤维素细胞壁和核被染成蓝色。注意观察厚角组织的染色效果。

(2) 切片加 1 滴 0.02% 钌红水溶液，加盖片，表皮细胞外层的果胶层以及细胞壁之间的中层被染成红色。

(四) 封 片

经汞-溴酚蓝染色的花生种子切片和经钌红染色的芹菜叶柄切片，稍加水洗后，可用甘油胶冻封制成半永久性制片。

实验十　石蜡切片法（一）

洋葱（或蚕豆、大豆）根尖纵切：铁矾苏木精-橘红 G 染色法。
材料：洋葱（或豆类植物）等根尖。
药品：CRAF-Ⅲ 固定液，4% 铁矾水溶液；0.5% 苏木精水溶液，苦味酸饱和水溶液；橘红 G 丁香油饱和液。

(一) 取材与固定

用刀片切取水培的洋葱（或豆类植物）根尖，长约 0.5cm，立即投入 CRAF-Ⅲ 固定液（或通称纳瓦兴式固定液。Navaschin type Fiuid），抽气使下沉，固定 24h 以上。

(二) 脱水，透明和包埋

材料经水洗 2～3 次后，在下表的各级浓度的叔丁醇（Tertiary butyl alcohol）中脱水。

级　别	1	2	3	4	5①	6
蒸馏水	40	30	15	0	0	0
95%乙醇	50	50	50	50	25	0
叔丁醇	10	20	35	50	75	100

加入适量番红染料使材料适当着色。每次 2h。然后转入蜡管中，加 1/2 叔丁醇，加 1/2 切碎的固体石蜡，置 60℃ 温箱中 4～8h，或甚至过夜，转入融化的纯石蜡中 2 次，每次 2h，包埋。

(三) 切　片

用旋转切片机切片，注意调节使刀刃与根尖的中轴线平行，切片厚度 6μm。

(四) 贴　片

在显微镜下检查蜡带中的切片，选取根尖正中部的切片（包括有根冠，分生区和伸长区），每一载片上粘贴两个切片即可，置温箱（40℃）中干燥 24h 以上。

(五) 染色和封片（在染色缸中进行）

(1) 切片经 2 次二甲苯脱蜡──→1/2 二甲苯＋1/2 无水乙醇──→2 次无水乙醇──→95% 酒精──→70% 酒精──→50% 酒精──→蒸馏水。

(2) 4% 铁矾水溶液 1h 以上。

(3) 自来水换水洗 4～5 次，每次 4～5min。再过蒸馏水一次。

(4) 0.05% 苏木精（用蒸馏水将 0.5% 苏木精稀释 10 倍）水溶液中染色 1h。

(5) 自来水洗 5min。

(6) 在苦味酸饱和水溶液中分色至细胞核呈中灰色。

(7) 自来水洗 20～30min。

(8) 经各级酒精脱水至无水乙醇。

(9) 用橘红G丁香油饱和液（滴染）中染色 1~3min。
(10) 回收橘红G染液，在1/2无水乙醇＋1/2二甲苯中洗去浮色。
(11) 经2次二甲苯透明约5min。
(12) 树胶封片。

结果：细胞核和染色体染成蓝黑色；细胞质和纺锤丝为橘红色。

石蜡切片法（二）

茎的横切：番红-固绿染色法。
材料：玉米、小麦等幼茎。
药品：番红染色液；固绿染色液；FAA固定液。

（一）取材与固定

用刀片将幼茎节间的中部切成长约 0.5cm 的小段，用FAA固定液固定，抽气。固定时间24h以上。

（二）脱水，透明和浸蜡包埋（如常）

（三）切 片

用滑走切片机切片，切片厚度 8~10μm。如发现切片破裂，可用脱脂棉吸水敷在切面上，使其软化约5min，再行切片，如此反复进行切片。也可将蜡块取下，放入水中浸泡 2~4h 或更长时间，使材料充分吸水软化，再进行切片。

（四）贴片及干燥（如常）

（五）染色步骤

(1) 切片脱蜡下行至70%酒精。
(2) 在1%的番红染色液中染色 2~4h。
(3) 自来水洗去棕色。
(4) 经各级酒精脱水至无水乙醇（2次）。
(5) 在固绿染色液中染色 1~5min。
(6) 在1/2无水乙醇＋1/2二甲苯中洗去浮色。
(7) 二甲苯透明，树胶封片。

结果：木质，角质，细胞核为红色；薄壁细胞为绿色。

注：如番红染色时间很长或染色过深，可在染色缸的自来水中加 1~2 滴浓盐酸，进行分色。也可在50%酒精中停留较长时间，褪色至合适。如果固绿染色太深，可延长在1/2无水乙醇＋1/2二甲苯中的时间，褪色至合适，或者用橘红G丁香油饱和液复染，进行分色。

石蜡切片法（三）

百合子房横切片：Feulgen反应整体染色-固绿或橘红G衬染法。
材料：百合子房。
药品：Schiff's试剂，1mol/L盐酸，漂洗液，固绿染色液，橘红G丁香油饱和液。卡诺氏（carnoy's）固定液。
操作程序：
（一）取材与固定
将百合子房切成约 0.5cm 的小段，用卡诺氏（carnoy's）固定液固定 2～24h，固定时应抽气。
（二）染　色
(1) 固定后的材料经 70%和 50%酒精转入蒸馏水。
(2) 在 1mol/L 盐酸（预热至 60±0.5℃）中水解 10min。
(3) 蒸馏水洗 5min。
（三）脱水，透明和包埋
经各级酒精脱水，叔丁醇透明，浸蜡和包埋如常。
（四）切　片
用旋转切片机切片，厚度 12μm。
（五）贴　片
每张载片上贴 12 个切片。
（六）衬　染
(1) 干燥切片脱蜡下行至无水乙醇。
(2) 在固绿染色液或橘红 G 丁香油饱和液（滴染）中染色 1～2min。
(3) 在 1/2 无水乙醇＋1/2 二甲苯中洗去浮色，过二甲苯 2 次，树胶封片。
结果：细胞核和染色体为紫红色；细胞壁和细胞质为绿色或橘红色。

石蜡切片法（四）

种子切片：PAS-铁矾苏木精-橘红 G 三重染色法。
材料：小麦和玉米种子。
药品：FAA 固定液，Schiff's 试剂，0.5%KIO_4 的 0.3%HNO_2 溶液，漂洗液，4%铁矾水溶液，苦味酸饱和水溶液，0.5%苏木精水溶液，橘红 G 丁香油饱和液。
操作程序：
（一）取材与固定
选取蜡熟期的种子，最为适宜，因此时期的胚已发育成熟，种皮和果皮的结构仍保持完整。而如果取用贮存的干燥种子，则种皮和果皮已干缩变形，不能显示其正常结构。而且这类种子需先用温水浸泡 1 天以上，使其吸水膨胀后方宜进行固定。固定时，首先应确认胚的位置，用刀片将胚的两侧的胚乳，按图的虚线所示切除一部分，用 FAA 固定液固定 24h 以上。
（二）脱水包埋
按一般石蜡法脱水，透明，浸蜡和包埋，其间每一步骤应间隔 4h。
（三）切　片
此类切片难度较大，一是胚不易切正，二是胚乳（淀粉）极易散落。为克服以上困难，可按以下方法操作。切片宜用滑走切片机，首先要准确调整胚的中轴线（或小麦腹沟）与切片刀口平行，开始可将胚外侧的部分胚乳快要切除，及切至胚时，取蜡带在显微镜下检查看胚根和胚芽部分是否同时切出，否则，应及时调整蜡块的角度。切片将至胚中部时，用一小块脱脂棉吸水敷在材料的切面上，使胚乳吸水软化，历时约 4~5min，取下脱脂棉，及时切片，切片厚度 6~8μm。如切片变干而破裂不成形时，重复以上吸水软化处理，如此反复多次，及至切片完成。如果切片角度很正确，一粒种子一般可以切得 6~8 片胚和胚乳均较完整的切片。

（四）贴 片

注意温台的温度宜低不宜高，以刚好使蜡带能伸展为宜（约 40~42℃）温度太高，很容易导致胚乳胀裂，淀粉溢散。

（五）干 燥

切片至少应在 37℃ 左右温箱中干燥 1 天以上方可染色，否则切片很易脱落。

（六）染色步骤

(1) 切片脱蜡，经各级酒精脱水。
(2) 0.5% KIO_4 水溶液中于室温下处理 10min。
(3) 自来水洗 10min，过一次蒸馏水。
(4) 在 Schiff's 试剂中染色约 30min。
(5) 漂洗液中 3 次，每次 5min（也有主张不漂洗而用水洗的）。
(6) 蒸馏水洗 2~3 次，每次 5min。
(7) 4% 铁矾水溶液中媒染 30min。
(8) 自来水洗 10~20min，过一次蒸馏水。
(9) 0.05% 苏木精（0.5% 的原液稀释 10 倍）水溶液中染色约 30min。
(10) 自来水洗 5min，转入苦味酸饱和水溶液中分色至核呈深灰色。
(11) 自来水洗 10min。
(12) 经各级低度酒精至无水乙醇。
(13) 取出切片，用橘红 G 丁香油饱和液（滴染）中染色约 2~3min。
(14) 在 1/2 无水乙醇+1/2 二甲苯中清洗去浮色，转入二甲苯中透明，树胶封片。

结果：淀粉和纤维素细胞壁为紫红色；糊粉层中的糊粉粒和其他不定形蛋白质为橘红色；细胞核为蓝黑色。

附录1 本实验课所用药品配方

(一) 固定液

1. FAA 固定液（FAA fixEative）

50％酒精	90ml
福尔马林（甲醛）	5ml
冰乙酸	5ml

2. 卡诺氏固定液（carnoy's fluid）

无水乙醇	3份
冰乙酸	1份

3. CRAF-Ⅲ固定液（CRAF-Ⅲ fixative，或通称纳瓦兴式固定液。Navaschin type Fiuid）

甲液	1％铬酸	30ml
	10％乙酸	20ml
乙液	福尔马林	10ml
	蒸馏水	40ml

甲、乙液分别配和保存，用时将二液等量混合。

4. 3％戊二醛固定液（Glutaraldehyde fixative）

25％戊二醛	12ml
0.2M 磷酸缓冲液	50ml（pH 值 7.2～7.4）
加蒸馏水至	100ml

5. 戊二醛-钌红（Glutaraldohyde-Ruthoniumrod fixative）

甲脒缓冲液，0.2mol/L，pH7.4		1份
戊二醛	3.6％	1份
钌 红	0.15％	1份

(二) 粘贴剂

6. Haupt's 粘贴剂（Haupt's adhesive）

明胶（Gelatine）	1g
蒸馏水	100ml
石炭酸（苯酚）	2g
甘油	15ml

将明胶粉末徐徐加入约 36℃ 的蒸馏水中，待完全溶解后，再加入石炭酸和甘油，混匀，过滤备用。

(三) 封藏剂

7. 甘油胶冻封藏剂（Glycerin jollymounting modia）

明胶（Golatine）	5g
蒸馏水（50～60℃）	30ml
石炭酸（苯酚）	1～5g
甲基绿（methyl green）	0.1g
甘油	35ml

8. 树胶封藏剂（Resinous mounting media）

本实验课用国产的光学树胶为封藏剂，该树胶为天然胶，是从产于四川的岷江冷杉 *Abies recurvata* 中提炼而得，与加拿大树胶（从产于北美洲的一种冷杉 *Abies balsamea* 提炼而得）的品质相似，是一种优良树胶。

可配制成两种溶剂的树胶：

(1) 二甲苯溶树胶：取树胶适量，置约 40℃温箱中干燥 1 天以上，然后加入适量二甲苯，置约 40℃温箱中，充分溶解。浓度以玻璃棒一端形成小滴滴下，而形成断丝时为宜。否则，可或加二甲苯或加树胶来调节。此树胶可用于一般石蜡切片或其他不易收缩变形的材料的封藏。

(2) 叔丁醇溶树胶，即用叔丁醇作溶剂，配法同上。可用于易收缩变形的幼嫩材料和染色体制片的封藏。
注意：凡人工合成的光学树胶均不能用叔丁醇溶解。

(四) 染色剂

9. 苏丹Ⅲ（Sudan Ⅲ）

苏丹Ⅲ	0.1g
95%乙醇	10ml
甘油	10ml

顺序溶解，置 40℃温箱中 1 天，过滤。

10. 格兰氏（Gland's）碘液

碘化钾	2g
碘	1g
蒸馏水	300ml

取碘化钾溶于 6ml 热蒸馏水（50℃）中，再加入金属碘，溶解后加水至总量。

11. 汞-溴酚蓝（Mercury-bromphol blue）

氯化汞（$HgCl_2$）	10g
溴酚蓝	0.1g
蒸馏水	100ml

12. 2%醋酸地衣红（Acetic-oreein）

先将 100ml45%冰乙酸溶液放在 200ml 的锥形瓶中煮沸，移去火源，然后徐徐加入 2g 地衣红粉末，此时应注意防止溅沸。待全投入后再煮 1～2min 即可。静置冷却至室温。过滤备用。

13. 卡宝品红（carbol fuchsin）

原液 A：称取 3g 碱性品红（Basic fuchsin）溶于 100ml70%酒精中（可长期存放）。

原液 B：取原液 A10ml，加入 90ml5%石炭酸（苯酚）水溶液中充分混匀，置 37℃温箱中温溶 2～4h（限 2 周内使用）。

原液 C：取原液 B 55ml，再加入冰乙酸和福尔马林各 6ml（可长期保存）。

染色液：取原液 C 20ml，加入 45%冰乙酸 80ml，充分混匀后，再加入 1g 山梨醇（Sorbitol）。配制 2 周后使用，可保存多年。

14. Schiff's 试剂

取 0.5g 碱性品红，溶于煮沸的 100ml 蒸馏水中。冷却至约 50℃，过滤于一棕色试剂瓶中，并加入 10ml 1mol/L 盐酸和 0.5g 偏重亚硫酸钠（$Na_2S_2O_5$）混匀，置暗处 12～24h，溶液变为无色或淡茶色即可使用。

15. 漂洗液

1mol/L 盐酸	5ml
10%偏重亚硫酸钠	5ml
蒸馏水	100ml

16. 苏木精（Haematoxylin）

取 0.5g 苏木精结晶，溶于 100ml 煮沸的蒸馏水中，静置 1 天以后即可使用。

17. 代氏苏木精（Delafield's haematoxylin）

甲液：苏木精	1g
无水乙醇	6ml
乙液：硫酸铝铵（铵矾）	

饱和水溶液（约1:11）	100ml
丙液：甘油	2.5ml
甲醇	25ml

配法：将甲液一滴一滴地加入乙液中，并随时搅匀。然后敞开瓶口，蒙以纱布使其氧化约7～10天，再加入丙液，混匀，静置1～2个月至颜色变为深色，过滤备用。使用时一般用蒸馏水稀释成各种适用的浓度。

18. 番红

0.5～1g 番红溶于 100ml 50%酒精。

19. 固绿（Fast green）

A. 贮存液：固绿 0.5g 溶于 50ml 丁香油中。

B. 染色液：在 1/2 无水乙醇＋1/2 二甲苯混合液中（染色缸装约 50ml），加入贮存液 1ml。

20. 橘红 G（orange G）丁香油饱和液

0.5g 橘红 G 溶于 50ml 丁香油中。

21. 甲苯胺蓝（Toluidine blue）

将 0.05%甲苯胺蓝 O 溶于 pH 值 4.4 的 0.02mol/L 苯甲酸钠（Sodium bonzoate）缓冲液中。

22. Giemsa 染色液

Giemsa 干粉	1g
甘油	66ml
甲醇	66ml

将 Giemsa 干粉倒入研钵中，加约 10ml 甘油，仔细研磨约 30min，再倒入其余的甘油；充分混匀，装入试剂瓶中，置 56℃ 温箱中约 2h，最后加入 66ml 甲醇；混匀，冷却后置冰箱中保存备用。染色时，用 Sörensen 磷酸缓冲液稀释至所需浓度。

（五）缓冲液

23. 0.2mol/L 磷酸缓冲液（pH 值 7.2～7.4）

原液Ⅰ：将 2.76g $NaH_2PO_4 \cdot H_2O$ 或 3.12g 的 $NaH_2PO_4 \cdot 2H_2O$ 溶于 100ml 蒸馏水中。

原液Ⅱ：将 3.56g $Na_2HPO_4 \cdot 2H_2O$ 或 5.36g $Na_2HPO_4 \cdot 7H_2O$ 或 7.16g $Na_2HPO_4 \cdot 12H_2O$ 溶于 100ml 蒸馏水中。

将Ⅰ和Ⅱ依下表混合配成不同的 pH 缓冲液：

pH 值	6.4	6.6	6.8	7.0	7.2	7.4
Ⅰ（ml）	36.7	31.2	25.2	19.5	14.0	9.5
Ⅱ（ml）	13.2	18.7	24.5	30.5	36.0	40.5

24. Söronson 磷酸缓冲液

原液Ⅰ：M/15 磷酸氢二钠（$Na_2HPO_4 \cdot 2H_2O$），每升溶液中含 11.876g。

原液Ⅱ：M/15 磷酸二氢钾（KH_2PO_4），每升溶液中含 9.078g。

将Ⅰ和Ⅱ依下表混合配成不同的 pH 值缓冲液：

pH 值	6.4	6.6	6.8	7.0	7.2	7.4
Ⅰ（ml）	3.0	4.0	5.0	6.1	7.0	7.8
Ⅱ（ml）	7.0	6.0	5.0	3.9	3.0	2.0

25. 2SSC（Sodium chloride-Sodium citrate）溶液

0.3M NaCl 和 0.03M $Na_2C_6H_5O_7$（柠檬酸钠）的混合水溶液。亦可配成 12SSC 溶液作为贮存液，使用时用蒸馏水稀释成 2SSC

26. 0.2mol/L 二甲胂缓冲液（pH 值 7.2～7.4）

原液Ⅰ：将 4.28g 二甲胂酸钠（$Na(CH_3)_2AsO_2 \cdot 3H_2O$）溶于 100ml 蒸馏水中。

原液Ⅱ：0.2mol/L 盐酸
按下表混合Ⅰ和Ⅱ

pH 值	6.4	6.6	6.8	7.0	7.2	7.4
Ⅰ（ml）	50	50	50	50	50	50
Ⅱ（ml）	18.4	13.4	5.4	6.4	4.2	2.8

27. 0.02mol/L 苯甲酸钠（Sodium benzoato）缓冲液（pH 值 4.4）

将 0.25g 苯甲酸钠（Bonzoic acid）和 0.29g 苯甲酸钠溶于 200ml 蒸馏水中，过滤备用。

附录 2　植物细胞遗传学观察材料简介

一、有丝分裂

以细胞较大，细胞质较稀薄，染色体数目较少但体积较大的植物分生区细胞为宜。

（一）鳞茎培养取根尖

洋葱（2n=16），大蒜（2n=16），中国水仙（2n=30），以上宜用水培法。葱（2n=16），绵枣儿（2n=16），百合（2n=24），以上宜用砂培法。

（二）种子萌发取根尖

蚕豆（2n=12），豌豆（2n=14），大麦和黑麦（2n=14），侧柏（2n=22），杉木（2n=22），油松和马尾松（2n=24）。均以砂或蛭石培养较好。

（三）从植株上取根尖

百合（茎基部节上长的不定根），黄花菜（2n=22），芦荟（2n=14），慈姑（2n=22），大麦和黑麦等。

（四）取　芽

取正旺盛生长的芽，其中尤以取减数分裂前的幼小花芽更好。芍药和牡丹（2n=10），蔷薇和月季（2n=14，21，28），银杏（2n=24）。

二、染色体大小

（一）具大染色体的（长 10~30μm）

苏铁（2n=24）、银杏（2n=24）、松科各属（2n=24）、百合属和贝母属（2n=24）、葱属（2n=14，16，18）、延龄草属（2n=10）、重楼属（2n=10）、水仙属（2n=14，20，30，…）、风信子属（2n=16，18，32，…）、朱顶红（2n=44）、芦荟、蚕豆、小麦和大麦等。

（二）具中等大小染色体的（长 4~10μm）

芍药和牡丹、玉米（2n=20）、豌豆、薏苡和川谷（2n=20）、慈姑、辣椒（2n=24）、萱草（2n=33）、翠菊（2n=18）、茄（2n=24）、野豌豆（2n=12，14）等。

（三）具小染色体的（长 1~4μm）

棉属（2n=26，52）、水稻（2n=24）、高粱（2n=20）、谷子（2n=20）、花生（2n=40）、大豆（2n=40）、绿豆和红小豆（2n=22）、向日葵（2n=34）、蓖麻（2n=20）、黄瓜（2n=14）、萝卜和胡萝卜（2n=18）、白菜（2n=20）、西瓜（2n=22）等。

三、染色体结构

（一）着丝点位置

（1）所有染色体均具中部着丝点者：蓖麻（2n=20=20m）、翠菊（2n=18=18m）、伏尔加草木樨（2n=16=16m）。

(2) 所有染色体均具近端着丝点者：藏红花（2n=6=6st）、剑叶兰属（2n=12=12st）。

(3) 所有染色体均具端着丝点者：石蒜（2n=33=33t）、矮小石蒜（2n=22=22t）、小花紫露草（2n=14=14t）。

(4) 一个细胞中具各种类型着丝点者：岷江百合（2n=24=2m+2sm+6st+12t+2T）。

(5) 只具中部和端部着丝点者：鹿葱（2n=27=6m+21t）、中国石蒜（2n=16=6m+10t）。

(6) 具漫散着丝点（diffuse centromeres）或多着丝点（Polycentric）者：莎草科的荸荠属（2n=10，20，30，80，…），灯心草科的地杨梅属（2n=6，12，24，36，46，48，52）。

（二）核仁组成区（NOR）数目

(1) 具1对的：洋葱、葱、蚕豆、玉米。
(2) 具2对的：大麦、蒜、豌豆、小麦。
(3) 具3对的：陆地棉（2n=52）、向日葵（2n=34）、中国水仙（2n=30）。
(4) 具4对的：大花延龄草（2n=10）。
(5) 具5对的：岷江百合（2n=24）。

（三）随体的位置

(1) 在短臂端部：葱、洋葱、芍药、蚕豆。
(2) 在长臂端部：豌豆、芦荟。
(3) 在两臂端部：波斯麻黄（2n=14）。

（四）Giemsa显带（C—带）特征

(1) 主要为端带和次缢痕带者：葱、洋葱、黑麦、玉米、玉竹。
(2) 主要为着丝点带和中间带者：大麦、蚕豆、岷江百合。
(3) 只显次缢痕带者：大蒜、韭、中国水仙、辣椒。

四、染色体的其他类型

（一）B-染色体

亦称超数染色体（Supernumerary Chromosome）或副染色体（Accessory Chromosome）。根据1979年的统计资料，种子植物中已发现有644种含有B染色体，其中裸子植物7种，双子叶植物318种，单子叶植物319种。双子叶植物中以菊科最多，计124种。单子叶植物则以禾本科和百合科最多，分别为120种和81种。近年来，我国也报道了10多种含B染色体的植物。如杉木、云杉、王百合。下面举部分例子以供参考。

玉米，2n=20+0—34B；黑麦，2n=14+0—8B；普通小麦，2n=42+0—10B；王百合，2n=24+0—2B；青岛百合，2n=24+0—1B；七叶一枝花，2n=10+0—2B；蚕豆，2n=22+0—2B；药用蒲公英，2n=3x=24+0—2B；毛茛，2n=14+0—10B；杉木，2n=22+0—1B；白杆，2n=24+0—2B；青杆：2n=24+0—2B；鱼鳞云杉，2n=24+0—1B。

（二）性染色体

(1) 苔藓植物：囊果苔，2n=14+xy，虾夷水钱苔；2n=16+xy；红贝母苔，2n=14+x_1x_2y。
(2) 被子植物：大麻，2n=18+xx♀或xy♂；酒花，2n=18+xx♀或xy♂；葎草，2n=14+xx♀或xy_1y_2♂；酸模，2n=12+♀或xy_1y_2♂；戟叶酸模，2n=6+xxx♀或xy_1y_2♂；疏叶酸模，2n（4x）=28+xxx♀或xxxy♂；异株女娄菜，2n=22+xx♀或xy♂；红色女娄菜，2n=22+xx♀或xy♂。

（三）多线染色体

植物的多线染色体，主要存在于一些供胚发育的营养细胞中，如胚柄，胚乳和反足细胞等。其中尤以菜豆属 Phaseolus 的胚柄细胞中的多线染色体最为典型，而且研究得最为广泛而深入（Nagl，1982年）。菜豆根尖细胞的染色体长度为1.3~2.7μm，而胚柄细胞的多线染色体则可长达78~112μm，宽5~8μm，二者相差约30倍。现已知约有30多种植物中观察到有多线染色体，仅举部分例子如下。

(1) 反足细胞：斑花乌头、沙葱、君子兰、荷苞牡丹、虞美人、二叶绵枣儿、普通小麦。
(2) 胚柄细胞：泽泻、芝麻菜、菜豆、红花菜豆、旱金莲。

(3) 胚乳细胞：玉米、红花菜豆和菜豆。
(4) 胚乳吸器：熊葱、一种百蕊草 *Thesium alpinum* sp.。
(5) 助细胞：熊葱。
(6) 子叶培养细胞：豌豆。
(7) 花药毛：异株泻根。
(8) 腺毛：一种鼠尾草 *Salvia horminum* sp.。

五、染色体数目

（一）具低数者

单冠毛菊（*Hoplopappus gracilis*，2n=4），为至今在高等植物中所发现的惟一的一种具最低染色体数者，原产美国，但国内有单位引进栽培。藏红花（2n=6），还阳参（2n=6），车前（2n=8），春藏红花（2n=8），芍药、牡丹、七叶一枝花、延龄草、拟南芥等均为 2n=10。

（二）具中等数目者

绝大部分植物的染色体均在 10~40，如蚕豆和菠菜，2n=12，黑麦、大麦、御谷、豌豆等，2n=14；葱、洋葱、蒜、桃、李、梅等，2n=16；谷子、甜菜、甘蓝、萝卜等，2n=18；玉米、高粱、蓖麻、白菜等，2n=20；菜豆、绿豆、豇豆、芹菜等；2n=22；水稻、茄子、枣、百合等，2n=24；中棉、草棉、芝麻、丝瓜等；2n=26；二粒小麦、芋、荔枝等，2n=28；茶、龙眼、文冠果等，2n=30；花生、大豆、西葫芦等，2n=40。

（三）具高数者

菊芋（2n=102），土麦冬（2n=108），剑麻（约 2n=120），对萼猕猴桃（2n=116），山药（2n=140~144），硬毛中华猕猴桃（2n=170，174）。

（四）具最高数者

在双子叶植物中，黑桑的某些无性系，2n=308；景天科的伽兰菜属 *Kalanchoe* 的某些种，2n=约 500。在单子叶植物中，一些早熟禾 *Poa litorosa*，2n=265；整个生物界含染色体数目最高者为蕨类植物中的某些种，例如，产于我国昆明市附近的一种有梗瓶尔小草 *Ophioglossum petiolatum*，2n=960；而产于印度的另一种瓶尔小草 *O. reticulatum*），2n=1 260。

六、非整倍体

（一）单体和缺体 [2n-1 和 2n-2（1）]

已在育种实践中应用的有中国春小麦、烟草、棉花等作物。中国农科院作物所已从中国春小麦中转育了一整套单体到北京地区栽培的"东方红"号春小麦中。

（二）三体（2n+1）

已在育种实践中应用的有玉米、小麦、曼陀罗等。

（三）四体（2n+2（1））

中国春小麦。

七、种内异倍体

广布野豌豆，x=6，7，2n=12，14，28；泽泻 x=6，7，2n=12，14；桃叶风铃草，x=8，9，2n=16，18；二花藏红花，x=4、5、6，2n=8、10、12、20；美丽藏红花，x=6，7、8、9，2n=12、14、16、18。

八、属内种间异倍体

（一）葱属 *Allium*

本属 x=7、8、9。熊葱，x=7；洋葱和蒜，x=8，三棱茎葱和土耳其斯坦葱，x=9。

（二）藏红花属 *Crocus*

本属 x=3、4、5、6、8、10、11、12、13、14、15。泽白藏红花，x=3；金黄藏红花，x=4；黄褐藏红花，x=5；黄色藏红花，x=8；科洛可夫藏红花，x=10；西伯氏藏红花，x=11；小藏红花，x=12；变色藏红花，x=13；长花藏红花，x=14。

（三）石蒜属 *Lycoris*

本属 x=6、7、8、9、11。忽地笑，x=6、7；稻草石蒜，x=8；鹿葱，x=9；血红石蒜，x=11。

（四）还阳参属 *Crepis*

本属 x=3、4、5、6、7、8。还阳参、灰色还阳参，x=3；窄叶还阳参，x=4；红色还阳参，x=5；臭味还阳参，x=5；克什米尔还阳参，x=6。

（五）绵枣儿属 *Scilla*

本属 x=6、7、8、9、10、11。西伯利亚绵枣儿，x=6；秋绵枣儿，x=7；意大利绵枣儿，x=8；二叶绵枣儿，x=9；春绵枣儿，x=11。

九、混倍体

栽培菊花，2n=51~71；六月禾，2n=28~124；风信子，2n=16~32；驴蹄草，2n=28，32，48，53~64；秘鲁绵枣儿 2n=14~17，19~20，22~23，28；弗吉尼亚春美草，2n=12~191。

十、整倍体

（一）同源多倍体

(1) 同源三倍体：西瓜（2n=3x=33）和甜菜（2n=3x=27），以种子繁殖；中国水仙（2n=3x=30）和风信子（2n=3x=24），以鳞茎繁殖，苹果（2n=3x=51），三叶海棠（2n=3x=51）和杏叶梨（2n=3x=51），以嫁接繁殖，牡丹"首案红"（2n=3x=15），以分株繁殖。

(2) 同源四倍体：西瓜（2n=4x=44）和甜菜（2n=4x=36），以种子繁殖；韭菜（2n=4x=32），以种子或分株繁殖；朱顶红（2n=4x=44）以鳞茎繁殖；马铃薯（2n=4x=48），以块茎繁殖；黑麦（2n=4x=28），以种子繁殖。以上西瓜、甜菜、马铃薯和黑麦为人工合成的同源多倍体，其余则均为天然产生多倍体。

（二）异源多倍体

(1) 异源四倍体（或称双二倍体）：陆地棉和海岛棉（2n=4x=52）；二粒小麦（2n=4x=28）；普通烟草（2n=4x=48）；花生（2n=4x=40）；萝卜-甘蓝（2n=4x=36）。

(2) 异源六倍体：普通小麦（2n=6x=42）；燕麦（2n=6x=42）；栽培菊（2n=6x=54）。

(3) 异源八倍体：小黑麦（2n=8x=56）。

(4) 节段异源多倍本：丝翠雀（2n=4x=32）；"秋园"藏报春（2n=4x=36）。

(5) 同源异源多倍体：菊芋（2n=6x=102）；梯牧草（2n=6x=42）；龙葵（2n=6x=72）；大理菊（2n=8x=64）。

(6) 异数异源多倍体：白芥菜（2n=4x=36，由黑芥菜 x=8 与中国油菜 x=10 杂交加倍而成）；胜利油菜（2n=4x=38，由中国油菜和甘蓝 x=9 杂交加倍而成）。

（三）种内多倍体

种内多倍体仍属同源多倍体范畴，因其在自然条件下可产生一系列的多倍体，且倍性较高，故单独列出。

羊茅，x=7，2x、3x、4x、6x、7x、8x、10x；驴蹄青，x=8，2x、3x、4x、7x、8x、9x、10x；毛茛，x=8，2x、3x、4x、5x、6x；围裙水仙，x=7，2x、3x、4x、5x、6x；伞形虎眼万年青，x=8，2x、3x、4x、5x、6x、8x；剪股颖，x=7，2x、3x、4x、5x、6x、7x、8x、10x。

（四）属内多倍体

这里列出的是含同一基数的多倍体，属异源多倍体范畴，因其系自然发生，亲本来源尚不清楚，故单独列出。

(1) 雀麦属 *Bromus*，x=7；野雀麦，2x；柔毛雀麦，4x；短雀麦，6x；滨海雀麦，8x；河岸雀麦，10x。

(2) 羊茅属 *Festuca*，x=7；牛尾草，2x；缘毛叶羊茅，4x；芦苇状羊茅，6x；加州羊茅，8x；滨海羊茅，10x。

附录3 我国重要经济植物染色体数目

植 物 名 称	科，属	染色体基数 (x)	染色体数 (2n)
粮食作物			
Avena sativa 燕麦	禾本科,燕麦属	7	42
Fagopyrum esculentum 荞麦	蓼科,荞麦属	8	16
Hordeum vulgare 大麦	禾本科,大麦属	7	14
Ipomoea batatas 番薯(白薯)	旋花科,番薯属	15	90
Oryza sativa 水稻	禾本科,稻属	12	24
Panicum miliaceum 黍	禾本科,黍属	9	36
Phaseolus angularis 赤豆	豆科,菜豆属	11	22
P. aureus 绿豆	豆科,菜豆属	11	22
Secale cereale 黑麦	禾本科,黑麦属	7	14
Setalia italica 谷子	禾本科,狗尾草属	9	18
Solanum tuberosum 马铃薯	茄科,茄属	12	48
Sorghum vulgare 高粱	禾本科,高粱属	10	20
Triticum aestivum 普通小麦	禾本科,小麦属	7	42
Tritical 小黑麦	禾本科,小黑麦属	7	56
Vicia faba 蚕豆	豆科,野豌豆属	6	12
Zea mays 玉米	禾本科,玉蜀黍属	10	20
油料作物			
Arachis hypogaea 花生	豆科,落花生属	10	20,40
Brassica napus 油菜	十字花科,芸苔属	9+10	38
Camellia oleifera 油茶	山茶科,山茶属	15	30
Carthamus tinctorius 红花	菊科,红花属	12	24
Elaeis guineensis 油棕	棕榈科,油棕属	16	32
Glycine max 大豆	豆科,大豆属	10	40
Helianthus annuus 向日葵	菊科,向日葵属	17	34
Hodgsonia macrocarpa var. *capnicarpa* 油瓜	葫芦科,油渣果属	9	18
Olea europaea 油橄榄	木犀科,油橄榄属	23	46
Ricinus communis 蓖麻	大戟科,蓖麻属	10	20
Sesamum orientale 芝麻	芝麻科,芝麻属	13	26
Xanthoceras sorbifolia 文冠果	无患子科,文冠果属	15	30
纤维作物及工业原料植物			
Abutilon avicennae 苘麻	锦葵科,苘麻属	10	40
Agave sisalana 剑麻	石蒜科,龙舌兰属	30	138,149
Beta vulgare 甜菜	藜科,甜菜属	9	18
Boehmeria nivea 苎麻	荨麻科,苎麻属	14	28+2B
Camellia sinensis 茶	山茶科,山茶属	15	30
Cannabis sativa 大麻	桑科,大麻属	10	20
Coffea arabica 咖啡	茜草科,咖啡属	11	24
Corchorus capsularis 黄麻	椴树科,黄麻属	7	14
Gossypium arboreum 中棉	锦葵科,棉属	13	26

(续)

植 物 名 称	科，属	染色体基数 (x)	染色体数 (2n)
G. barbadense 海岛棉	锦葵科,棉属	13	52
G. herbaceum 草棉	锦葵科,棉属	13	26
G. hirsutum 陆地棉	锦葵科,棉属	13	52
Hevea brasiliensis 三叶橡胶	大戟科,橡胶树属	9	36
Hibiscus cannabinusis 洋麻	锦葵科,木瑾属	9	36
Linum usitatissimum 亚麻	亚麻科,亚麻属	8	16,32
Morus alba 桑	桑科,桑属	14	28
Nicotiana tabacum 烟草	茄科,烟草属	12	48
Rhus verniciflua 漆树	漆树科,漆树属	15	30,45
Saccharum sinense 甘蔗	禾本科,甘蔗属	10,12	116～118 118～120
Stevia rebandiana 甜叶菊	菊科,甜叶菊属	11	22
Vernicia fordii 油桐	大戟科,油桐属	11	22
蔬菜类			
Allium cepa 洋葱	百合科,葱属	8	16
A. fistulosum 葱	百合科,葱属	8	16
A. sativum 蒜	百合科,葱属	8	16
A. tuberosum 韭	百合科,葱属	8	32
Amorphophallus rivieri 魔芋	天南星科,魔芋属	13	26
Apium graveolens 芹菜	伞形科,芹菜属	11	22
Asparagus officinalis 石刁柏	百合科,天门冬属	10	20
Benincasa hispida 冬瓜	葫芦科,冬瓜属	12	24
Brassica alboglabra 芥蓝	十字花科,芸苔属	9	18
B. campestris 芸苔	十字花科,芸苔属	10	20
B. chinensis 青菜	十字花科,芸苔属	10	20
B. juncea var. *multiceps* 雪里蕻	十字花科,芸苔属	9	36
B. napobrassica 芜菁甘蓝	十字花科,芸苔属	10+9	38
B. oleracea var. *botryis* 菜花	十字花科,芸苔属	9	18
B. oleracea var. *caulorapa* 茎蓝	十字花科,芸苔属	9	18
B. oleracea var. *capitata* 甘蓝	十字花科,芸苔属	9	18
B. parachinensis 菜苔	十字花科,芸苔属	10	20
B. pekinensis 大白菜	十字花科,芸苔属	10	20
Canavalia gladiata 刀豆	豆科,刀豆属	11	22
Capsicum annuum var. *longrum* 辣椒	茄科,辣椒属	12	24
C. annuum var. *grossum* 菜椒	茄科,辣椒属	12	24
Colocasia esculenta 芋	天南星科,芋属	14	28
Coriandrum sativum 芫荽	伞形科,芫荽属	11	22
Cucurbita moschata 南瓜	葫芦科,南瓜属	10	40
C. pepo 西葫芦	葫芦科,南瓜属	10	40
Cucumis sativus 黄瓜	葫芦科,香瓜属	7	14
Daucus caroto 胡萝卜	伞形科,胡萝卜属	9	18
Dolichos sativus 扁豆	豆科,扁豆属	11	22
Foeniculum vulgare 茴香	伞形科,茴香属	9	18
Hemerocallis citrina 黄花菜	百合科,萱草属	11	22
Ipomoea aquatica 蕹菜	旋花科,番薯属	15	30
Lactuca sativa 莴苣	菊科,莴苣属	9	18
Lagenaris leucantha 葫芦	葫芦科,葫芦属	11	22
L. leucantha var. *clavata* 瓠子	葫芦科,葫芦属	11	22

(续)

植 物 名 称	科，属	染色体基数 (x)	染色体数 (2n)
Luffa cyclindrica 丝瓜	葫芦科,丝瓜属	13	26
Lycopersicun esculentum 番茄	茄科,番茄属	12	24
Momordica charantia 苦瓜	葫芦科,苦瓜属	11	22
Pachyrhizus erosus 豆薯	豆科,豆薯属	11	22
Phaseolus vulgaris 菜豆	豆科,菜豆属	11	22
Pisum sativum 豌豆	豆科,豌豆属	7	14
Raphanus sativus 萝卜	十字花科,萝卜属	9	18
Sagittaria sagittifolia 慈姑	泽泻科,泽泻属	11	22
Solanum melongena 茄	茄科,茄属	12	24
Spinacia oleracea 菠菜	藜科,菠菜属	6	12
Vigna sinensis 豇豆	豆科,豇豆属	11	22
Zingiber officinale 姜	姜科,姜属	11	22
Zizania latifolia 茭白	禾本科,菰属	17	24
果树类			
Actinidia arguta 软枣猕猴桃	猕猴桃科,猕猴桃属	14	116
A. chinensis var. *chinensis* 中华猕猴桃	猕猴桃科,猕猴桃属	14	58
A. chinensis var. *hispida* 硬毛猕猴桃	猕猴桃科,猕猴桃属	14	174
A. eriantha 毛花猕猴桃	猕猴桃科,猕猴桃属	14	58
A. valvata 对萼猕猴桃	猕猴桃科,猕猴桃属	14	116
Amygdalus communis 扁桃	蔷薇科,扁桃属	8	16
Ananas comosus 凤梨	凤梨科,凤梨属	10	50
Annona squamosa 番荔枝	番荔枝科,番荔枝属	9	18
Artocarpus heterophyllus 木菠罗	桑科,桂木属	14	56
Canarium album 橄榄	橄榄科,橄榄属	12	48
Carica papaya 番木瓜	番木瓜科,番木瓜属	9	18
Castanea mollissima 板栗	壳斗科,栗属	12	24
Citrullus vulgaris 西瓜	葫芦科,西瓜属	11	22
Citrus grandis var. *shatinyn* 沙田柚	芸香科,柑橘属	9	18
C. limon 红柠檬	芸香科,柑橘属	9	18
C. reticurata 红橘	芸香科,柑橘属	9	18
C. sinensis 甜橙	芸香科,柑橘属	9	18
Clausena lansium 黄皮	芸香科,黄皮属	9	18
Cocos nucifera 椰子	棕榈科,椰子属	16	32
Crataegus pinnatifida 山楂	蔷薇科,山楂属	17	34
Cucumis melo 甜瓜	葫芦科,香瓜属	12	24
C. melo var. *outvmnesles* 哈密瓜	葫芦科,香瓜属	11	22
Cydonia oblonga 温桲	蔷薇科,温桲属	12	24
Diospyros discolor 毛柿	柿科,柿属	15	30
D. kaki 柿	柿科,柿属	15	90
Eriobotrya japonica 枇杷	蔷薇科,枇杷属	17	34
Euphoria longana 龙眼	无患子科,龙眼属	15	30
Ficus carica 无花果	桑科,榕属	13	26
Fortunella crassifolia 金柑	芸香科,金柑属	9	18
F. hindsii var. *chintou* 金豆	芸香科,金柑属	9	18
Fragaria chiloensis 草莓	蔷薇科,草莓属	7	56
Juglans regia 核桃	胡桃科,胡桃属	16	32
Litchi chinensis 荔枝	无患子科,荔枝属	15	30
Malus hupehensis 湖北海棠	蔷薇科,苹果属	17	51

(续)

植 物 名 称	科，属	染色体基数 (x)	染色体数 (2n)
M. pumila 苹果	蔷薇科,苹果属	17	34
Mangifera indica 杧果	漆树科,杧果属	10	40
Momordica grosvenori 罗汉果	葫芦科,苦瓜属	12	24
Musa acuminata 香蕉	芭蕉科,芭蕉属	11	33
M. paradisiaca 粉芭蕉	芭蕉科,芭蕉属	11	33
Persea americana 鳄梨	樟科,鳄梨属	12	24
Poncirus trifoliata 枳	芸香科,枳属	9	18
Prunus armeniaca 杏	蔷薇科,李属	8	16
P. avium 甜樱桃	蔷薇科,李属	8	16,24,32,76
P. persica 桃	蔷薇科,李属	8	16
Psidium guajava 番石榴	桃金娘科,番石榴属	11	22
Punica granatum 石榴	石榴科,石榴属	8,9	16,18
Pyrus bretschneideri 白梨	蔷薇科,梨属	17	34
P. communis 西洋梨	蔷薇科,梨属	17	34
P. serrulata 麻梨	蔷薇科,梨属	17	34
Syzygium jambos 蒲桃	桃金娘科,蒲桃属	11	44
Vitis vinifera 葡萄	葡萄科,葡萄属	19,20	38,57,76
Zizyphus jujuba 枣	鼠李科,枣属	12	24
药用植物			
Achyranthes bidentata 牛膝	苋科,牛膝属	7	42
A. ogatai 南天牛膝	苋科,牛膝属	7	42
Aconitum carmichaeli 乌头	毛茛科,乌头属	8	48,64
Adenophora axilliflora 沙参	桔梗科,沙参属	17	34
Agarstache rugosus 藿香	唇形科,藿香属	9	18
Alisma orientalis 泽泻	泽泻科,泽泻属	7	14
Amomum kravanh 白豆蔻	姜科,砂仁属	12	48
A. villosum 砂仁	姜科,砂仁属	12	48
Anemarrhena asphodeloides 知母	百合科,知母属	11	22
Angelica dahurica 抗白芷	伞形科,当归属	11	22
A. dahurica var. *potaninii* 白芷	伞形科,当归属	11	22
A. sinensis 当归	伞形科,当归属	11	22
Artemisia capillaris 茵陈蒿	菊科,蒿属	9	36
Asparagus cochinchinensis 天门冬	百合科,天门冬属	10	20
Astragalus adsurgens 斜茎黄芪	豆科,黄芪属	8	16,32
A. dahuricus 达乌里黄芪	豆科,黄芪属	8	16
Bletilla striata 白芨	兰科,白芨属	16	32
Bupleurum chinense 北柴胡	伞形科,柴胡属	6	12
Cassia tora 决明	豆科,山扁豆属	13,14	26,28
Changium smyrnioides 明党参	伞形科,明党参属	10	20
Codonopsis pilosula 党参	桔梗科,党参属	8	16
Cois lacryma-jobi 薏苡	禾本科,薏苡属	10	20
Coptis chinensis 黄连	毛茛科,黄连属	9	18
Corus officinalis 山茱萸	山茱萸科,山茱萸属	9	18
Crocus sativus 番红花	鸢尾科,番红花属	5~8	14,15,16,24,40
Datura stramonium 曼陀罗	茄科,曼陀罗属	12	24
Dendrobium heishanense 石斛	兰科,石斛属	19	38
Dioscorea opposita 薯蓣	薯蓣科,薯蓣属	10	138~142

(续)

植物名称	科,属	染色体基数 (x)	染色体数 (2n)
Ephedra distachya 麻黄	麻黄科,麻黄属	7	28
Eucommia ulmoides 杜仲	杜仲科,杜仲属	17	34
Ferula sinkiangeneis 新疆阿魏	伞形科,阿魏属	11	22
Fritillaria hupehensis 湖北贝母	百合科,贝母属	12	24
F. thunbergii 浙贝母	百合科,贝母属	12	24
F. ussuriensis 平贝母	百合科,贝母属	12	24
Gentiana scabra 龙胆	龙胆科,龙胆属	13	26
Glycyrrhiza uralensis 甘草	豆科,甘草属	8	16
Gynostemma pentaphyllum 绞股蓝	葫芦科,绞股蓝属	14	28
Heterotropa hayatana 芋叶细辛	马兜铃科,细辛属	12	48
H. lnfrapurpurca 里紫细辛	马兜铃科,细辛属	12	24
Leonurus heterophyllus 益母草	唇形科,益母草属	10	20
Levisticum officinale 欧当归	伞形科,欧当归属	11	22
Ligusticum chuanxiong 川芎	伞形科,藁本属	11	22
L. chuanxiong cv. *fuxiong* 抚芎	伞形科,藁本属	11	33
L. sinense 藁本	伞形科,藁本属	11	22
Lycium barbarum 宁夏枸杞	茄科,枸杞属	12	24
L. chinense 枸杞	茄科,枸杞属	12	24
Magnolia officinalis var. *biloba* 凹叶厚朴	木兰科,木兰属	19	38
Mentha haplocalyx 薄荷	唇形科,薄荷属	6,9	36
Ocimum basilicum 罗勒	唇形科,罗勒属	8	46,48
Panax ginseng 人参	五加科,人参属	11,12	44,48
P. japonicus 竹节参	五加科,人参属	12	24
P. notoginseng 田七	五加科,人参属	12	24
P. quinquefolius 西洋参	五加科,人参属	12	48
Paris polyphylla 七叶一枝花	百合科,重楼属	5	10+0—2B
Peucedanum praeruptorum 白花前胡	伞形科,前胡属	11	22
Platycodon grandiflorus 桔梗	桔梗科,桔梗属	9	18
Polygonatum odoratum 玉竹	百合科,黄精属	10,11	20,22
P. sibiricum 黄精	百合科,黄精属	12	24
Psoralea corylifolia 补骨脂	豆科,补骨脂属	11	22
Ranunculus fruitans 拳卷毛茛	毛茛科,毛茛属	8	16
R. japonicus 毛茛	毛茛科,毛茛属	7	14
R. peltatus 盾叶毛茛	毛茛科,毛茛属	8	32
Rauvolfia vertieillata 萝芙木	夹竹桃科,萝芙木属	11	22
Rehmannia glutinosa 地黄	玄参科,地黄属	7	56
Saposnikovia divaricata 防风	伞形科,防风属	8	16
Sarcandra glabra 草珊瑚	金粟兰科,草珊瑚属	15	30
Saussurea involucrata 雪莲花	菊科,风毛菊属	8	32
Schizonepeta tenuifolia 裂叶荆芥	唇形科,荆芥属	12	24
Sophora flavescens 苦参	豆科,槐属	4	18
Tamarix chinensis 柽柳	柽柳科,柽柳属	12	24
Taraxacum officinale 药用蒲公英	菊科,蒲公英属	8	24
Trollius chinensis 金莲花	毛茛科,金莲花属	8	16
Vaccaria pyramidata 王不留行	石竹科,王不留行属	15	30
花卉			
Agave americana 龙舌兰	石蒜科,龙舌兰属	15	60,120,180
Aloe arborescens var. *natalensis* 芦荟	百合科,芦荟属	7	14

(续)

植 物 名 称	科, 属	染色体基数 (x)	染色体数 (2n)
Althaea rosea 蜀葵	锦葵科, 蜀葵属	7	42,56
Amaryllis vittata 朱顶红	石蒜科, 孤挺花属	11	22,44
Antirrhinum majus 金鱼草	玄参科, 金鱼草属	8	16
Aquilegia vulgaris 楼斗菜	毛茛科, 楼斗菜属	7	14,28
Asparagus plumosus 文竹	百合科, 天门冬属	10	20
Aster novi-belgii 荷兰菊	菊科, 紫菀属	9	18,48,49,54
A. tataricus 紫菀	菊科, 紫菀属	9	54
Begonia semperflorens 四季秋海棠	秋海棠科, 秋海棠属	11,12	33,36,60,66
Bellis perennis 雏菊	菊科, 雏菊属	9	18
Calceolaria crenatiflora 蒲包花	玄参科, 蒲包花属	9	18
Calendula officinalis 金盏菊	菊科, 金盏菊属	7,8	28,32
Callistephus chinensis 翠菊	菊科, 翠菊属	9	18
Camellia chrysantha 金花茶	山茶科, 山茶属	15	30
C. japonica 山茶	山茶科, 山茶属	15	30
C. reticulata 云南山茶	山茶科, 山茶属	15	90
Campanula medium 风铃草	桔梗科, 风铃草属	17	34
Campsis grandiflora 凌霄	紫葳科, 冷霄属	9,10	36,38,40
Canna generalis 大花美人蕉	美人蕉科, 美人蕉属	9	18
Celosia cristata 鸡冠花	苋科, 青葙属	9	36
Cantaurea cyanus 矢车菊	菊科, 矢车菊属	12	24
Cercis chinensis 紫荆	豆科, 紫荆属	7	28
Cheiranthus cheiri 桂竹香	十字花科, 桂竹香属	7	14
Chimonanthus praecox 蜡梅	蜡梅科, 蜡梅属	11	22
Chlorophytum elatum 吊兰	百合科, 吊兰属	7	28
Cineraria cruenta 瓜叶菊	菊科, 瓜叶菊属	10	60
Clematis heracleifolia 大叶铁线莲	毛茛科, 铁线莲属	8	16
C. integrifolia 全缘铁线莲	毛茛科, 铁线莲属	8	16
C. pierotii 细裂铁线莲	毛茛科, 铁线莲属	8	16
Clivia miniata 大花君子兰	石蒜科, 君子兰属	11	22
C. nobilis 垂笑君子兰	石蒜科, 君子兰属	11	22
Commelina communis 鸭跖草	鸭跖草科, 鸭跖草属	11	22,44
Consolida ajacis 飞燕草	毛茛科, 飞燕草属	8	16,24
Convallaria majalis 铃兰	百合科, 铃兰属	19	38
Coreopsis tinctoria 蛇目菊	菊科, 全鸡菊属	12	24
Cosmos bipinnatus 波斯菊	菊科, 秋英属	12	24
Crinum asiaticum var. *sinicum* 文殊兰	石蒜科, 文殊兰属	11	22
Cycas revoluta 苏铁	苏铁科, 苏铁属	11,12	22,24
Cyclamen persicum 仙客来	报春花科, 仙客来属	12	48,96
Cymbidium ensifolium 建兰	兰科, 兰属	10	40
C. sinensis 墨兰	兰科, 兰属	10	40,60,80
C. virescens 春兰	兰科, 兰属	10	40,46
Dahlia pinnata 大丽菊	菊科, 大丽菊属	8	64
Daphne odora 瑞香	瑞香科, 瑞香属	9	28,30
Dendranthema marifolium 菊花	菊科, 菊属	9	52~71
Dianthus caryopuyllus 香石竹	石竹科, 石竹属	15	30,90
D. chinensis 石竹	石竹科, 石竹属	15	30,60
Dicentra spectabilis 荷包牡丹	紫堇科, 荷包牡丹属	8	16
Eschscholtzia californica 花菱草	罂粟科, 花菱草属	6	12

(续)

植 物 名 称	科，属	染色体基数 (x)	染色体数 (2n)
Euphorbia pulcherrima 一品红	大戟科，大戟属	7	28
Forsythia suspensa 连翘	木犀科，连翘属	14	28
Freesia refracta 小苍兰	鸢尾科，香雪兰属	11	22
Fuchsia magellanica 吊钟海棠	柳叶菜科，倒挂金钟属	11	22,44
Caillardia pulchella 天人菊	菊科，天人菊属	17	34,36
Gardenia jasminoides 栀子	茜草科，栀子花属	11	22
Gladiolus colvillei 柯氏唐菖蒲	鸢尾科，唐菖蒲属	15	30
G. gandavensis 大花唐菖蒲	鸢尾科，唐菖蒲属	15	60～64
G. hybridus 唐菖蒲	鸢尾科，唐菖蒲属	15	32,40～44
Gomphrena globosa 千日红	苋科，千日红属	9,10	44～48
Gypsophila elegans 霞草	石竹科，丝石竹属	17	34
Helichrysum bracteatum 麦秆菊	菊科，腊菊属	7	28
Hemerocallis fulva 萱草	百合科，萱草属	11	22,33
H. fulva var. *kwanso* 重瓣萱草	百合科，萱草属	11	33
H. littorea 常绿萱草	百合科，萱草属	11	22
Hibiscus mutabilis 木芙蓉	锦葵科，木槿属	10	92,100
H. rosa-sinensis 扶桑	锦葵科，木槿属	9	92,144,168
H. syriacus 木槿	锦葵科，木槿属	10	80
Hosta plantaginea 玉簪	百合科，玉簪属	30	60
Hyacinthus orientalis 风信子	百合科，风信子属	8	16～31
Hydrangea macrophyll 八仙花	虎耳草科，八仙花属	9	18
Impatiens balsamina 凤仙	凤仙花科，凤仙花属	7	14
Iris tectorum 鸢尾	鸢尾科，鸢尾属	8	24,28,32
Jasminum nudiflorum 迎春	木犀科，茉莉属	13	52
Jasminum sambac 茉莉	木犀科，茉莉属	13	26,39
Kerria japonica 棣棠	蔷薇科，棣棠属	9	18
Kolkwitzia amabilis 猬实	忍冬科，猬实属	8	32
Lagerstroemia indica 紫薇	千屈菜科，紫薇属	12	48
Lathyrus odortus 香豌豆	豆科，香豌豆属	7	14(28)
Lilium brownii 野百合	百合科，百合属	12	24+1B
L. concolor 渥丹	百合科，百合属	12	24
L. davidii 川百合	百合科，百合属	12	24
L. lancifolium 卷丹	百合科，百合属	12	36
L. longiflorum 麝香百合	百合科，百合属	12	24
L. regale 岷江百合	百合科，百合属	12	24
L. speciosum var. *glorisoides* 药百合	百合科，百合属	12	24
L. tenuifolium 细叶百合	百合科，百合属	12	24
L. tsingtauense 青岛百合	百合科，百合属	12	24
Linum grandiflorum 大花亚麻	亚麻科，亚麻属	8,9	16,17,18
Lobularia maritima 香雪球	十字花科，香雪球属	8	24
Lycoris radiata 石蒜	石蒜科，石蒜属	11	33
Magnolia amena 天目木兰	木兰科，木兰属	19	38
M. denudata 玉兰	木兰科，木兰属	19	38,114
M. grandiflora 广玉兰	木兰科，木兰属	19	114
M. liliflora 紫玉兰	木兰科，木兰属	19	38
Malus spectabilis 海棠花	蔷薇科，苹果属	17	34
Malva sylvestris 锦葵	锦葵科，锦葵属	7	42
Matthiola incana 紫罗兰	十字花科，紫罗兰属	7	14,14+13

(续)

植 物 名 称	科，属	染色体基数 (x)	染色体数 (2n)
Michelia alba 白兰花	木兰科,含笑属	19	38
M. figo 含笑	木兰科,含笑属	19	38
Mimosa pudica 含羞草	豆科,含羞草属	13	52
Mirabilis jalapa 紫茉莉	紫茉莉科,紫茉莉属	9	54,56,58
Monstera deliciosa 龟背竹	天南星科,龟背竹属	14	56
Narcissus jonquilla 丁香水仙	石蒜科,水仙属	7	14
N. poeticus 红口水仙	石蒜科,水仙属	7	14,21
N. pseudonarcissus 喇叭水仙	石蒜科,水仙属	7	14(15,21,28)
N. tazetta var. *chinensis* 水仙	石蒜科,水仙属	10	30
Nelumbo mucifera 荷花	睡莲科,莲属	8	16
Nerium indicum 夹竹桃	夹竹桃科,夹竹桃属	11	22
Nymphaea tetragona 睡莲	睡莲科,睡莲属	14	112
Oenothera odorata 待霄草	柳叶菜科,月见草属	7	14
Ophiopogon japonicus 沿阶草	百合科,沿阶草属	18	36,68,72
Osmanthus fragrans 桂花	木犀科,木犀属	23	46
Paeonia lactiflora 芍药	毛茛科,芍药属	5	10
P. suffruticosa 牡丹	毛茛科,芍药属	5	10,15
Papaver rhoeas 虞美人	罂粟科,罂粟属	7	14
Pelargonium hortorum 天竺葵	牻牛儿苗科,天竺葵属	9	18
Petunia hybrida 矮牵牛	茄科,矮牵牛属	7	14,21,28,35
Pharbitis nil 牵牛花	旋花科,牵牛属	15	30
Philadelphus pekinensis 太平花	虎耳草科,山梅花属	13	26
Phlox drummondii 福禄考	花葱科,福禄考属	7	14
Polianthes tuberosa 晚香玉	石蒜科,晚香玉属	10	60
Portulaca grandiflora 半支莲	马齿苋科,马齿苋属	9	10,18,(36)
Primula malacoides 报春花	报春花科,报春花属	12	18,24,36
P. obconica 四季报春	报春花科,报春花属	12	24,48
P. sinensis 藏报春	报春花科,报春花属	12	24,36,48
Prunus mume 梅花	蔷薇科,李属	8	16,24
P. serrulata 樱花	蔷薇科,李属	8	16,24,25
P. triloba 榆叶梅	蔷薇科,李属	8	64
P. yedoesis 日本樱花	蔷薇科,李属	8	16
Quamoclit pennata 茑萝	旋花科,茑萝属	15	30
Reineckia carnea 吉祥草	百合科,吉祥草属	19	38,42
Rhododendron fortunei 云锦杜鹃	杜鹃花科,杜鹃花属	13	26
R. mariesii 满山红	杜鹃花科,杜鹃花属	13	26
R. mucronatum 毛白杜鹃	杜鹃花科,杜鹃花属	13	26
R. pulchrum 锦绣杜鹃	杜鹃花科,杜鹃花属	13	26
R. simsii var. *eriocarpum* 白花杜鹃	杜鹃花科,杜鹃花属	13	26
Rohdea japonica 万年青	百合科,万年青属	18	38
Rosa banksiae 木香	蔷薇科,蔷薇属	7	14
R. chinensis 月季花	蔷薇科,蔷薇属	7	14,21,28
R. hybrida 现代月季	蔷薇科,蔷薇属	7	
R. odorata 香水月季	蔷薇科,蔷薇属	7	14
R. rugosa 玫瑰	蔷薇科,蔷薇属	7	14
R. xanthina 黄刺玫	蔷薇科,蔷薇属	7	14
Saintpaulia ionantha 非洲紫罗兰	苦苣苔科,非洲紫罗兰属	14	28
Salvia splendens 一串红	唇形科,鼠尾草属	10,8	20,32

(续)

植 物 名 称	科，属	染色体基数 (x)	染色体数 (2n)
Sedum spectabile 景天	景天科，景天属	10	50,51
Sinningia speciosa 大岩桐	苦苣苔科，苦苣苔属	14	56
Sorbaria kirilowii 珍珠梅	蔷薇科，珍珠梅属	9	36
S. sorbifolia 东北珍珠梅	蔷薇科，珍珠梅属	9	36
Spiraea salicifolia 绣线菊	蔷薇科，绣线菊属	9	36
Syringa oblata 紫丁香	木犀科，丁香属	22,23,24	46~48
Tagetes erecta 万寿菊	菊科，万寿菊属	12	24(48)
Tradescantia ohiensis 紫露草	鸭趾草科，紫鸭趾草属	12	24
Tulipa gesneriana 郁金香	百合科，郁金香属	12	24,36
Verbena hybrida 美女樱	马鞭草科，马鞭草属	5	10,20
Viola tricolor var. *hortensis* 大花三色堇	堇菜科，堇菜属	13	26(杂种 26~53)
Wistaria sinensis 紫藤	豆科，紫藤属	8	16
Yucca filamentosa 丝兰	百合科，丝兰属	10	60
Y. gloriosa 凤尾兰	百合科，丝兰属	10	≈50
Zantedechia aethiopica 马蹄莲	天南星科，马蹄莲属	8	32
Zephyranthes candida 葱兰	石蒜科，葱兰属	19	38
Zinnia elegans 百日草	菊科，百日草属	12	24
林　木			
Abies fabri 冷杉	松科，冷杉属	12	
Acer ginnala 茶条槭	槭树科，槭树属	13	26
A. mono 五角枫	槭树科，槭树属	13	26
A. negundo 复叶槭	槭树科，槭树属	13	26
A. palmatum 鸡爪槭	槭树科，槭树属	13	26
Aesculus chinensis 七叶树	七叶树科，七叶树属	10	40
Ailanthus altissima 臭椿	苦木科，臭椿属	16	64
Alnus japonica 赤杨	桦木科，赤杨属	14	28,42,56
Amentotaxus argotaenia 穗花杉	红豆杉科，穗花杉属	14	28
Amorpha fruticosa 紫穗槐	豆科，紫穗槐属	10	40
Araucaria cunninghamii 南洋杉	南洋杉科，南洋杉属	13	26
Bauhinia purpurea 羊蹄甲	豆科，羊蹄甲属	14	28
Betula davurica 黑桦	桦木科，桦木属	14	56
B. platyphylla 白桦	桦木科，桦木属	14	28
Broussonetia papyifera 构树	桑科，构属	13	26
Buxus sempervirens 锦熟黄杨	黄杨科，黄杨属	7(14)	28
Calligonum mongolicum 蒙古沙拐枣	蓼科，沙拐枣属	9	18
Camptotheca acuminata 喜树	蓝果树科，喜树属	11	44
Castanopsis sclerophylla 苦槠	山毛榉科，栲属	12	24
Carpinus turczaninovii 鹅耳枥	桦木科，鹅耳枥属	8	16
Casuarina equisetifolia 木麻黄	木麻黄科，木麻黄属	12	24
Catalpa bungei 楸树	紫葳科，梓树属	10	40
C. ovata 梓树	紫葳科，梓树属	10	40
Cathaya argyrophylla 银杉	松科，银杉属	12	24
Cedrus deodara 雪松	松科，雪松属	12	24
Celtis sinensis 朴树	榆科，朴属	10	20
Cephalotaxus fortunei 三尖杉	三尖杉科，三尖杉属	12	24
C. sinensis 粗榧	三尖杉科，三尖杉属	12	24
Cinnamomum camphora 樟树	樟科，樟属	12	24

(续)

植 物 名 称	科，属	染色体基数 (x)	染色体数 (2n)
Corylus heterophylla 榛	桦木科,榛属	14	28
Cotinus coggygria 黄栌	漆树科,黄栌属	15	30
Cryptomeria fortunei 柳杉	杉科,柳杉属	11	22
Cudrania tricuspidata 柘树	桑科,柘属	14	56
Cunninghamia lanceolata 杉木	杉科,杉木属	11	22
Cupressus funebris 柏木	柏木科,柏木属	11	22
Dalbergia hupeana 黄檀	豆科,黄檀属	10	20
Davidia involucrata 珙桐	蓝果树科,珙桐属	10	40
D. involucrata var. *vilmoriniana* 光叶珙桐	蓝果树科,珙桐属	7	42
Delonix regia 凤凰木	豆科,凤凰木属	7	28
Eucalyptus citriodora 柠檬桉	桃金娘科,桉属	11	22
E. globulus 蓝桉	桃金娘科,桉属	11	20,22,28
Ficus elastica 印度胶榕	桑科,榕属	13	26
F. microcarpa 榕树	桑科,榕属	13	26
Firmiana simplex 梧桐	梧桐科,梧桐属	10	40
Fraxinus chinensis 白蜡树	木犀科,白蜡树属	23	46,92,138
F. mandshurica 水曲柳	木犀科,白蜡树属	23	46
Ginkgo biloba 银杏	银杏科,银杏属	12	24
Glyptostrobus pensilis 水松	杉科,水松属	11	22
Grevillea robusta 银桦	山龙眼科,银桦属	10	20
Juglans mandshurica 胡桃楸	胡桃科,胡桃属	16	32
Juniperus rigida 杜松	柏科,刺柏属	11	22
Keteleeria cyclolepis 江南油杉	松科,油杉属		24
Koelreuteria paniculata 栾树	无患子科,栾树属	11	22,30
Larix gmelini 落叶松	松科,落叶松属	12	24
L. kaempferi 日本落叶松	松科,落叶松属	12	24
L. olgensis 黄花落叶松	松科,落叶松属	12	24
L. principis-rupprechtii 华北落叶松	松科,落叶松属	12	24
L. sibirica 新疆落叶松	松科,落叶松属	12	24
Ligustrum lucidum 女贞	木犀科,女贞属	23	46
Liriodendron chinense 鹅掌楸	木兰科,鹅掌楸属	19	38
Melia azedarach 苦楝	楝科,楝属	14	28
Metasequoia glyptostroboides 水杉	杉科,水杉属	11	22
Parthenocissus quinquefolia 五叶地锦	葡萄科,爬山虎属	10	40
Paulownia forlunei 泡桐	玄参科,泡桐属	10	40
P. tomentosa 毛泡桐	玄参科,泡桐属	10	40
Phyllostachys pubescens 毛竹	禾本科,刚竹属	12	48
Picea asperata 云杉	松科,云杉属	12	24
P. jezoensis var. *microsperma* 鱼鳞云杉	松科,云杉属	12	24+1B
Picea koraiensis 红皮云杉	松科,云杉属	12	24
P. meyeri 白杄	松科,云杉属	12	24,24+2B
P. schrenkiana 雪岭云杉	松科,云杉属	12	24
P. wilsonii 青杄	松科,云杉属	12	24,24+2B
Pinus armandii var. *mastersiana* 台湾果松	松科,松属	12	24
P. bungeana 白皮松	松科,松属	12	24
P. densiflora 日本赤松	松科,松属	12	24
P. kesiya var. *langbianensis* 思茅松	松科,松属	12	24
P. koraiensis 红松	松科,松属	12	24

植　物　名　称	科, 属	染色体基数 (x)	染色体数 (2n)
P. massoniana 马尾松	松科,松属	12	24
P. sakahasii 兴凯松	松科,松属	12	24
P. sylvestris 欧洲赤松	松科,松属	12	24
P. sylvestris var. *mongolica* 沙地樟子松	松科,松属	12	24
P. sylvestris var. *sylvestris* 樟子松	松科,松属	12	24
P. sylvestris var. *sylvestriformis* 长白松	松科,松属	12	24
P. tabulaeformis 油松	松科,松属	12	24
P. taiwanensis 黄山松	松科,松属	12	24
p. thunbergii 黑松	松科,松属	12	24
P. yunnanensis 云南松	松科,松属	12	24
Platanus acerifolia 英桐	悬铃木科,悬铃木属	7(21)	16,42,20~22
P. occidentalis 美桐	悬铃木科,悬铃木属	7(21)	42,20~22
P. orientalis 法桐	悬铃木科,悬铃木属	7(21)	14,16,40,42
Platycladus orientalis 侧柏	柏科,侧柏属	11	22
Podocarpus macrophylla 罗汉松	罗汉松科,罗汉松属	19	38
Populus davidiana 山杨	杨柳科,杨属	19	38
P. nigra 黑杨	杨柳科,杨属	19	38
P. simonii 小叶杨	杨柳科,杨属	19	38
P. tomentosa 白毛杨	杨柳科,杨属	19	38
P. ussuriensis 大青杨	杨柳科,杨属	19	38
Pseudolarix amabilis 金钱松	松科,金钱松属	11	44
Pterocarya stenoptera 枫杨	胡桃科,枫杨属	16	32
Quercus acutissima 麻栎	山毛榉科,栎属	12	24
Q. dentata 槲树	山毛榉科,栎属	12	24
Q. mongolica 蒙古栎	山毛榉科,栎属	12	24
Q. variabilis 栓皮栎	山毛榉科,栎属	12	24
Robinia pseudoacacia 刺槐	豆科,刺槐属	10	20
Sabina chinensis 圆柏(桧柏)	柏科,圆柏属	11	44
Salix babylonica 垂柳	杨柳科,柳属	19	76
S. leucopithecia 银芽柳	杨柳科,柳属	19	38
S. matsudana 旱柳	杨柳科,柳属	19	38
Sapium sebiferum 乌桕	大戟科,乌桕属	9	36
Sequoia sempervirens 北美红杉	杉科,北美红杉属	11	66
Sequoiadendron gigantea 巨杉	杉科,巨杉属	11	22(44)
Sophora japonica 槐树	豆科,槐属	14	28
Taiwania cryptomerioides 台湾杉	杉科,台湾杉属	11	22
Taxodium ascendens 池杉	杉科,落羽杉属	11	22+2B
T. distichum 落羽杉	杉科,落羽杉属	11	22
Taxus cuspidata 东北红豆杉	红豆杉科,红豆杉属	12	24
Tilia tuan 椴树	椴树科,椴树属	41	164
Toona sinensis 香椿	楝科,香椿属	13	52
Torreya grandis 榧树(香榧)	红豆杉科,榧树属	11	22
Trachycarpus fortunei 棕榈	棕榈科,棕榈属	9	36
Tsoongiodendron odorum 观光木	木兰科,宿轴木兰属	19	38
Ulmus macrocarpa 大果榆	榆科,榆属	14	28
U. propinqua 春榆	榆科,榆属	14	28
U. pumila 白榆	榆科,榆属	14	28
Zelkova serrata 光叶榉	榆科,榉属	14	28

第二篇

动物细胞学研究方法

第十一章 动物组织切片制作的基本原理和技术

第一节 概述

随着科学技术的进步，研究动物细胞的方法也不断增多，但生物制片技术仍是研究动物细胞的主要方法，只是这门技术也随着染色剂、化学试剂的创新和切片器械的日益精密而不断发展、日益完善。

（一）制片的种类

制片方法很多，但归纳起来可分为两大类，即非切片法和切片法。

1. 非切片法　即不用切片机、不经切片手续而制成切片的方法，包括整体封藏法、涂片法、压碎法、浸渍分离法、组织直接印片法和磨片法等。这些方法操作简单、快速，组织各个组成部分均不被切断，能保持原有状态，但缺点是标本被压碎时，组织受挤压，会使某些组成部分的正常关系位置有所变动。

2. 切片法　即必须依靠切片机将组织切成薄片（以 μm 计），再进行染色而得到结果的方法。在切成薄片以前必须设法使组织内渗入某些支持物质，使组织保持一定的硬度，然后使用切片机进行切片，根据所用支持物质的不同，可分为石蜡切片法、火棉胶切片法和冰冻切片法等类型。切片法可以保持组织的原有状态和正常位置关系，但缺点是手续比较复杂。

（二）制片方法的一般程序

制片的方法很多，根据材料的不同，可选用合适的方法；这些方法在具体操作上虽有不同，但一般程序是基本相同的，都要经过取材、固定、染色和封固等四个主要步骤，如果是切片法，则再增加一个切片步骤。为此，有学者将各种制片方法的主要步骤用一简表列出（表11-1）。

表 11-1 制片程序示意

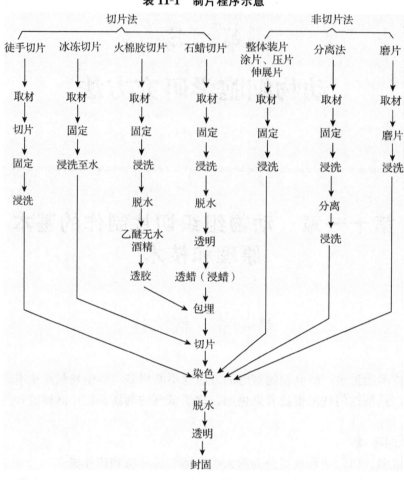

第二节 动物的杀死和取材

(一) 动物的杀死

杀死动物的方法很多，依据动物大小、种类和观察目的不同，可进行适当的选择，常用的方法有以下。

1. **麻醉法** 可将浸有乙醚或氯仿的棉球连同小动物一起密封于有盖玻璃瓶内进行麻醉。也可用 4% 戊巴比妥作静脉注射，1ml/kg 体重。或用 20% 氨基甲酸乙酯（乌拉坦）作腹腔注射，剂量一般按动物体重 5ml/kg。也可用脱脂棉蘸取氯仿或乙醚，置于动物的鼻尖部，令其吸入麻醉。

2. **空气栓塞法** 一些较大的动物如天竺鼠、兔、猫等可用空气栓塞法。用 50ml 的注射器从耳静脉注入空气，使动物发生急性空气栓塞痉挛而死。注入的空气量，视动物的大小而定，一般情况下兔、猫约注入 20～40ml，狗注入 80～100ml。

3. **断头法** 一些较小的动物，如小白鼠、大白鼠、青蛙等，可用剪刀剪断其头部致死。

4. **击头法** 用重物或木槌猛击动物头后部，使其颈椎脱位，延髓急性损伤而死。

5. **股动脉放血法** 先让动物吸入乙醚或氯仿，麻醉后立即切开股动脉，放血致死。

无论采用哪种杀死方法，都要尽快将动物颈部血管割破，将动物倒提放血，然后迅速取材固定，以免细胞的结构和成分发生变化。

细胞学和组织化学方面的制片，要求活着取材，立即固定，因此，在一般情况下，要对动物施行麻醉，然后再割取材料加以固定。

一般的组织学制片，要求不太严格的话，则可先杀死动物，然后迅速取材固定。

较小的低等动物，如原生动物（草履虫）、腔肠动物（水螅）等，可用加热法或用冷的或热的固定剂直接杀死的方法。

(二) 取　材

各种动物组织有较大的差异，如环层小体以猫的肠系膜和足掌最多，狗的嗅粘膜发达，猪的肝小叶分叶最明显，结缔组织铺片以小鼠为最佳，因此制片时，必须根据目的，对使用的动物加以选择。

1. 动物组织取材注意事项

(1) 材料必须新鲜。最好是动物的心脏还在跳动时取材，并立即投入固定液内。

(2) 所取材料应包括各脏器的重要结构或全部结构。如消化管应包括粘膜、粘膜下层、肌层和外膜四层结构；有浆膜的器官如肝、肺、脾等应包括被膜在内；若器官太大，不易全部制片时，可切取能代表该器官的部分材料，如肾脏可切取包括皮质、髓质和肾盂的一部分为材料。

(3) 选好组织块的切面。应熟悉器官组织的组成并据此决定切面的走向。纵切或横切应根据观察目的而定，如要观察小肠的环行皱襞，就应取其纵切面制片；又如要观察骨骼肌纤维的横纹，需取其纵切面；若观察肌原纤维的排列，就需取其横切面制片；肾脏、淋巴结纵切为好；肝、脾、腺体纵横切均可；脑一般取与其表面和脑沟成直角的方向作垂直切面。

(4) 组织块必须小而薄，以利于固定液渗透至组织的中间部分。细胞学的制片组织块不能超过2mm，一般组织块的大小以 0.5cm×0.5cm×0.2cm 为宜，若较大的材料，其长度和宽度可大些，如 1cm×1cm×0.3cm，1.5cm×1.5cm×0.5cm，厚度最厚不可超过 0.5cm。柔软组织不易切小，可先取稍大的组织块固定 2～3h，等组织稍硬后再修切成薄的小块继续固定。被膜厚而坚实的器官（如睾丸）须切开被膜，并在其上开 2 个以上小口，以利固定液的渗入。

(5) 勿使组织块受挤压。切取组织材料的刀、剪应锋利，不可来回切割，夹取组织时，切勿猛压，以免挤压损伤组织，影响制片后的检查。取材时，组织块可稍大一些，以便在固定后，将组织块的不平整部分修去。

(6) 尽量保持组织的原有形态。一些柔嫩或薄的材料如神经、肌腱、肠系膜等应先平摊于吸水纸上，再投入固定液中，可防止因蛋白质凝固而引起的扭转变形。对有空气的组织如肺等可用线缚住重物使其下沉，或用注射器吸出肺内气体，使其下沉于固定液中。

(7) 清除不需要的部分。切去组织块周围不需要的其他组织（如脂肪组织），以免影响以后的程序和观察。有些材料如肠管经固定剂作用后往往会使粘膜外翻，不利于包埋，可在固定数小时后修除外翻部分，继续固定。

(8) 保持材料的清洁。如取消化管时可用生理盐水或固定液轻轻洗去所含的粘液、食物残渣等，再投入新的固定液中。

2. 主要组织器官的取材方法　取材的先后，应根据动物死后组织改变的快慢而定，一般次序为：首先取肝、胆囊，其次取胃，再次取胰腺、脾、十二指肠、空肠、回肠、结肠，然后取胸腔及骨盆腔内的器官，最后取神经系统。

(1) 肝脏：右叶一块，切成正方形；左叶一块，切成长方形。厚度以 2～3mm 为宜。

(2) 胰腺：一般取胰腺的尾部作横切面，因胰尾含胰岛较多，便于做胰岛细胞的特殊染色，取 1~2 块。

(3) 消化管：应先将一段肠管取下，从中破开使其成一片状，再将其铺于硬纸上（被膜面贴靠硬纸），用大头针将四边固定，用生理盐水轻轻将食物及粘液洗掉，然后投入固定液。胃和胃的移行部的处理与肠管相同。也可结扎肠管一端，注入固定液，再结扎另一端，放入固定液内，2h 后再取出，钉在硬纸上。

(4) 肾脏：沿着肾的凸面的中部直到纵深做纵剖切面，全部切成两半，然后在肾的任何一半面再做一扇形切面，皮质、髓质和肾盂都应切到，两肾各切一块。

(5) 膀胱：一般取收缩期的膀胱组织，沿膀胱腹壁中线切开，然后在膀胱体部做纵切面，取材，由于切取时引起膀胱平滑肌收缩，故可将组织附贴于滤纸上，再投入固定液。

(6) 肺：因肺内含有空气，固定液难以渗入，所以取材时可先将肺整体取下固定，即往气管徐徐注入固定液，使其保持正常的呼吸状态（切勿萎缩或膨胀），然后将全肺投入固定液中 12h 后，将肺从下 1/3 处剪开，切成所需小块继续固定，如组织块不下沉，可将组织块放入注射器中抽气。

(7) 心脏：若观察心肌纤维的微细结构，取左心室，沿乳头肌的长轴作纵切面，因乳头肌的肌纤维排列整齐，同时乳头肌上有比较丰富的蒲金野氏纤维。

(8) 较小的管状脏器：如输精管、输卵管、输尿管、中等动静脉、神经、脊髓等，可取 1~1.5cm 长的一段段固定。脊髓一般取腰膨大部，并连同双侧的脊神经节取下，可平置于滤纸上，再固定。为防止神经纤维收缩变形，在固定之前，可将神经的两端用丝线扎起来，将结扎的两端分别绑在一个自制的弓形玻璃棒上，拉紧，使神经呈直条状，再固定。

(9) 淋巴结、松果体、脑垂体、神经节等体积不大的实质性器官，应整个固定。

(10) 睾丸：用兔或大白鼠的睾丸，从外侧缘切下去一直切至附睾及睾丸输出管，分为两半，然后固定。

(11) 脑：按脑回切为横断，将切取的小块脑组织平放于滤纸上，再固定。

(12) 骨骼肌：取舌肌的肋间肌，固定前的处理同神经纤维。

(13) 内耳：一般选用豚鼠为材料，将整个内耳取下，先用注射法固定后，然后将整个内耳投入固定液中。

(14) 眼球：整体取材。

第三节　固定和固定液

(一) 固　定

1. 固定的意义和目的　在制作组织切片的过程中，取材后应将组织材料立即固定，才能进行制片，固定是制片极为关键的一步。

动物死亡后，由于组织细胞内酶的作用和细菌的繁殖，可引起组织的自溶和腐败，组织结构遭到破坏，影响形态学的观察，因此，割取组织块后，应立即采用一种方法，使组织尽可能保持原有的形态结构，且有利于保存和适于制片的操作，这一步骤称为固定。固定有物理方法和化学方法两种，物理方法固定有干燥、高热和低温骤冷等，如血液涂片的干燥固定，冰冻切片的低温骤冷固定及组织的微波技术热固定等。化学方法固定就是用化学试剂配制成固定液使组织固定。固定的目的和作用主要有以下几个方面：

（1）通过固定，使细胞内的蛋白质、脂肪、糖、酶等各种成分凝固和沉淀下来，防止了组织自溶和腐败，使细胞内的各种成分保持了与生活时相近的形态结构。

（2）因沉淀和凝固的关系，细胞内不同的成分产生了不同的折光率，造成光学上的差异，以便染色后易于鉴别和观察。

（3）固定剂还兼有硬化组织的作用，使柔软组织硬化，便于制片。

（4）有的固定剂具有媒染的作用，通过固定，使细胞易于着色。

2. **固定液的性质和选择** 固定液的种类繁多，各种固定液的选择随标本种类、目的和方法的不同而不同，但不论使用哪种固定液，都要达到上述的固定的目的和作用，因此，所选用的固定液必须具有以下性质：

（1）能迅速渗入组织而固定细胞内的成分，从而使细胞的形态、结构和成分不发生变化。

（2）必须具有相当的渗透力，对组织各部的渗透力相等，可使组织内外完全固定。

（3）尽可能避免组织膨胀或收缩，使组织细胞中不至于因固定而引起人为的改变。

（4）增加细胞内结构的折光率，增加媒染作用和染色能力。

（5）使组织变硬，适于制片，但又不使材料太坚硬而松脆。

（6）固定以后，又能有保存作用。

3. **固定的注意事项**

（1）所要固定的组织必须新鲜。取材后立即投入固定液，最迟不能超过 1~2h。

（2）防止材料因固定液的作用而发生变形。对某些柔嫩或薄的材料如神经、肌腱、肠系膜及含气泡的材料如肺等的处理可参见取材注意事项中有关内容。

（3）固定液的用量。固定组织时，应有足够的固定液，一般材料与固定液的比例为 1：15~20。固定所用容器不可太小，材料不可太多。为避免组织贴于瓶底，影响固定液的渗入，可在瓶底放些棉花使组织落于棉花上。

（4）固定的时间。应根据组织的不同种类、大小、固定液的性质、渗透力的强弱及固定时的温度而定。固定时间一般不能超过规定的时间，以免组织过度硬化和收缩。某些固定液（如 Carnoy）对组织硬化作用较强，固定只需数小时；但有些固定液（如 Bouin）硬化作用较弱，可固定 24h 左右。

（5）促使固定。材料投入固定液后，须时常摇晃瓶子，有利于固定液的渗入。

（6）采用合适的方法。一般化学法固定时，采用浸泡式固定法，但某些组织块由于体积过大或固定液难以渗入内部或需要对整个脏器或整个动物进行固定，需采用注射固定法，即将固定液注入血管，经血管分支到整个组织或全身，从而得到充分的固定。

（7）容器外需贴标签。标签上注明材料名称、固定液及日期等。

（二）动物细胞学研究常用的固定液

可分为两大类，简单固定液和混合固定液。

1. **简单固定液** 动物细胞学研究中常用的简单固定液主要有甲醛、乙醇、醋酸、苦味酸、铬酸、重铬酸钾、升汞、锇酸，有关它们的性质和作用见表 11-2。

2. **混合固定液**

（1）Zenker 氏液：

配方： 升汞   5g

      重铬酸钾   2.5g

表 11-2 常用 8 种简单固定液的性质与作用简表

名称	性质	对蛋白质的作用	对脂类的作用	对糖类作用	穿透速度	组织收缩或膨胀	组织硬化程度	固定后的冲洗	对染色的影响	适合固定材料的浓度
乙醇 C_2H_5OH（酒精）	还原剂	能沉淀白蛋白、球蛋白和核蛋白。但核蛋白的沉淀易溶于水，所以不适于染色体的固定	溶解脂类、类脂体和血色素，损害其他多种色素	可沉淀糖原，但沉淀物溶于水，所以80%以上的酒精是糟原较好的固定液	快 1~3h	收缩显著	较硬（尤其组织表面发硬）	不需要冲洗，本身就是脱水剂。70%酒精又是保存剂	对核染色不良	70%~100% 80%~95% 的浓度为好
甲醛液（福尔马林）HCHO	还原剂	可与蛋白质化合形成不溶性的化合物而固定	能保存类脂物，对固定脂肪、神经髓鞘效果好，也可固定高尔基体、线粒体	能保存糖原	慢 4~12h	最初收缩少，经埋后有强烈收缩	适度，能加韧性	直接投入70%酒精或水洗	一般染色均可染，但对碱性染色剂反应好	2%~10% 常用10%
醋酸 CH_3COOH	酸类	能沉淀核蛋白，适于染色体、染色体固定	无固定作用	无固定作用	极快 1/2~1h	使组织细胞膨胀	适度，能防止硬化	直接投入50%~70%酒精	无不良影响	5%
苦味酸 $C_6H_2(NO_2)_3OH$	强酸，干燥时易爆炸	沉淀一切蛋白质	无作用	无固定作用	比醋酸和酒精慢，3~4h	收缩显著	不硬化	直接投入70%酒精	极易染色	饱和水溶液
铬酸 CrO_3	强氧化剂	沉淀一切蛋白质	无影响	能固定肝糖使之不溶于水	较慢 12~24h	不过分收缩	中等	流水冲洗	适于碱性染色剂染色	0.5%~1%
重铬酸钾 $K_2Cr_2O_7$	强氧化剂	不沉淀蛋白质，但酸化的重铬酸钾可以沉淀、凝固蛋白质	保存类脂体，可以固定高尔基体、线粒体，不能固定染色体	无固定作用	快	收缩少，但经酒精时收缩显著	中等	流水冲洗	对酸性染色剂染色好	1%~3%
升汞 $HgCl_2$	剧毒的白色粉末或结晶	沉淀所有蛋白质	无固定作用	无固定作用	快	使组织收缩剧烈	中等	流水冲洗需经碘液脱汞	易染色	饱和水溶液或70%酒精为溶剂
锇酸 OsO_4	氧化剂	不沉淀蛋白质，但使蛋白质胶化	脂类唯一的固定剂		极慢	稍呈膨胀后收缩	较弱	流水冲洗	对苏木素染色良好	0.5%~2%

蒸馏水	100ml
冰醋酸	5ml

配制时先将升汞、重铬酸钾溶于水中，加温使之溶解，冷后过滤，贮于棕色瓶内，临用时取此液95ml，加冰醋酸5ml，即为Zenker氏液。此液为组织学、细胞学和病理学常用的固定液。经此液固定的材料，细胞质和细胞核染色清晰。固定时间为12~24h（2~5mm厚度的组织块），固定后流水冲洗12~24h，再移入70%酒精中脱水，并加入少量碘液（0.5%碘酒精）以去汞。

（2）Helly氏液（Zenker-Formol）：将上述Zenker氏液中的冰醋酸换成甲醛液（40%）5ml即可，甲醛液也在用前加入。此液适合固定一般动物组织，特别是对线粒体的固定。一般固定12~24h，固定后流水冲洗12~24h，脱水时用碘液去汞。

（3）Müller氏液：

配方：重铬酸钾	2~2.5g
硫酸钠	1.0g
蒸馏水	100ml

本液多用于媒染和硬化神经组织。固定时间自数天至数周，在第一周中每天换新液一次，第二周之后每周换一次。固定后流水冲洗24h，酒精脱水。

（4）Bouin氏液：

配方：苦味酸饱和水溶液（0.9%~1.2%）	75ml
甲醛（37%~40%）	25ml
冰醋酸	5ml

使用前配制。

本液为常用良好固定剂，一般动物组织、昆虫组织、无脊椎动物的卵和幼虫及一般组织学、胚胎学的材料均可用此固定。

一般组织固定12~24h，固定后入70%酒精中洗去苦味酸，在酒精中滴加几滴氨水或碳酸锂饱和水溶液可洗去黄色。

（5）Carnoy液：

配方：纯酒精（100%）	（6份）	60ml
冰醋酸	（1份）	10ml
氯仿（三氯甲烷）	（3份）	30ml

此液能固定细胞浆及细胞核，尤其适宜于染色体、中心体、DNA和RNA，故多用于细胞学研究的制片。

小块组织一般固定20~40min，大型材料不超过3~4h。固定后用95%酒精洗涤。

（6）Heidenhain氏"Susa"液：

配方：升汞	4.5g
氯化钠	0.5g
蒸馏水	80ml
三氯醋酸	2g
冰醋酸	4ml
甲醛（福尔马林）（40%）	20ml

冰醋酸和甲醛在临用时加入。

此液适合固定动物的正常和病理组织。

固定时间3~4h，而后直接入95%酒精，在酒精内可加入碘酒精以去汞。

(7) Flemming 氏液：

配方：强液：1%铬酸水溶液 75ml，2%锇酸水溶液 20ml，冰醋酸 5ml。

弱液：1%铬酸水溶液 25ml，2%锇酸水溶液 5ml，1%冰醋酸（用前加入）10ml，蒸馏水 60ml。

此液为细胞学固定剂，尤其适于高尔基体和线粒体的固定。固定时间小块组织（2mm³）为 24～48h，强液适于固定脂肪组织（经固定的脂肪、髓鞘变为黑色），固定后流水冲洗 24h，如组织变为黑褐色，染色前需经漂白处理，对苏木素着色较好。

(8) Mossman 氏液：

配方：甲醛（福尔马林）　　　　　　　　　　　　10 份
　　　95%酒精　　　　　　　　　　　　　　　　30 份
　　　冰醋酸　　　　　　　　　　　　　　　　　10 份
　　　蒸馏水　　　　　　　　　　　　　　　　　50 份

此液用于哺乳动物胚胎的固定，它的渗透力很强兼有脱钙作用。固定 1～2 天，用 70%～80%酒精冲洗。

(9) Regaud 氏液：

配方：3%重铬酸钾水溶液　　　　　　　　　　　80ml
　　　中性甲醛　　　　　　　　　　　　　　　　20ml

3%重铬酸钾可多配些备用，但中性甲醛必须临用时加入，混合后不能贮存。此液适于固定动植物细胞的线粒体。

第四节　洗涤和脱水

(一) 洗　涤

固定后的材料，用水或酒精稍加清洗后进行修切，去掉不需要部分，选择好包埋面，然后根据固定液不同，选择适当的冲洗液（自来水、蒸馏水或酒精）除掉其中的固定液，以免妨害染色、保存和观察。一般水溶性的固定液用水冲洗，酒精溶性的固定液用相同浓度的酒精冲洗。

冲洗的方法根据需要而定，不需要流水冲洗的，将材料放入适当容器内，材料与水的比例为 1∶20，一般需换水 3～5 次。需流水冲洗的，将材料放入广口瓶中，瓶口罩以纱布用线缚牢，将瓶置于自来水龙头下，龙头上可接橡皮管一段，将另一端插入瓶底，调节好水的流速，使水从瓶底缓缓流出而更新。需要用酒精冲洗的，材料与酒精的比例 1∶10，注意换酒精。

冲洗的时间视固定液的种类而异，最少者 1h 以上，或半日、多日，一般 10～24h。

(二) 脱　水

组织材料经固定和水洗后含有许多水分，二甲苯和石蜡（或火棉胶）不溶于水，所以必须在透明和包埋以前用某些溶剂（脱水剂）把组织中的水分逐步完全置换出来，以利于透明剂和石蜡或火棉胶的渗入，这一过程就叫脱水。

脱水剂分为两类，一类为单纯脱水剂，如酒精、丙酮等。另一类是脱水兼透明剂，如正丁醇、叔丁醇、二氧六环等。在实验室中最常用的脱水剂是酒精。

材料脱水时必须从低浓度脱水剂开始，逐渐转入高浓度脱水剂，以防组织收缩变形或脱水不完全。例如酒精脱水时可采用两种方法。第一种：一般组织（除神经组织和柔软组织外）可从70%经80%、90%、95%、100%酒精，使其逐步脱水，为使组织脱水彻底，应将95%酒精分为二节，无水酒精分为两节。第二种：从30%经40%、50%、60%、70%、80%、90%、95%、100%酒精，此种方法适于柔软组织或胚胎组织、低等无脊椎动物组织等。

脱水的时间按照组织的种类、体积大小和厚度而定，一般0.5~3h。结构紧密、体积较大的组织一般脱水时间应稍长。如小白鼠的卵巢、肾上腺（约厚2~3mm）在100%以下各级酒精中的时间约45~60min，但同样大小的肝脏因结构紧密，各级脱水时间要相应延长15~30min。

第五节 透明、透入和包埋

（一）透 明

在制片过程中有两次透明，第一次是在脱水后透蜡前的组织块的透明，第二次透明在染色以后切片的透明。切片透明的目的是便于光线透过，便于显微镜下观察。而组织块透明的真正意义不是为了透明，它的实际作用是为了便于透蜡包埋。

组织块在脱水以后，所用的大多数脱水剂不能和石蜡相混合，必须通过透明剂的作用才能透蜡。透明剂既可以和脱水剂相混合又能和石蜡相混合，起到桥梁作用，它可以逐出组织块中的脱水剂，在代替脱水剂后又引导石蜡的渗入。当组织中全部被透明剂占有时，光线可以透过，组织呈现不同程度的透明状态。

组织块透明在制片过程中是很重要的环节，如果组织不能透明，表明脱水未尽，必须重新返工，否则影响到透蜡的进行。

常用的透明剂种类较多，如二甲苯、甲苯、苯、氯仿、香柏油、冬青油、苯胺油等，但使用最多的是二甲苯。

二甲苯是目前应用最广的一种透明剂。从纯酒精移入二甲苯必须和脱水一样逐步进行，最妥当的方法是纯酒精逐步减少，二甲苯逐步增多。通常在制片进入二甲苯以前先经过1/2纯酒精和1/2二甲苯的混合液，以避免材料收缩，避免纯酒精中有些微脱水不净的弊病。

（二）透入和包埋

组织经过脱水、透明后要让石蜡、火棉胶、碳蜡、明胶等支持剂透入内部使它变硬并将组织包埋进去以利于切片和观察，这个过程前者称为"透入"，后者称为"包埋"。

常用的透入包埋剂有石蜡、火棉胶、碳蜡和明胶等，其中最常用的是石蜡。

1. **石蜡的透入（透蜡）与包埋**

（1）透蜡：把已透明的材料投入溶化的石蜡中，石蜡即可取代透明剂，而使组织中的一切空隙为石蜡透入而填满，这个步骤称为透蜡或浸蜡。

选择石蜡的熔点时应根据室温条件和组织类型结合起来考虑，通常在室温10~19℃选用52~54℃的石蜡。为了减轻组织的收缩，可先经软蜡（熔点42~45℃），再经过硬蜡（一般用52~56℃），在透蜡时组织必须经过数次纯石蜡使石蜡中含有的透明剂完全去尽，以免影响切片。

为了使石蜡能更充分地浸透到组织中去，在组织放入石蜡以前，先放入二甲苯石蜡中，有两种方法：①25%石蜡（石蜡25g溶于二甲苯100ml中）杯中0.5h→50%石蜡杯中0.5h→70%石蜡杯中0.5h→软石蜡杯Ⅰ0.5h→软石蜡杯Ⅱ0.5h→硬石蜡杯Ⅰ0.5~1h→硬石蜡杯Ⅱ1~2h。②石蜡：二甲苯＝1∶1杯中0.5h→再依次转入软、硬四种石蜡杯中，每杯停放0.5~1h。

透蜡过程应在温箱（60℃）或自制的木质的透蜡箱中进行，透蜡时注意箱内温度应与石蜡的熔点相配合，温度不可过高或过低。

透蜡所用容器可以是小烧杯或陶瓷小坩锅，为换杯方便，组织块可放入自制的金属小网篮中，提取方便。

透蜡的时间，根据不同组织类型及大小而定，基本上与组织固定时间成正比。组织在1~2mm大小，透2~3h，2~3mm者透3~5h，3~5mm者透6~8h。对细胞体积小、密集、纤维成分少的组织，如肝、脾、骨髓应减少时间，含脂肪和纤维成分较多的组织需增加时间。

（2）包埋：材料经石蜡透入后，即可进行包埋，包埋可用L形金属包埋框，但最常用的是纸盒法，纸盒的具体制作和包埋过程可参见第一部分植物细胞学研究方法部分及有关资料。

（3）蜡块的修整与固着：把包有组织块的长条蜡块，用单面刀片分割成以组织块为中心的正方形或长方形，然后在蜡块底面（即切面）修成以组织块为中心、组织块边距为2mm，高3~5mm的正方形或长方形蜡块，把修整齐的蜡块固定于金属台座或木块上（图11-1、图11-2），但我们的经验是：直接在蜡块上修整出凸出的含有组织的部分，然后将蜡块固定于切片机上切片，较方便，且节省木块（图11-3）。但包埋的蜡块必须有足够的厚度。

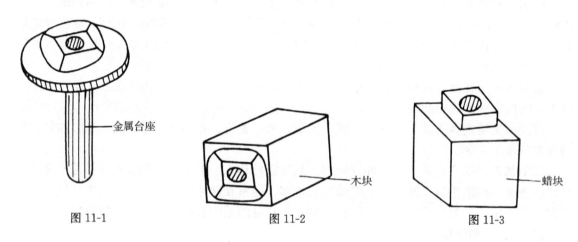

图 11-1　　　　　　　　图 11-2　　　　　　　　图 11-3

2. 火棉胶的透入与包埋　火棉胶切片法适用于大块组织，它不使纤维及肌肉过度的硬化，对于神经、眼球、角质及某些中空组织能减少收缩，有利于保持组织的原有构造，并能切削成较厚的切片来解决神经组织学、胚胎学方面的特殊需要，缺点是操作过程过久。所以一般的小块组织，可用石蜡包埋的，则采用石蜡包埋法。

火棉胶透入包埋的过程如下：

（1）材料经固定和冲洗后，依次浸入各级酒精中脱水，脱水时间较石蜡切片长，冲洗后→70％酒精中6~24h→80％酒精中6~24h→90％酒精中6~24h→95％酒精中12~24h→100％酒精中12~24h，然后浸入乙醚酒精（1：1）24~48h。

（2）依次浸入2％、4％、8％、12％、16％火棉胶液中透胶，各级胶液中可浸2天至数周，在浓度高的胶液中，最好浸1周以上，大的材料，则透胶时间应更长。若不急用，可以较长久地浸在各级火棉胶液中，但要注意盖紧瓶盖，气温高时还应置于冰箱内。

（3）包埋可用纸盒，也可用平底玻皿作包埋器。将16％火棉胶液倒于纸盒或平底玻皿内，再将材料由16％火棉胶液中取出，切面向上放至盒底，放正位置，把纸盒放入一盛有少许氯仿的小玻璃缸内，盖好缸盖，1~3h后，火棉胶开始硬化。此乃利用氯仿挥发的气体来硬化火棉胶，静置1天后，再打开缸盖检查，若火棉胶硬度不够，可再加入新氯仿，继续使之硬化，约1～2天或更长时间，火棉胶变硬，材料被包埋于火棉胶中。

（4）如果不采用氯仿硬化，也可经自然挥发，即不要将缸盖或玻璃平皿盖盖得太紧密，使乙醚酒精慢慢挥发而使胶液硬化，但注意不要挥发过分而干缩。

当用手指压火棉胶，若不出现指纹的压迹时，即为合适的硬度。

已包埋好的火棉胶块可浸入70％酒精中长期保存，随时取出切片。

注：火棉胶液的配制方法及步骤：取固体火棉胶以2g、4g、6g、8g、10g、12g、16g等不同分量分别装入洗净而又烘干的容器中，然后用干量杯量取纯酒精50ml加入各瓶中，密闭瓶盖放置一夜，火棉胶吸取纯酒精后即膨胀，此时再在每瓶中加入无水乙醚50ml，密封瓶口，放置一夜，火棉胶即可熔化，成为2％、4％等不同浓度的火棉胶液。

3. 火棉胶石蜡双重包埋法　利用两种切片法的优点合而为一，脆硬标本如眼球、虫卵、昆虫等，单用石蜡包埋，切片易破碎，所以先用火棉胶包埋，连接组织，再用石蜡包埋，制作切片。

方法如下：

（1）材料按常规法脱水至无水酒精后入酒精乙醚（1∶1）混合液中1～1.5h，次入2％火棉胶液内2～7天。

（2）将盛有组织块的2％火棉胶液小平皿（去盖）放入预先盛有氯仿液（氯仿量约为小平皿中火棉胶液的1倍）的有盖玻璃缸内1～2h，火棉胶和组织一起被氯仿蒸气凝固成白色混浊状态。

（3）从玻皿中取出火棉胶块，将组织块周围的火棉胶切掉仅留极薄的一层。

（4）将修好的火棉胶组织块浸入氯仿中透明，以驱出组织块中的酒精和乙醚，时间一昼夜，换液4～5次。

（5）入氯仿石蜡混合液（氯仿10g加入43℃的石蜡5g），37℃温箱中1～3h。

（6）入纯石蜡中透蜡、包埋，方法同石蜡的透入包埋法。

4. 明胶透入包埋法　明胶包埋的切片主要为补充冰冻切片的某些缺点而用，组织块先经明胶包埋后再用冰冻法制成切片可避免组织的松散并且能切得薄而好的切片。

（1）明胶溶液的配制：配制5％明胶溶液（1％石炭酸水溶液100ml＋明胶5g）、10％明胶溶液（1％石炭酸水溶液100ml＋明胶10g）、20％明胶溶液（1％石炭酸水溶液100ml＋明胶20g），三者各贮于磨口玻瓶中，紧塞后在37℃温箱中放置过夜，任其自行溶解，过滤后，即配成明胶液。

（2）透入及包埋：组织块经长时间流水冲洗后→入15％明胶，37℃，24h→10％明胶，37℃，24h→20％明胶，37℃，24h，再将最后盛明胶及组织块的容器放于冰块上（或冰箱内）冷凝。然后把组织块及周围少许明胶切出，稍干燥，整个投入10％甲醛液内硬化24h，可长期保存于甲醛液中。

明胶包埋的材料可用冰冻切片法进行切片，也可在滑行切片机上（如火棉胶切片法）切片，但须以水湿润组织块。

碳蜡的透入与包埋大致与石蜡法相似，但较石蜡法简单。

而用于超薄制片常用的包埋剂则有环氧树脂、聚酯树脂和甲基丙烯酸酯。

第六节　切片、展片和贴片

（一）切　片

切片根据包埋法的不同有石蜡切片法、火棉胶切片法、冰冻切片法和碳蜡切片法几种。其中石蜡切片法是动物、植物和病理组织切片制作上最重要、最常用的一种方法，此方法操作容易，较节省时间，可切成极薄的片子（4μm以下），能制作连续切片，易于长久保存，但缺点是只能用于较小组织块，较大组织不易切好，容易破碎，组织在脱水透明中会产生收缩，易变硬变脆，制片时间仍感较长。而在石蜡切片法中不能切的材料如大块组织及多空洞组织（脑、眼球）、硬度较高的组织（骨、肌腱）在火棉胶切片中可解决，因为火棉胶切片法可避免组织收缩及变脆，并且火棉胶有韧性，切片不致有折卷或破裂，但缺点是费时、切片不能切薄并且不能作连续切片。而冰冻切片法实际上是以水为包埋剂，先将组织冰冻，待坚硬后再用切片机进行切片，与前两种方法相比，冰冻切片法不经脱水、透明、包埋等手续即可切片，因此它省时，能较好保持组织原有状态，适合于脂肪、神经组织和组织化学的制片，但此法不适于连续切片，难获得极薄的切片并且所得切片易于破碎，也不易于长久保存。

有关这三种切片法的具体操作及切片时的注意事项可参见植物细胞学研究部分及有关资料。

（二）展片和贴片

石蜡切片的展片和贴片可采用水内捞取法（适合制作大量标本）和烫片台法，但制作少量切片时只需取涂有甘油蛋白的玻片，上面滴少量蒸馏水，将切片放在上面，在酒精灯上稍加温，切片展开，然后倾去水分，移入温箱内烤干。

火棉胶切片可采用蛋白甘油贴片法和明胶贴片法两种方法。

冰冻切片可采用蛋白-火棉胶膜法和明胶贴片法两种贴片方法。

第七节　染色及染色后的处理

切片制成以后，必须经过染色，因为组织或细胞的许多结构在自然状态下是无色的或带有很淡的颜色，在这种情况下，尽管由于组织内部各种物质有不同的折射率，我们能分辨出一些不同的结构，但只限于细胞及其他组织成分的大体轮廓，远不能满足观察的要求。而染色的目的，是将染料配制成溶液，将组织切片浸入染色剂内，经过一定的时间，使组织或细胞的某一部分染上与其他部分不同深度的颜色或不同的颜色，产生不同的折射率，使组织或细胞内各部分的构造显示得更清楚，便于利用光学显微镜进行观察。

一、染料在动物组织学和细胞学中的应用

1. **普通组织染色剂**　这是由一种、两种有时甚至三种染料组成的染色剂，目的是要通过对普通动物组织切片的染色，把细胞核和细胞质以及各种类型的组织区分开来，在这类染色剂中，应用最广泛的是苏木素（苏木精）和伊红染色，又称为常规染色，或取苏木素（Hematoxylin）和伊红（Eosin）两个英文字头而简称为HE染色。

2. 结缔组织染色剂　这是普通染色剂的一种特殊应用，因为有些能使结缔组织和弹性硬蛋白易于显色的染色剂，也是很好的普通染色剂。例如 Mallory 氏的三联染色（用苯胺蓝、橘黄 G 及酸性复红）便是有名的结缔组织染色剂。

3. 神经组织染色　这类方法很多，且都是专用的，实际上其中有许多不是染色法，而是有赖于银盐的浸渗作用，即当银盐浸渗了神经组织以后成为显见的金属银。

4. 其他特殊染料　除上述 3 类方法以外，对于其他组织或体液也有特殊的染料，例如脂肪染色须用特殊的油溶性染料如用苏丹 IV 的染色。

5. 组织化学　组织化学是在形态学基础上研究细胞或组织中物质的化学组成、定位、定量及代谢状态的学科，实际上，前面所述的特殊染色法中有许多可以用来说明组织的化学性质，因此没有绝对界限可把特殊染色和组织化学区别开来，按传统的习惯和技术发展的需要，有时作为组织化学进行归类。

二、苏木素-伊红染色法（HE 染色）

(一) 染色液的配制

1. 苏木素（苏木精、苏木紫）　苏木素是一种最常用的染细胞核的染料，是从苏木（Campechianum 属）的干枝中提取的。能溶于酒精，甘油，加热时可溶于水。

苏木素本身没有染色能力，必须经过氧化成为苏木红（氧化苏木素）后才能染色，这个氧化过程称为成熟。氧化的方法有两种，一种是将配制好的溶液放置于日光中使其自然氧化成熟，但需时间较长，然而，配后时间越长，染色力越强。另一种是如急用可在配制时加入强氧化剂，如氧化汞、高锰酸钾或碘酸钠等，以加速氧化。但此种溶液须随配随用，不可多配，配久后效果反而减弱。

苏木红（氧化苏木素）为弱酸性，对组织亲和力很小，不能单独使用，必须加入媒染剂（如钾明矾、铁明矾、铵明矾等），使其形成沉淀色素而与组织结合，从而产生优良的染色效果。媒染剂可在染色之前单独使用或混于染色液内使用。

现将常用的几种苏木素液的配法介绍如下：

(1) Delafield 氏苏木素：

　　苏木素　　　　　　　　　　　　　　　　　　　　　　4g
　　无水酒精　　　　　　　　　　　　　　　　　　　　　25ml
　　10％铵明矾（硫酸铝铵）水溶液　　　　　　　　　　400ml

先将苏木素溶于无水酒精，完全溶解后加入 10％铵明矾水溶液，混匀，瓶口用纱布封住或用棉花松松的塞住，放在有光处 3~4 天后过滤，然后加甘油和甲醇各 100ml，混合均匀后瓶口仍用纱布或棉花封住，置光亮处 1~2 个月待颜色变成紫褐色即为成熟，过滤后塞紧瓶口置于阴凉处可长期保存。

此液染色数分钟即可。也可用蒸馏水稀释 50~100 倍，染色 4~24h。

该液对细胞核和嗜碱性颗粒染色效果良好，如染胃主细胞和脑垂体的嗜碱性细胞颗粒。

(2) Ehrlich 氏苏木素：

　　苏木素　　　　　　　　　　　　　　　　　　　　　　2g
　　无水酒精（或 95％酒精）　　　　　　　　　　　　　100ml
　　蒸馏水　　　　　　　　　　　　　　　　　　　　　100ml
　　甘油　　　　　　　　　　　　　　　　　　　　　　100ml
　　冰醋酸　　　　　　　　　　　　　　　　　　　　　10ml

| 钾明矾（硫酸铝钾） | （饱和量）约 5g |

先将苏木素溶于酒精内，溶解后依次加入蒸馏水、甘油和冰醋酸，最后加入研细的钾明矾，边加边搅拌，混合后呈淡红色，瓶口用纱布封住，时时摇动，2～4周后颜色呈暗红紫色即为成熟，就可应用，此液染色力可保持数年。每次用时无需过滤，但用久后需过滤。

切片染数分钟，至核呈红色为度，流水洗至核呈鲜蓝色。用于组织块染则需稀释染 24～48h，流水洗 24～48h。

该液对脊椎动物胚胎及无脊椎动物的幼虫作整体染色效果很好。

（3）Harris 氏苏木素：

苏木素	1g
无水酒精	10ml
钾明矾或铵明矾	20g
蒸馏水	200ml
氧化汞	0.5g
冰醋酸（临用前加入）	几滴

分别将苏木素溶于无水酒精中，铵明矾或钾明矾溶于蒸馏水中，待全部溶解后，将两液混合于一只较大的烧杯中，加热煮沸，煮沸后将烧杯离开火焰，缓缓加入氧化汞并迅速用玻璃棒搅拌，溶液变成深紫色，将烧杯移至冷水中冷却，第二天过滤。

加入氧化汞时溶液会沸腾，故采用大的烧杯并缓缓加入氧化汞。

此液可现配现用，配制后可保存1～2个月，但每次使用前均需过滤，因为液面上会出现一层金黄色膜，若不过滤掉，染色时玻片标本上就会有染液的沉淀物出现。

用法和结果与 Delafield 氏苏木素液同。

该液对动植物组织均可使用，特别适用于小型材料的整体染色。用 Zenker 氏液固定的组织染得最理想。

（4）Mayer 氏苏木素：

苏木素	25mg
蒸馏水	75ml
钾明矾	1.25g
碘酸钠	5mg

此液配好后可立即使用。配制时，因碘酸钠是强氧化剂，所以不可多加，加多反而失效。

切片染 4～6min，小块组织染 24h。

该液用于动物组织块染色，效果良好。

（5）Heidenhain 氏铁矾苏木素：

A液：	铁明矾（即硫酸铁铵）	2～5g
	蒸馏水	100ml
B液：	苏木素	0.5g
	95％酒精或无水酒精	5ml
	蒸馏水	95ml

A液不是染色液，而是媒染液，宜用新鲜的，所以临用前配制，配好后贮藏于阴凉处，所用铁明矾应为紫色结晶。

B液须在使用前六周配制，先将苏木素溶于酒精中，配成10％苏木素酒精溶液，苏木素充分溶化后再加入蒸馏水95ml，瓶口敷以纱布数层，放置1～2个月后，染色液即充分成熟。

临用时再过滤。

A 液和 B 液配后分装，不能混合，须分别使用。

使用时先用 A 液媒染 2~24h，而后用蒸馏水冲洗，再将标本置于 B 液中染色 2~24h。

该液可染染色质、染色体、核仁、线粒体、中心体和肌纤维横纹等，使其呈深蓝色乃至黑色。

（6）Mallory 氏磷钨酸苏木素：

苏木素	1g
蒸馏水	100ml
磷钨酸	2g

混合后加过氧化氢 0.2ml 或 0.25% 高锰酸钾水溶液 10ml。

切片染色 12~24h。

2. 伊红（曙红）　　伊红是染细胞质、胶原纤维、肌纤维等最普遍使用的一种染料，它是一种酸性染料，常与苏木素合染，对比染色简称 HE 染色。伊红的种类很多，名称也不统一，常用的一般是下列两种：①伊红 Y（伊红黄），伊红 Y 的化学名称为四溴荧光素二钠盐，但其中常含一溴及二溴衍生物，含溴越多，颜色越红。市售品即为这类化合物的混合物，为红中带蓝的小结晶或棕色粉末。易溶于水（15℃时达 44%），较不溶于酒精，不溶于二甲苯，浓水溶液为暗紫色，稀溶液为红黄色至红色，有黄绿色荧光。浓酒精溶液为红黄色，稀溶液为红色，荧光与水溶液同。②伊红 B，四碘荧光素的钠盐，性质与伊红黄基本相似，使用浓度相同。但伊红黄是使用最多的一种。

伊红的配法有下列几种：

①0.5%~1% 伊红水溶液：伊红 0.5~1g 溶于蒸馏水 100ml。

②0.5%~1% 伊红酒精溶液：伊红 0.5~1g 溶于 95% 酒精 100ml。

③复制伊红：先将 0.5g 伊红溶于 5ml 蒸馏水中，溶解后一滴一滴加入冰醋酸，边滴边搅动，可见有沉淀产生，至成浆糊状，再加蒸馏水 3~5ml，继续滴加冰醋酸直到沉淀不再增加时，过滤。将沉淀物连同滤纸一同置于 50~60℃ 温箱中烘干。将烘干物溶于 100ml 95% 酒精中即成。用复制伊红很易染色，尤其用于动物组织块的染色，效果很好。

伊红的质量对染色效果影响很大，低质量的染料，不易着色或在脱水时立即脱色，此时加少许冰醋酸，可增强染色力，但是由于伊红中含冰醋酸，标本不能长久保存。此类伊红最好不用，可用藻红、刚果红、焰红来代替伊红，可获得同样的效果。

（二）HE 染色程序

1. 常规石蜡切片 HE 染色程序及注意事项

（1）脱蜡至水：石蜡切片烤干后，浸入 2~3 级二甲苯中进行脱蜡，每级 10~15min。石蜡切片必须烘干，否则在以后的染色过程中会发生脱片。脱蜡时间和室温高低有一定关系，室温高脱蜡时间可短些，反之时间就要延长。脱蜡必须彻底，室温过低时可入温箱中脱蜡，否则脱蜡未尽会影响下一步的进行。

脱蜡后用两份无水酒精将二甲苯洗去，然后依次入 95%、90%、80%、70%、60%、50% 各级酒精，每级酒精中各 1~5min，由无水酒精→50% 酒精，这个步骤称复水或加水。蒸馏水洗去酒精，1~5min。

如果是 Helly 或 Zenker 氏液固定的组织，至 80% 酒精时，再入 70% 碘酒精中，去汞 5~10min，再入 2% 硫代硫酸钠水溶液中去碘至切片呈白色为止，入蒸馏水洗一次。

（2）染苏木素：切片浸入 Harris、Ehrlich 或 Delafield 氏苏木素等染色液中染 5～10min 或更长时间。染色时间应根据室温的高低、染色液的新旧、组织结构的差别、固定液的不同而有所区别。如室温高，染色时间可短些，冬天室温过低时，也可放入温箱中进行。染苏木素时，可以深染一点儿，以后分色时，在盐酸酒精中多停留一会儿，即深染重褪。切片从苏木素取出后为深紫色。

（3）浸洗：入自来水（流水）中冲洗 10min 左右，使切片颜色转至深蓝色为止。冲洗时，流水不能过大，以防切片脱落。切片在水中不宜停留较长时间，防止染色质变蓝后，不易用盐酸酒精脱色。

（4）分色：切片经过染色后，不仅细胞核着色，细胞质也染上了颜色，因此用1％盐酸酒精分色后，不仅使细胞核外的着色部分脱去，同时使核的颜色也褪至合适程度。分色时必须严格掌握时间，不同的组织选用不同的时间，一般为 30～60s。分化适度时，立即浸入自来水中，在盐酸酒精中不要停留太久，否则颜色会褪尽。分色后的切片为淡紫红色。

1％盐酸酒精的配制：浓盐酸 1ml+70％酒精 99ml。

（5）蓝化：用盐酸酒精分色的切片呈紫红色，所以要再入自来水使切片转变为鲜艳的蓝色，一般在水中浸数十分钟至数小时，时间长一点更好。有时为了缩短浸洗时间，促使苏木素更早显蓝色，可以在水中加数滴氨水或碳酸锂饱和水溶液。但经此步骤处理的切片，应用自来水充分浸洗，否则会影响伊红的染色。为此，有人摸索出更简便的方法来缩短变蓝时间，即将组织片入 50℃温水中 3～5min，即可完全变蓝。

（6）染伊红：苏木素只能染细胞核，伊红用来染细胞质。若用伊红水溶液染色，切片用自来水浸洗后，再经一次蒸馏水，便可投入 0.5％～1％伊红水溶液中染色。若用伊红酒精溶液染色，则切片用蒸馏水洗一次后，再经 50％、70％、80％、90％、95％酒精中各 1～2min 后，再浸入 0.5％～1％伊红酒精溶液中（用 95％酒精配制）染色。在伊红中染色时间一般 3～5min。

（7）分色和脱水：伊红染后必须用 95％酒精和无水酒精进行分色和充分脱水。先入 95％酒精洗去多余红色，次入无水酒精两次，每次 3～5min。若是用伊红水溶液染色，则应从低浓度酒精开始脱水，即蒸馏水洗短时，经 50％、70％、80％、90％、95％酒精脱水各 1～2min，经两份无水酒精脱水 3～5min。

（8）透明：经两份二甲苯透明各 2～5min。

（9）封固：常规 HE 染色的封固剂常用国产中性树胶，使用时可适当加二甲苯稀释。从二甲苯中取出切片，将组织周围多余二甲苯擦去，滴加树胶后加盖玻片封片。

（10）贴标签：切片封好后，在切片的右侧贴上标签，平放于无灰尘处或在 40～45℃温箱中烤几天，待树胶干固后即可应用。

2. 火棉胶和冰冻切片 HE 染色　火棉胶和冰冻切片染色大多数采用玻皿的游离染色法。

火棉胶切片从 70％酒精取出用蒸馏水洗两次即可入苏木素染色，伊红染色后经各级酒精脱水至 95％酒精为止，不经无水酒精而入石炭酸-二甲苯脱水及透明，然后经两份纯二甲苯透明并洗去残余的石炭酸。透明后移至载玻片上，滴加中性树胶，加盖玻片封固。

冰冻切片经蒸馏水洗后可按火棉胶染色处理，但脱水时必须经过两缸纯酒精。

火棉胶和冰冻切片也可粘贴于载片后再进行染色。

现将动物切片常用的 HE 染色法的程序用一简表表示（表 11-3）。

经染色后，细胞核蓝至深蓝色，细胞质、胶原纤维、肌纤维及嗜酸性颗粒染成淡粉红色或淡红色，红蓝对比鲜明。

表 11-3 苏木素-伊红染色程序

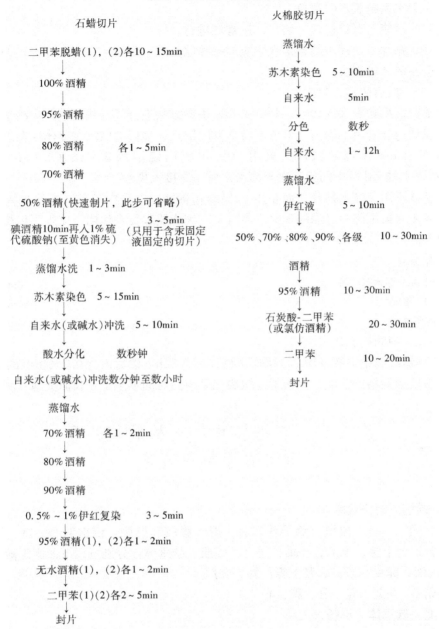

3. **组织块的 HE 染色法** HE 染色除可片染外，也可在组织包埋前进行整块染色。材料经固定、蒸馏水浸洗两次后，按以下步骤染色。

(1) 用 Mayer 氏苏木素液二倍稀释染色，染 2 天左右。

(2) 用蒸馏水充分浸洗，时刻摇动玻璃瓶，并多换几次蒸馏水，一直浸到很少有苏木素颜色脱出为止。

(3) 自来水浸洗 12～24h，使组织块呈蓝色。

(4) 蒸馏水换洗几次。

(5) 经 50％、70％、80％、90％、95％酒精脱水，每级酒精中停留约 0.5～1h。

(6) 用 0.5％～1％复制伊红液染色，染 1～2 天。

(7) 经两瓶无水酒精脱水。在无水酒精中适当加入伊红（约成0.1%浓度），可以防止已染上的伊红在无水酒精脱水时褪色。

(8) 透明、浸蜡、石蜡包埋、切片，按常规进行。

(9) 展片、贴片　展片用的自来水中应加一些冰醋酸（配成1/1000浓度），否则，切片上染上的伊红会在展片时褪去。

(10) 烤干，然后脱蜡、封固。

新乡医学院汪艳丽等人（1997）对组织HE块染方法进行了一些改进，克服了传统块染中易出现的组织块内外着色不均匀、染色不易掌握的缺点，他们的做法主要体现在以下几方面：

(1) 不用Bouin氏固定液，而采用10%甲醛固定液固定24h（0.8mm×0.8mm×0.4mm），蒸馏水洗24h（中间换三次蒸馏水）后，直接入染液。

(2) 染色液不用蒸馏水稀释，而是用50%酒精稀释，并且向染色液直接加入冰醋酸，冰醋酸对抗了苏木素染细胞核过深的现象，同时又对细胞质起促染作用。克服了传统方法的染色不均匀的现象。

染色液配方：

Ehrlich苏木素原液	6ml
50%酒精	60ml
冰醋酸	3ml

染3~4天，中间摇瓶几次。

(3) 0.7%伊红酒精溶液（用70%酒精配制），染24h，然后入含0.1%伊红的80%酒精内4h。采用低浓度的酒精染色液，保证了组织块在染液内时间不至于过长而变脆，利于切片。

第八节　石蜡切片、火棉胶切片和冰冻切片制作程序

（一）石蜡切片制作程序

(1) 取材固定。将小白鼠或兔子杀死后，剪开腹腔和胸腔，依次取心、肺、肝、脾、小肠、大肠、肾、肾上腺、睾丸、卵巢、子宫、腿肌、脑垂体，分别投以下面固定液：

Bouin氏液：卵巢、子宫、肾上腺、肺、腿肌

Helly氏液：睾丸、肾、肝、脾、心

10%甲醛：脑垂体、小肠、大肠

取材大小：0.5cm×0.5cm×0.2cm，或1.0cm×1.0cm×0.2cm

固定时间：12~24h

(2) 洗涤。

①Bouin氏液固定的组织：直接入70%酒精更换数次即可脱水，注意脱苦味酸。

②Helly氏液或Zenker氏液固定的组织：用流水冲洗12~24h，至组织发白，即投入50%或70%酒精脱水。

③甲醛固定的组织：直接投入50%或70%酒精脱水，不经水洗。但如果在甲醛中时间过长，则仍应当用流水冲洗。

(3) 脱水与透明。组织水洗后即入酒精脱水，经50%、70%、80%、90%、95%、100%

酒精脱水，其中95％、100％酒精需重复两次。各级酒精的脱水时间约45min到1h,然后入1/2 100％酒精+1/2二甲苯中30～40min,再入二甲苯2～3次,每次约15～20min,至组织透明为止。

在80％酒精中组织可留存较久,在70％酒精中组织可长久保存。

以Zenker氏和Helly氏固定液固定的组织,注意在70％酒精中加入0.5％碘酒精以去汞。

(4) 透蜡。透明后,将组织投入二甲苯:石蜡（1:1）内20～30min,然后入纯蜡Ⅰ、Ⅱ、Ⅲ、Ⅳ中,每杯约需30～60min。

(5) 包埋。

(6) 修切蜡块、固着蜡块。

(7) 切片。

(8) 贴片、烤片。

(9) 染色及脱水、透明、封片、贴标签。

(二) 火棉胶切片制作程序

(1) 取材、固定、洗涤和石蜡切片法相同。

(2) 脱水。经70％、80％、90％、95％酒精（两缸）及无水酒精（两缸）脱水,各级酒精中浸24～48h。如果材料过大（如脑干等）还应稍为延长脱水时间。

(3) 硬化。组织从纯酒精中出来后,再浸入1:1乙醚无水酒精中24～48h。

(4) 透胶。依次浸入2％、4％、8％、10％、12％、16％火棉胶中透胶,各级胶液中浸两天至数周。

(5) 包埋及保存。硬化的火棉胶块可浸入70％酒精中长久保存,随时取出切片。

(6) 修整。

(7) 切片。切下的切片集中在70％酒精的培养皿中,以备染色。

(8) 游离染色、脱水、粘片、透明、封片。

也可先贴片、再染色、脱水、透明、封片。

(三) 冰冻切片制作程序

(1) 固定和洗涤。作冰冻切片的组织块,可不经固定直接进行冰冻后切片。也可经过固定,用任何固定液固定的组织块均适于制作冰冻切片,一般多采用10％甲醛液固定。经固定的组织块均应用自来水充分洗涤后,再换蒸馏水洗涤才能进行冰冻切片。

(2) 切片。根据冷冻源的不同,冰冻切片可分为二氧化碳法,氯乙烷法和半导体致冷器法。

(3) 贴片、烤干。烤干时,温度不可超过40℃,时间也不可太长。

(4) 染色。切片烤干后立即取出,用70％酒精及蒸馏水稍洗,便可根据需要进行染色。

(5) 脱水、透明、封片。

第十二章　一些主要的细胞器、组织和器官的制片方法

第一节　细　胞　器

（一）线粒体制片法（Regaud 氏法）

（1）取材。用营养良好的小白鼠（重约 15~20g）或大白鼠的幼鼠，不宜用麻醉剂杀死动物，可采用拉断脊髓和脑的方法杀死，取新鲜的小肠、肝、肾或胰腺一小块，以小肠最为典型，组织块厚度不可超过 2mm。

（2）固定。用 Regaud 氏固定液固定 4 天，每天换一次固定液。夏天应在冰箱内固定（6~8℃）。

（3）媒染。移入 3% 重铬酸钾水溶液 7~8 天，隔一天换一次新液。

（4）洗涤。流水冲洗 24h，最好用蒸馏水浸洗 6~12h，应多换几次蒸馏水。

（5）按常规脱水、透明、石蜡包埋，切片厚 3~4μm。组织经长时间铬化后韧性降低，切片易碎，所以脱水、透明及浸蜡的时间均应尽可能缩短，使用低熔点的石蜡包埋。

（6）贴片、烤干、二甲苯脱蜡，经各级酒精复水至蒸馏水。

（7）5% 铁明矾水溶液媒染 48h（若在 35℃ 下媒染 24h）。

（8）蒸馏水洗 5min。

（9）入下列苏木素液（Heidenhain 氏铁苏木素）内染 12~24h，或 48h。

10% 苏木素酒精液（须成熟）5ml，蒸馏水 95ml。

（10）切片经自来水冲洗 2~5min，再入蒸馏水浸洗。

（11）5% 铁明矾水溶液分色；在显微镜下掌握分色程度，直到镜下可见细胞核为蓝黑色、线粒体为黑色而其他结构无色时为止。

（12）自来水充分浸洗使蓝化，再换蒸馏水洗。

（13）常规脱水、透明、封固。

结果：线粒体呈黑色。

（二）高尔基体（内网器）制片法（Da-Fano 氏改良法）

（1）取材。兔、猫或狗的脊神经节，最好是颈部和腰部的脊神经节。动物杀死前不可过度疲劳，否则内网器分散成颗粒状或消失。取小块新鲜组织，厚度不可超过 2mm。

（2）固定。将组织块入下列固定液中 8~12h。

固定液配方：硝酸钴 1g，40% 中性甲醛 15ml，蒸馏水 100ml。

（3）蒸馏水速洗 2 次。

（4）镀银。浸入 1.5% 硝酸银水溶液 24~48h，温度保持在 25~35℃，且置于暗处。

1.5% 硝酸银水溶液配法：$AgNO_3$ 1.5g，蒸馏水 100ml，配好后放暗处或裹黑纸，使用的玻璃器材必须清洁。

（5）蒸馏水速洗 2 次。

(6) 还原。置下列 Cajal 氏还原液中 8～24h。

Cajal 氏还原液：对苯二酚 1～2g，40%甲醛 15ml，蒸馏水 100ml，无水亚硫酸钠 0.5g。

(7) 蒸馏水洗短时。

(8) 按常规脱水、透明、石蜡包埋、切片，切片厚 6～8μm。

(9) 贴片、烤干、脱蜡和透明、树胶封片。

结果：高尔基体呈黑色或褐色，背景棕黄色。

(三) 肝糖原的显示（Best 氏卡红染色法）

1. 试剂配制

(1) Best 卡红原液：卡红 3g，碳酸钾 1g，氯化钾 5g，蒸馏水 60ml。

依次混合后煮沸 1～3min，应呈暗红色，冷却后加入浓氨水 20ml，即为原液，将此原液装入有色瓶中（磨口），贮于 0～5℃冰箱内，可保存 1～3 个月。

(2) Best 卡红染色液：取卡红原液 20ml，加入浓氨水 30ml，甲醇 30ml，此液不能久存。

(3) Best 分化液：无水酒精 40ml，甲醇 20ml，蒸馏水 50ml。

2. 制片步骤

(1) 取材。大白鼠、兔或猫的新鲜肝脏。

(2) 固定、脱水、透明、包埋。糖原易溶于水，一般常用 Carnoy 固定液固定，置于冰箱中，固定 4～6h。有人认为用 Gendre 固定液（95%酒精的苦味酸饱和溶液 80ml，甲醛 15ml，冰醋酸 5ml，临用前配制）固定效果更好，取小块组织置于 4℃冰箱内固定 1～4h，更换新液 2 次，固定后直接无水酒精脱水至包埋。而 Carnoy 液固定的材料固定后入 95%酒精洗 1～2 天，然后按常规脱水、透明、透蜡至石蜡包埋。

(3) 切片、脱蜡至水，切片厚 4～6μm。

(4) 入 Ehrlich 或 Harris 氏明矾苏木素染细胞核，5min。

(5) 水洗后，用 0.5%盐酸酒精分化数秒。

(6) 水洗，直至细胞核变蓝。

(7) 染色。入 Best 卡红染色液 20～30min。

(8) 分化。直接入 Best 分化液分化数秒至 1min。

(9) 无水酒精脱水，二甲苯透明，中性树胶封片。

结果：糖原颗粒红色，细胞核蓝色。

(四) 马蛔虫卵示动物细胞有丝分裂制片（铁苏木精染色法）

(1) 取材。取活的雌马蛔虫，用 0.9%生理盐水洗去虫体的污物，然后沿虫体背部中线解剖，马蛔虫雌性生殖器官为 γ 形管，其卵巢和子宫分为两支，在阴道处合而为一，靠近阴道的管中是受精期和极体形成期，而另一端是各期卵裂。取材时，在阴道与子宫连接处及两子宫与输卵管连接处用细线各做一结扎，然后把两条子宫与阴道一同取下，再把子宫分为前段（近阴道处）和后段两大段，每大段再用细线结扎成若干约 5mm 长的小段，以防操作时虫卵脱落。

(2) 固定。将大段标本沿其中的结扎线切成许多小段（每小段两端均有线结扎），浸入固定液（无水酒精 1 份，冰醋酸 1 份，氯仿 1 份，升汞加至饱和量）1 至数小时。为了能更好地观察各个时期的卵裂，子宫后段在投入上述固定液之前，可先浸入下列液体（甲醛 5ml，冰醋酸 5ml，95%酒精 80ml，甘油 10ml），此液体既能固定子宫壁，又能刺激受精卵促使其分裂，在 30℃下，置入此液体 4h 后，虫卵便开始进行细胞分裂。2～4h 分裂一次，5～8h 后可提供各个时期细胞分裂的卵。按时分批投入固定液中固定。

(3) 洗涤。95%酒精换洗数次，第一次95%酒精中加入碘酒数滴以去汞。
(4) 脱水。两瓶无水酒精各2～4h。
(5) 透明。用氯仿作透明剂，在无水酒精中逐渐增加氯仿，最后换成氯仿，12h左右。
(6) 透入和包埋。用低熔点的石蜡（52～54℃），先在室温下将石蜡慢慢加入浸有组织的氯仿中使达到饱和，约浸12～24h，然后在包埋箱中浸蜡4h再包埋。
(7) 切片。厚6～8μm。
(8) 贴片、脱蜡、复水至蒸馏水。按常规进行。
(9) 4%铁明矾水溶液媒染2h。
(10) 蒸馏水漂洗两次，每次数秒钟。
(11) 染Heidenhain氏苏木素数小时。
(12) 水洗数分钟。
(13) 2%～4%铁明矾水溶液中分色30min至1h，镜检，至分色适度为宜。
(14) 自来水充分洗净并使蓝化，再用蒸馏水洗1～2次。
(15) 常规脱水、透明、中性树胶封片。

结果：染色体、中心体呈蓝黑色至黑色。

第二节　上皮组织

蛙肠系膜铺片示单层扁平上皮（镀银法）：
(1) 取材。取蛙或蟾蜍的肠系膜为材料。将蛙杀死后，把小肠连同肠系膜一同取出，沿小肠系膜缘将肠和肠系膜分离，然后用0.75%生理盐水将肠系膜冲净，并放在一个干净的载玻片上，用解剖针挑开，展平。
(2) 染色。在肠系膜上滴加1%硝酸银水溶液直至整个肠系膜表面皆被染色液浸盖。连同玻片一起立即放在日光下或灯光下照晒3～5min，待材料呈棕色时，倾去载玻片上的硝酸银水溶液。注意晒时适当滴加蒸馏水，防止干燥。
(3) 用蒸馏水洗数次，洗净硝酸银。
(4) 如果需要染核，此时可将材料浸入Harris或Ehrlich苏木素染液中，然后经过常规的分化、蓝化、蒸馏水洗等过程，再进入下一步。如果不需要染核，可以直接进入下一步。
(5) 脱水。经70%、80%、90%、95%（两缸）、无水酒精（两缸）脱水，每级3～5min。
(6) 透明、封固。用二甲苯透明（两缸），每次3～5min。然后将经过透明的肠系膜，托在干净的白厚纸片上，剪成2mm×4mm的小方块，将小块材料移至载玻片上，滴树胶封片。

结果：肠系膜间皮的边界呈黑色锯齿状，细胞质棕黄色，细胞核无色。如用苏木素复染，核呈蓝紫色。

第三节　结缔组织

(一) 小鼠皮下结缔组织铺片（活体注射台盼蓝，HE染色法）
(1) 活体注射。取小白鼠一只，腹腔注射0.5%台盼蓝水溶液（配就后消毒5min，现配现用），每公斤体重每次约注射 2~3ml，每天注射 1 次，连续注射 3~6 天后取材。也可以皮下注射 1% 台盼蓝水溶液 1ml，第二天取材。

（2）杀死、取材。可拉断颈椎脊髓将其杀死，也可以颈总动脉放血，让血流净。杀死后，将小白鼠置于白瓷盘上，切开腹部皮肤，取皮与肌肉之间的一层白色疏松结缔组织，放在干净的载玻片上，用解剖针将其拨成非常薄的膜，直接贴于载玻片上，晾干后固定。

（3）固定和冲洗。晾干后的薄膜，置于 10% 甲醛中固定 10~24h，然后流水冲洗 12h，再用蒸馏水浸洗一次。

（4）染色和分色。材料经蒸馏水洗后，入 Ehrlich 氏苏木素中染色 5~10min，然后用自来水洗，再入蒸馏水洗一次。入 1% 盐酸酒精（70%）溶液分色 30s，用自来水冲洗蓝化。在显微镜下检查，细胞核呈鲜蓝色，背景无色或浅蓝色即可。

（5）脱水。经 70%、80%、90%、95% 酒精脱水，各 1~2min。

（6）复染。0.5% 伊红酒精（95%）溶液染色几秒钟。

（7）脱水、透明和封片。按常规进行。

结果：弹力纤维呈蓝紫色；胶原纤维呈红色；组织细胞的核呈蓝紫色，细胞质内有台盼蓝颗粒；成纤维细胞的核呈蓝紫色。

(二) 疏松结缔组织铺片（多色染色法）

1. 碱性品红、天青伊红、瑞氏染液染色法

（1）取材、铺片。取小白鼠或幼年大白鼠的皮下结缔组织为材料，制成平铺片。

（2）固定。晾干后，入甲醇中固定 15min 以上。

（3）染色。

①弹性纤维染色：自固定液取出后用 Weigert 氏弹性纤维染色法处理，即将平铺片浸入下列染液中 1~24h，用 95% 酒精分色，镜检以弹性纤维呈深黑色，底色干净为准。自来水冲洗 10min 以上。

　　染色液配方：碱性品红　　　　　　　　　　　　　　　　　　　　　　1g
　　　　　　　　间苯二酚　　　　　　　　　　　　　　　　　　　　　　2g
　　　　　　　　蒸馏水　　　　　　　　　　　　　　　　　　　　　　100ml

混合后加热煮沸，加入 29% 三氯化铁水溶液 12.5ml，继续煮沸 2~5min，冷却后过滤，保留滤纸上的沉淀。取滤纸连同沉淀物置温箱中烘干。将烘干的沉淀物连同滤纸溶于 100ml 95% 酒精中，隔水加温使沉淀物溶解，去掉滤纸、冷却后过滤，于滤液内加盐酸 2ml，最后用 95% 酒精补满 100ml，此液可在冰箱中保存数月。

②细胞核染色：平铺片用蒸馏水换洗数次后，入 Ehrlich 氏苏木素染液中染 5~30min，染色后按常规用 1% 盐酸酒精分色。镜检，见细胞核清晰，底色干净为准。自来水浸 15~30min，使蓝化，蒸馏水浸洗。

③细胞质染色：入天青伊红和 Wright 氏液配成的稀释液染 3~12h。镜检，见各种细胞的细胞质明显为止。

　　染色液配方：0.5% 天青伊红水溶液　　　　　　　　　　　　　　　　5ml
　　　　　　　　0.13% Wright 氏染料甲醇溶液　　　　　　　　　　　　5ml
　　　　　　　　蒸馏水　　　　　　　　　　　　　　　　　　　　　　30ml

④胶原纤维染色：经蒸馏水洗后，用 1% 伊红酒精（95% 酒精配制）或 0.2% 偶氮洋红水溶液（以上两种染色液用前加冰醋酸 1 滴）染色，可在 56℃ 下染胶原纤维，直至呈红色或橘

红色为止。

(4) 脱水、透明。直接浸入95%酒精中脱水。换一次95%酒精，经两次无水酒精后，二甲苯透明。

(5) 封片。树胶封片。

结果：弹性纤维呈黑色，胶原纤维红色或橘红色，细胞核蓝紫色。成纤维细胞及组织细胞的细胞质呈天蓝色或粉红色，从两种细胞的细胞核和细胞质可显示出各自的特点，易于区别。肥大细胞的胞浆内有粗大的紫红色颗粒。

2. 酸性品（复）红、苯胺蓝、橘黄G染色法（Mallory三色染色法）

(1) 取材、固定。取小白鼠或幼年大白鼠的皮下结缔组织材料，制成平铺片。固定最好用Zenker氏液或含升汞的液体。用此液固定的组织需用0.5%碘酒溶液脱汞5～10min，经水洗后再用0.5%硫代硫酸钠水溶液脱碘。然后水洗。

(2) 染酸性品红。蒸馏水洗后，入0.5%酸性品红水溶液2～5min。

(3) 蒸馏水洗后，入Mallory液5～20min。

Mallory氏液配方： 橘黄　　　　　　　　　　　　　　　　　　　　2g
　　　　　　　　　苯胺蓝　　　　　　　　　　　　　　　　　　　0.5g
　　　　　　　　　磷钼酸　　　　　　　　　　　　　　　　　　　1g
　　　　　　　　　蒸馏水　　　　　　　　　　　　　　　　　　　100ml

混合后煮沸短时，冷后过滤，长期使用。

(4) 蒸馏水洗，用95%酒精、无水酒精分化兼脱水。

(5) 二甲苯透明、树胶封片。

结果：胶原纤维深蓝色，弹力纤维棕色。

(三) 淋巴结切片显示网状纤维（镀银法）

网状纤维很细，分支交织成网，在肝、脾、淋巴结内的网状纤维多而粗，但一般不易着色，却易被银液浸染成黑色，因此称嗜银纤维，用镀银法显示，即组织中蛋白质（网状纤维）与银的化合物结合，然后经过还原剂作用，金属银由于分子的吸附作用而沉积于组织中及表面。镀银方法很多，我们只介绍常用的几种。

1. Foot氏法　此法虽费时、费事，但结果相当稳定，且适于大量制作。

(1) 取材与固定。取猫或狗的淋巴结为材料，固定于10%甲醛或Zenker液中12～24h。

(2) 冲洗、脱水、透蜡、包埋等过程按常规进行。

(3) 可制成石蜡切片或冰冻切片。切片厚7～8μm。

(4) 切片脱蜡后，入各级酒精复水至蒸馏水。

(5) 切片入0.25%高锰酸钾溶液中氧化2～5min，蒸馏水洗1～2min。

(6) 入5%草酸水溶液漂白1～2min，然后用蒸馏水洗数次。

(7) 切片入新鲜配制的Foot法碳酸氨银溶液内，在56℃温箱中15min或更长，直至切片呈现棕黄色。

Foot法碳酸氨银液：10%硝酸银水溶液10ml，碳酸锂饱和（1.25%）水溶液10ml。将上述两液混合，立即产生沉淀，倾去上清液，用蒸馏水洗涤沉淀3次，而后加蒸馏水至25ml，再向沉淀中滴加浓氨水约10滴左右，随加随摇动，使其溶解。再用蒸馏水或95%酒精加到100ml，过滤后应用。

(8) 急速用蒸馏水洗。

(9) 在 5%中性甲醛中还原 5～10min。
(10) 蒸馏水洗 3min。
(11) 入 0.2%氯化金水溶液调色 5min。
(12) 蒸馏水洗后,固定于 5%硫代硫酸钠水溶液内 1min。
(13) 蒸馏水洗后,各级酒精脱水,二甲苯透明,树胶封片。

结果:网状纤维呈黑色。

2. Gordon-Sweet 法　此法染色时间不长,易于掌握,结果稳定。
(1) 取材同前。
(2) 固定。10%中性甲醛液、酒精或其他固定液。
(3) 石蜡切片或冰冻切片均可。
(4) 染色前的一般程序按常规处理。
(5) 切片经蒸馏水洗后,入 0.5%高锰酸钾液 1～5min,蒸馏水洗 2 次。
(6) 入 1%草酸液 1～2min,漂白。
(7) 用蒸馏水洗去草酸后,入 2.5%铁明矾水溶液内媒染 5～15min 或更长的时间。
(8) 蒸馏水洗多次。
(9) 切片浸入双氨氢氧化银溶液,镀银 1～5min。一般在 37℃温箱中进行。

Gordon-Sweet 双氨氢氧化银溶液的配法:加 10%硝酸银水溶液 5ml 于三角烧瓶内,一滴一滴地滴加浓氨水,随时摇荡。硝酸银遇到氨水立即产生沉淀,当其沉淀恰被氨水所溶解时,再加入 3%氢氧化钠水溶液 5ml,溶液重新产生沉淀,此时再滴加氨水,至其沉淀被溶解以后,用蒸馏水稀释至 50ml,过滤,贮存于棕色瓶中备用。

(10) 蒸馏水速洗。
(11) 在 10%甲醛液中还原 1～2min,蒸馏水洗。
(12) 0.2%氯化金液调色 1～2min,蒸馏水洗。
(13) 5%硫代硫酸钠液中固定 1～3min。
(14) 蒸馏水洗后,常规脱水、透明、封固。

结果:网状纤维呈黑色。

3. Bielschowsky 氏组织块整块浸染法
(1) 取材。淋巴结、脾、肝。
(2) 固定。10%甲醛液中 24h。
(3) 洗涤。自来水冲洗 24h,蒸馏水洗 30～60min。
(4) 浸入吡啶中 1～2 天,至组织呈透明状。
(5) 自来水冲洗至无吡啶气味为止。
(6) 镀银。浸入 2%硝酸银水溶液,于 37℃浸 5～7 天。用棕色瓶或用黑纸将瓶包起来。
(7) 还原。蒸馏水洗后,浸入下液还原 24h,中间最好换一次还原液。

还原液:甲醛　　　　　　　　　　　　　　　　　　　　　　　30ml
　　　　焦性没食子酸　　　　　　　　　　　　　　　　　　　3g
　　　　蒸馏水　　　　　　　　　　　　　　　　　　　　　　100ml

(8) 蒸馏水略洗数次,经各级酒精脱水,不宜在低浓度酒精中停留过久,应直接浸入 95%酒精,再经无水酒精两瓶脱水。
(9) 按常规透明、透蜡、石蜡包埋、切片,切片厚 6～8μm。

(10) 展片、贴片、烤干、脱蜡透明、封固。

结果：网状纤维呈黑色，细胞核黄色。

附：网状纤维染色的注意事项：①所用的一切器皿如量筒、漏斗、染色缸等，都必须清洗干净，达到化学洁净程度。②所用的试剂药品，要求纯粹，试剂的剂量必须准确，否则会造成着染的失败。③用新蒸馏水配制，最好用双蒸水配制。④已配制好的硝酸银液和氨银溶液，要贮存于冰箱中保存待用。

（四）肥大细胞显示

1. 皮下结缔组织铺片（美蓝或硫堇染色法）

(1) 取材。取小白鼠的皮下疏松结缔组织制成铺片。

(2) 固定。用10%甲醛或酒精甲醛混合液固定。

(3) 洗涤。自来水冲洗12～24h，然后用蒸馏水洗两次。

(4) 染色。用0.5%美蓝或硫堇或甲苯胺蓝水溶液染数分钟，倾去染液，蒸馏水洗。

(5) 脱水。90%酒精中分色兼脱水，至肥大细胞清晰显出，再经95%酒精、无水酒精脱水。

(6) 透明、封固。

结果：肥大细胞颗粒呈紫色。

2. 不经固定的显示方法（熊绪畲，1983年）

(1) 取材、铺片同前。

(2) 不经固定，直接入下列染液中染色10～15min。

染色液：甲苯胺蓝   1g
    苯胺油（苯胺）   2ml
    蒸馏水   50ml
    无水酒精   50ml

先将蒸馏水及苯胺油装入烧杯中，加温煮沸，稍加摇晃到苯胺油全部混匀于水中，冷却至40～50℃，即倒入装有甲苯胺蓝的玻瓶中，最后加入酒精，经0.5h即可使用。

(3) 用自来水略洗，去掉浮色，迅速用滤纸吸干。

(4) 脱水、透明。不经酒精脱水，直接入1:4石炭酸-二甲苯中2min左右。再经两缸二甲苯洗去石炭酸并透明。

(5) 封片。

结果：肥大细胞颗粒呈蓝紫色或红紫色。细胞核呈极浅的蓝色至无色，背景呈极浅的蓝色至无色。

（五）成纤维细胞复合染料染色法（1997年）

成纤维细胞是疏松结缔组织中常见的细胞，也是功能较重要的细胞，但各种资料上均未能清晰地显示，而只能从核及胞质上辨别，为此，牡丹江医学院的刘瑞丰等人（1997年），用复合染料染成纤维细胞，收到良效，现将方法介绍如下：

(1) 取材。大白鼠肠系膜铺片。

(2) 固定。100%酒精50ml，甲醇50ml配成的混合固定液中10min。

(3) 染色。复合染料染色20min。

复合染料配法：2%碱性品红，2%偶氮焰红，各50ml分别溶解后，两种溶液混合，过滤、沉淀，将沉淀物在烤箱中烘干，取沉淀物0.5g加70%酒精100ml，再加三聚乙醛1ml为原液。取原液 10ml 加 70%酒精 30ml，再加 0.1mol/L HCl2ml 为复合染色液。原液配制后放置 1 周效果更好。

(4) 用盐酸酒精（70%）分色。

(5) 脱水、透明、封固。用 95%、100%酒精各 2min。石炭酸-二甲苯混合液，二甲苯透明，各 1min。中性树胶封固。

结果：成纤维细胞核红色，细胞质呈粉红色，细胞界限清晰，细胞呈典型的星形多突状。

(六) 腱切片（示致密结缔组织，HE 染色法）

(1) 取材、固定。取蛙或蟾蜍后腿的跟腱效果较好。若以狗、猫或兔为材料，应取幼年动物的，成年或老年动物的腱太硬，不宜用石蜡切片法，而应用火棉胶切片法处理。将取下的腱贴在硬纸片上（防止收缩），然后迅速投入 Bouin 氏固定液中固定 4~8h。

(2) 修材、冲洗。将固定后的腱取出，去掉肌肉，切成长 5mm 和 3mm 的小段（长段做纵切，短段做横切），按常规用 70%酒精冲洗。

(3) 脱水、透明、石蜡包埋、切片。按常规进行，包埋时将长段腱横着放，短段腱竖着放，两者靠近，这样切片时可同时切出横切片和纵切片，切片厚 6μm。

(4) 染色。HE 染色法进行。

(七) 软骨组织制片法

软骨分为透明软骨、弹性软骨和纤维软骨，软骨组织的染色方法较多，如 Masson 法、Mallory 法、Azan 法等可显示透明软骨，显示弹性纤维的方法均可显示弹性软骨，显示胶原纤维的染色法可用于纤维软骨的染色，但一般教学上，透明软骨和纤维软骨常用 HE 染色法，弹性软骨用 Weigert 法染色即可，另外，这 3 种软骨均可用酸复红、安尼林蓝-橘黄 G.weigert 氏液染色。

1. **透明软骨切片**（HE 染色法）

(1) 取材。以蛙的剑胸骨（为透明软骨）或哺乳动物的气管为材料，但气管切片在展片时，往往软骨部分皱褶不平，可在蜡片从水中移至载玻片上时（要保留一点水分），立即放入提高了烤片温度（约 62~65℃）的温箱中烘烤，此时，蜡熔化，软骨部分会展平，展平后再降至 58℃继续烤干。取材时，最好取幼年动物的，动物太老，材料较硬，不易切片。

(2) 固定。用 Bouin 氏液固定 4~8h。

(3) 浸洗后按常规进行脱水、透明、石蜡包埋，切片厚 6μm，HE 染色。

也可用 HE 块染法。

2. **弹性软骨制片**（Weigert 氏染色法）

(1) 取材。取兔和猫的会厌、外耳壳为材，最好取幼年的。

(2) 固定。将整个会厌取下，浸入 FAA（甲醛 5ml，冰醋酸 5ml，70%酒精 90ml）液或 10%甲醛液中固定 12~24h，固定后用刀片将会厌根部修切去一部分。

(3) 按常规浸洗，并按石蜡包埋法处理，切片厚 6~8μm。

(4) 展片、贴片、烤干、脱蜡、复水至蒸馏水。

(5) 染色。用 Weigert 氏染色法。

(6) 脱水、透明、封片。

结果：可见软骨基质中呈蓝黑色的弹性纤维。

3. **纤维软骨制片**（HE 染色法）

(1) 取材。取幼年动物的椎间盘。

(2) 固定。Zenker 氏液、Helly 氏液、FAA，10%甲醛液等。

(3) 以后过程按常规进行，石蜡包埋，HE 染色。

(八) 骨磨片

观察骨的结构，要把骨制成薄片，制成薄片的方法有两种，一为磨片，一为用酸类脱钙后切片，但组织学实验中常用骨磨片进行观察。骨磨片是将未脱钙的骨，经过仔细研磨制成染色或不染色的较薄的骨片，便于显微镜下观察。

1. 取材和磨片　取动物陈旧的长骨（最好是股骨的骨干部）一段，或取新鲜长骨，用 10%甲醛固定后，除去骨周围的软组织。用锯将骨锯成约 1mm 厚的纵横骨片。先在研磨机或粗磨石上研磨，边磨边加水，磨至约 $100\mu m$ 厚时改用细磨石磨，在细磨的过程中随时检查，若骨组织的结构已很明显，说明基本已磨成，较薄的磨片可以磨至 $50\mu m$ 甚至 $20\sim30\mu m$ 厚。研磨骨片时注意两面均磨到，细磨石磨后，磨出的骨片镜检时可看到磨纹，此时最好再用磨切片刀的磨刀石再细磨一下。另外，镜检时，要将磨片上的浆泥洗去干燥后再检查。

有人用自制的粗、细毛玻璃研磨，效果也很好。

2. 磨片脱脂和脱水

(1) 流水冲洗，洗去磨出的泥浆。

(2) 依次经 70%、80%、95%及无水酒精各 1~2h。

(3) 入纯乙醚中 30min。

(4) 取出磨片，使之干燥。

3. 磨片封固　骨磨片可以不经过染色便进行封固，这种方法叫骨磨片空气封闭法封片，目的是使骨小管及骨陷窝内充满空气而呈黑色，便于镜下观察。所以，封固时不能用液体，以免树胶中二甲苯进入骨小管和骨陷窝使其透明而影响观察。所以可采用下列方法：

(1) 取洁净载玻片滴树胶一大滴，置酒精灯上加温，使树胶中的二甲苯挥发，树胶较为浓缩，然后取骨磨片纵、横断面各一置于树胶中，待树胶完全干固后，再加新树胶并盖片。

但此法温度较难掌握，温度过高则树胶中会产生许多气泡，而且胶会烧焦变成深黄色，很脆，碰撞盖玻片时往往容易脱落。温度过低也不行。

(2) Humason (1979) 封骨片法：此法较好，其主要特点是在封固以前，于骨片上涂上一层较薄的膜，然后按常规用液体树胶封固。具体过程如下：

先配制火棉胶液：取火棉胶 10~11g 溶于 100ml 醋酸丁酯（或醋酸戊酯）中，用玻棒搅拌，待充分溶解，气泡逸出后即可应用。不用时盖紧瓶盖，可长期保存，备用。

用小玻棒沾一小滴火棉胶液置载玻片中央，将骨磨片埋入火棉胶液中，置 40~50℃ 温度下，几分钟火棉胶即可干固。然后再滴液体树胶并盖上盖玻片，操作时注意火棉胶不能滴得过多，必须火棉胶干固后才能加液体树胶。

结果：骨小管和骨陷窝充满空气而呈黑色，其他部分呈淡黄色。

4. 骨磨片的染色　骨磨片也可以经染色后再封固，这样结构能清晰地显出。染色方法很多，如镀银、酸性品红、茜素红、大丽紫和结晶紫等，在此我们只介绍骨磨片大丽紫染色法。

当骨片磨至比较清楚时（约 $60\sim100\mu m$），将骨片投入大丽紫（天蓝牡丹）的 80%~95%酒精饱和溶液（大丽紫 1g，80%~95%酒精 100ml）中，在 50℃下染 10~15 天，酒精挥发干固后，再加入 95%酒精。然后用煤油将染好的骨片在细磨石上磨，磨去骨片表面的浮色，至骨小管清楚为止。再于二甲苯中浸泡 1~2 天，以除去煤油。最后树胶封片。

结果：骨小管呈蓝紫色。

(九) 血液涂片

1. 采血 根据需要可采取各种动物的血液。先用酒精棉球消毒皮肤,用采血针迅速刺破皮层,让血液流出,除去第一滴后采样。

2. 涂片 挤出第二滴血滴于干净玻片(经脱脂的玻片)的右端,取另一张载玻片作为推片,让玻片的一端与血滴接触,使血液沿推片端展开成线状,让两玻片的夹角成35°~45°,轻轻用力平稳地将推片推向载玻片的左端,血液随推片而行,在载玻片上形成一薄层血膜,即为血涂片。

做血液涂片时应注意:①推片的边缘要平滑。②推时,速度要一致,用力要均匀,保持角度,中途不能停止,否则涂抹不匀。③推血片时,如果血滴大、速度慢、角度大,则出现较厚的血膜,于观察不利。

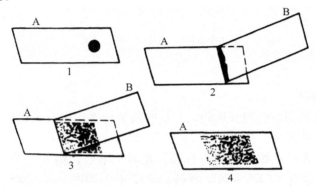

图 12-1 血涂片方法
1. 在A片上滴上一滴血 2. 用B片边接触血液 3. 推动B片 4. 涂好的白片

3. 干燥 使涂片在空气中干燥。

4. 染色 常用Wright氏染色法和Giemsa氏染色法。

(1) Wright氏染色法:方法简单,节省时间。

①用特种蜡笔沿血膜边缘画线,防止滴染液时染色液外流。

②将推好的血涂片置于水平架上,滴数滴或数十滴Wright氏染液于血膜表面,染液要滴足。滴染液后,最好将载玻片盖住,以免染液蒸发。

③静置1~2min后,滴加数量相等的新鲜蒸馏水,最好是将蒸馏水换成磷酸缓冲液(pH值为7)。加水后要轻轻摇动,并且边摇边吹气,使染液均匀。

④再继续染色4~5min,用蒸馏水冲洗,吹干后,即可观察。也可用中性树胶或香柏油封片后观察。

结果:红细胞染成粉红色。中性粒细胞的颗粒染成浅紫红色,核呈蓝紫色。嗜酸性粒细胞的颗粒呈鲜红色。嗜碱性粒细胞的颗粒呈暗紫蓝色。淋巴细胞质呈浅蓝色,单核细胞质为浅灰蓝色。

Wright氏染液配制:先将Wright染料0.1g放在研钵内研磨,磨细后把甲醇(50~60ml)逐渐加入研钵内,边加边研磨,直至染料全部溶解,然后装入棕色小口瓶,一周后可用。

磷酸缓冲液配法:溶解磷酸二氢钾9.078g于1 000ml蒸馏水中(A液)。溶解磷酸氢二钠($Na_2HPO_4 \cdot 2H_2O$)11.876g于1 000ml蒸馏水中(B液)。临用时取A液4ml加B液6ml,再用蒸馏水稀释10~20倍,即成pH值6.98的缓冲液。

(2) Giemsa 氏染色法：
①将干血涂片置于甲醇中固定 1~3min，使干。
②在下列稀 Giemsa 氏液中染色 15min。

    Giemsa 氏液   10 滴
    缓冲液   10ml

（缓冲液的配法见 Wright 氏染色法）
③以蒸馏水分色至合适程度，干燥后，即可观察。
结果：同 Wright 氏法。

Giemsa 氏原液配法：Giemsa 氏粉末 1.5g，甲醇 50ml，甘油 50ml。先将 Giemsa 氏粉投入甘油中摇匀，在 60℃恒温箱内使其溶解，加入甲醇，摇匀，即成 Giemsa 氏原液。

第四节 肌 组 织

(一) 平滑肌分离装片

平滑肌在许多脏器的切片内均可见到，一般的教学标本，用石蜡切片，HE 染色即可。在此，只介绍平滑肌分离装片法。

（1）取材、固定。取蛙或蟾蜍的胃为材料，将胃取下后，用 0.75％生理盐水洗净，然后将整个胃投入 FAA 固定液（50％~70％酒精 90ml，40％甲醛 5ml，冰醋酸 5ml）中 24h，也可在 FAA 中长期保存，备用。

（2）浸洗。将胃剪成小块，用小镊子将其粘膜及结缔组织撕除，只留肌肉层。然后经 50％酒精、30％酒精至蒸馏水，多换几次蒸馏水，约浸各 2~4h。

（3）染色。浸入锂洋红染色液（洋红 1.25~2.5g，饱和碳酸锂水溶液 100ml）中，在室温下染 15~20 天，浸染过程中经常检查，当肌组织逐渐膨胀和变软，用针轻轻拨动便可拨碎，肌组织易撕散时，可认为浸染合适。浸染时间不可太短或太长，太短，肌纤维分不开，太长，肌纤维成糊状。锂洋红除有染色作用外，还有分离平滑肌的作用。

（4）分离。将浸染后的材料先用蒸馏水洗去浮色，然后用 1％冰醋酸水溶液固定染料 5min，再将材料置于一培养皿，用蒸馏水洗几次，以洗去冰醋酸。用两根解剖针将材料充分撕散，把撕散的材料连同蒸馏水一同倒入一个 30ml 的广口瓶中，在瓶中放一些干净的小玻璃珠，然后塞紧瓶盖，用力摇动广口瓶，使材料进一步分离。停止摇动静置一小会儿，未能分离的比较大的材料因较重而迅速沉到瓶底；已分离的肌纤维因较轻尚悬浮于蒸馏水中。把广口瓶中含有悬浮的平滑肌的蒸馏水倒入另一瓶中，待其沉至瓶底后，将上层蒸馏水吸出，然后将瓶底的肌纤维及蒸馏水吸至离心管。可按上法，将未分离的肌纤维反复进行分离。

（5）脱水。将 95％酒精逐滴加入离心管中，逐渐增加酒精以脱水，最后换两次无水酒精。

（6）透明。经 1:1 无水酒精-冬青油→冬青油（两次）使透明，如不立即封片，可保存于冬青油中。

（7）封片。将离心管内的冬青油吸去，取出沉在管底的分散平滑肌纤维，置于一小皿中（尽量少带冬青油），然后加入适量的液体树胶并调匀，用小玻棒沾一小滴带有平滑肌纤维的树胶于载玻片上，加盖玻片封片。

结果：可见平滑肌纤维核深红色，细胞质淡红色。

(二) 骨骼肌纵横切片（铁苏木精染色法）

1. 片染法

(1) 取材与固定。取幼猫或幼狗的膈肌为材料，将取下的膈肌用大头针钉在硬纸片上，然后一同投入 Zenker 氏液中固定 12~24h。

(2) 浸洗、脱水、脱汞、透明、石蜡包埋、切片、脱蜡至水等过程按常规进行。注意包埋时，将一个材料平放，一个竖放，两个材料靠紧，以便切片时有纵、横切片。

(3) 在 2%~2.5%铁明矾水溶液中媒染 2~4h。

(4) 蒸馏水速洗。

(5) 用 Heldenhain 氏苏木素染 2~4h。

(6) 先用自来水浸洗 1h 以上，再换蒸馏水洗 5min 左右。

(7) 用 2%~2.5%铁明矾水溶液分色，在显微镜下检查横纹和核很清晰时，即停止分色，入自来水中浸洗，使蓝化。

(8) 脱水、透明、封固。按常规进行。

2. 块染法

(1) 取材与固定。方法同前。

(2) 浸洗。将保存在 70%酒精中的组织块去汞，再经 50%酒精至蒸馏水中浸洗。

(3) 用 2%或 4%铁明矾水溶液媒染 6~12h。

(4) 蒸馏水洗 6~12h，多换几次蒸馏水，洗至不再有黄色褪出为止。

(5) 用 Heidenhain 苏木素染色液染 12~24h。苏木素染液应先配好，成熟后方可用。即用 1g 苏木素溶于 10ml 无水酒精中。染色时，取此液 1ml 加蒸馏水 10ml 稀释后使用。

(6) 用蒸馏水浸洗 6~10h，中间多换几次蒸馏水，然后在大半瓶水中加十几滴 4%铁明矾水溶液，浸 2~3h，进行分色。

(7) 蒸馏水洗 1 至数小时，再浸入自来水中 8~12h，蓝化。

(8) 脱水、透明、浸蜡、包埋、切片、贴片及烤干，按常规进行。

(9) 烤干后用二甲苯脱蜡，再换一次二甲苯即可封片。

以上两种方法结果：骨骼肌横纹蓝色或蓝黑色，细胞核蓝色。

(三) 心肌切片

1. 片染法

(1) 取材和固定。取心肌室中隔或乳头肌，用生理盐水洗去血液，然后入下液固定 1~2 天。

固定液配方：2.5%硝酸   20ml
　　　　　　无水酒精   80ml

(2) 浸洗。用 95%酒精换洗数次，约浸 1 天左右。

(3) 脱水、透明、透蜡、石蜡包埋、切片、贴片及烤片按常规进行。

(4) 脱蜡，经各级酒精复水至蒸馏水，用铁明矾苏木素染色液染色。

(5) 脱水、透明、封片。

结果：心肌闰盘呈蓝色至黑色。

2. 块染法

(1) 取材、固定。同前法，组织块厚度 2mm。

(2) 复水、浸洗。经 70%、50%酒精各 4~6h 复水至蒸馏水，用蒸馏水多洗几次。

(3) 染色。入下列染色液 15~20 天或更长。

染色液配方：苏木素　　　　　　　　　　　　　　　　　　0.1g
　　　　　　钾明矾　　　　　　　　　　　　　　　　　　　5g
　　　　　　碘酸钠　　　　　　　　　　　　　　　　　　　0.02g
　　　　　　蒸馏水　　　　　　　　　　　　　　　　　　　100ml

先将钾明矾溶于蒸馏水，然后依次加入苏木素与碘酸钠，此液现配现用，如无碘酸钠可用等量高锰酸钾代替。

（4）先用蒸馏水洗，然后流水冲洗24h，使蓝化。
（5）各级酒精脱水、二甲苯透明、石蜡包埋、切片、贴片、烤干，切片厚5~6μm。
（6）经两缸二甲苯溶蜡、透明，树胶封片。

结果：心肌闰盘呈蓝色或蓝黑色。

第五节　神经组织及神经系统

（一）脊髓横切片——尼氏小体的显示（硫堇染色法）

尼氏小体位于神经细胞的细胞质内，是嗜碱性颗粒，易被碱性染料如美蓝、硫堇、结晶紫等所染，显示尼氏小体的方法很多，下面只介绍其中两种。

1. 片染法

（1）取材。从猫的颈膨大或腰膨大处取材，把脊髓剪成3~5mm的小块。
（2）固定。用95％酒精固定12~24h。
（3）常规脱水、透明、浸蜡、石蜡包埋、切片，切片厚6~8μm。
（4）切片脱蜡，经各级酒精复水至蒸馏水，入1％硫堇水溶液或1％美蓝水溶液染色20~60min。
（5）蒸馏水洗，入90％酒精分色至尼氏小体清晰显出。
（6）速经无水酒精脱水、二甲苯透明、树胶封片。

结果：尼氏小体深蓝色，细胞核浅蓝色。

2. 脊髓块染改良法（1997年）　本法将组织块固定和染色同时进行，方法简单，容易掌握，经染色后的组织块不但容易切片，而且能保存数年不褪色。

（1）取材。同前法。
（2）固定染色。新鲜组织取2~3mm薄块置甲醛-硫堇液处理，37℃7天，室温10天，每天摇动2~4次。

甲醛-硫堇液配方：硫堇0.4~0.5g，甲醛100ml。

若经甲醛固定过的组织，取薄的组织块先用蒸馏水冲洗一天以上，然后置甲醛-硫堇液处理7天（37℃）。

（3）蒸馏水略洗，进入95％酒精分色、脱水，直至组织块周围没有更多的硫堇液播散出来，再入无水酒精脱水，二甲苯透明，石蜡包埋，切片，切片厚7~8μm。包埋好的蜡块避光保存。

（4）切片经二甲苯脱蜡后进入无水酒精2次，稍洗，再经2次二甲苯透明，最后用环氧树脂-DDSA混合剂封片，可避免易褪色现象。

封片剂的配制：环氧树脂812（德国产），DDSA（日本产）以6:4或1:1的比例充分搅拌混合，然后于37℃恒温箱内静置20min，使气泡排出。临用前配制，以免硬化。

结果：神经元、尼氏小体呈蓝色，神经纤维呈红色。

（二）脊髓横切片——神经元纤维的显示（镀银法）

观察脊髓的一般结构，用 HE 染色法即可。但观察神经元纤维的结构，却要用特殊的染色法，神经元纤维的显示方法很多，在此只介绍 Cajal 银浸染法，用这种方法浸镀脊髓，灰质、白质分明，同时可显示神经细胞及其突起和神经元纤维。

（1）取材。取猫和兔脊髓的颈膨大和腰膨大处为材料。显示神经元纤维也可以取脊神经节。

（2）固定。将材料浸入 70%酒精预固定 1～2h，待稍变硬，形状固定后，将材料横切成 3mm 左右的小段，再移入下液固定 24h。

固定液配方：95%酒精　　　　　　　　　　　　　　　　　　　　　　　　　100ml
　　　　　　氨水　　　　　　　　　　　　　　　　　　　　　　　　　　　8～10 滴

（3）镀银。材料从固定液内取出后，用滤纸吸干，直接入 1.5%硝酸银水溶液中，在黑暗处于 37℃下镀银 5～7 天。经常摇动染色液。

（4）蒸馏水洗 1min，换一次蒸馏水。

（5）还原。材料入下列还原液中还原 24h。

还原液配方：对苯二酚或焦性没食子酸　　　　　　　　　　　　　　　　　1～2g
　　　　　　40%中性甲醛　　　　　　　　　　　　　　　　　　　　　　　5ml
　　　　　　蒸馏水　　　　　　　　　　　　　　　　　　　　　　　　　　100ml

也可在上液中加入 0.1～0.5g 亚硫酸钠以防止此还原液过早失效。

（6）蒸馏水洗 5min。然后常规脱水、透明、浸蜡、石蜡包埋、切片，切片厚 7～10μm。

（7）展片、贴片、烤干、再经二甲苯（两缸）脱蜡透明后，用树胶封片。

结果：神经细胞呈棕黄色，神经元纤维呈棕黑色。

切片浸银后如果颜色过淡，可入下液 5～10min，加深染色。

　　硫氰化铵　　　　　　　　　　　　　　　　　　　　　　　　　　　　　3g
　　硫代硫酸钠　　　　　　　　　　　　　　　　　　　　　　　　　　　　3g
　　蒸馏水　　　　　　　　　　　　　　　　　　　　　　　　　　　　　　100ml
　　1%氯化金水溶液　　　　　　　　　　　　　　　　　　　　　　　　　　1ml

然后进行脱水、透明、封片。

（三）大脑和小脑皮质神经元的显示

显示大脑和小脑皮质神经细胞和突起的方法较多，一般采用 Golgi 铬银法和 Cox 氏重铬酸钾—升汞法。Golgi 法的主要缺点是易产生铬银沉淀，时间不易掌握，易失败。Cox 氏法能显示各种类型的神经元，染色均匀而无沉淀，缺点是浸银时间较长。Cox 法对制作教学用切片较好，但搞科研也离不开 Golgi 法。

1. Ramon-Moliner 改良 Cox 法　此法基本上与 Cox 相同，但可以缩短浸染的时间，很容易成功。

（1）取材。以狗、猫、兔或大白鼠为材料，大脑皮质取运动区和感觉区，切面要与皮质表面垂直，适当带一部分髓质。小脑皮质取小脑半球皮质及部分髓质。脑块大小约 1～1.5cm²，5mm 厚。大白鼠脑则可从整个大、小脑取材固定和浸染。

（2）固定和浸染。浸入下液 20～30 天，用黑纸包瓶或用棕色瓶，置于暗处，液体要充分，固定 24h 后换新液，第三天再换 1 次。

配方：升汞　　　　　　　　　　　　　　　　　　　　　　　　　　　　　　1g
　　　重铬酸钾　　　　　　　　　　　　　　　　　　　　　　　　　　　　1g

铬酸钾	0.8g
钨酸钾（或钠）	0.5g
蒸馏水	100ml

用蒸馏水分别将各试剂溶解，然后，先将升汞水溶液与重铬酸钾水溶液混合，再加入铬酸钾水溶液，最后加入钨酸钾水溶液。临用前配制。

（3）从上液取出后，浸入下液24h。

配方：氢氧化锂（或碳酸锂）	1g
硝酸钾	1.5g
蒸馏水	100ml

（4）自来水洗12~24h，再浸入0.5%冰醋酸水浸10~15min，最后用蒸馏水洗数次。

（5）经各级酒精脱水，95%酒精及100%酒精各两瓶，每瓶中脱水各15min。再浸入1:1无水酒精-乙醚混合液中1h。

（6）透胶和包埋。采用快速透胶和包埋。

先浸入4%火棉胶1~2h，再浸入10%火棉胶1~2h，15%火棉胶1~2h。

火棉胶包埋。

（7）切片。用滑走切片机切片，片厚80~100μm。切下的火棉胶切片浸入70%~80%酒精中。

（8）脱水与透明。各级酒精脱水，但脱水时间不超过1min，在50%和70%酒精中脱水时，加几滴0.5%碘酒，以去汞盐沉淀。然后经石炭酸-二甲苯及两缸二甲苯透明。用剪刀将材料周围多余的火棉胶剪去。

（9）封固。此法最好用Cox封固剂而不用树胶，不加盖玻片，标本能较好的保存。

Cox封固剂配法：山达胶	75g
樟脑	15g
薰衣草油	22.5ml
松节油	20ml
无水酒精	75ml
蓖麻油	5~10滴

结果：神经细胞及突起呈黑色，星状胶质细胞同时也显示为黑色，背景淡黄色。

2. Golgi快速灌注法　Golgi法有快、慢法两种，现多采用快速法。

（1）取材。从猫、狗、兔的大、小脑取材均可。

（2）灌注固定。将动物麻醉后，剖开胸腔，暴露心脏，剪开心包，将灌注针（管）从心尖处刺入左心室，然后将右心房剪一小孔，使回流血液和灌注液流出。先灌注含0.5%亚硝酸钠的生理盐水溶液。亚硝酸钠的作用是使小血管扩张。然后再大量灌注10%甲醛生理盐水溶液，至流出无色且有甲醛气味的液体为止。最后再灌注下液，起媒染作用，使细胞易与银亲和。

固定液配方：水合氯醛	50g
重铬酸钾	50g
甲醛	100ml
蒸馏水	1 000ml

（3）将脑自颅腔取出，切成不厚于5mm的小块，再于上液内于暗处静置3天。

（4）蒸馏水速洗，移至1%硝酸银水溶液中，黑纸包瓶，置暗处于室温下浸3天。

（5）火棉胶急速包埋。①脱水。从硝酸银溶液中取出材料，经70%、80%、95%（两瓶）、无水酒精脱水，各停1~2h。②浸入1:1乙醚-无水酒精混合液中4~8h。③浸胶。入

4%、8%、10%火棉胶液中各1～2h。④火棉胶包埋。⑤切片，切片厚100～120μm。也可用冰冻切片。⑥切片浸于2%重铬酸钾水溶液中片刻。⑦蒸馏水速洗，将胶片移至载玻片上，用滤纸吸干水分。⑧经95%、100%酒精脱水后，移入冬青油。换一、两次冬青油，待透明后即可浸入二甲苯。⑨封固。经二甲苯数次即可用合成树脂封固，可加或不加盖玻片。

结果：神经细胞、原浆性和纤维性星状胶质细胞呈棕黑色。

（四）显示少突胶质细胞和小胶质细胞的冷冻制片

(1) 取材与固定。从猫的新鲜大、小脑上取4～5mm厚的组织块，入下液固定3～4天。

固定液的配方：甲醛　　　　　　　　　　　　　　　　　　　　　　10ml
　　　　　　　0.9%生理盐水　　　　　　　　　　　　　　　　　80ml

(2) 切片。冰冻切片，厚20～25μm。

(3) 氨化。切片经蒸馏水浸洗后，入10%氨水液氨化12～24h。

(4) 浸银。切片氨化后入蒸馏水略洗，再浸入氨银溶液8～10s。

氨银溶液的配制：在浓氨水液2ml内加10%的硝酸银水溶液，边加边用玻璃棒搅拌，使氨水液变为棕黄色或黑色混浊液为止。

(5) 还原。切片浸入2%甲醛液内还原1min左右，使其变为淡灰色，再入蒸馏水浸洗。

(6) 调色。切片浸入0.25%氯化金水溶液，至呈深灰色为止。

(7) 将切片浸入5%硫代硫酸钠水溶液内2～3min，然后再入蒸馏水浸洗。

(8) 脱水、透明、封片按常规进行。

结果：小胶质细胞与少突胶质细胞呈黑色，背底呈浅灰色。

（五）坐骨神经纵、横切片（HE染色法）

(1) 取材与固定。取猫、狗或兔的坐骨神经，将其取下后贴在硬纸片上，再把神经剪断，放入Heidenhain氏"Susa"混合液中固定24h。

(2) 冲洗与修材。材料固定后，用刀片切成8～10mm长和4～5mm长的两种小段，放入含碘酒的95%酒精内冲洗与脱汞5～12h，然后保存于90%酒精中。

(3) 常规脱水、透明、浸蜡、石蜡包埋。包埋时将两种小段神经放在一起，一段平放，一段竖放，使切片时出现纵、横断面，切片厚6μm。

(4) 常规二甲苯脱蜡，各级酒精复水至蒸馏水，HE染色。

(5) 脱水、透明、封片按常规进行。

（六）突触的显示（高尔基-坚聂克法）

(1) 取材与固定。大白鼠、幼猫和兔的脑或脊髓的颈膨大或腰膨大，材料块2～3mm厚，在下列固定液中固定1～5h。

固定液配方：95%酒精　　　　　　　　　　　　　　　　　　　　30ml
　　　　　　20%中性甲醛液　　　　　　　　　　　　　　　　　30ml
　　　　　　亚砷酸饱和水溶液　　　　　　　　　　　　　　　　30ml

亚砷酸比较难溶解，所以应提前几天配，并多搅拌使其充分溶解，加至饱和。

(2) 用滤纸吸干组织块上的水分，浸于2%硝酸银水溶液内，在37℃恒温箱中浸银8～12天，在室温下浸18～20天或更长。浸银时要用黑纸包瓶。

(3) 蒸馏水速洗1～3min。

(4) 入下列还原液还原12～24h。

还原液配方：对苯二酚　　　　　　　　　　　　　　　　　　　　2g

中性甲醛液（40%）	5ml
亚硫酸钠	0.5g
蒸馏水	95ml

（5）蒸馏水浸洗 1～3min，按常规脱水（每级约 30min，不宜过久）、透明、浸蜡、石蜡包埋、切片，切片厚 8～10μm。

（6）展片、贴片、烤干、两缸二甲苯脱蜡透明、树胶封片。

结果：神经元呈棕黄色，高倍镜或油镜下可见许多褐色蝌蚪状突触。

（七）肠系膜环层小体装片

（1）取材与固定。以猫的小肠系膜最好。将猫处死后剖开腹腔，在小肠系膜特别是在系膜血管的附近，肉眼可见单个或数个聚在一起的白色卵圆形小体，此即为环层小体。剪下一块有环层小体的肠系膜置于一载玻片上，展开铺平，再盖上一载玻片，轻压用线将两载玻片扎紧，然后浸入 FAA 液中固定 12～24h。固定数小时后，将线解开，继续固定。

（2）洗涤。自来水洗数小时，再换蒸馏水洗数小时。

（3）染色。苏木素单染，将材料浸入 Mayer 苏木素中染 2～3 天。

（4）蓝化。蒸馏水浸洗至无颜色逸出，再换自来水洗 1 天，使其蓝化。

（5）常规脱水、透明、封片。

结果：环层小体为卵圆形蓝紫色小体，但扁平细胞的细胞核及神经轴颜色较深。

（八）肋间肌压片显示运动终板（氯化金法）

1. Lowit 氯化金-甲酸法

（1）取材。取蛇、壁虎和蜥蜴的肋间肌为材料最好。或取小兔或小白鼠的前位几个肋间肌，此部肋间肌中运动终板较多。

（2）固定。取下肋间肌后，去掉脂肪和肌膜，分割成 3～4mm 长的小块，浸入 20%甲酸水溶液内固定 10～20min。

（3）用滤纸吸干材料上的固定液后，将材料移入 1%氯化金水溶液内，在黑暗处浸 15～60min，观察到组织变为金黄色为度，若成为褐色，就显得过度了。

（4）镀金后将材料浸入 20%甲酸水溶液内，在黑暗处浸 1～2 天，使其透明。

（5）蒸馏水快速冲洗，然后浸入甘油中，多换两次甘油，甘油有透明剂的作用，并且材料可以保存于甘油中。用甲酸-氯化金处理的材料不能经酒精脱水和二甲苯透明。

（6）压片与封片。从甘油中取出材料，切成长 1～2mm 的小段。取一小段置于载玻片上，盖好盖玻片，其上放一小块吸水纸，用拇指垂直下压。镜下检查，挑选合格者进行封片。先把盖玻片周围的甘油擦干净，涂上封边漆，晾干。但此种方法不易封得完全，使甘油可能渗出，材料发干。有人经过实验后发现，用聚乙烯吡咯烷酮作为封固剂较为理想。

2. Ranvier 氯化金-甲酸法

（1）取材。同前法。

（2）固定。取材后，将剪成小块的材料入下液中，在暗处固定和镀金 20～60min，使其变为棕黄色为止，若为蓝色，说明镀金过度。

固定镀金液配方：1%氯化金水溶液	8ml
甲酸	2ml

两液混合，加热煮沸，冷却后装棕色瓶内备用。

（3）蒸馏水速洗，换几次蒸馏水，然后浸入甲酸与蒸馏水（1∶4）的混合液内，暗处浸

12～24h。

(4) 其余过程同前法。

第六节 脉管系和淋巴器官

（一）血管切片的制作

毛细血管、小动脉和小静脉在许多器官均可见，因此观察时可观察经过 HE 染色的器官的疏松结缔组织。下面只介绍中等动、静脉和大动脉的制片。

(1) 取材和固定。中等动、静脉取猫或狗的后腿内侧的股动脉和股静脉为材，取下后将血管贴在硬纸片上，投入 Bouin 氏固定液中固定 24h。大动脉取猫或兔的胸主动脉或腹主动脉为材，剪成一段一段，投入 10％甲醛液固定 24h 或投入 Susa 氏液 24h。

(2) 固定后将纸撕去，修成 5mm 长的小段，需沿血管长轴修剪。

(3) 浸洗后经脱水、透明、浸蜡、石蜡包埋、切片，切片厚 $6\mu m$。

(4) 切片脱蜡后经各级酒精复水至蒸馏水。

(5) 染色。HE 染色即可，但要观察大动脉上的弹性纤维，可采用特殊的弹性纤维染色法。

(6) 常规脱水、透明、封片。

（二）淋巴结切片的制作

(1) 取材与固定。取各种动物肠系膜处的淋巴结，选外形为卵圆形、单个的、不要太大的淋巴结为材，整个固定于 Bouin 氏液中 6～8h。

(2) 浸洗后按常规脱水、透明、浸蜡、石蜡包埋，切片。切片时应依淋巴结长轴经淋巴结门作纵切片。

(3) 染色。HE 染色即可。

如需显示淋巴结的网状纤维结构，可按前面介绍的网状纤维的显示法处理。

（三）脾脏切片的制作

(1) 取材。取各种动物的脾脏，但以狗的材料为较好。取材时应取脾的边缘部分，这样材料表面的两面均有被膜和浆膜覆盖。

(2) 固定。固定之前应注射生理盐水，将脾内的血液冲洗干净。方法是切断脾静脉，然后从脾动脉处注入生理盐水，使血液流出，使脾呈淡色为止。取下脾，切成小块，入 Zenker 氏液固定 24h。

(3) 按常规脱汞、冲洗、脱水、透明、浸蜡、石蜡包埋和切片（厚 $6\mu m$）。

(4) 用 HE 染色法染色。

胸腺切片的制作步骤同脾脏制片，但取材时应取幼年动物的胸腺。

第七节 消 化 系

（一）味蕾切片的制作

(1) 取材。取兔的叶状乳头，兔的叶状乳头有一对，长椭圆形，位于舌根两侧，肉眼可见其粘膜面有一条条横行粘膜突起，切取时，沿长椭圆形叶状乳头周围剪下，范围应稍大。

(2) 固定。用 Bouin 氏液固定 2～4h 后，用刀片将组织周围的乳头切除，舌肌也大部分切除，将组织块修成小的长方形，继续固定 2～4h。

(3) 按常规程序做石蜡切片。切片时沿一条条横行粘膜突起横切，切片厚 6μm。

(4) HE 染色。

(二) 消化道的取材、固定、HE 法染色制片

消化道必须取新鲜组织，胃、肠的取材，死后 1h 内就要完成，食道的取材可稍放后。

(1) 取材和固定。

①食道：可分 3 段取材，前段、中段和后段，食道取材后，不破开，作整个食道的横断切片。一般固定液均可。

②胃：幼猫和幼狗的胃体和胃底为材料，若为成年动物，取材之前最好饿 1 天，取胃底为材。取 3cm×3cm 左右大小的胃壁一块，用生理盐水将胃壁上的食物冲洗干净。固定时用削好的竹针或大头针将胃壁钉在一软木板上，入 Bouin 氏液中固定 24h。

③肠：小肠以出生不久的乳猫或乳狗的小肠为材料较好，如取成年动物的为材料，取材前应将动物饿一天，使肠内无内容物存在。各段肠管应取其典型部位。如果肠管较细，将其剪成 1cm 长的小段投入 Bouin 氏固定液；如果肠管较粗，那么固定时应将肠管纵行剖开，用大头针钉在一软木板上，再一同投入 Bouin 氏固定液中。

(2) 按常规程序脱水、透明、石蜡包埋和切片（厚 6μm）、HE 染色。

(三) 胃底腺三种细胞显示

Luxol 快蓝是一种酸性染料，可以把壁细胞和颈粘液细胞分别染成蓝色和略呈紫红色，主细胞酶原颗粒不着色，通过改进方法，胃底腺 3 种细胞均能染上不同的颜色。

(1) 取材。猫和狗胃底部纵切面。

(2) 固定。用生理盐水洗去胃内容物，固定于 10% 中性缓冲甲醛液或 Helly 氏液。

(3) 冲洗、脱水、透明、石蜡包埋按常规进行，切片（厚 4～6μm）。

(4) 染色。

①切片经二甲苯脱蜡下行至 70% 酒精。

②入 0.05% Luxol 快蓝酒精溶液（Luxol 快蓝 0.05g，80% 酒精 100ml），58℃ 下染 4～8h，室温染 12h 以上。

③90% 酒精速洗一次。

④0.01% 碳酸锂分色，镜检至颜色适宜。

⑤蒸馏水洗 2 次后，入 0.5% 高碘酸水溶液 5～10min。

⑥蒸馏水洗后，Schiff 试剂染色 10～20min（Schiff 试剂的配制可参见组织化学部分）。

⑦蒸馏水洗后，Ehrlich 苏木素液染色 3～5min。

⑧蒸馏水洗 2 次，5min。

⑨入下液染色 5min。

配方：橘黄 G   0.2g

        酸性复红   0.1g

        磷钨酸   0.1g

        蒸馏水   100ml

⑩蒸馏水速洗，酒精脱水、二甲苯透明、树胶封片。

结果：主细胞橘红色，壁细胞蓝色，颈粘液细胞紫红色，核黑色，红细胞绿色。

(四) 胃底腺颈粘液细胞的显示 (1993年)

HE 染色可清楚地显示胃底腺的主细胞和壁细胞，但不能显示颈粘液细胞，用此法可清楚地显示颈粘液细胞。

(1) 取材与固定。取大鼠胃底，固定于 10% 甲醛或 Zenker 氏液中 24h。
(2) 常规脱水、透明、石蜡包埋，切片厚 5~6μm。
(3) 切片经二甲苯脱蜡，各级酒精下行至蒸馏水。
(4) 切片入改良的 Mayer 苏木素中染色 10~30min。

配法：苏木素（Flika 进口分装）1g，溶于 1 000ml 蒸馏水中，再分别加入碘酸钠 0.2g，钾矾 3g，水合氯醛 50g，枸橼酸 1g。此液可长期保存，染色前，用饱和的碳酸锂水溶液将此染色液调至 pH 值 5.0~6.5，一般现配现用。

(5) 流水冲洗 10min；或入浓氨水 1~2min，再流水冲洗 3~4min。
(5) 常规脱水、透明、封片。

结果：颈粘液细胞呈蓝紫色或深蓝色，核无色或浅灰色。

(五) 小肠潘氏细胞的显示 (Lendrum's 荧光桃红染色法)

(1) 取材与固定。取狗、猫、大白鼠的空肠和回肠均可，取材后入 Helly 氏液或 Zenker 氏液固定 24h。
(2) 按常规冲洗、脱汞、脱水、浸蜡、石蜡包埋、切片 (6μm)、展片和贴片。
(3) 二甲苯脱蜡、各级酒精复水至蒸馏水，入 Ehrlich 氏苏木素液中染色 10~15min，然后入 1% 盐酸酒精 (70%) 分色，自来水蓝化、蒸馏水浸洗。
(4) 切片入荧光桃红 (焰红) 染色液复染 10~15min，再用蒸馏水洗掉浮色。

染色液配方：荧光桃红	0.5g
氯化钙	0.5g
蒸馏水	100ml

(5) 脱水、透明、封片。

结果：细胞核为蓝紫色，潘氏细胞颗粒为鲜红色。

(六) 肠嗜银细胞的显示 (龙桂开银浸法)

方法简便，材料银浸后需经还原，可能所显示的既有嗜银细胞又有银亲合细胞。

(1) 取材与固定。取猫或狗的十二指肠，因十二指肠中嗜银细胞最多。取材后用 15%~20% 甲醛固定 3~5 天。
(2) 蒸馏水洗 3h，组织切成 3mm 厚。
(3) 浸银。将组织浸入 25% 硝酸银水溶液中，37℃下于暗处浸 1~3 天。
(4) 蒸馏水洗 3~5min，再浸入下列氨银溶液中，于暗处浸 3~5h。

氨银溶液配方：10% 硝酸银水溶液	10ml
40% 氢氧化钠水溶液	5ml

两种溶液混合后即出现褐色沉淀，倒掉上清液，用蒸馏水将沉淀洗 2~3 次，然后加蒸馏水 25ml，逐滴加入氨水至沉淀完全溶解为止，再以蒸馏水补至 100ml。

(5) 蒸馏水略洗，入 20% 甲醛液中还原 10~15h。
(6) 蒸馏水洗，脱水、透明、石蜡包埋、切片 (厚 5~6μm)、展片、贴片、脱蜡透明、封片。

结果：嗜银细胞颗粒呈黑色，细胞核黄褐色，网状纤维黑色。

(七) 肝切片(HE 染色)

(1) 取材。取刚成年动物的肝为材料,因为成年动物肝脏病变较多。由于猪的肝小叶明显,所以取材时最好取猪肝,其次是兔肝、幼猫肝。

(2) 固定。用 Bouin 氏液固定。

(3) 洗涤后按常规进行石蜡包埋,HE 染色。

(八) 肝脏枯否氏细胞(星状细胞)**制片**

(1) 取材。以兔为材料,用台盼蓝活体染色法、注射方法和"小鼠皮下结缔组织铺片"中注射方法相同。

(2) 固定。取小块肝组织(厚 3~4mm)用 10％甲醛液固定 12~24h。

(3) 自来水浸洗 12~24h 后,按常规脱水、透明、石蜡包埋,切片厚 6~8μm。

(4) 贴片、烤干、脱蜡,经各级酒精下行复水至蒸馏水。

(5) 因为是用台盼蓝活体注射的,所以应选择红色颜料如 0.5％碱性品红水溶液染核,约染 5~10s,这样颜色对比鲜明。

(6) 蒸馏水速洗。

(7) 脱水、透明、封片。在各级酒精中稍有褪色,所以在酒精中不能久停。

结果:枯否氏细胞质内有大、小不等的蓝色颗粒,细胞核为红色。

(九) 肝脏胆小管的显示(张保真铁苏木素染色法)

(1) 取材。兔新鲜肝一小块,切成 2~3mm 厚。

(2) 固定。组织块迅速入 1:1 无水酒精-乙醚混合液中固定 24h。

(3) 浸火棉胶。固定后的材料直接浸入 2％及 4％火棉胶液各 1 天。

(4) 透明。浸胶后的材料放入氯仿内 1 天,使材料透明并硬化。

(5) 浸蜡和包埋。材料透明后入石蜡内浸 4~6h(在 60℃恒温箱内进行,中间换一次石蜡),然后进行包埋、切片(厚 6~7μm)。

(6) 按常规展片、贴片、烤干、脱蜡、复水至蒸馏水。

(7) 切片入 2.5％铁明矾水溶液媒染 1~2h,再入蒸馏水浸洗。

(8) 入 Heidenhain 苏木素染液中染色 24h。

(9) 用 1％~2％铁明矾水溶液分色,镜检见胆小管清晰,背景基本无色时为止。

(10) 自来水冲洗后,入蒸馏水浸洗。

(11) 切片入 0.1％伊红水溶液复染 2min。

(12) 按常规脱水、透明、封片。

结果:胆小管和细胞核呈蓝黑色,细胞质浅红色。

(十) 能同时显示肝脏各种结构的肝切片(1986 年)

此法是 1986 年由徐州医学院的张玉兰等人提出,此法使用两种注射方法相结合对动物进行活体注射,然后取材、固定、常规 HE 染色,可在一张切片上同时显示肝脏各种结构。

(1) 材料。兔,2.5kg 左右。

(2) 耳静脉注射 5％墨汁(北京精制"一得阁"墨汁,质量较好,用 0.9％生理盐水配制)2~3ml,16~18h 后取材。注射墨汁的目的是显示枯否氏细胞。

(3) 0.3％戊巴比妥钠按 1mg/kg 体重麻醉。

(4) 打开腹腔,从胆总管注射黄色明胶直至肉眼可以看到肝脏各叶出现较多小点状,大约注射 3~4ml。此时动物处在麻醉情况下,仍然保持体温,鉴于明胶遇冷发生凝固,注射明胶必须在此时完成。

注射用黄色明胶的配制：4%明胶 100ml，4%硝酸银 100ml，焦性没食子酸 0.5g，甘油 20ml，水合氯醛 4g。明胶先用少量蒸馏水浸泡，待胶吸水充分膨胀后，加足蒸馏水，隔水加热溶解后加入 4%硝酸银水溶液混合加热搅拌，然后加焦性没食子酸，在 50℃温箱内过滤，最后再加甘油与水合氯醛。

(5) 打开膈肌，切断后腔静脉，从肝动脉注射 0.9%生理盐水，肉眼观察至肝脏各叶无血色为止。此时动物已死，尽快取材。

(6) 取下肝脏放入冰箱（冷冻室）使明胶凝固，0.5h 左右入 10%甲醛固定。

(7) 常规脱水、透明、包埋。切片用 HE 染色。

结果：胆小管呈棕黄色，枯否氏细胞呈黑色，肝细胞质红色，细胞核蓝色，肝细胞索之间无充血现象。

(十一) 胰腺切片的制作

胰腺包括外分泌部和内分泌部，一般教学用片用 HE 染色即可。对胰岛的几种细胞的显示染色方法很多，在此只介绍一种较好的 Gomri 氏改良 Bloom 氏法（即 Mallory-Heidenhain-Azan 染色法）。

1. Mallory-Heidenhain-Azan 染色法

(1) 取材。取小狗或豚鼠的胰尾，厚度不超过 2mm。

(2) 固定。固定于含升汞、重铬酸钾的固定液中较好。一般用 Helly 氏液固定 1 天。也可用 Zenker 氏液。

(3) 流水冲洗一天后，按常规脱水、脱汞、透明、浸蜡、石蜡包埋、切片（厚 4～6μm）。

(4) 切片脱蜡后入各级酒精复水至蒸馏水，再入偶氮卡红液，于 56℃恒温箱内染色 45～60min。

偶氮卡红液配制：用 0.1%偶氮卡红 G 水溶液，加温煮沸 1min，冷后过滤。在 100ml 溶液内加冰醋酸 1ml。

(5) 蒸馏水洗。用 1%苯胺油酒精 (95%) 溶液分色，使乙细胞呈红色。

(6) 蒸馏水浸洗。入 5%铁明矾水溶液媒染 5～8min。

(7) 蒸馏水洗后，切片入蒸馏水稀释 2～3 倍的 Mallory 氏苯胺蓝溶液染色 5～20min，至结缔组织呈蓝色。

染色液配制：苯胺蓝　　　　　　　　　　　　　　　　　　　0.5g
　　　　　　橘黄 G　　　　　　　　　　　　　　　　　　　2g
　　　　　　草酸　　　　　　　　　　　　　　　　　　　　2g
　　　　　　蒸馏水　　　　　　　　　　　　　　　　　　　100ml

混合后煮沸短时，冷后过滤，可长期使用。

(8) 蒸馏水洗后，用滤纸吸干，经无水酒精脱水、二甲苯透明、树胶封片。

结果：甲细胞呈橘黄色，乙细胞呈鲜红色，丁细胞天蓝色。

2. HE 染色法　取材同前法。固定可用 Bouin 氏液固定 6～8h。洗涤后按常规石蜡包埋法处理，HE 染色。

第八节 呼吸系

(一) 气管横切片的制作（HE 染色法）

(1) 取材。最好取幼年动物的气管为材。因老年动物的气管软骨往往有些钙化，软骨细胞不典型，而且较难切。

(2) 固定。将气管切成 5mm 长的横断面，用 Bouin 氏液固定 6～8h，其中的苦味酸有软化作用。固定前用生理盐水轻轻将粘液洗去。

(3) 常规浸洗、脱水、透明、浸蜡、石蜡包埋、切片（厚 6～8μm）。如切片困难，可把修切后露出材料的蜡块浸泡在甘油酒精内数天后，再继续切片。

(4) 展片、贴片、烤干。气管软骨在展片时不易展平，可参照"透明软骨切片"中气管的展片法进行。

(5) 脱蜡、经各级酒精复水至蒸馏水后，HE 染色法进行染色。

(二) 肺切片的制作（HE 染色法）

(1) 取材。狗肺较典型，也可用兔肺为材，以 1～2 月龄小兔为好。对狗注射麻醉剂，使其晕倒；打开胸腔，将肺和气管一并取出，放在大瓷盘内；往气管内注射适量固定液，使其保持正常的呼吸状态，然后投入固定液内。也可采用注气法，即将空气注入肺中，使肺扩张至自然状态再投入固定液。若固定时，肺飘浮在固定液表面，可用线缚一重物在气管上，使肺全部下沉于固定液中。

(2) 固定与整材。用 10% 甲醛固定 24h。材料固定 12h 后，将肺叶从下 1/3 处剪下，切成厚 4～6mm 的小块，再放入固定液继续固定，如组织块不下沉，可用真空泵或注射器抽气，使其下沉。

(3) 按常规进行石蜡包埋、切片（片厚 6μm）、HE 染色。

(三) 肺泡 I 型细胞和 II 型细胞的显示（锇酸-碘化钠染色法）

(1) 取材。取兔或大白鼠的新鲜肺，切为 1～2mm 的小块。选择幼年动物为好，因为成年动物吞噬异物过多，易与板层小体混淆。

(2) 固定兼染色。将组织块浸于下液，室温下浸 24h。

配方：2% 锇酸水溶液　　　　　　　　　　　　　　　　10ml
　　　3% 碘化钠（或碘化钾）　　　　　　　　　　　　30ml

另外取一块组织用单纯的锇酸固定，作为对照切片。

(3) 蒸馏水洗 10min。

(4) 脱水、透明、石蜡包埋、切片（片厚 4～6μm）。

(5) 二甲苯脱蜡透明、树胶封片。

结果：肺泡 II 型细胞的嗜锇性板层小体呈黑色，而单纯锇酸浸染不着色。

第九节 泌尿系和生殖系

(一) 肾切片的制作（HE 染色法）

(1) 取材与固定。常用猫、狗、兔肾为材，也可以用大白鼠或小白鼠的肾为材。如果肾不大将其整体固定（如大白鼠和小白鼠的肾）如果是猫、兔、狗的肾，常把肾长轴的两头切掉。切时，肾的外缘稍留宽些，肾门处稍留窄些，然后将肾沿外缘的皮质向髓质纵切成两半，形成扇形切面，投入固定液。

肾的固定以含汞的固定液为好，如 Zenker 氏液、Helly 氏液，固定 24h。

(2) 整材。整体固定的肾在固定 2～3h 后，取出，用刀片依肾的长轴将两侧皮质切去一小部分，继续固定至 24h，而切成扇形固定的肾固定 12h 后，取出，保持纵切面原样，将扇形肾修成 2～3mm 厚，再放入固定液继续固定 12h。

(3) 固定后自来水冲洗 1 天。

(4) 各级酒精脱水、透明、石蜡包埋、切片。切片时沿整个肾作纵切面，切片厚 6μm。在 70%酒精中脱水时注意脱汞。

(5) HE 染色。

(二) 肾球旁细胞制片（Bowie 氏染色法）

肾球旁细胞位于入球小动脉进入血管球处，系血管中膜平滑肌变态而形成的上皮样细胞。细胞质丰富，内有细小颗粒，这些颗粒可被若干碱性染色剂所着色，所以显示球旁细胞颗粒的染色法有好几种，但较好的是 Bowie 氏法。

(1) 取材与固定。大白鼠的肾最好，也可以取兔肾。取肾皮质切成 3mm×4mm 的小块，固定于 Zenker 氏液或 Helly 氏液 24～48h。

(2) 常规进行冲洗、石蜡包埋、切片，片厚 4μm。

(3) 展片、贴片、烤干、脱蜡后经各级酒精复水至蒸馏水。至 70%酒精时，注意脱汞、去碘。

(4) 蒸馏水充分洗后，入 2.5%重铬酸钾水溶液铬化 12～24h（40℃）。

(5) 蒸馏水洗数次后，切片入 Bowie 氏染液染色，室温下染 12～24h。40℃染 3h。

Bowie 染色液配制：

A 液：Biebrich 猩红（水溶性）	1g
蒸馏水	250ml
B 液：乙基紫	2g
蒸馏水	500ml

两液分别溶解后，将 B 液滴入 A 液中，随滴随摇动；直至 A 液由红变紫并出现沉淀为止。然后将混合液过滤，把滤纸连同沉淀物一并置温箱中烘干，收集沉淀备用。使用时，还需将染料沉淀配成贮备液和染色液。

贮备液配方：染料沉淀	0.2g
95%酒精	20ml
染色液配方：贮备液	1ml
20%酒精	50ml

(6) 用滤纸将切片吸干。

(7) 经两缸丙酮脱水，每缸中几秒钟即可。

(8) 加入 1：1 丁香油-二甲苯混合液分色，镜检肾球旁细胞颗粒由红变紫即可。

(9) 切片加入二甲苯 2 次，洗去丁香油并透明，树胶封片。

结果：肾球旁细胞颗粒被染成蓝紫色，肾小管上皮细胞呈红色。

(三) 卵巢切片的制作

(1) 取材。猴、猫、猪、兔的卵巢均可。

(2) 固定。甲醛固定，或用 Bouin 氏液固定。
(3) 常规石蜡包埋法，HE 染色即可。切片时沿卵巢长轴切片，片厚 6~8μm。

（四）睾丸切片的制作

(1) 取材。成体大白鼠的睾丸较好。
(2) 固定。用 Bouin 氏液固定。但睾丸不能像其他组织那样切成小块固定，因包在睾丸外表的白蜡一经切破，曲细精管就会流出散开。所以应采用注射固定法，即把固定液注入血管进行固定，注射完毕后，取下整个睾丸浸入固定液中继续固定，待固定变硬后再切成小块。
(3) 常规浸洗、脱水、透明、石蜡包埋、切片。
(4) HE 染色法染色。

第十节 内分泌腺

（一）垂体切片的制作

(1) 取材。常用猪或狗的脑垂体。取材时注意脑垂体的完整性。
(2) 固定。将整个脑垂体投入 Helly 氏液内固定 24h，固定后用锐利切片从漏斗处作矢状切两块，分别包埋。
(3) 自来水冲洗 24h，蒸馏水浸洗 1h，然后按常规脱水、透明、浸蜡、石蜡包埋、切片。脱水至 70% 酒精时注意脱汞、用 5% 硫代硫酸钠处理，此步也可放在切片复水时进行。切片时注意纵切，切片厚 6μm。
(4) 展片、贴片、烤干、脱蜡、经各级酒精复水至蒸馏水。
(5) 染色。一般 HE 染色即可满足教学要求，但也可采用特殊染色法、方法较多，只列举一种。但注意，采用不同的染色方法时，所选用的固定液也不完全相同。

脑垂体细胞的 Slidder 氏染色法：
①组织切片复水至蒸馏水后，用天青石蓝液染 5~10min。

天青石蓝液配方：
硫酸铁铵	5g
甘油	14ml
天青石蓝	0.5g
蒸馏水	100ml

将硫酸铁铵溶解于蒸馏水内，加入天青石蓝，加热溶解煮沸 3min，冷却后过滤加甘油。
②蒸馏水洗后，染 Mayer 氏苏木素明矾 5min。

Mayer 氏苏木素明矾配方：
苏木素结晶	1g
碘化钠	0.2g
铵明矾	50g
蒸馏水	1 000ml
水合氯醛	50g
枸橼酸	1g

将苏木素、碘化钠和铵明矾溶解于 1 000ml 蒸馏水中过夜，加水合氯醛和枸橼酸，煮沸 5min，冷却，备用。
③0.25% 盐酸酒精（70%）分化 30s。
④自来水充分冲洗。

⑤经 95%酒精稍洗后，入橘黄 G 液中 2min。

橘黄 G 液配方：橘黄 G	0.5g
磷钨酸	2g
无水酒精	95ml
蒸馏水	5ml

先将橘黄 G 溶解于蒸馏水中，然后加磷钨酸及无水酒精。

⑥蒸馏水轻洗后，入酸性复红液中 2~5min，镜下控制，直到嗜碱性细胞明显着色。

酸性复红液配方：酸性复红	0.5g
冰醋酸	0.5ml
蒸馏水	99.5ml

⑦蒸馏水洗，然后入 1%磷钨酸水溶液中 5min。

⑧蒸馏水洗后，入 1%亮绿液内 1~2min。

1%亮绿液配方：亮绿 SF（黄色）	1g
冰醋酸	1.5ml
蒸馏水	100ml

⑨入蒸馏水洗去多余染料。

⑩常规脱水、透明、封片。

结果：细胞核蓝色、嗜碱性颗粒呈红色，嗜酸性颗粒呈橘黄色、黄色，嫌色细胞呈淡灰绿色，红细胞呈黄色，结缔组织呈绿色。

（二）甲状腺滤泡旁细胞的显示（镀银法）

（1）取材与固定。取狗的甲状腺为材。将所取的甲状腺分成 2mm×3mm 的小块，入下列固定液固定 24h，中间换新液一次。

固定液配方：无水酒精	100ml
氨水	8 滴

（2）镀银。组织块固定后，用滤纸吸干，然后入 1.5%硝酸银水溶液中镀银，放黑暗处或用黑纸包瓶，于 37~38℃下浸 1 周左右。

（3）冲洗与还原。组织块浸银后用蒸馏水洗，再入下列还原液内 12~24h。

还原液配方：焦性没食子酸	1~2g
甲醛	5~10ml
蒸馏水	100ml

（4）蒸馏水速洗 2~5min。

（5）按常规脱水、透明、浸蜡、石蜡包埋、切片，片厚 6~8μm。

（6）展片、贴片、烤干、脱蜡透明、封片。

结果：甲状腺滤泡旁细胞呈棕褐色，高倍镜下可见其细胞质内有许多褐色嗜银颗粒；甲状腺滤泡上皮细胞呈黄色。

（三）肾上腺制片

（1）取材。用猫、狗、猴、兔的肾上腺为材料。将动物杀死后，尽快取材，超过 1h 肾上腺会自融。

（2）固定。肾上腺髓质细胞为嗜铬性，所以多用含重铬酸钾的固定液，如 Reguad 固定液固定 4 天至 1 周，每天更换新液，固定后用流水冲洗一天。如用单纯甲醛固定，则在固定后再浸入 3%重铬酸钾溶液中铬化。肾上腺髓质不适合用含升汞、酒精及冰醋酸的固定液固定。

(3) 冲洗后按常规制成石蜡切片。片厚 6μm。

(4) 组织切片脱蜡至蒸馏水。

(5) 如果是用甲醛固定的材料，需经铬化，即浸入 3% 重铬酸钾水溶液中数分钟，蒸馏水略洗后染色。

(6) 染色。一般用 HE 染色即可，但为了显示嗜铬细胞，可用特殊染色法，常用的是 Giemsa 氏法。

Giemsa 氏染色法显示嗜铬细胞：①切片复水至蒸馏水后，再用蒸馏水洗 3～4 次。②入稀 Giemsa 氏染液中染色 8～15h。稀 Giemsa 氏溶液配法：Giemsa 氏原液 30 滴，0.2M 磷酸缓冲液（pH 值 6.8）30ml。Giemsa 氏原液和磷酸缓冲液配法可参见"血液涂片"部分。③直接用 95% 酒精分化 2s，切片呈绿色。④无水酒精迅速脱水、二甲苯透明、中性树胶封片。

结果：嗜铬细胞颗粒呈黄绿色，核呈蓝色，皮质细胞呈粉色或红色。

第十一节 皮肤、眼球及内耳

（一）人头皮肤的石蜡制片

(1) 取材与固定。用成人死后的头皮肤，顺着毛囊修成长方形的小块，固定于 Bouin 氏液内 24h。

(2) 石蜡切片、HE 染色。片厚 8～10μm。

（二）眼球切片的制作

(1) 取材。以一、两个月的小狗或小猫的眼球为材料，取下整个眼球，要把视神经取长一些，一方面有助于修材时看清切面的方向，另一方面可栓一条线，使眼球悬在固定液中，保证固定均匀，使眼球不至于因沉在瓶底而变扁。

(2) 固定。将取下的眼球固定于下列固定液中，小眼球 3～5 天，大眼球（如大狗眼球、人的眼球）6～7 天。

固定液配方：	
丙酮	125ml
升汞	4g
甲醛	40ml
冰醋酸	5ml
蒸馏水	100ml

在上液固定几小时后，将眼球取出，在眼球的一侧开窗（切掉 1/3），开窗时注意黄斑位于视神经乳头的外侧，开窗必须在眼球的上侧或下侧部分，这样才能保持黄斑的完整。材料固定到第 4 天。在第一窗的对面开第二个窗，同一个眼球开的上、下侧的这两个窗要平行，然后放回固定液继续固定。

固定 3～5 天后，再加 50ml 丙酮于原固定液中，继续固定 2～3 天。

有时在固定前，可用注射器从眼后层注入少量固定液，使内部得到充分固定。

(3) 脱水和浸胶。眼球的脱水与火棉胶的浸透时间长。在各级酒精中脱水各 1～2 天，放无水酒精-乙醚（1∶1）混合液中 1～2 天。脱水后移至 4%、8%、10%、12%、16%、18% 各级火棉胶液，每级各浸 1～2 周。

(4) 包埋。按常规用 18% 火棉胶包埋。将开有小窗的一面粘在木块上。整个眼球作水平切面。包埋好的火棉胶块于 70％酒精中保存。

(5) 切片。滑动切片机切片，厚度 15～30μm。

(6) 染色。HE 染色即可。

(7) 脱水、透明、封固，按火棉胶切片常规进行。

(三) 内耳切片的制作

(1) 取材。取豚鼠的内耳为材料，其结构典型。

(2) 固定。先用注射固定法，再按常规固定。即动物麻醉后，从一侧颈总动脉注射固定液，豚鼠约注入 15～20ml，注射后结扎动脉，立即取下头部，将两侧颞骨取下，打开颞骨鼓泡即可见螺旋形的骨性耳蜗，将颞骨浸入固定液中，并用真空抽气装置抽气 15～20min，有利于固定。

常用的固定液有 Susa、Bouin 或 Flemming。固定时间约 48～72h。

(3) 浸洗。用 Susa 氏固定的可不冲洗。用 Bouin 氏固定的，用 70％酒精浸洗，至洗去苦味酸的黄色时为止，换几次蒸馏水，浸洗 1～2h。用 Flemming 固定的，流水冲洗 12～24h。

(4) 脱钙。浸入 5％～7％硝酸水溶液中脱钙，中途换几次新液，至骨组织充分软化为止，约浸 1 周左右。用针尖轻刺骨质，如能顺利刺入，即表明钙已脱去。

脱钙后，用小剪刀将耳蜗两侧附近的骨组织剪去一部分，耳蜗基部附近的骨组织适当多保留一点，这样切片时，除切到耳蜗外，还可同时切到位觉斑或壶腹嵴。

(5) 中和处理。内耳脱钙后，水洗 1h，入 5％硫酸钠水溶液中和 12h，再用自来水冲洗 1 天。

(6) 凡含升汞固定液固定的，必须经 2％碘酒精除汞盐沉淀 8～12h，再入 5％硫代硫酸钠水溶液 8～12h，除去碘色素。

(7) 经普通水洗 4～8h，再入蒸馏水 4～8h。

(8) 染苏木素。放入 Ehrlich 氏苏木素稀释液 (苏木素原液 10ml 加蒸馏水 90ml)，37℃下染 3～4 天。

(9) 浸洗。用蒸馏水洗数次，时刻摇动玻璃瓶，经常换蒸馏水，可见组织中有余色不断逸出。一直浸到很少有余色逸出时为止，约浸 12～24h。经过浸洗，只有细胞核着色，细胞质上的颜色都已褪去。

(10) 蓝化。自来水充分浸洗 1 天左右，使组织块呈鲜艳的蓝色。

(11) 脱水。经 70％、80％酒精至 95％酒精脱水。

(12) 复染伊红。用复制伊红酒精染色液染色 1～2 天。也可用 1％伊红酒精染色液染色。

(13) 按常规脱水、透明、浸蜡、石蜡包埋、切片。包埋和切片时注意摆正耳蜗的方向，要沿耳蜗轴作纵切面 (即蜗管被切成横切面)，片厚 6～8μm。

(14) 按常规展片、贴片、烤干，但展片时要用 1/1 000 冰醋酸水，这样同时有固定伊红染色的作用，避免染上的伊红在展片时由于受到热水影响而褪色。贴片时，载玻片上可不必涂蛋白甘油。

(15) 2～3 缸二甲苯脱蜡透明，树胶封片。

第十三章　细胞化学与组织化学

第一节　概　述

细胞化学与组织化学是细胞学、组织学与化学结合而形成的一门边缘科学，它是在形态学基础上研究细胞或组织中物质的化学组成、定位、定量及代谢状态的学科，其目的是联系形态、化学成分和功能来了解细胞或组织的代谢变化。

（一）细胞化学与组织化学方法的种类

（1）化学方法：根据化学反应的原理，在组织切片上生成沉淀，显示定位。绝大部分组化方法属于此类，如磷酸酶。

（2）类化学方法：有少数方法的染色反应有特异性，但机制不明，如 Best 氏洋红。

（3）物理学方法：应用物质的物理学特性，如苏丹、油红染料溶于脂质而使脂类显色。

（二）细胞化学与组织化学的特性和基本要求

（1）组织材料及时切片与染色，选择适当的固定和切片方法，才能保持组织细胞良好的形态结构。

（2）反应具备高度的特异性，特异地显示物质的类属，可借助阴性和阳性对照，正确地分析实验结果。

（3）生成的反应物必须在原位沉淀，着色深，且不溶为细小沉淀或小结晶，保证定位的精确性及稳定性，便于反复观察。

（4）具有一定的灵敏性，才能显示含量极微（$10^{-12} \sim 10^{-9}$ g）的物质。

（5）要有重复性。

（6）必须了解反应过程中的物理化学情况，了解反应所需的 pH 值、温度及激活剂。如鉴定碱性磷酸酶（AKP）的 pH 值为 9.5，鉴定酸性磷酸酶（ACP）的 pH 值为 5，用 Mg^{2+}（$MgCl_2$）激活。

第二节　核　酸

核酸是生物遗传的物质基础，能储存、复制和传递遗传信息。

核酸是一种复杂的有机化合物，是由许多单核苷酸形成的多核苷酸聚合物。核酸可由数十个至数百万个单核苷酸组成。

每一个核苷酸由 3 部分组成：磷酸、碱基（嘌呤及嘧啶）和戊糖（核糖和脱氧核糖）。

细胞内的核酸主要有两种：脱氧核糖核酸（DNA）和核糖核酸（RNA）。DNA 主要存在于细胞核内，是构成染色体的重要成分，DNA 是遗传密码的储存者，是 RNA 的模板。RNA 主要存在于细胞质内，RNA 是合成蛋白质的模板。

下面介绍几种常用的显示核酸的方法。

一、Feulgen 反应显示 DNA

1. 反应原理　稀盐酸（1mol/L，60℃）水解 DNA，将 DNA 分子中的嘌呤-脱氧核糖键打开，使之释放出醛基，醛基和 Schiff 试剂（无色品红）结合，生成紫红色化合物。所以在实际操作上，凡切片结构上含有 DNA 处，都可由这种反应染成红紫色。

在 Feulgen 反应中，水解时间十分重要，合适的水解时间因固定液及配制方法不同而异，表 13-1 列出几种常用固定液固定后最适宜的水解时间。

表 13-1　在 60　N-HCl 水解时间

固定液	60℃ HCl 水解时间	固定液	60℃ HCl 水解时间
Carnoy 液	6~8min	Reguad 氏液	14min
甲醛液	8min	Susa 氏液	18min
甲醛蒸气	30~60min	Flemming 液	16min
Zenker 氏液	5min	Bouin 氏液	不能用
Helly 液	8min		

2. 试剂配制

(1) 1mol/L HCl：浓盐酸（密度 1.19，含量 36%~38%）8.5ml，蒸馏水 91.5ml，将盐酸加入蒸馏水中摇匀。

(2) 亚硫酸水溶液：10% 偏重亚硫酸钠（或钾）水溶液 5ml，1 mol/L 5ml，蒸馏水 90ml。此液不能保持太久，最多一周，最好现用现配。

(3) Schiff 试剂配法：有以下几种方法。

①取 0.5g 碱性品红（Basic uchsin）溶于 100ml 煮沸的蒸馏水中（用三角烧瓶），不断摇荡，煮 5min，使之充分溶解。冷至 50℃时过滤，加 10ml 1mol/L 盐酸。冷至 25℃时，加 0.5g 偏重亚硫酸钠（或钾）或无水亚硫酸氢钠，避光放置（最好用棕色瓶）24h（室温），溶液变为淡黄色，置于暗处，密封瓶口，冰箱内可保存数月（0~4℃）。若 24h 后颜色过深，可加活性炭 0.5g 摇匀脱色 1min，用粗纸滤过保存（0~4℃）。用前升至室温。

②碱性品红 1g，偏重亚硫酸钠（或钾）1.9g，溶于 100ml 的 0.15 mol/L HCl 中，振荡 2h（或不时摇动），溶液清明，黄色至浅棕色，加新活化的活性炭 500mg，1~2min，过滤，并加少量蒸馏水洗涤滤纸上的活性炭，使溶液回复至 100ml，成为无色清明的液体，0~5℃保存备用。

3. 操作方法及步骤

(1) 取 2~3mm 厚的组织块固定于 Carnoy 氏液或 Zenker 氏液中。在冷 Carnoy 氏液（0~4℃冰箱中）可固定 4~12h。

(2) 石蜡切片，切片厚 6~7μm。切片脱蜡后，入各级酒精复水至蒸馏水，用含汞的固定液应除去汞盐的沉淀。

(3) 用 1mol/L 盐酸浸洗（室温）1min。

(4) 入 1mol/L 盐酸 60℃水解 6~8min，温度要严格控制，不能低于 60℃，可放入恒温水浴锅内进行。

(5) 用 1mol/L 盐酸浸洗（室温）1min。

(6) 入蒸馏水内略洗（用重蒸馏水）。

(7) 切片入 Schiff 试剂中作用 30~60min，室温。

(8) 亚硫酸水溶液洗 3 次，每次 1min。

(9) 流水冲洗 10~15min，再用蒸馏水洗片刻。

(10) 可入 1% 亮绿（light green）水溶液（蒸馏水配制）复染数秒钟。

(11) 蒸馏水洗后，酒精脱水、二甲苯透明、树胶封片。

4. 反应结果　细胞核内 DNA 呈红紫色，细胞质呈绿色。

5. 对照实验　将实验方法步骤中的第 4 步改为放入 1mol/L 盐酸溶液中，室温下作用 6~8min，其余步骤相同。也可在入 1mol/L HCl 前，将切片用 DNA 酶 1mg/ml 水室温处理 16h。

结果：细胞核内 DNA 应为阴性。

6. 注意事项

(1) 严格控制盐酸水解 DNA 释放醛基的时间和温度。

(2) Schiff 试剂要保持纯净与新鲜，含杂质太多的碱性品红不能用，如碱性品红为结晶，可预先研成粉末，使易于溶解，偏重亚硫酸盐也应新鲜。

(3) Schiff 试剂配成后，常有黄-棕色不纯物存在。由于碱性品红有杂质，不能被 SO_2 漂白，须用活性炭处理。要求活性炭质优而量少，应少于 300mg/100ml Schiff 试剂。接触时间不可超过 2min。

(4) 所用玻璃仪器一律用组织化学方法处理。

(5) 做对照实验。

二、甲基绿-派洛宁反应显示 DNA 和 RNA

（一）反应原理

关于甲基绿-派洛宁法的反应机制，目前了解还不够清楚，一般认为有以下可能。

1. 电离作用　DNA 和 RNA 都有磷酸基，又有碱基，为两性电解质，在一定的条件下可以电离而带电荷，都有一定的等电点。甲基绿和派洛宁在水中电离后，都产生带阳电荷的离子。甲基绿电离后，在五价氮处产生两个正电荷，碱性较强。派洛宁电离后仅产生一个正电荷，碱性较甲基绿弱。染色时两者进行竞争，碱性较强的甲基绿就与胞核（等电点 pH 值 3.8~4.2）进行极性吸着而结合，碱性较弱的派洛宁与胞质（等电点 pH 值 4.6~5.2）吸附结合。

2. 聚合作用　甲基绿易与聚合程度较高的 DNA 结合呈现绿色，而派洛宁则与聚合程度较低的 RNA 结合呈现红色，但 DNA 解聚到某一程度时，也能和派洛宁结合呈现红色。

（二）试剂制备

1. 甲基绿溶液的制备　市售甲基绿是甲基绿和甲基紫的混合物，前者有 7 个甲基，后者有 6 个甲基。因此配制甲基绿溶液之前，必须将其中的甲基紫成分除去。除去甲基紫的方法是利用甲基绿溶于水而甲基紫溶于氯仿的特性，即先将市售的甲基绿粉末溶于水中，再加过量的氯仿，在分液漏斗中用力振荡，静置分层后，取出水溶性部分液体，继续用氯仿处理至不显紫色为止。将用上述方法提纯的甲基绿水溶液在室温用真空抽气法干燥备用。使用时，配成 2% 贮存液后再次经数次氯仿处理，保存于冰箱中，一般在数月内无甲基紫出现。

2. 派洛宁溶液的制备　将 5g 派洛宁中加入 100ml 蒸馏水，置 40℃ 温箱中加温溶解，边加温边搅拌，待完全溶解后过滤备用。如果需要提纯，可参照甲基绿提纯法，用氯仿提纯，直至氯仿中无红色为止。

选用派洛宁时要注意规格，只有派洛宁 G 或 Y 适用此法。

3. 0.2M 醋酸缓冲液（pH 值 4.8）的配制

A 液：0.2M 醋酸（1.2ml 冰醋酸溶于 100ml 蒸馏水中）

B液：0.2M醋酸钠〔2.721g醋酸钠（MW=136.07）溶于100ml蒸馏水内。〕
A液6.4ml+B液9.6ml=16ml 0.2M的醋酸缓冲液。

4. 甲基绿-派洛宁染液的配制

2%甲基绿水溶液	3ml
5%派洛宁水溶液	1ml
0.2M醋酸缓冲液（pH值4.8）	8ml
蒸馏水	8ml

（三）操作方法和步骤

(1) 取材和固定。组织块厚约1~2mm，固定于Carnoy氏液或10%中性甲醛（pH值6.8~7.2），或固定于10%甲醛生理盐水中，Carnoy氏液（冰箱中）固定1h，10%中性甲醛中4~16h。

(2) 石蜡切片，切片厚6~7μm。

(3) 切片脱蜡后，入各级酒精复水至蒸馏水。

(4) 入甲基绿-派洛宁染液中染色30min左右（10min至24h）。

(5) 取出切片，用滤纸吸干。派洛宁在水中极易褪色，切忌用水长洗。

(6) 切片用纯丙酮脱水2次，共需30s，随时镜检。

(7) 浸入丙酮和二甲苯混合液（1:1）脱水、透明1~2min。

(8) 纯二甲苯透明后，加拿大树胶或DPX封片。

（四）反应结果

细胞核内DNA呈绿色或蓝绿色，细胞质和核仁中RNA呈红色。

（五）对照实验

切片脱蜡、复水后，滴加0.5~1mg/1ml的核糖核酸分解酶水溶液及0.01~0.1mg/ml的脱氧核糖核酸分解酶的水溶液，置37℃温箱作用1h，然后水洗染色。则DNA及RNA出现阴性反应。

也可切片脱蜡至水后，置于60℃ 1mol/L盐酸溶液内5min，其他步骤按（4）以后各步进行，则胞质和核仁无色，核红色。这是由于RNA被溶解脱离组织。DNA被解聚，因而不能被甲基绿染色而被派洛宁染成红色。

（六）注意事项

(1) 染色液中甲基绿和派洛宁的比例往往因染料来源的不同或者研究材料的不同而需要具体研究确定。甲基绿和派洛宁的质量与染色效果很有关系。

(2) 染色液的pH值必须严格控制，一般为4.8~5.0。pH值高时，派洛宁着色较强，pH值低时甲基绿着色较强。不同的酸值可以引起着色反应的不同。

(3) 用甲基绿-派洛宁染色后的分化，必须根据经验控制，严格掌握好，才能获得满意结果。

(4) 需要化学固定剂的影响，例如，中性甲醛固定的组织嗜派洛宁加强，Carnoy液固定的组织染色效果最好。

(5) 在应用甲基绿-派洛宁染色法显示DNA和RNA时，如果条件可能，最好再采用RNA酶提取法作对照，则特异性可以提高。

（七）细胞内DNA和RNA吖啶橙荧光染色法

吖啶橙荧光染色法可以显示细胞的清晰结构和细胞内的两种核酸成分。它是一种用于细胞化学染色的优良方法。可以观察处于不同条件中的细胞内两种核酸含量的变化。固定的切片标本，用荧光染料吖啶橙染色，经紫外线照射时可使细胞内的RNA发出红色荧光，DNA发出绿色荧光。

1. **试剂制备** 首先配制 0.1‰吖啶橙水溶液作为母液，贮于冰箱中保存。临用前用 1/15M 磷酸缓冲液（pH 4.8）稀释至 0.01‰。

2. **方法和步骤**
(1) 组织块或涂片用 Carnoy 液或 95％酒精固定。
(2) 石蜡切片。
(3) 切片或涂片经各级酒精下行至水。
(4) 1‰醋酸水溶液酸化 30s。
(5) 蒸馏水洗数秒钟。
(6) 用 0.01‰吖啶橙磷酸缓冲液（pH 值 4.8）染色 5～15min。
(7) 用磷酸缓冲液（pH 值 4.8）冲洗。
(8) 用 1/10M 氯化钙分化 30～60s。
(9) 磷酸缓冲液冲洗，滴磷酸缓冲液作介质加盖玻片观察。

3. **结　果** 细胞核 DNA 为黄→黄绿色荧光，细胞质和核仁 RNA 为橘黄→橘红色荧光。

第三节　蛋　白　质

蛋白质广泛存在于动物组织内，它们是组成生物体的一种极重要高分子物质，但蛋白质的显示，却是组织化学领域的一个薄弱环节。其原因主要是组织细胞内基本结构都是蛋白质，蛋白质的特殊分布不显著。另外，目前显示蛋白质的方法还不细不全，有的不适合鉴定的要求。

蛋白质是由氨基酸构成的。即由若干氨基酸结合形成的一条或多条折叠、盘曲而有一定空间构型的巨大多肽链分子。

在细胞和组织化学上，一般把蛋白质分成两类，一类为单纯蛋白质，水解产物主要为 α-氨基酸，包括白蛋白类、球蛋白类、珠蛋白类、组蛋白类和精蛋白类等。另一类为结合蛋白质，这类蛋白质除单纯蛋白质外，还有非蛋白质成分的附加物，如糖蛋白（由蛋白质和糖类结合而成）、核蛋白（由组蛋白和核酸结合而成）、脂蛋白（由蛋白质和脂类结合而成）和色蛋白（蛋白质与色素结合）。

细胞化学和组织化学显示蛋白质，只能利用某些氨基酸的反应。由于在动物组织中通常没有游离的氨基酸，所以如用测定某种氨基酸的方法得到阳性结果，即表明它是某一类蛋白质。

下面我们介绍几种常用的显示蛋白质及氨基酸的组织化学方法。

（一）显示蛋白质的汞-溴酚蓝法

1. **试剂制备**

汞-溴酚蓝液：氯化汞　　　　　　　　　　　　　　　　　　　　1g
　　　　　　　溴酚蓝　　　　　　　　　　　　　　　　　　　　0.05g
　　　　　　　2％醋酸水溶液　　　　　　　　　　　　　　　　100ml

2. **方　法**
(1) 取材固定。新鲜组织固定于 Carnoy 液或 10％甲醛中。
(2) 石蜡切片，脱蜡后经各级酒精下行复水至蒸馏水。
(3) 在室温下，入汞-溴酚蓝液中染 2h。

(4) 0.5%醋酸水溶液中洗 5min，再用蒸馏水洗。

(5) 叔丁醇中脱水，二甲苯透明，树胶封片。

3. 结　果　蛋白质鲜蓝色。

(二) 显示碱性蛋白质的碱性固绿法

1. 染色原理　含精氨酸、赖氨酸或组氨酸的碱性蛋白质在 pH 值 8.0 的溶液中其碱性基团仍能游离，从而能与酸性染料固绿结合。但是这些碱性基团常与核酸结合而被隐蔽，所以需利用三氯醋酸先将核酸提取，再进行染色。

2. 试剂制备

(1) 5%三氯醋酸水溶液。

(2) 0.1%固绿溶液。

① Mcllvaine 氏缓冲液：0.1M 枸橼酸 2.75ml（枸橼酸 0.48g 加蒸馏水 25ml）、0.2M 磷酸氢二钠 97.25ml（磷酸氢二钠 7.1g 加蒸馏水 250ml）

② 0.1%固绿溶液：固绿-FCF0.1g，pH 值 8.0 的 Mcllvaine 氏缓冲液 100ml。

注：固绿需用固绿-FCF。

3. 方法和步骤

(1) 取材固定。新鲜组织固定于 10%甲醛液中 3～6h，或以 Carnoy 液固定。

(2) 石蜡切片，脱蜡下行至蒸馏水。

(3) 入 90～95℃的 5%三氯醋酸水溶液中 15min，提取核酸。

(4) 70%酒精洗 3 次，每次 10min。

(5) 蒸馏水洗。

(6) 入 0.1%固绿-FCF 染液中染色 20～30min（室温）。

(7) 蒸馏水速洗。

(8) 95%及无水酒精脱水，二甲苯透明，树胶或合成树脂封片。

4. 结　果　碱性蛋白质染成蓝绿色，组蛋白染色最深。

(三) 显示蛋白质结合性氨基的茚三酮——Schiff 反应

1. 反应原理　茚三酮与结合在蛋白质分子中的 α-氨基酸的自由氨基发生氧化脱氨反应，能生成一种蓝色化合物，同时生成醛和二氧化碳，生成的醛用 Schiff 试剂显示。

2. 试剂制备

(1) 茚三酮：　　　　　　　　　　　　　　　　　　　　　　　　　　　　　　0.5g
　　　无水酒精：　　　　　　　　　　　　　　　　　　　　　　　　　　　　　100ml

(2) Schiff 试剂（配法可参见核酸部分）。

3. 方法和步骤

(1) 固定。无水酒精或 85%酒精、Carnoy 液、Zenker 液、5%醋酸（用 80%酒精配制）均可。

(2) 石蜡切片，或冰冻切片。石蜡切片脱蜡后顺序入无水酒精。

(3) 浸入 0.5%茚三酮无水酒精溶液中作用 16～20h（37℃）。

(4) 流水洗 2～5min。

(5) 入 Schiff 试剂中作用 15～45min。

(6) 流水洗 10min。

(7) 必要时用 Mayer 氏苏木素明矾复染核，用 1%盐酸酒精分化。

(8) 脱水、透明、封片。

4. 结　果　蛋白质结合性氨基呈粉红至紫红色。

5. 对照实验

(1) 不经 (3)、(4) 步，将对照片直接入 Schiff 试剂。

(2) 先封闭自由氨基，再入茚三酮。

方法：切片脱蜡至水，入新配制的下液在室温处理 1～12h。

亚硝酸钠	6g
蒸馏水	35ml
冰醋酸	5ml

对照实验反应呈阴性或阳性明显减弱。

(四) 显示酪氨酸、色氨酸、组氨酸的偶联四氮盐反应

1. 反应原理　用偶联四氮盐反应显示蛋白质中所含的氨基酸，特别是酪氨酸、色氨酸和组氨酸。四氮盐（含有两个重氮基）可与酪氨酸的酚羟基、色氨酸的吲哚基、组氨酸的咪唑基等基团在低温条件下（4℃）发生偶联反应，形成浅色偶氮化合物。若再加入 H 酸，则四氮盐的另一重氮基又可与之偶联，生成红褐色蛋白质-双重氮-萘酚。常用的四氮盐是四氮化联苯胺。

2. 试剂制备

(1) 2% 联苯胺盐酸悬浮液：取 0.2g 联苯胺放在研钵中充分研磨，加 10ml 冷至 4℃ 的 2N 盐酸，使之充分溶解，放在 4℃ 冰箱备用。

(2) 四氮化联苯胺：将一干净玻璃容器放入盛有碎冰块和粗盐的容器中，在干净的玻璃容器中加入 3ml 2% 联苯胺盐酸悬浮液，再加入 8 滴（约 1ml）冷的新配制的 5% 亚硝酸钠溶液，迅速搅动 10min，使联苯胺溶解，呈黄色透明液。加入 1ml 5% 冷的氨基磺酸铵，再加入 10ml 冷的碳酸钠饱和水溶液，至停止产生气泡并使溶液呈碱性以后，溶液应呈透明的黄棕色。用前加冷蒸馏水 50ml。

此液配好后应立即使用。

(3) 巴比妥-醋酸缓冲液：先配贮存液 A 液、B 液。

A 液：0.1mol/L 巴比妥钠-醋酸盐液，巴比妥钠（Mw=206）2.94g，醋酸钠 $3H_2O$ （Mw=136）1.94g，加蒸馏水至 100ml。

B 液：0.1mol/L 盐酸，0.85ml 盐酸溶于 100ml 蒸馏水内。

A 液 5.0ml+B 液 0.25ml+17.75ml 蒸馏水即成为 pH 值为 9.2 的巴比妥-醋酸缓冲液。

3. 方法和步骤

(1) 固定液不限。石蜡切片，脱蜡至水。冰冻切片也可。

(2) 将切片浸入新配制的四氮化联苯胺溶液中，于 4℃ 浸 15min。

(3) 蒸馏水洗后，用 pH 值 9.2 的巴比妥-醋酸盐缓冲液洗 3 次，每次 2min。

(4) 入 pH 值 9.2 的巴比妥-醋酸缓冲液的 H-酸饱和液（约 50ml 加 1g）15min。

(5) 流水冲洗 5min。

(6) 常规脱水、透明、封片。

4. 结　果　阳性反应物呈紫红色或棕红色。

因酪氨酸、色氨酸、组氨酸都能发生阳性反应，所以要选择性地显示某一种氨基酸，必须事先封闭另外两者的活性，可采用以下方法：用二硝基氟苯封闭酪氨酸和组氨酸，用过甲酸封闭色氨酸，借苯甲酰化封闭酪氨酸和色氨酸。

(五) 显示精氨酸的坂口 (Sakaguchi) 反应

1. 反应原理　精氨酸含量最高的蛋白质是鱼精蛋白和组蛋白，后两者是核蛋白的主要蛋

白质。其反应原理是在高度碱性溶液中，含有胍基的物质可与 α-萘酚以及次氯酸盐（或次溴酸盐）发生反应，生成红色产物。动物体内含胍基的物质主要是精氨酸，因此该反应的特异性较高。

2. 试剂制备

(1) 1% α-萘酚 70% 酒精溶液：α-萘酚 1g，溶于 100ml 70% 酒精中。

(2) 1% 次氯酸钠水溶液。

(3) 1% 氢氧化钠水溶液。

(4) α-萘酚次氯酸盐溶液：1% 氢氧化钠 2ml，1% α-萘酚 70% 酒精溶液 2 滴，1% 次氯酸钠水溶液 4 滴，将此三液混匀即可。

3. 方法和步骤

(1) 固定。各种固定液均可，通常用 Zenker、Bouin、Susa 或甲醛-升汞。

(2) 可以用石蜡切片、冰冻切片，但最好用盖火棉胶的石蜡切片，即切片脱蜡后涂一薄层 1% 火棉胶，并使其硬化。

(3) 切片经各级酒精下行至水。

(4) 从水中取出切片，倾去水分，使切片几乎至干。

(5) 用 α-萘酚次氯酸盐溶液染 15～30min。

(6) 倾去溶液，用滤纸吸干。

(7) 浸入无水吡啶和氯仿混合液（1:1）中几分钟。

(8) 封固于无水吡啶-氯仿或无水吡啶中。

4. 反应结果 含精氨酸的蛋白质呈深浅不等的橙红色。

(六) 显示巯基的铁氰化铁法

1. 反应原理 新制备的铁氰化物溶液在 pH 值为 2.4 的酸性介质中，可被组织中的巯基还原，生成的亚铁氰化物和三价铁离子作用形成不溶的普鲁士蓝沉淀。

2. 试剂制备

(1) 铁氰化物试剂：

1% 铁氰化钾	4ml
1% 氯化铁	30ml
蒸馏水	6ml

(2) 1% 醋酸。

3. 方法和步骤

(1) 固定于冷的含 1% 三氯醋酸的 80% 酒精液中，4℃，固定 6～12h，石蜡切片。也可经上述固定液固定 15min 后，冰冻切片，或作新鲜冰冻切片。

(2) 切片脱蜡至水。

(3) 在铁氰化物试剂中作用 10～25min（25℃）。

(4) 1% 醋酸洗。

(5) 脱水、透明、封片。

4. 结 果 有巯基的位置呈深蓝色，背景浅绿色。

5. 对照实验

(1) 饱和 $HgCl_2$ 水溶液处理 24～48h。

(2) 0.1mol/L 碘醋酸 pH 值 8.0，20h，37℃。

(3) 作用液中加对-氯汞苯甲酸（PCMB）1mM。
结果：反应阴性，浅绿色。

第四节 糖 类

（一）概 述

糖是由碳、氢、氧三种元素构成的多羟化合物。根据其水解程度的不同，可分为单糖、双糖和多糖。

单糖不能再水解，而双糖能水解成两分子的单糖。单糖和双糖都易溶于水，在组织固定中全部溶解脱失。

多糖是由很多分子的单糖经脱水缩合而成的长链状结构。

糖的分类和命名近年来变化很大，下面我们简单介绍一下在细胞化学和组织化学方面糖的分类。

1. 多 糖 天然存在于动物组织内的多糖只有糖原，糖原以肝脏和骨骼肌含量最多。

2. 粘多糖 是含氮的多糖，又可以分为以下两大类：

（1）中性粘多糖：含有氨基己糖和游离的己糖基，不含任何酸根，多见于胃肠粘膜的表面上皮、十二指肠腺、颌下腺和前列腺上皮。PAS 阳性。

（2）酸性粘多糖：酸性粘多糖又可分为以下两类：

①硫酸化粘液物质：又分结缔组织硫酸粘液物质和上皮硫酸粘液物质。

结缔组织硫酸粘液物质含有硫酸根的葡萄糖醛酸，如硫酸软骨素 C（见于软骨）和硫酸软骨素 B（见于皮肤、心瓣膜和主动脉），这种结缔组织硫酸粘液物质又称为强硫酸粘液物质，通常 PAS 反应为阴性。阿利新蓝 pH 值 0.5 可染色。

上皮硫酸粘液物质也含硫酸根，见于下颌腺、十二指肠腺和结肠杯状细胞。上皮硫酸粘液物质为弱硫酸化粘液物质，与强硫酸粘液物质不同，PAS 反应通常为阳性、阿利新蓝（pH 值 1.5）阳性。

②非硫酸化粘液物质：不含硫酸根，依据粘液物质所含己糖醛酸或唾液酸以及见于结缔组织或见于上皮可分以下两种：

含己糖的结缔组织粘液物质：这种物质含有大量的透明质酸，见于眼球玻璃体、脐带、滑膜间皮细胞和皮肤等处。其反应基团为羧基。阿利新蓝（pH 值 2.5）为阳性，PAS 反应为阴性。

含唾液酸的上皮粘液物质，见于气管、支气管和肠道的杯状细胞，唾液腺的粘液细胞。唾液酸是神经氨酸的衍生物。阿利新蓝（pH 值 2～5）染色为阳性，PAS 反应为阳性。

3. 糖蛋白 糖蛋白是多糖与蛋白质结合的复合物，含氨基己糖少于 4%。常见于垂体的嗜碱细胞、胶原纤维和网状纤维、血清糖蛋白和球蛋白。PAS 反应为阳性。

粘蛋白也是多糖和蛋白质结合的复合物，含氨基己糖超过 4%。见于基底膜和垂体的粘液细胞中。PAS 反应阳性。

4. 糖 脂 多糖与脂类结合的复合物，含有半乳糖、脂肪酸和神经氨基醇。属此类的有脑苷脂和神经节苷脂，存在于中枢神经系统和周围的神经组织。PAS 反应阳性。

（二）显示糖原和其他多糖物质的过碘酸-Schiff 反应（PAS 反应）

1. 反应原理 PAS 反应对显示多糖存在是一有效指示剂。其反应原理是：过碘酸是一种强氧化剂，它能破坏各种结构内的 C—C 键，当 1，2-乙二醇基（CHOH—CHOH）存在时，能使其变成二醛（CHO—CHO），这些醛基与 Schiff 试剂中的亚硫酸品红反应形成紫红色化合物，从而可证明糖或粘多糖成分的存在。

过碘酸不同于其他氧化剂，它不继续氧化形成羟酸。这样，新形成的醛基可以和亚硫酸品红能充分作用而呈现紫红色的反应。

对 PAS 呈阳性反应的物质主要有多糖、粘多糖（中性）、粘蛋白及糖蛋白、糖脂、不饱和脂类及磷脂、软骨等。因此有必要用其他试验如异染色现象、蛋白质反应、苏丹黑染色、淀粉分解酶作用后 PAS 反应等对各种成分加以区别。

2. 试剂制备

(1) 过碘酸溶液：取过碘酸 0.4g 溶于 35ml 纯酒精中，加入 5ml M/5 醋酸钠液（含水醋酸钠 2.72g 溶于 100ml 蒸馏水中）和 10ml 蒸馏水。

也可用 0.5%～1% 过碘酸水溶液。液体显黄色即失效。

(2) Schiff 试剂：配法与 Feulgen 反应相同。

(3) 亚硫酸盐溶液：同 Feulgen 反应。

(4) 醋酸酐-吡啶混合液：24ml 无水吡啶加 16ml 醋酸酐，使二液充分混合。

3. 操作方法和步骤

(1) 取材和固定。取 1～2mm 厚的肝、肾、心肌、骨骼肌等组织块于 Carnoy 液中固定，冰箱中放置 4～6h。也可用无水酒精饱和苦味酸液（90ml）加中性甲醛（10ml）混合液固定。血液骨髓涂片用甲醛蒸汽固定 5min 后再用甲醛-钙液固定 5～10min。

(2) 酒精脱水，二甲苯透明，石蜡包埋，切片。

(3) 用 70% 酒精展片。即干净载片涂好蛋白甘油后，滴 1～2 滴 70% 酒精，放在 40～42℃ 的电热温台上进行，再放入 38～40℃ 恒温箱内烤干。

(4) 切片经二甲苯脱蜡，入各级酒精脱水，如染糖原，脱水至 70% 酒精，再入过碘酸酒精溶液 5～15min，经 70% 酒精洗片刻，入 Schiff 液 15min。如染其他多糖，则经各级酒精至水，入过碘酸水溶液 5～15min，再经水洗，入 Schiff 原液 15min。

(5) 亚硫酸盐溶液洗 3 次，共 6min。

(6) 自来水冲洗 5min。

(7) 蒸馏水洗，苏木素复染胞核。

(8) 自来水冲洗 5min，然后蒸馏水洗。

(9) 酒精脱水、二甲苯透明、树胶封片。

4. 结　果　糖原呈紫红色颗粒，含糖的蛋白质呈不同程度的紫红色，细胞核呈浅蓝色。

5. 对照实验

(1) 淀粉分解酶的反应

A. 切片脱蜡至水，用 0.1%～1% 淀粉酶水溶液或唾液作用 30～60min，用唾液处理，每 30min 换一次。

B. 流水洗 5～10min，蒸馏水洗。

C. PAS 反应。

(2) 用乙酰化作用阻断 PAS 反应

①对照片用无水吡啶-醋酸酐混合液处理 1～24h，22℃。

②水洗。

③做 PAS 反应。

结果：对照 1 出现阴性反应，表明糖原已被消化；对照 2 乙酰化后出现阴性反应，表明 PAS 阳性反应是由于 1,2-乙二醇基所引起的。

（三）Best 卡红显示糖原

（可参见第十二章第一节）

（四）不同 pH 值阿利新蓝染色法显示酸性粘液物质

显示各种粘蛋白和粘多糖较特异的染色是 PAS 及不同 pH 值的阿利新蓝。pH 值为 2.5 时，大部分酸性粘液物质着色；pH 值为 1.0 时，显示强和弱的硫酸化粘液物质；pH 值为 0.2 时，只有强的硫酸化粘液物质染色。

1. 取材与固定　小肠、胃等用 10% 甲醛固定。

2. 不同 pH 值的阿利新蓝溶液配制　阿利新蓝 1g，加下列任何一种 pH 值溶液：

(1) 0.5% 醋酸 100ml，pH 值 3.1。

(2) 3% 醋酸 100ml，pH 值 2.5。

(3) N/10 盐酸 100ml，pH 值 1.0。

(4) 10% 硫酸 100ml，pH 值 0.2。

3. 方法和步骤

(1) 石蜡切片经脱蜡下行至蒸馏水，冰冻切片可直接入染液。

(2) 采用不同 pH 值阿利新蓝酸性溶液染色 5min。

(3) 水洗或用滤纸吸干。

(4) 0.5% 中性红水溶液复染 3～5min。

(5) 蒸馏水速洗。

(6) 常规脱水、透明、封片。

4. 结　果　pH 值 3.1 和 2.5 溶液显示酸性粘液呈蓝色；pH 值 1.0 溶液仅显示弱的和强的硫酸化酸性粘液呈蓝色；pH 值 0.2 溶液仅显示强的硫酸化粘液物质蓝色。细胞核红色。

（五）不同电解质浓度的阿利新蓝染色法

严格的电解质浓度法（CEC）法，是 Scott 和 Dorling（1965 年）介绍的，他们用各种电解质浓度的阿利新蓝（改变其电解质的克分子浓度）能显示各型的酸性粘液物质。电解质如 $MgCl_2$ 在阿利新蓝染液中和阿利新蓝竞争酸性粘液物质的反应成分，$MgCl_2$ 0.06M，羧酸化和硫酸化粘液物质染色；0.3M 以上，只有硫酸化粘液物质染色。

1. 染液的配制

阿利新蓝	50mg
0.2M 醋酸缓冲液 pH 值 5.8	100ml

按下量加入氯化镁（$MgCl_2 \cdot 6H_2O$、Mw=203.30）

$MgCl_2$　0.06M=1.2g/100ml 阿利新蓝染液

0.3M=6.1g/100ml 阿利新蓝染液

0.5M=10.15g/100ml 阿利新蓝染液

0.7M=14.2g/100ml 阿利新蓝染液

0.9M=18.3g/100ml 阿利新蓝染液

2. 方法和步骤

(1) 取材、固定同前。石蜡切片下行至水。

(2) 阿利新蓝染液中 4h 到过夜
(3) 蒸馏水洗。
(4) 中性红复染核 3min。
(5) 蒸馏水洗
(6) 常规脱水、透明、封片。

3. 结　果

$MgCl_2$ 为 0.06M，羧酸和硫酸化粘液物质均呈蓝色。
$MgCl_2$ 为 0.3M，弱、强硫酸化粘液物质呈蓝色。
$MgCl_2$ 为 0.5M，强硫酸化粘液物质呈蓝色。
$MgCl_2$ 为 0.7M，强硫酸化 C、T 粘液物质呈蓝色。
$MgCl_2$ 为 0.9M，硫酸角质素呈蓝色。
细胞核红色。

(六) 阿利新蓝-PAS 染色法

阿利新蓝法可和 PAS 反应结合，用来区分酸性和中性粘液物质，首先阿利新蓝染酸性粘液物质，这些酸性粘液物质不再与 PAS 发生反应，PAS 反应可显示中性粘液和其他糖类。

1. 溶液制备

(1) 阿利新蓝染液：

| 阿利新蓝 | 1g |
| 3%醋酸 | 100ml |

(2) 1%过碘酸。
(3) Schiff 试剂。

2. 操作方法和步骤

(1) 取材和固定。新鲜胃、小肠、颌下腺等固定于 Carnoy 液中 12~24h。
(2) 石蜡切片或冰冻切片，如是石蜡切片经脱蜡至水。
(3) 入阿利新蓝染液中 5min。
(4) 自来水冲洗，然后用蒸馏水洗。
(5) 浸入 1%过碘酸液中 2~5min。
(6) 蒸馏水充分洗涤。
(7) 入 Schiff 试剂染色 8min。
(8) 自来水冲洗 10min，蒸馏水洗。
(9) Mayer 苏木素或 Ehrlich 苏木素染色 2min，1%盐酸酒精分化 3~4s。
(10) 流水冲洗。
(11) 脱水、透明、封片。

3. 结　果　酸性粘液物质呈蓝色；中性粘液物质呈红色；混合性粘液物质呈紫色；细胞核呈浅蓝色。

(七) 醛品红-阿利新蓝染色法

阿利新蓝和醛品红结合染色可区分羧酸化和硫酸化粘液物质。醛品红对硫酸化粘液物质更有亲和性而呈紫色，羧酸化粘液为阿利新蓝染成蓝色。

1. 试剂制备

(1) 醛品红液。

碱性品红	1g
60%酒精	100ml
浓盐酸	1ml
三聚乙醛	2ml

使用前2天配好，以备成熟。

（2）阿利新蓝液。

2．操作方法和步骤

（1）取材与固定。取胃、十二指肠、结肠及颌下腺等固定于10%甲醛中。

（2）石蜡切片，脱蜡后下行至70%酒精。

（3）入醛品红液中染20min。

（4）经70%酒精充分洗涤后，蒸馏水洗。

（5）入阿利新蓝液中染色5min。

（6）蒸馏水洗。

（7）脱水、透明、封片。

3．结　果　强硫酸化粘液物质呈深紫色；弱硫酸化粘液物质呈紫红色；羧酸化粘液物质呈蓝色。

（八）甲苯胺蓝异染性染色法

大多数染料可将组织染成同一颜色的不同程度，例如，酸性品红总是将组织染成不同色调的红色。但用甲苯胺蓝可将粘液染成红色，而其余组织染成不同色调的蓝色，这种染色反应就叫异染现象，粘液这一类的组织称为显示异染性，而甲苯胺蓝这样的染料叫做异染染料。显示异染现象的主要组织成分有粘液、软骨和肥大细胞颗粒，异染反应所用的染料主要有甲苯胺蓝、硫堇、天青A。

1．试剂制备　甲苯胺蓝溶酒精液：

甲苯胺蓝	0.2g
30%酒精	100ml

2．方法和步骤

（1）切片脱蜡至水。

（2）甲苯胺蓝酒精液5～20min。

（3）95%酒精分化。

（4）无水酒精脱水、二甲苯透明、中性树胶封片。

3．结　果　异染性物质呈红或粉红色（γ-异染性）或紫色（β-异染性）

第五节　脂　类

脂类包括脂肪和类脂。脂肪常称为甘油三酯，由三分子脂肪酸与甘油结合而成。类脂是一类在某些理化性质（如可溶于脂溶剂、化学组成中含有脂肪酸或可与脂肪酸成酯）方面与脂肪很相似的物质，包括磷脂、糖脂和固醇等，它们也是组成动物体的重要脂类。细胞化学与组织化学经常提到的有中性脂类和酸性脂类，前者包括甘油三酯、胆固醇、类固醇及某些糖脂，后者包括脂肪酸与磷脂类。

脂肪不溶于水，易溶于酒精、二甲苯、氯仿、乙醚等有机溶剂，所以脂类的制片只能用冰冻切片或明胶切片，而不能用石蜡切片或火棉胶切片。

显示脂类最好的固定剂为甲醛，用碳酸钙等使甲醛保持中性。甲醛中存在钙离子，有利于保持磷脂的结构。

常用于脂类染色的染料主要有苏丹Ⅲ、苏丹Ⅳ（猩红）、苏丹黑、油红、硫酸尼罗蓝及锇酸等，均为脂溶剂染料。

（一）油红O染色法示中性脂肪

1. 试剂制备

(1) 油红O染液。

油红O的饱和异丙醇溶液	60ml
1%糊精	40ml

混合10min后，用布氏漏斗真空过滤。

(2) 1% Na_2HPO_4。

(3) 60%异丙醇。

2. 方法和步骤

(1) 固定。用甲醛-钙液。

(2) 冰冻切片，切片厚10~15μm。蒸馏水洗。

(3) 60%异丙醇淋洗。

(4) 将切片入油红O染液中15min。

(5) 60%异丙醇洗并分色至背景无色。

(6) 蒸馏水浸洗1~2min。

(7) 普通明矾苏木素复染核2min。

(8) 1% Na_2HPO_4 1min，使细胞核的染色变为蓝色。

(9) 流水冲洗，入冷蒸馏水。

(10) 甘油明胶封片。

3. 对照实验

(1) 冰冻切片进入氯仿-甲醇（2:1）1h室温。

(2) 组织块经氯仿-甲醇（1:2）48h，开始的18~24h换液二次；第二步4~6h氯仿-甲醇（1:1）；其余时间氯仿-甲醇（2:1），换液2次。提取过程温度为60℃，紧盖瓶塞。进入氯仿30min，浸蜡60min。

4. 结　果　中性脂类红色，某些磷脂粉红色，核蓝色。

溴化后，卵磷脂和游离脂肪酸也被显示，而游离胆固醇无明显染色。

对照：无色。

（二）苏丹Ⅲ染色法

1. 试剂制备

苏丹Ⅲ染液：苏丹Ⅲ	0.15g
60%~70%酒精	100ml

将苏丹Ⅲ溶于60%~70%酒精中，临用时过滤，所得滤液即为饱和液。注意容器必须盖好，以免酒精挥发，染料沉淀。

2. 方法和步骤

(1) 固定。10%甲醛溶液固定24h。

(2) 冰冻切片，切片厚 10~15μm。漂浮法染色。

(3) 蒸馏水洗后，入明矾苏木素中染 1~2min。

(4) 自来水冲洗 5min。如果颜色深，用 1%盐酸酒精分色，再经自来水洗至胞核返蓝为止。

(5) 蒸馏水洗。

(6) 入 70%酒精中 5s。

(7) 浸入苏丹Ⅲ染液中 30min 或更久。如果置于 56℃恒温箱中可适当缩短时间。

(8) 切片入 70%酒精中洗 5~10s。

(9) 蒸馏水洗 1min。

(10) 将切片贴于载玻片上，滤纸吸干或晾干。

(11) 甘油明胶及时封片。

3. 结　果　脂肪呈橘红色，胆脂素淡红色，脂肪酸无色，细胞核呈蓝色。

脂肪细胞的冰冻切片还可用苏丹Ⅲ、苏丹Ⅳ的混合染色法，方法同苏丹Ⅲ染色，也可在苏丹Ⅲ、Ⅳ混合液染色后，70%酒精洗至蒸馏水后，用苏木素染核。

苏丹Ⅲ、苏丹Ⅳ混合液配制：苏丹Ⅲ 0.3g，苏丹Ⅳ（猩红）0.3g，70%酒精 50ml，纯丙酮 50ml。

结果：中性脂肪或脂滴呈橘黄色，细胞核蓝色。

（三）MC Manus 氏石蜡切片苏丹黑 B 染色法

1. 固　定　将组织块固定于下液中 1~5 周。

硝酸钴	1g
蒸馏水	80ml
10%氯化钙水溶液	10ml
40%甲醛	10ml

2. 试剂制备

(1) 苏丹黑 B 染液。

苏丹黑 B	1g
70%酒精	100ml

(2) 明矾卡红溶液。

卡红	2g
5%铵明矾水溶液	100ml

将卡红溶于 5%铵明矾水溶液内，加热煮沸 1h，然后补充至原量 100ml，加入少许麝香草酚防腐。

(3) 3%重铬酸钾水溶液。

3. 方法和步骤

(1) 将固定后的组织入 3%重铬酸钾水溶液处理 24~48h。

(2) 固定时间少于 2 周，直接入丙酮脱水，每 30min 换 1 次，共换 3 次，入石蜡包埋。

固定时间多于 2 周者，从 3%重铬酸钾取出后，蒸馏水洗 2 次。然后，入 70%酒精 2 次，每次 10min，再入纯丙酮 3 次，每次 20min。石蜡包埋。

注意：浸蜡在 1h 内更换 2~3 次新蜡，然后包埋，蜡的温度不可过高。

(3) 切片，片厚数微米，贴片。

(4) 脱蜡，按常规处理至 70%酒精中。

(5) 入苏丹黑 B 溶液中染色 30min。
(6) 70% 酒精冲洗。
(7) 自来水冲洗。
(8) 明矾卡红溶液染核 3min 或 1% 中性红水溶液内染核 1min。
(9) 蒸馏水洗后，甘油明胶封片。

4. 结　果　脂类呈蓝色或黑蓝色，细胞核红色。

(四) 硫酸耐而蓝 (Nile) 法

1. 固　定　甲醛-钙溶液（10% 甲醛 100ml＋氯化钙 1g）。
2. 试剂制备　耐尔蓝染液：耐而蓝 1g，蒸馏水 100ml，0.5% 硫酸水溶液 3～5ml。用回流冷凝器煮沸 2h，冷却后过滤。
3. 方法和步骤
(1) 组织固定后，冰冻切片，片厚 8～15μm，漂于水中或直接贴于载玻片上。
(2) 在硫酸耐尔蓝染液中染 30min，室温。也可在 60℃ 中染色 5～15min。
(3) 用 50℃ 左右温水洗切片。
(4) 1% 醋酸水溶液分化 30s。
(5) 水洗，漂浮染色的置于玻片上。
(6) 干燥，甘油明胶封片。
4. 结　果　中性脂类红色或浅红色；脂肪酸呈蓝色；复合脂类呈紫色；细胞核呈蓝色。

(五) 锇酸组织块染色法

1. 试剂制备　锇酸混合固定液：1% 锇酸 10ml，1% 铬酸 25ml，冰醋酸 5ml，蒸馏水 6ml。
2. 方　法
(1) 取 0.2～0.3cm 厚的组织块，放入上述锇酸混合固定液中固定 36～72h，必要时更换新液 2 次。经锇酸固定后的组织可不被脂溶剂溶解。
(2) 流水轻微冲洗 6～12h。
(3) 常规脱水、透明。
(4) 石蜡包埋、切片，片厚 6μm。
(5) 切片脱蜡后再经二甲苯透明，树胶封片。
3. 结　果　脂肪滴呈黑色，类脂质颗粒呈褐色。

第六节　酶　类

一、概　述

酶是一类特殊的蛋白质，催化发生在生物系统中必需的化学反应。动物体各种机能活动几乎都与酶的活性有密切关系。酶的细胞化学和组织化学显示法日益受到人们的重视，如 50 年代只有 18 种技术可用于显示组织切片中酶的分布，现已有 100 种以上。

体内的酶可以分为六类，即氧化还原酶类、水解酶类、转移酶类、裂合酶类、异构酶类及合成酶类，其中以水解酶及氧化还原酶应用最广。

酶的方法与大部分组织化学技术不同，大部分组化方法为试剂和组织成分的反应，反应产物直接来自组织成分。而酶必须显示其活性，看不见酶本身，只见对底物的作用，所以最终产物来自底物。细胞化学和组织化学方法显示酶在组织或细胞内的定位，很大程度上取决于材料的制备，必须保存其结构的完整性，酶的活动才能保持生活时的位置。既要保持完好的形态结构，又要保留最大的酶活性，两者之间往往存在矛盾。在组化实验中，固定可保存了形态结构，但可能导致酶部分或完全失活，在新鲜恒冷箱切片上进行反应，又常会损伤结构的完整性，可溶性酶可因弥散而失活。因此对不同的酶应用合适的制片方法，使之既保存完好的形态，又适当保留酶的活性。学者认为，如果使用固定剂，应在冰箱内冷却（4℃），可以保存酶的最高活性。

酶组化方法除应用合适的制片方法，还应注意影响酶活性的因素，影响酶活性的因素主要有温度、pH值、抑制剂和激活剂。大部分酶反应的合适温度为37℃。大部分适于酶反应速度的pH值为7.0。

在进行酶的组化反应时，对照试验很重要。在对照时可选用抑制剂。

由于显示酶时，所用试剂比较昂贵，所以常规保温方法应改变，一般选用盖玻片染色缸法、滴加作用液法、漂浮保温法、环、框技术、半透膜技术等。

下面介绍一些常用的酶的显示法。

二、碱性磷酸酶显示法

碱性磷酸酶（AKP）在碱性环境下催化醇或酚类磷酸酯的水解，它的最适pH值为9.2～9.4。这种酶多位于细胞膜内，如毛细血管及小动脉的内皮，肾近曲小管的刷状缘，小肠纹状缘，骨细胞及中性粒细胞等处。

（一）Gomori-Takamatsu钙钴法

1. 反应原理　选用β-甘油磷酸钠作为底物。有激活剂（Mg^{2+}）存在，在pH值9.4时，β-甘油磷酸钠被水解为甘油和磷酸，释出的磷酸再与钙盐的钙离子结合成为不可见的磷酸钙，又用钴盐的钴离子与磷酸钙结合成磷酸钴，经硫化物作用成为黑色的硫化钴沉淀。凡有黑色硫化钴存在的部位即证明有碱性磷酸酶活性的存在。而根据其黑色的深浅程度又可估计此酶的活性强弱。

2. 试剂制备
(1) 作用液：

3%β-甘油磷酸钠水溶液	10ml
2%巴比妥钠水溶液	10ml
2%氯化钙水溶液	20ml
5%硫酸镁水溶液	1ml
蒸馏水	5ml

调节pH值至9.4

(2) 2%硝酸钴水溶液。
(3) 1%硫化铵。

3. 方法和步骤
(1) 将未固定的新鲜组织在恒冷箱切片机切片，片厚8μm。
(2) 可不经固定直接进入作用液。
也可在甲醛-钙液中固定5min至2h（4℃），固定后蒸馏水洗。

(3) 在新配制的作用液（孵育液）中孵育切片，37℃，10min。
(4) 流水冲洗 5min。
(5) 2%硝酸钴液作用 5min。
(6) 蒸馏水洗。
(7) 1%硫化铵液中 1min。
(8) 蒸馏水洗。
(9) 甘油明胶封片。

4. 对　照　在作用液中不加 β-甘油磷酸钠，而用蒸馏水代替，其余步骤同上。

5. 结　果　碱性磷酸酶所在处为黑色。

对照片为阴性。

此法可用石蜡切片代替冰冻切片。

（二）显示碱性磷酸酶的偶氮偶联染色法

1. 反应原理　将切片孵育于含有重氮盐及 α-萘酚磷酸钠的孵育液内，碱性磷酸酶在 pH 值 9.2～9.6 时水解 α-萘酚磷酸钠后游离 α-萘酚，后者与重氮盐偶联形成不溶性有色沉淀。所形成的颜色视所用重氮盐而定。

2. 试剂制备

作用液（孵育液）：

2%巴比妥钠	25ml
α-萘酚磷酸钠	10mg
10%氯化镁	0.2ml
坚牢蓝 RR 或坚牢红 RC	25mg
pH 值调至 9.2～9.6	

加入坚牢蓝或坚牢红，充分搅拌，过滤，用密闭的玻璃瓶盛装，立即可应用。

3. 方法和步骤

(1) 新鲜或经冷甲醛固定的组织做冰冻切片。冷丙酮固定的组织做石蜡切片。
(2) 石蜡切片脱蜡后下行至蒸馏水。
(3) 作用液孵育切片 15～30min（室温），37℃温箱中可缩短时间。石蜡切片需延长至 4h 以上（室温）。
(4) 蒸馏水速洗。
(5) 1%醋酸内洗 1min。
(6) 蒸馏水速洗。
(7) 甘油明胶封片。

4. 对　照　作用液中除去 α-萘酚磷酸钠，其余步骤同上。

5. 结　果　碱性磷酸酶阳性所在处均为紫黑色（坚牢蓝染色）或棕红色（坚牢红染色）。

对照片阴性。

三、酸性磷酸酶显示法

酸性磷酸酶（ACP）在酸性条件下催化醇和酚类磷酸酯的水解，其最适 pH 值为 4.8～5.2。这种酶主要位于溶酶体内，因此，吞噬细胞质内含有丰富的酸性磷酸酶。此外，也有少数在内质网，正常时还见于前列腺、肝、脾、肾以及肾上腺等。

酸性磷酸酶抑制剂因组织差异而不同。如肝源性的酸性磷酸酶可被酒石酸、氟化物和 0.5％甲醛所抑制；前列腺来源的只受前两种物质抑制。

酸性磷酸酶的显示原理基本与碱性磷酸酶相同，但 pH 值不同。

(一) Gomori 与 McDonedel 硫化铅法示酸性磷酸酶

1. 试剂制备

(1) 醋酸-巴比妥缓冲液：

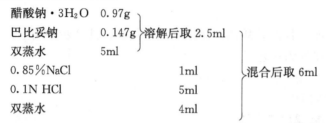

(2) 作用液：

醋酸-巴比妥缓冲液	6ml
3.3％硝酸铅水溶液	0.19ml
双蒸水	16ml
3.2％甘油磷酸钠水溶液	2ml
0.6％硫酸镁水溶液	0.5ml

将上述溶液混合后，用 0.1N HCl 调至 pH 值为 4.8～5.2。临用前过滤。

2. 方法和步骤

(1) 固定和切片。甲醛-钙液固定后，冰冻切片；冷 80％丙酮固定后石蜡切片；新鲜的恒冷箱切片，在甲醛-钙液中固定 5～120min（4℃）。

(2) 入作用液中作用 30min 至 4h（视组织而定），37℃。

(3) 蒸馏水洗 3 次，每次 2～3min。

(4) 1％醋酸 30s。

(5) 蒸馏水洗 3 次。

(6) 2％硫化铵中 2min（新鲜配制）。

(7) 流水冲洗 5min。

(8) 甘油明胶封片或脱水、透明、树胶封片。

3. 对　照

(1) 作用液中除去底物。

(2) 90℃热水处理切片 10min，使酶失活再作用。

(3) 作用液中加 0.01M 氟化钠或加 2％D-酒石酸。

4. 结　果　酸性磷酸酶活动处呈棕黑色硫化铅沉淀。对照片为阴性。

(二) 显示酸性磷酸酶的偶氮偶联法

1. 试剂制备

作用液：0.1M 醋酸盐缓冲液（pH 值 5.0～5.2）	10ml
α-萘酚磷酸钠	10mg
坚牢石榴红 GBC	10mg

2. **方法和步骤**
(1) 冰冻切片。
(2) 作用液中孵育 15～60min，37℃。
(3) 蒸馏水洗。
(4) 2%甲基绿水溶液复染 3～5min。
(5) 流水洗。
(6) 甘油明胶封片。

3. **对　照**（可参见上法）

4. **结　果**　酸性磷酸酶活性处呈红色，胞核呈绿色。
对照片阴性。

四、三磷酸腺苷酶显示法

三磷酸腺苷酶是一种水解酶，可水解底物三磷酸腺苷为二磷酸腺苷和磷酸，同时产生能量。

三磷酸腺苷酶可分为三类：膜性三磷酸腺苷酶、肌球蛋白三磷酸腺苷酶和线粒体三磷酸腺苷酶。其中膜性三磷酸腺苷酶是较常显示的一种酶，这种酶又称钠/钾离子激活三磷酸腺苷酶，最适 pH 值为 7.2～7.5，被镁、钾、钠离子激活，被钙离子和苦毒毛旋花子苷等抑制。此酶分布在细胞膜上，与 Na^+、K^+ 转运有关。此酶可见于肝的毛细胆管、肾近曲小管刷状缘、毛细血管及分泌期子宫内膜间质细胞等。而肌球蛋白三磷酸腺苷酶最适 pH 值为 9.0～9.4，被钙离子激活而被镁离子抑制，这种酶定位于骨骼肌。线粒体三磷酸腺苷酶在心肌较丰富，肝脏次之，但较难显示出来，这种酶的最适 pH 和激活剂因组织而定。

Ca-Co 反应主要用来显示肌球蛋白 ATP 酶，也可示线粒体的以及与膜结合的 ATP 酶；铅法用于显示膜结合的 ATP 酶，有时也显示线粒体 ATP 酶。

(一) 镁激活三磷酸腺苷酶铅法（Wachstein 及 Meisel 法）

1. **反应原理**　ATP 酶能水解 ATP 为 ADP 和一个磷酸，同时释能。磷酸根先变成磷酸铅，再与硫化铵结合生成硫化铅黑色沉淀。

2. **试剂制备**

作用液：ATP 钠盐	20mg
溶于	
双蒸水	20ml
以 NaOH 调 pH 值至 7.2	
0.2M Tris-马来酸缓冲液（pH 值 7.2）	20ml
2%硝酸铅水溶液	3ml
2.5%$MgSO_4 \cdot 7H_2O$ 水溶液	5ml
双蒸水	2ml

按顺序加入各成分。

3. **方法和步骤**　①新鲜冰冻切片，直接进作用液，或经冷甲醛-钙固定 5min 至 2h，水洗后进作用液。②作用液作用 10～60min，37℃。③蒸馏水洗。④1%硫化铵中 1min。⑤蒸馏水洗。⑥甘油明胶封片。

4. **对　照**　①免去底物。②以 β-甘油磷酸钠代替 ATP 钠盐。③作用液中加 0.035%对氯汞苯甲酸（PCMB），线粒体和肌球蛋白的 ATP 酶被抑制。

5. 结　果　ATP 酶活性处呈棕黑色硫化铅沉淀。

对照（1）阴性。

对照（2）为 AKP 的定位。

对照（3）线粒体和肌球蛋白的 ATP 酶被抑制。

（二）ATP 酶钙钴法

此法基本原理同上法，但 Pb^{2+} 换成了 Ca^{2+}，Ca^{2+} 再转化成 Co^{2+} 盐，最后与硫化铵作用生成黑色沉淀。

1. 作用液的配制

0.1M 巴比妥钠（2.062g/100ml）	20ml
0.18M 氯化钙（1.998g/100ml）	10ml
双蒸水	30ml
ATP 钠盐	152mg

当 ATP 钠盐溶解后，用 0.1N NaOH 调至 pH9.4，并加双蒸水至 100ml，若混浊则过滤。

2. 步　骤　未固定的冰冻切片，漂浮或贴于玻片上。②作用液中孵育 5min 至 3h，37℃。1％$CaCl_2$ 中换洗 3 次。2％$CoCl_2$ 中 3min。蒸馏水洗。1％～2％硫化铵中 2min。自来水洗，蒸馏水洗，甘油明胶封片。

3. 对　照（同上法）。

4. 结　果　ATP 酶活性处出现黑色沉淀。

对照片结果同上法。

五、酯酶的显示

酯酶可分为三类：非特异性酯酶、酯酶和胆碱酯酶。非特异性酯酶能水解短链脂肪酸的酯；酯酶能水解长链脂肪酸的酯；胆碱酯酶能水解胆碱的酯键。

（一）非特异性酯酶的 Gomori 醋酸-α 萘酯坚牢蓝 B 盐法

非特异性酯酶的最适 pH 值为 5.0～8.0，此酶定位于溶酶体和内质网，在肝、肾、胰和小肠酶活性较强，单核细胞和组织细胞内酯酶活性也较强。

1. 反应原理　以醋酸-α 萘酯为底物，在 pH 值 7.4 的条件下，经组织中酯酶的作用分解产生萘酚，萘酚立即与坚牢蓝 B（重氮盐）作用，产生不溶性的有色产物，借此以显示酯酶所在部位。

2. 试剂制备

(1) pH 值 7.4 的 0.1M 磷酸盐缓冲液。

(2) 作用液。

醋酸-α 萘酯	10mg
丙酮	0.25ml
0.1M 磷酸盐缓冲液（pH 值 7.4）	20ml
坚牢蓝 B	20mg

先将醋酸-α 萘酯溶于丙酮，再加入 0.1M 的磷酸盐缓冲液，充分振荡，直至最初产生的混浊物大部分消失，再加坚牢蓝 B，彻底溶解后过滤，此液应临用前配制。

3. 步　骤　新鲜组织直接做冰冻切片。片厚 4～6μm。贴于玻片，晾干。入作用液中室温孵育 5～15min。流水冲洗 1～2min。可用核固红、甲基绿或苏木素等复染核。水洗。甘油明胶封片。

4. 结　果　酶活性处呈紫黑色。

对照片可免去底物，对照片为阴性。

(二) 胆碱酯酶的显示

胆碱酯酶可分为乙酰胆碱酯酶（AChE）和胆碱酯酶（ChE）两大类。AChE 能水解乙酰胆碱，主要存在于神经元的胞质内和运动终板等处。ChE 能水解胆碱的酯，主要存在于血浆、胰腺和唾液腺内。

下面介绍一种显示乙酰胆碱酯酶的方法（Gomori 硫代胆碱法）：

1. 反应原理　本法以乙酰基硫代胆碱为底物，在酶作用下产生硫代胆碱，通过铜离子捕捉游离的硫代胆碱使成为铜硫代胆碱，经硫化铵作用形成硫化铜沉淀。

2. 试剂制备

(1) 贮备液：pH 值 6.0

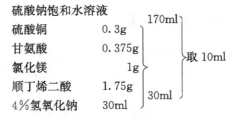

(2) 作用液：

乙酰硫代胆碱（碘化盐或醋酸盐）	0.02g
蒸馏水	0.5ml
溶解后加贮备液	10ml

3. 方法和步骤　冰冻切片。切片入作用液中浸 15～60min，薄片组织 2h，37℃。用硫酸钠饱和水溶液换洗三次，37℃。蒸馏水洗，入 2% 硫化铵显色 2min。蒸馏水换洗 3 次，吸干，甘油明胶封片。

4. 结　果　乙酰胆碱酯酶活性处呈棕色沉淀。

对照片的作用液中不加底物，应为阴性。

六、葡萄糖-6-磷酸酶的显示

葡萄糖-6-磷酸酶（G-6-P 酶）是糖代谢的关键酶，可分解糖原为葡萄糖进入血液，这种酶定位于滑面内质网，肝、肾以及肠粘膜中含量丰富。G-6-P 酶在 pH 值为 6 时活性最强，pH 值为 8 时最稳定，组化反应所用 pH 值为 6.5～6.7，此时水解 G-6-P 盐而释放磷酸，用铅作捕获剂，最终产物为黑色硫化铅沉淀。

1. 试剂制备

(1) 作用液：

0.125% D-葡萄糖-6-磷酸钠盐或钾盐	20ml
0.2M Tris-马来酸缓冲液（pH 值 6.5）	20ml
3% 硝酸铅	3ml
蒸馏水	7ml

(2) 固定液：

3% 甲醛磷酸缓冲液 pH 值 7.0	
多聚甲醛	3g

0.04M 磷酸缓冲液（pH 值 7.0）	100ml

2. 方法和步骤

（1）新鲜冰冻切片。

（2）入作用液中作用 20min，37℃。

（3）蒸馏水洗。

（4）1％硫化铵中显色 1min。

（5）蒸馏水洗。①直接作用；②入 3％甲醛磷酸缓冲液中固定 10min，4℃，蒸馏水洗，换 5 次。

（6）甘油明胶封片。

3. 结　果　G-6-P 酶活性处有棕色硫化铅沉淀。

4. 对照片　在作用液中免去底物，应为阴性。

七、脱氢酶的显示

脱氢酶是氧化底物，从底物将氢传递给受氢体的酶系，合适的受氢体不是大气中的氧，而是辅酶Ⅰ（NAD）、辅酶Ⅱ（NADP）或黄素蛋白，然后经氢传递系统，使受氢体还原显色，从而达到定位目的。

细胞、组织化学显示脱氢酶分不需辅酶和必需辅酶两种，前者如琥珀酸脱氢酶，后者如羟基甾体脱氢酶、乳酸脱氢酶、异柠檬酸脱氢酶、苹果酸脱氢酶等。

脱氢酶的组化方法，以四唑盐和铁氰化物为受氢体，前者应用极广。选用四唑盐时应考虑还原性、对酶的抑制作用、形成的甲䐶沉淀颗粒大小、脂溶性、直染性与对光的稳定性等。

（一）**琥珀酸脱氢酶的显示**（Pearson 二甲亚砜法）

琥珀酸脱氢酶是三羧酸循环中一个很重要的酶，它不需要辅酶的存在，便可催化琥珀酸盐脱氢后转变为延胡索酸。琥珀酸脱氢酶存在于所有有氧呼吸的细胞，其中以心肌、肾曲管上皮细胞及肝细胞含量最丰富，它牢固结合于线粒体膜内，最适 pH 值为 7.6。

1. 作用液的制备

0.1M 琥珀酸钠	5ml
0.1M 磷酸缓冲液（pH7.6）	5ml
硝基蓝四唑（NBT）	10mg
二甲基亚砜（DMSO）	5mg

将 NBT 先溶于 DMSO 中，然后加入琥珀酸钠及磷酸缓冲液中。

2. 方法和步骤　新鲜冰冻切片经蒸馏水略洗。作用液作用 15～35min，25℃，作用时间视组织而定。盐水洗。甲醛-钙液固定 10min。入 80％酒精 5min。甘油明胶封片。

3. 对　照

（1）去底物。

（2）作用液中加入丙二酸钠（3.7mg/ml）。

4. 结　果　酶活性处表现为蓝紫色沉淀。

对照片阴性。

（二）**乳酸脱氢酶的显示**（Preston 法）

乳酸脱氢酶氧化乳酸为丙酮酸，凡能进行糖原酵解的细胞都有该酶存在。肝和骨骼肌的酶活性高于心肌。最适 pH 值为 7.4。

1. **试剂制备**
(1) 0.1M 磷酸缓冲液，pH 值 7.4。
(2) 作用液（临用前配，避光）。

1M 乳酸钠（乳酸钠浆 1.07ml 加双蒸水至 10ml）	1ml
辅酶Ⅰ（NAD）	10mg
吩嗪甲硫酸酯（PMS）（mg/ml）	0.3ml
硝基蓝四唑（NBT）（mg/ml 磷酸缓冲液）	3ml
0.1M 磷酸缓冲液 pH 值 7.4	1ml

2. **方法和步骤** 液氮或丙酮/干冰骤冷的组织，恒冷箱切片厚 $5\sim 8\mu m$，贴于玻片。稍干即入作用液。作用液作用（避光）15min，37℃。蒸馏水洗。甲醛-钙液固定 15min 以上。蒸馏水洗。甘油明胶封片。

3. **对 照**
(1) 免去底物。
(2) 免去 NAD。
(3) PCMB（1mM）。

4. **结 果** 酶活性处呈蓝紫色。对照片均呈阴性。

八、氧化酶与过氧化物酶的显示

(一) 细胞色素氧化酶的显示（Burstone 法）

细胞色素氧化酶是使还原的细胞色素 C 再与氧结合，它定位于线粒体内膜上，在肾小管、胃壁细胞、肝及心肌上活性很高，是细胞内氧化代谢程度的标志酶。

1. **反应原理** 以 N-氨基-对苯二胺作为底物，经酶作用，使侧链氨基被氧化，反复进行氧化性聚合及环化，与萘酚生成有色靛粉颗粒，即称之为 Nadi 反应。

2. **试剂配制**
(1) Lugol 氏碘液：

碘	1g
碘化钾	2g
蒸馏水加至	100ml

(2) 作用液：

N-氨基-对苯二胺	10mg
1-羟基-2-萘酸	10mg
溶于	
纯酒精	0.5ml
蒸馏水	35ml
0.2M Tris 缓冲液 pH 值 7.4	15ml

摇匀，过滤。

3. **方法和步骤** 新鲜恒冷箱切片。入作用液，室温孵育，大鼠肝 60min，心肌或肾 20～30min。Lugol 碘液中 2min，以稳定和加强有色产物。5%硫代硫酸钠溶液中 4min，脱碘。1%醋酸钴溶液中 60min，室温。蒸馏水洗。甘油明胶封片。

4. **对 照** 作用液中加 KCN 10^{-3}M（KCN 为细胞色素氧化酶的抑制剂）。

5. **结 果** 黑色沉淀在酶的活性部位。

对照片为阴性。

（二）过氧化物酶的显示

过氧化物酶在催化各种物质过程中被过氧化氢所氧化。该酶见于肝、肾内的微粒体，也见于乳腺、甲状腺、唾液腺和肥大细胞，在中性粒细胞内有髓性过氧化物酶。

过氧化物酶显示的基本原理是细胞内的过氧化物酶氧化联苯胺而呈蓝色或棕色。常用的 Graham-Karnovsky 法用二氨基联苯胺代替联苯胺，定位清晰。

1. 试剂配制

(1) 0.05M Tris-HCl 缓冲液（pH 值 7.6）。

(2) 0.1M 磷酸缓冲液（pH 值 7.2）。

(3) 作用液：

3,3′-二氨基联苯胺四盐酸盐（DAB）	10mg
0.05M Tris-HCl 缓冲液（pH 值 7.6）	10ml
新配 1% 过氧化氢	0.1ml

先加几滴二甲基甲酰胺使 DAB 充分溶解，然后加入 Tris-HCl 缓冲液，混合后过滤，最后加入过氧化氢并充分混合。

(4) 0.1% 四氧化锇液：

1% 四氧化锇液	1ml
0.1M 磷酸缓冲液（pH 值 7.2）	9ml

2. 方法和步骤　新鲜组织低温恒冷切片或涂片，或经甲醛固定的组织块的漂浮切片。作用液中作用 5～30min，37℃。蒸馏水洗 2 次。入 0.1% 四氧化锇中 5min，室温。蒸馏水洗 2 次。无水酒精脱水、二甲苯透明、中性树胶封片。

3. 对　照

(1) 热处理。

(2) 0.065% KCN（10mM）。

4. 结　果　酶活性处棕黑色。

对照 (1)，热抑制大部分过氧化物酶。

对照 (2)，氰化物抑制过氧化氢酶的程度较轻，髓性过氧化物酶几乎不受影响。

（三）辣根过氧化物酶（HRP）示踪法（TMB 法）

HRP 是从辣根中提取出来的过氧化物酶，这种酶常用来作为神经解剖的追踪方法。

(1) 将 30% 的 HRP 或 1%～5% 的 WGA-HRP 以微量注射器注入动物中枢神经或周围神经系（HRP 用 Ringer 氏液配）。注入量视具体情况而定。注射完 10min 后再出针。

(2) 注射后饲养动物 6h 至 1 周。

(3) 心脏灌注生理盐水（21℃），再灌注 21℃ 的 1% 多聚甲醛-1.25% 戊二醛的 0.1M 磷酸缓冲液（pH 值 7.2～7.4），最后灌注 10% 蔗糖 0.1M 磷酸缓冲液（pH 值 7.4），0～4℃。

(4) 取材，立即做冰冻切片，或保存在 4℃ 10% 蔗糖磷酸缓冲液中（可长达 7 日）。

(5) 低温冰冻切片，片厚 25～40μm。切片应收集在 pH 值 7.4 的磷酸缓冲液中。

(6) 切片入蒸馏水洗，6 次，每次 10～15s。

(7) 切片入作用液（配法见后）预浸，19～23℃，避强光，20min。不时晃动切片。

(8) 取出切片，每 100ml 工作液中加入 0.3% H_2O_2 1.0～5.0ml，拌匀。重新浸入切片，不时晃动，避强光，19～23℃，20min。

(9) 洗-保存液中，0~4℃，6次，共约30min。

洗-保存液配法：

醋酸缓冲液	5ml
蒸馏水	95ml

(10) 贴片。载片上涂铬矾明胶。室温下空气干燥。

(11) 各级酒精中脱水，各10s。二甲苯透明2次，各2~5min。

(12) 封片。

结　果：HRP颗粒呈蓝至暗蓝色。

注：溶液的配制：

(1) 0.2M醋酸缓冲液（pH值3.3）：

醋酸钠·$3H_2O$	2.72g
蒸馏水	81ml
1.0N HCl	19ml

测pH，用浓醋酸或氢氧化钠调pH值至3.3。

(2) A溶液：

硝普钠	100mg
蒸馏水	92.5ml
醋酸缓冲液	5ml

(3) B溶液：

3,3′,5,5′-四甲基联苯胺（TMB）	5mg
无水酒精	2.5ml

可加热至37~40℃以加速TMB溶解。

(4) 作用液：

2.5ml B溶液+97.5ml A溶液

A、B溶液配成后不得放置2h以上，作用液临用时配制。

第七节　荧光组织化学

当某种物质被一定波长的光（如紫外线或蓝紫光）照射时，它可以吸收投射的短光波的光能，放射出波长较投射光的波长较长的光波（如可见光），这种放射出的光叫荧光。

荧光组织化学是利用荧光显微镜（其光源是紫外线）观察可以放出荧光的组织标本。

动物组织、细胞的荧光分两种：一种是自发性荧光，即组织、细胞不经荧光色素染色，在短光波照射下出现荧光，如弹性纤维发很强的亮绿色荧光；另一种是继发性荧光，即组织、细胞经过荧光色素染色，荧光色素与组织、细胞中某些成分结合而呈现各种颜色的荧光。

常见的荧光色素有：吖啶黄、吖啶橙、罗达明B、金胺0、3,4-苯并芘、中性红、异硫氰酸荧光素等。荧光色素发射荧光的强弱，除主要决定于该色素的分子结构外，与染色液的pH值、浓度、温度都有密切关系。一般，染色液的温度不超过20℃，在20℃时即开始表现出温度对荧光的熄灭作用。

荧光组织化学的最大优点是灵敏度极高，可显示很低浓度的物质，或显示投射光显微镜不能分辨的颗粒状物质。

下面介绍几种常见的荧光染色方法：

（一）细胞内 DNA 和 RNA 吖啶橙荧光染色法

具体方法可参见本章第二节内容。

（二）显示细胞核 DNA 的 Feulgen 荧光染色法

用荧光 Schiff 氏反应显示细胞核内 DNA 的染色方法较简便，并且比普通 Feulgen 反应效果好、特异性强。

1. 试剂制备

荧光 Schiff 试剂的制备：

吖啶黄	0.5g
偏重亚硫酸钾或钠	1g
蒸馏水	100ml
1N HCl	10ml

先将偏重亚硫酸钾或钠溶于水中，再加吖啶黄，最后加 HCl，试剂保存于冰箱内备用。

2. 染色方法

（1）取材、固定、切片处理同上法。

（2）切片或涂片经蒸馏水洗后，入 1N HCl 中水解 8～10min（60℃）。

（3）蒸馏水洗数秒。

（4）入荧光 Schiff 氏试剂中染色 15～30min。

（5）蒸馏水洗。

（6）入 1% 盐酸酒精（95% 酒精）中分色 5min。

（7）用 95%～100% 酒精脱水。每级酒精中换 2 次，充分冲洗除去标本内的酸。

（8）透明、封片。

3. 结　果　DNA 呈亮金黄色荧光。

（三）显示组织细胞内粘蛋白的荧光 PAS 反应法

荧光 PAS 反应是显示组织细胞内粘蛋白的最敏感的方法，它的特异性强，能显示组织细胞内微量的 PAS 阳性物质。

1. 染色方法

（1）显示糖原用 Carnoy 液或甲醛-酒精固定组织。显示其他成分用氯化汞-甲醛液固定组织。固定最好在低温中进行。冰冻切片可切片后固定。

（2）石蜡切片脱蜡后入水，蒸馏水洗片刻。

（3）入 1% 过碘酸水溶液中 5～10min。

（4）蒸馏水洗。

（5）入荧光 Schiff 氏试剂（配法见上法）中染色 20min。

（6）入 1% 盐酸酒精中分化 3～5min。

（7）95%～100% 酒精脱水，每级酒精换两次液。

（8）透明、封片。

2. 结　果　PAS 阳性反应物呈金黄色荧光，其他的为绿色荧光。

（四）生物胺荧光组织化学方法

动物组织细胞中的生物胺类物质，如多巴胺（DA）、去甲肾上腺素（NE）、肾上腺素（E）、5-羟色胺（5-HT）及组织胺（HA）等，在生物合成及代谢过程中是很重要的物质，但它们在组织细胞中含量很少，因此必须用高度敏感的方法，才能在细胞水平上显示出来。而生物胺荧光组织化学是根据生物胺与某些醛类物质（如甲醛、乙醛酸、邻苯二醛）在一定条件下发生缩合反应，产生强的荧光的原理建立起来的一种特异性强、敏感性高的技术方法，利用这种方法可以清晰地呈现带有荧光的生物胺类物质。

1. 甲醛诱发显示去甲肾上腺素荧光法

(1) 取动物新鲜肾上腺，低温冰冻切片，片厚 $5\mu m$。

(2) 贴片、晾干。

(3) 入下列甲醛-钙液中 2～6h。

甲醛-钙液的配法

40%甲醛	5ml
20%氯化钙	25ml
蒸馏水	20ml

(4) 蒸馏水洗。

(5) 将切片吹干或 60℃烤 3～5min。

(6) 甘油作介质加盖玻片封片。

结果：含有去甲肾上腺素的细胞，呈现强绿色荧光。

2. 乙醛酸诱发显示生物单胺递质荧光法

(1) 取材、切片。动物在戊巴比妥钠麻醉下或处死后立即取新鲜组织，用生理盐水冲净后，作低温冰冻切片，片厚 $15\mu m$ 或 $50\mu m$。

(2) 贴片，吹干，然后滴加下列乙醛酸作用液 2～3 滴，连续 3 次。用吸水纸擦去组织切片周围的乙醛酸作用液。

乙醛酸作用液的配法：

蔗糖	1.2g
磷酸二氢钾	0.5g
结晶乙醛酸	0.4g
蒸馏水	15ml

用 1N NaOH 调 pH 值至 7.4。此液在临用前配制。

(3) 用电吹风机的温风吹 5～15min，吹干。

(4) 置于 80～100℃烤箱干 3～5min。

(5) 冷却后滴 DPX 封片。

(6) 封好的切片再放入 80℃烤箱中 2～3min。

结果：组织中单胺神经递质，呈现亮黄色荧光。

此法对显示中枢和外周神经系中的儿茶酚胺（CA）非常敏感。对胃肠壁的含 5-HT 的 APUD 细胞的荧光效果也很好，但对中枢神经的 5-HT 的显示不好。

3. 邻苯二醛显示组织胺荧光法

(1) 新鲜组织块，Carnoy 氏液固定，真空浸蜡、石蜡包埋，切片厚 $10\mu m$，在 60℃下 1～2min 脱蜡。低温冰冻切片，片厚 $20\mu m$，在含有 P_2O_5 的干燥器中干燥。

(2) 将 40mg 结晶邻苯二醛（OPT）放入已预热到 100℃的立式染色缸内盖严，过 15min，移染色缸到室内，将上述标本放入 1～2min。或在室温下，滴加 1%OPT 的乙基苯液 4min。

(3) 将标本放入湿室内湿化 2~4min，但注意标本不得与水接触。

(4) 80~90℃烤箱中 5min。

(5) 石蜡切片，入二甲苯 1min，DPX 封片。

对照切片：不经 OPT 处理。

结果：黄色荧光，显示 HA 含量高。蓝色荧光，HA 含量少。对照切片应为阴性。

当用荧光显微镜观察时，应注意辨别荧光的真伪，以免将某些可自发荧光的物质，误作自己的观察对象。

第十四章　免疫细胞化学

免疫细胞化学或免疫组织化学是组织化学的分支，它是用标记的特异性抗体（或抗原）对组织、细胞内抗原（或抗体）的分布进行定性、定位、定量，在组织原位显示抗原（或抗体）的一门新技术。根据标记物不同，免疫细胞化学技术可分为免疫荧光细胞化学技术、免疫酶细胞化学技术、免疫铁蛋白技术、胶体金标记抗体技术和亲和免疫细胞化学等。

免疫细胞化学具有灵敏度高、特异性强、定位准确和应用广泛等优点，不仅用于解剖学、组织学、病理学等，在临床医学中也是一种非常有用的研究手段。

第一节　免疫细胞化学技术概述

各种不同的免疫细胞化学技术，具有其独特的细胞化学技术方法，但一般而言，不论哪种免疫细胞化学技术都包括抗体的制备、组织材料的处理、免疫染色、对照试验、显微镜观察等步骤。

一、抗体的制备

要获得理想的免疫染色，具有特异性高和亲和力强的抗体血清是实验成功的首要条件。理想的抗体血清可以减少非特异性反应。制备理想的抗血清首先取决于抗原的质量，因此要求抗原是高纯度的、稳定性要高、不能变性或污染、免疫原性要好。如为颗粒性抗原，不需要加佐剂，静脉注射一般可获得良好的抗体反应。可溶性抗原初次免疫时，必须加佐剂或通过其他途径，使抗原缓慢吸收。半抗原或小分子抗原必须使其与大分子蛋白质、红细胞或细菌结合成为完全抗原，才能刺激动物产生免疫反应。其次，有了质量好的抗原，还必须选择适当的免疫方案，包括动物的选择、免疫途径、佐剂、抗原剂量、注射次数、间隔时间等，才能产生特异性强、效价高的抗体。再次，为了保证免疫细胞化学实验方法的特异性和敏感性，常需要对免疫血清进行提纯，可采用盐析法、离子交换层析法、凝胶过滤法等。最后，制备的抗血清，必须进行其效价和纯度的测定，才能正确地使用。目前鉴定的方法较多，其中以琼脂糖双向扩散最简便，聚丙烯酰胺凝胶电泳（圆盘电泳）烦复但分辨率较高。由于目前大多数实验室使用的各种抗体，主要是直接购买制备的商品化抗体和标记抗体，所以在此不具体介绍免疫血清的制备方法。

二、材料的处理（固定、包埋和切片）

（一）固　定

免疫组织化学染色的目的在于使组织中的抗原显色定位，因此首先需对组织中抗原进行固定，使水溶性抗原变为非水溶性，方不致在操作过程中被冲洗而呈阴性染色，同时，被固定的组织可显示良好的组织结构。但所用固定剂又不宜过强，过度固定或使用固定剂不当会影响抗原（或抗体）的免疫活性。

固定剂的选择因实验目的、不同组织和制片方式而有不同。常用的固定剂有对苯醌、戊二醛、苦味酸、焦炭酸二乙酯（DEPC）以及它们的不同比例的混合液。固定方法有浸渍法、心脏灌注法和蒸气固定法。

1. 浸渍固定法　外周组织多采用此法。这种方法依靠固定液对组织的渗透，但浪费时间，为了弥补这一缺点，可以将固定液冷却、搅拌或减压。组织块的厚度以5mm为宜。

2. 心脏灌注固定法　常用于小型动物和中枢神经系统的固定。自左心室插入主动脉，先用加热到体温的生理盐水灌流以冲洗血液，待放出的灌流液无血色后，改用固定液灌流，灌流后，取材，将组织块再用相同的固定液作浸渍固定。整个灌注过程要在1h内完成。

3. 蒸气固定　用于冰冻干燥组织的固定。固定剂用多聚甲醛、对苯醌、DEPC等。多聚甲醛加热到80℃，以其蒸气固定1h。对苯醌加热到60℃，蒸气固定3h。DEPC加热至55℃，蒸气固定3h。

4. 常用固定液的配制　甲醛和戊二醛是免疫细胞化学研究中最常用的固定剂。

(1) 4％多聚甲醛-0.1M磷酸缓冲液：

多聚甲醛	40g
0.1M磷酸缓冲液（pH值7.3）	至1 000ml

取40g多聚甲醛，加入500ml 0.1M的磷酸缓冲液（Phosphate Buffer，简称PB），加热至60℃，持续搅拌使粉末完全溶解，滴1N NaOH使溶液清亮透明，最后补足0.1M的PB至1 000ml，充分混匀。

(2) Bouin氏液及改良Bouin氏液：

饱和苦味酸	750ml
40％甲醛	250ml
冰醋酸	50ml

先将饱和苦味酸过滤，加入甲醛（有沉淀者禁用），最后加入冰醋酸，混合后存于4℃冰箱中备用。冰醋酸最好临前加入。改良Bouin氏液为不加冰醋酸的混合液。

(3) Zamboni氏液：

A液：取2.1g苦味酸溶于150ml蒸馏水中，即成饱和苦味酸液，将此液过滤。

B液：取20g多聚甲醛放入60℃左右蒸馏水中，充分搅拌，液体呈白色混浊滴加1N NaOH数滴至液体透明为止，然后将该液过滤、冷却。

将A液和B液混合，再加0.15M磷酸缓冲液（pH值7.3），使总量成1 000ml。

此固定液适用于光镜和电镜免疫细胞化学研究。

(4) 多聚甲醛-戊二醛混合液（karnovsky氏液）：

多聚甲醛	30g
25％戊二醛	80ml
0.1M磷酸缓冲液（pH值7.2）	至1 000ml

先将多聚甲醛溶于0.1M磷酸缓冲液中，再加入戊二醛，最后加入0.1M磷酸缓冲液至1 000ml，混匀。

(5) 0.4％对苯醌：

对苯醌	4.0g
0.01M PBS	1 000ml

称取4.0g对苯醌溶于1 000ml 0.01M的PBS即可。正常时为淡黄色，不可加温，避免溶液变黑。现配现用。

关于免疫细胞化学中固定液的种类还有很多，如：PLP液、PFG液等，在此不一一介绍。

（二）组织切片的制作

免疫细胞化学的标本制作方法有冰冻切片、石蜡切片、塑料包埋切片和铺片，其中以冰冻切片应用最为广泛。

1. 冰冻切片　固定或非固定的组织均可作冰冻切片，这种切片手续简单，能较好地保存组织结构和抗原性，但缺点是不能用于回顾性研究，不利于常规检查和长期保存标本。制作冰冻切片时以冷刀冷室切片机为最好，可制成 $2\sim4\mu m$ 的薄片。一般冰冻切片厚度为 $2\sim100\mu m$。冰冻切片的厚度必须根据目的而改变。如：欲观察细胞的形态或神经纤维的走向，厚一些好；想用二种以上的抗体染同一个细胞，并要制作对照切片时，必须切 $2\mu m$ 或 $2\mu m$ 以下。对于一般的观察，$4\sim5\mu m$ 即可。切片厚时，必须充分洗净，以免造成背景反应增强。

在冰冻过程中形成的冰晶会破坏组织结构和影响抗原定位。为了减少冰晶形成，可以采取以下措施：①取材后立即将组织浸入深低温预冷的（干冰容器内，$-70℃$）正己烷液内骤冷 $30\sim60s$，取出后再冰冻切片。②冷冻前将组织置于 $20\%\sim30\%$ 蔗糖溶液 $1\sim3$ 天，高渗吸收组织中的水分，减少组织内含水量。

切下的切片可直接贴附于载玻片或涂有明胶的玻片上，以减少组织片脱落。制好的切片最好尽快进行组化染色。如不能立即染色，可将切片吹干贮存于片盒内，外包塑料袋，置于 $-20℃$ 低温冰箱；或切片先用丙酮在室温内固定 $5\sim10s$，吹干后存放于 $4℃$ 冰箱，一个月内使用。染色前，从冰箱取出切片，置室温干燥 $10min$，再经丙酮固定 $5\sim10s$（未固定者），就可进行染色了。

2. 石蜡切片　石蜡切片虽手续繁杂，处理过程中抗原活性有所降低，但这种切片组织结构保存较好，在病理和回顾性研究中有较大的实用价值，所以免疫细胞化学中经常用到。

采用石蜡包埋时应注意：①有条件时最好采取冷冻干燥机，使组织在真空和低温条件下进行冷冻干燥，代替酒精或丙酮的系列脱水，从而减少组织内抗原的丢失。如无条件，用酒精、丙酮脱水、二甲苯透明及浸蜡时，各步骤时间不宜过长，一般 $1\sim2h$，以免组织变脆。②包埋用的石蜡最好是硬度较高的纯石蜡。③包埋温度以不超过 $30℃$ 为宜。

石蜡切片一般厚度 $3\sim5\mu m$。对于石蜡包埋保存时间较久的组织块，由于甲醛过度固定，常会产生过量的醛基，遮盖抗原，影响第一抗体和抗原结合，在进行免疫染色前，可采用蛋白酶来消化切片，以暴露抗原部位。现以胰蛋白酶为例，简介消化过程：①石蜡切片经脱蜡至水。②切片经 Tris 缓冲液（pH 值 7.8，含 2.5% 蔗糖）漂洗，$5min$ 两次，重复漂洗 2 次（$37℃$，预先升温切片使其适应酶消化条件）。③切片经 Tris 缓冲液（含 0.1% 胰蛋白酶和 $0.1\%CaCl_2$）消化 $5\sim30min$（$37℃$），最长可达 $2h$。④切片经漂洗，终止酶反应。⑤按一般免疫细胞化学方法染色。

胡丙杰等人（1998）发现用高压消毒蒸锅暴露抗原是石蜡切片暴露抗原的有效方法，他们用酶消化法处理 PGP9.5 抗原时，发现酶消化同时取消了单克隆 PGP9.5 的特异染色，以至染色效果更差，因此，他们首次成功地应用高压消毒蒸锅使 PGP9.5 抗原暴露，并大大提高了 S100 的免疫反应的灵敏度。他们的做法是：切片经脱蜡、抑制内源性过氧化酶后，浸入 $1mmol/L$ 的 EDTA 缓冲液（pH 值 8.0），置入高压消毒蒸锅处理（$120℃$，$105kPa$）$10min$，冷却后移入 $0.01mmol/L$ 的 PBS（pH 值 7.1）平衡 $10min$，然后进入双重免疫组化染色。

3. 塑料包埋切片　优点是组织块可同时用于光镜切片、半薄切片和电镜超薄切片，组织结构清晰，抗原定位准确。缺点是手续繁杂，抗原活性易丢失。目前常用的包埋剂有两大类：甲基丙烯酸盐类和环氧树脂类。前者能较好地保存抗原，染色前不必脱去包埋材料，但易发生破折，使形态结构欠佳。后者对抗原有影响，但能较好地保存形态结构。

4. 铺片　某些组织如肠系膜、小血管等薄层结构可采取直接铺片法。铺片法可在二维结构了解抗原抗体反应部位的全貌。在抗原较少的组织，具有独特的优越性。

5. 切片的粘贴　在免疫细胞化学工作中，由于染色时间长，切片经过多次浸泡及其他原因，很易造成切片从玻片上脱落，影响工作进度及质量，为此需选用合适的粘贴剂。

(1) 铬矾明胶液：1%明胶与0.1%铬矾（硫酸铬钾）等量混合。将洗净的载片置于载片架上，再把载片架浸于混合液中。将载片架提出，在室温或37℃的温箱中干燥、备用。干燥时注意防尘。

(2) 甲醛明胶液：1%明胶5ml，2%甲醛5ml，混匀。

(3) 多聚赖氨酸：0.01%多聚L-赖氨酸水溶液。

三、免疫染色

染色时可采用两种形式，一是将切片贴于涂有粘贴剂的载玻片上进行的贴片染色法，一是将切片置于玻璃或瓷制的反应板凹孔内进行的漂浮染色法。

免疫染色法是将组织切片上依次滴以抗体血清或将切片漂浮于抗血清中，使抗原抗体反应充分进行，有关各种免疫细胞化学方法的染色原理和具体方法将在后面分别介绍。

要想提高免疫染色的质量，必须保证两个方面，一是增强特异性染色，二是减少或消除非特异性染色（即在非抗原部位出现阳性反应），因此，必须注意以下几个问题：

1. *消除内源性过氧化物酶*　有些组织如脑组织、粒细胞、巨噬细胞等本身存在过氧化物酶，因此当这些组织切片用免疫酶法显色时，这种内源性过氧化物酶的活性也显示出来，出现假阳性，为了消除这种染色的干扰，一般用0.5% H_2O_2的甲醇预先处理切片0.5h，然后用甲醇冲洗和3次PBS洗。

2. *改善组织的透过性*　当待检抗原被认为存在细胞内而抗体是大分子，很难透过细胞膜，顺利到达，接触抗原时，可用0.05%～1% Triton X—100液体（用PBS配制）浸洗组织片，Triton X—100可溶解细胞膜，增加抗体的穿透性，从而加强特异性染色。

3. *染色前用正常血清封闭切片*　组织内的结缔组织等部位富有电荷，易与第一抗体产生非特异性静电吸附，再与第二抗体结合，从而产生非特异性染色，为防止此现象发生，可以采取以下措施：在进入第一抗体孵育前，先加与第二抗体同种动物的正常血清（1∶10～1∶30），封闭电荷部位，吸去血清后不需要冲洗，直接加入第一抗体孵育。也可在第一抗体的稀释液内加入1%正常血清（来自于第二抗体的同种动物）或2.5%小牛血清白蛋白，除抑制非特异性染色外，还可封闭抗血清中混杂的白蛋白抗体。

4. *选择抗体的最佳工作稀释度*　对每一抗血清都要在一组已知的阳性对照中确定它在所用的染色方法中应该采用的最佳工作稀释度，即使特异性染色反应最强而非特异性染色保持阴性的临界稀释度。一般第一抗体工作稀释度在1∶100至1∶1000或更高，第二抗体工作稀释度在1∶20至1∶80。要尽可能应用较高的抗体稀释度，因为这样可将浓度较低的非特异性抗体稀释至肉眼不可见反应产物的程度。

5. *选择合适的孵育时间和孵育温度*　整个染色过程应注意保持组织切片的湿润性，干燥使抗体活性降低或消失。因此，整个染色过程应在湿盒内进行。

一般来说，抗体稀释度高，孵育时间长可以获得满意的染色效果。孵育的适宜温度为37℃，但也有要求在室温或4℃条件下孵育的。

四、对照试验

对实验的"阳性"或"阴性"结果的判定,必须持慎重态度,以免造成假阴性或假阳性。因此,除了要求进行多次重复实验,会判断特异性染色和非特异性染色外,还必须建立相应的对照试验,对一种前人从未发现过的新的抗原或抗体,应同时要求有放射免疫测定结果。对照试验的方法较多,常用的有下列几种:

(1) 吸收试验:用过量的特异性抗原吸收相应的第一抗体,然后用吸收后的抗血清孵育切片,结果应为阴性。

(2) 置换试验:用第一抗体同源动物血清(1:5~1:30)或缓冲液代替第一抗体,作抗体特异性对照,结果应为阴性。

(3) 阻滞试验:用大量未标记的抗体预先与特异性抗原的抗原决定簇相结合,然后加入已标记的抗体,由于特异性抗原结合位点已饱和而不能再与后加入的标记抗体结合,所以不会呈色或显示荧光。结果应为阴性。

尚应做阳性对照。

五、显微镜观察

用光学显微镜或电子显微镜观察。

第二节 免疫荧光细胞化学

免疫荧光技术就是将已知的抗体(或抗原)标记上荧光素,再用这种荧光抗体(或抗原)和组织或细胞内的相应的抗原(或抗体)反应,形成带有荧光素的抗原抗体复合物,利用荧光显微镜观察标本,荧光素受紫外光或蓝紫光等激发光的照射而发出明亮的荧光,从而定位抗原(或抗体)的技术。用免疫荧光技术显示和检查细胞或组织内抗原(或抗体)的方法称为免疫荧光细胞(或组织)化学技术。

(一) 直接法

用荧光素标记的特异性抗体直接与相应抗原结合,以检查出相应的抗原成分的方法。也可用标记的抗原去检查相应的抗体。这种方法特异性强,费时少,但敏感性差。因此,此法现已少用或不用。

(二) 间接法

1. **原理** 检测未知抗原时先用特异性抗体与相应抗原结合,洗去未结合的抗体,再用荧光素标记的抗特异性抗体(间接荧光抗体)与特异性抗体相结合,形成抗原-特异性抗体-间接荧光抗体的复合物,由于此复合物上带有比直接法更多的荧光标记物,所以比直接法敏感,本法在较短时间内即可以得到结果。如果检查未知抗体时,先用已知抗原与细胞或组织中的抗体反应,再与特异性荧光抗体反应,形成抗体-抗原-特异性荧光抗体复合物。

2. **染色方法**

(1) 石蜡切片经常规处理至水,然后入 0.01M PBS (pH 值 7.2) 中充分冲洗。冰冻切片或涂片用甲醇、95%酒精、95%酒精+1%~5%醋酸或丙酮固定,入 PBS 中充分冲洗。如果显示不溶或难溶于水的抗原性物质,冰冻切片可不经固定,直接入 PBS 中。

(2) 用吸管或滴管或移液器等滴加未标记的经适当稀释的第一抗体液，使其扩布于整个组织片表面，将载片放入湿盒内，加盖，在37℃作用30min，或在4℃下放置12～24h，使发生抗原抗体反应。弃去作用液。

(3) 用室温的PBS充分洗净，换液3～4次，每次5min。

(4) 滴加荧光素标记的第二抗体液，将标本放入湿盒内，37℃作用30min。倾去作用液。

(5) 用PBS冲洗3～4次，每次5min。

(6) 甘油缓冲液封固。

(7) 荧光显微镜观察或暂存于冰箱内过夜。

3. 对照试验

(1) 自发荧光对照：标本只加PBS或不加PBS，缓冲甘油封片，荧光显微镜观察应为阴性。

(2) 荧光抗体对照：标本只加间接荧光抗体染色，结果阴性。

(3) 吸收试验

(4) 阻滞试验

(5) 阳性对照：用已知阳性标本作间接法免疫荧光染色。

(三) 补体法

1. 原　理　有荧光补体直接法和荧光补体间接法。直接法是将荧光标记补体液滴加在预先与抗体进行了特异性反应的抗原标本上，反应后进行观察。间接法是用特异性抗体和补体的混合液与标本上的抗原反应，补体就结合在抗原-抗体复合物上，再用抗补体的荧光抗体与补体结合，从而形成抗原-抗体-补体-抗补体荧光抗体复合物。补体法是间接法的变型，其优点是只需要一种标记补体或标记抗补体抗体，即能检查所有的抗体系统。但缺点同间接法，即更易出现非特异性染色。此外，补体不稳定，每次都要采取新鲜血清，提取也较麻烦。

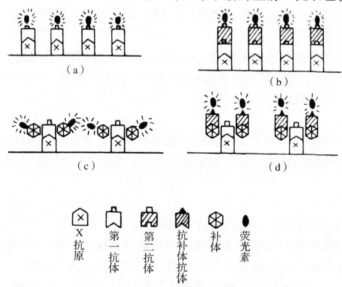

图14-1　各种免疫荧光技术原理示意图
(a) 直接法；(b) 间接法；(c) 荧光补体直接法；(d) 荧光补体间接法

2. 抗补体染色方法

(1) 标本处理同前法。

(2) 将抗待检物质的抗血清置56℃水浴中30min，灭活不耐热的补体成分（C_1—C_4），去除干扰作用。

(3) 经灭活的抗血清冷却至室温后，与等量的经 1：10 稀释（用生理盐水稀释）的新鲜豚鼠血清混合。

(4) 滴加 3 中的混合血清（即抗体和补体等量混合液）于切片上，置湿盒内，37℃ 作用 30min。

(5) 用 PBS 洗 2~3 次，每次 5min。

(6) 滴加荧光标记的抗补体抗体，湿盒内，37℃ 下作用 30min。

(7) PBS 洗 3 次，每次 5min，蒸馏水洗 1min。

(8) 甘油缓冲液封固，镜检。

3. 对照染色　可采用下法进行对照染色，结果均应为阴性。

(1) 抗血清对照：用正常血清代替免疫血清。

(2) 灭活补体对照：将补体经 56℃ 30min 处理后，按补体同样稀释倍数与抗体等量混合，进行补体法染色。

第三节　免疫酶细胞化学

免疫酶细胞化学是借助酶细胞化学等手段显示组织抗原（或抗体）的一门新技术，是在免疫荧光技术的基础上发展起来的。1966 年 Nakane 首次报道成功地把辣根过氧化物酶（HRP）标记在抗体分子上，创造了酶标记抗体的新技术，以后又有 Sternberger（1970）等的非酶标记抗体法（PAP 法）等多种改良方法。免疫酶细胞化学法有免疫荧光法不可比拟的优点：①能使同一染色的标本作光学和电镜两个水平观察。②不需要荧光显微镜等特殊设备。③组织切片可保存较长时间。④敏感性较高，反应部位容易观察。

作标记用的酶有碱性磷酸酶、葡萄糖氧化酶、微过氧化物酶、辣根过氧化物酶等，但目前应用最多，并且认为最好的酶是辣根过氧化物酶（Horseradish Peroxidase，HRP）。

(一) 酶标抗体法

1. 原　理　酶标抗体技术是通过共价键将酶结合在抗体上，制成酶标抗体，再借酶对底物的特异催化作用，生成有色的不溶性产物或具有一定电子密度的颗粒，于光镜和电镜下进行细胞表面和细胞内部各种抗原成分的定位。

酶标抗体法可分为直接法和间接法。直接法是将酶直接标记在第一抗体上，间接法是将酶标记在第二抗体上，即抗第一抗体的免疫球蛋白上。

2. 间接法染色步骤及方法

(1) 切片准备：

①石蜡切片，按常规脱蜡至水。

②固定组织，冰冷切片，直接入 0.01M PBS。

③新鲜组织，冰冷切片，室温干燥几分钟，丙酮固定 30min，入 PBS。

(2) 切片经 PBS 漂洗 2 次，每次 5min。

(3) 用 0.3% H_2O_2-甲醇室温下处理切片 30min，以封闭内源性过氧化物酶的活性，石蜡切片可省略此步。（0.3% H_2O_2-甲醇的配法：30%~31% H_2O_2 1ml+100% 甲醇 100ml）

(4) PBS 洗 2 次，每次 5min。

(5) 0.2%～1%Triton X—100（用 PBS 配制）37℃，30min。如果待检抗原是表面抗原，省略此步。

(6) 用 1：20 稀释的正常血清（产生二次抗体的同种动物的血清）处理切片，室温下作用 30min，以防止非特异性的二次抗体的结合。

(7) 滴加适当稀释的第一抗体液（用 PBS 稀释，内可加 1%牛血清白蛋白）于标本上，置于湿盒内，室温下作用 30～60min，或 4℃下作用 16～48h。

(8) PBS 洗 2 次，每次 5min。

(9) 滴加酶标记的第二抗体液（间接抗体液），湿盒内，37℃下 30min，或室温 1h。

(10) PBS 洗 2 次，每次 5min。

(11) 0.05M Tris-HCl 缓冲液洗涤 5min。

(12) 在酶的底物溶液中呈色反应。如用含 0.01% H_2O_2 的 DAB 溶液显色，在室温下作用 5～15min，显微镜下控制显色程度，适时终止反应，即除去 DAB 液，用 PBS 洗净。

(13) 用蒸馏水洗净。

(14) 可用 Mayer 氏苏木素或 0.5%甲基绿水溶液复染核，也可不染。

(15) 按常规脱水、透明、封片。

注意同时做对照染色试验。

（二）非标记抗体酶法

由于酶标抗体法有一定缺点，如：酶与抗体间的共价连结可损害部分抗体和酶的活性；抗血清中的非特异性抗体被酶标记后，与组织抗原结合，使背景染色增强等。为此，Sternberger 等人在酶标抗体的基础上，发展了非标记抗体酶法，包括酶桥法和非标记过氧化物酶抗过氧化物酶法（PAP 法）。

1. 酶桥法

(1) 原理。首先用酶免疫产生第一抗体的动物，制备效价高、特异性强的抗酶抗体，然后利用第二抗体作桥，将抗酶抗体连结在与组织抗原结合的第一抗体上，再将酶结合在抗酶抗体上，经过底物的呈色反应而将抗原显示出来。在此过程中，任何抗体均未被酶标记，酶是通过免疫学原理与抗酶抗体结合的，避免了共价连结对抗体和酶活性的损害，提高了方法的敏感性，节省了第一抗体的用量，所用的第一抗体可稀释至酶抗体间接法的十倍。

(2) 染色方法和步骤。组织切片的准备同酶抗体间接法。石蜡切片脱蜡至水，入 PBS。0.3% H_2O_2—甲醇室温下作用 5～30min。充分水洗后，PBS 洗 2 次，每次 5min。用 20 倍稀释的正常血清（产生第二抗体的动物血清）在室温下反应 30min。用 PBS 洗 2 次，每次 5min。第一抗体（用兔产生的）在湿盒内，4℃下作用 16～24h。PBS 洗 2 次，每次 5min。第二抗体（羊抗兔 IgG 血清或猪抗兔 IgG 血清）在湿盒内，室温下作用 30min。PBS 洗 2 次，每次 5min。抗酶抗体（兔抗过氧化物酶血清）在湿盒内，室温下与切片作用 30min。PBS 洗 2 次，每次 5min。用过氧化物酶溶液（70～100μg/ml PBS）在湿盒内，室温下作用 30min。PBS 充分洗净。在 DAB-H_2O_2 液中进行呈色反应 5～30min，充分水洗。用苏木素淡染细胞核。常规脱水、透明、封片。

2. PAP 法

(1) 基本原理。PAP 法的基本原理与酶桥法相同，都是借助于桥抗体将酶连结在第一抗体结合部位，所不同的是 PAP 法将酶和抗体制成的免疫复合物（PAP）代替了酶桥法中的抗酶抗体和随后结合的酶，把两个步骤合并为一个步骤，效果更好。PAP 是一种复合物，不存在游离的免疫球蛋白，不会引起非特异性染色。PAP法是一种常用的方法，它具有灵敏度高、背景染色低、最大限度保持抗体活性等优点。

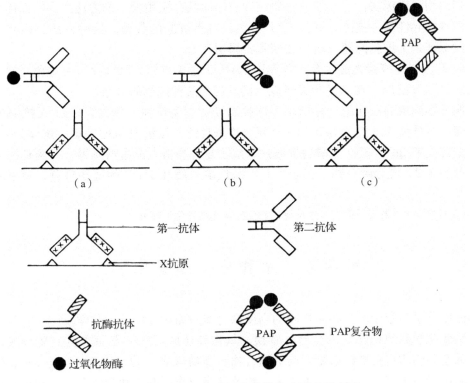

图 14-2　各种免疫酶细胞化学方法原理示意图
(a) 酶标抗体间接法；(b) 酶桥法；(c) PAP法

(2) PAP法染色方法。①切片脱蜡至水，入PBS。②0.3% H_2O_2-甲醇在室温下处理切片30min。③蒸馏水洗，PBS洗3次，每次5min。④滴加1∶10～1∶20稀释的正常羊血清，置湿盒内，室温下处理切片30min。也可用1%牛血清白蛋白PBS处理切片。⑤弃去血清液，不必冲洗。然后加第一抗体（兔产生的），置湿盒内，4℃下作用12～24h。⑥PBS洗3次，每次5min。⑦滴加第二抗体液（羊抗兔IgG抗体），湿盒内，37℃下30min或室温下1h。⑧PBS洗3次，每次5min。⑨加PAP复合物（兔抗酶抗体制作），湿盒内37℃孵育30min或室温下1～3h。⑩PBS洗3次，每次5min，0.05M Tirs-HCl缓冲液洗5min。⑪0.05% H_2O_2-DAB-0.05M Tris-HCl显色，室温下5～30min，显微镜下控制显色程度。⑫自来水充分洗净，可用苏木素轻度复染。⑬常规脱水、透明、封片。

3. 双PAP法　双PAP法是在PAP法的基础上进行的，不同的是切片经两次桥抗体、两次PAP孵育。双PAP法是一种非常敏感的方法，较PAP法灵敏20～50倍，并且可以提高染色强度，但此法染色过于烦琐。染色过程如下：①按PAP法中的①～⑨步进行。②PBS洗3次，每次5min。③重复PAP法中的⑦～⑨）步，但所加第二抗体液应比第一次稀释大一倍。④按PAP法中10～13步进行。

4. PAP双重标记法

(1) 同一切片双重染色法：首先用PAP法染色第一种抗原，DAB-H_2O_2呈色，终产物棕褐色。然后进行第二种抗原染色，4-氯-1-萘酚呈色，终产物为蓝色。为避免第二次染色的抗体与第一次染色的抗体间交叉反应,在进行第二次染色前,需用酸处理切片,除去第一次染色的抗体。

(2) 相邻切片双标法:连续切片是研究神经递质共存应用较早的方法之一,即用相邻切片分别孵育两种特异性第一抗体,进行 PAP 染色,观察抗原的分布。这种方法必须有足够薄的切片,才能保证每个细胞能同时出现在四张相邻切片上。

(3) PAP 法与免疫荧光法结合:首先用 PAP 染色 A 抗原,DAB-H_2O_2 呈色,然后用间接免疫荧光法显示 B 抗原,在光镜和荧光显微镜下观察两种抗原的分布。

(4) 两种不同酶的双标记:分别用不同种属动物制备抗体,例如:显示 A 抗原的第一抗体为兔血清,桥抗体为羊抗兔 IgG,PAP 复合物来自兔,显示 B 抗原的第一抗体为大鼠血清,桥抗体为驴抗大鼠 IgG,碱性磷酸酶抗碱性磷酸酶复合物由大鼠血清制得。将两种抗血清稀释最佳工作度的 1/2,混合孵育同一张切片,以碱性磷酸酶和 HRP 的底物呈色,观察两种抗原的分布。

注:免疫酶细胞化学的对照染色可参见概述和免疫荧光细胞化学部分。

第四节 亲和免疫细胞化学

亲和细胞化学是利用两种物质之间的高度亲合能力而相互结合的化学反应,它一方面区别于古老的细胞化学和组织化学的分解、置换、氧化和还原,另一方面本质上又非抗原抗体反应。常用的亲和物质包括植物血凝素与糖结合物、葡萄球菌 A 蛋白(SPA)与 IgG、生物素与卵白素、阳离子与阴离子、激素、维生素、糖及类脂质作用部位和受体等。亲和细胞化学引入免疫细胞化学即为亲和免疫细胞化学。

下面我们只介绍亲和免疫细胞化学中抗生物素-生物素染色法中目前应用较多的抗生物素-生物素-过氧化物酶复合物法(Avidin-Biotin-Peroxidase Complex technique,简称 ABC 技术)。

(一) ABC 法的基本原理

ABC 法是 1981 年由许世明设计成功的。它是在桥抗生物素-生物素技术(BRAB 技术)和标记生物素-抗生物素技术(LAB 技术)的基础上改良的。ABC 法恰好与酶桥法和 PAP 法具有相同的关系,ABC 法与 PAP 法的不同之处在于用 ABC 复合物(抗生物素蛋白-生物素-过氧化物酶复合物,Avidin-Biotin-Peroxidase Complex)取代了 PAP 复合物。存在于鸡蛋白中的卵白素(抗生物素蛋白)是一种分子量为 68 000 的糖蛋白,卵白素上具有 4 个同生物素亲和力极高的结合位点,卵白素和生物素的结合是完全不可逆的结合,而酶和免疫球蛋白可与数分子的生物素结合。所以 ABC 复合物就是将过氧化物酶结合在生物素上,再将生物素-过氧化物酶连结物与过量的抗生物素蛋白反应而制备的,将 ABC 复合物引入抗原抗体反应即为 ABC 法。

ABC 法具有特异性强、灵敏度高(敏感性较 PAP 法高 20~40 倍)、稳定性好、方法简便、时间短等优

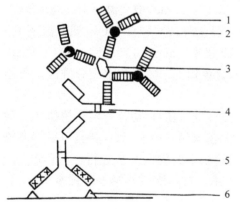

图 14-3 ABC 法原理示意图
1. 生物素;2. 过氧化物酶;3. 抗生物素蛋白;
4. 第二抗体;5. 第一抗体;6. X 抗原

点,现已成为免疫细胞化学技术中最普遍应用的一种方法。

(二) ABC 法染色方法

(1) 石蜡切片脱蜡至水,蒸馏水洗后,入 PBS。为暴露抗原,石蜡切片可经胰蛋白酶消化后,再入 PBS 洗涤。

新鲜组织,冰冻切片,空气中干燥后,丙酮固定 5min,入 PBS。

固定组织,冰冻切片,入 PBS。

(2) H_2O_2-甲醇液处理切片,室温下,15~30min。

(3) 蒸馏水洗后,PBS 洗净。

(4) 稀释 20 倍的正常动物血清(除制备第一抗体动物的正常血清)孵育,室温下,30min。

(5) 第一抗体孵育,置湿盒内,室温下 60min,或 4℃冰箱内过夜。

(6) PBS 洗 3 次,每次 5min。

(7) 生物素标记的第二抗体孵育,置湿盒内,37℃,30min,室温 60min。

(8) PBS 洗 3 次,每次 5min。

(9) ABC 复合物孵育,湿盒内,37℃温箱 30min 或室温下 60min。

(10) PBS 洗,然后换 0.05M Tris-HCl 缓冲液(pH 值 7.6)洗涤。

(11) DAB-H_2O_2 中显色。

(12) PBS 洗后,水洗,可进行复染。

(13) 常规脱水、透明、封片。

第五节 免疫金-银细胞化学

由 Faulk 和 Taylor(1971)创立的免疫金染色方法首先用于免疫电镜定位细菌表面抗原,并获得较好效果。1978 年 Geoghegan 首次用免疫金技术检测 B 淋巴细胞表面抗原,建立了用于光镜水平的免疫金技术(Immunogold, staining, 简称 IGS)。1981 年 Danscher 在此基础上改进并发展了用银显影液增强光镜下金颗粒可见性的免疫金银染色法(Immuno gold-sliver staining, 简称 IGSS),Holgate(1983)对此方法进行了改进。IGS 和 IGSS 技术具有制备简便、特异性强、敏感性高、应用范围广,可用于双重标记和多重标记等优点,目前在生物学和医学研究的各个领域都得到广泛的应用。在此我们只介绍光镜水平的免疫金-银细胞化学技术。

(一) 染色原理

免疫金-银染色方法(IGSS)的原理与间接法相似,先使特异性抗体与抗原反应,随后用金标记的间接抗体或 A 蛋白再与特异性抗体结合。如用 20nm 以上直径的胶体金作为标记物,可见胶体金结合部位呈红色,即免疫金染色法(IGS)。但免疫金染色法要显示可见的红色,常需消耗大量的免疫金制剂。而免疫金-银染色法要比免疫金染色法经济方便,它建立在免疫金染色的基础上。即经过银显影液增强,使金颗粒周围吸附大量银颗粒,而光镜下就可看见阳性反应部位呈金属银的黑褐色,从而提高了反应的灵敏性。

(二) 银显影液的配制

1. **硝酸银显影液**

25%阿拉伯胶水溶液或 1%明胶	60ml
枸橼酸缓冲液(pH 值 3.5)	10ml

(枸橼酸 2.55g，枸橼酸钠 2.35g，加水至 100ml)
含 1.75g 对苯二酚的水溶液　　　　　　　　　　　　　　　　30ml

将上述三液混合均匀，临用前加入：
含 50mg 硝酸银的水溶液　　　　　　　　　　　　　　　　　2ml

注意避光保存。

2. 乳酸银显影液

25％阿拉伯胶水溶液或 1％明胶　　　　　　　　　　　　　　60ml
枸橼酸缓冲液（pH 值 3.5）　　　　　　　　　　　　　　　　10ml
含对苯二酚 0.85g 的水溶液　　　　　　　　　　　　　　　　15ml

临用前加入：
含 110mg 乳酸银的水溶液　　　　　　　　　　　　　　　　　15ml

避光保存。

上述两种显影液中的 25％阿拉伯胶可用双蒸水代替，为水剂。

(三) 染色方法

1. 石蜡切片的 IGSS 染色法

(1) 石蜡切片常规脱蜡至水。

(2) 经含汞固定液固定的组织，要用 0.5％碘酒精脱汞 10min，然后入 0.5％硫代硫酸钠溶液脱碘。再经流水冲洗 10min，蒸馏水洗，然后入 0.05M TBS（pH 值 7.4）。不含汞的切片直接入 TBS。

(3) 抗原性较弱的组织，可用 0.1％胰酶液，37℃下消化 5～30min。

(4) 正常羊血清（1∶10）作用 10min，吸去，不洗涤。［如果金标记葡萄球菌 A 蛋白（SPA）代替金标记间接抗体，用 1％卵白蛋白代替羊血清］

(5) 加适当稀释的第一抗体（兔产生），室温中作用 1～2h，或 4℃下 20h。

(6) 0.05M TBS（pH 值 7.4）洗 3 次，每次 5min。

(7) 0.02M TBS（pH 值 8.2）洗 10min。（如为 SPA，0.02M TBS 的 pH 值为 7.4）

(8) 正常羊血清（1∶10）作用 10min（如为 SPA，用 1％卵白蛋白代替羊血清）。洗去，不洗涤。

(9) 适当稀释的金标记第二抗体（1∶10），室温下作用 1h，或 4℃过夜。

(10) 0.02M TBS（pH 值 8.2）洗 10min（SPA，则 0.02M TBS 的 pH 值为 7.4）。

(11) 0.05M TBS（pH 值 7.4）洗 3 次，每次 5min。

(12) 蒸馏水洗 2 次，每次 5min。

(13) 双蒸水洗 5min。

(14) 入银显影液，水剂 3～5min，阿拉伯胶液 20～40min，反应过程要避光。

(15) 蒸馏水洗多次，自来水洗，可用苏木素淡染。

(16) 常规脱水、透明、封片。

2. 冰冻切片 IGSS 染色法　　冰冻切片可先经固定液灌注固定或浸泡固定后制作冰冻切片，也可先制作冰冻切片，然后再固定。固定后的组织可用含 20％的蔗糖的 PBS（0.1M，pH 值 7.4）浸泡过夜，以减少冰晶的形成。然后入 0.05M TBS（pH 值 7.4），染色方法同石蜡切片。

3. 半薄切片的 IGSS 染色法

(1) 脱环氧树脂，切片以 NaOH 的无水酒精饱和溶液浸泡 30～60min。

NaOH 无水酒精饱和溶液的制备：无水酒精中加入过量的 NaOH，振摇溶解后，放置数周至溶液呈淡黄褐色即成。

(2) 无水酒精洗 4 次，每次 5min，再以 95%、80%、70% 酒精各洗 5min，水洗。

(3) 经锇酸固定的切片，入 1% 过碘酸 10min。

(4) 蒸馏水洗数次，入 0.05M TBS (pH 值 7.4) 中，10min。

(5) 按石蜡切片 (4) 步以后进行染色。

除以上所介绍的免疫细胞化学技术以外，新的技术方法还不断出现，如分子杂交免疫细胞化学技术和半抗原交联抗体法等。半抗原交联抗体法的基本原理是应用半抗原标记第一抗体，常用的半抗原有对氨基苯砷酸、对氨基苯酰甘氨酸等，通过酰胺化反应把半抗原结合到抗体上。在间接法中，先以半抗原标记的特异性抗体（第一抗体）孵育切片，然后加入抗半抗原的标记抗体（标记物为荧光素或酶）。在 PAP 染色法中，先用半抗原标记的第一抗体孵育切片，再加未标记的抗半抗原特异性抗体作为桥抗体，第三步加半抗原交联的 PAP 与之反应，并作酶的显色反应。半抗原交联抗体法特异性强、敏感性高，可用于双重免疫染色。分子杂交免疫细胞化学技术是分子杂交技术与免疫细胞化学相结合而发展起来的原位杂交免疫细胞化学技术，这种方法比免疫细胞化学技术更为灵敏，特异性更高，它既吸收了分子杂交技术特异性强和灵敏度高的优点，又兼备组织化学染色的可见性，可以在同一细胞内定位待测 mRNA 和相应蛋白质/多肽或其他抗原物质，从而可以更好地了解某一基因的转录，蛋白质/多肽的翻译的动力学过程。原位杂交免疫细胞化学方法可在相邻两张切片上进行，但以在同一张切片上同时进行为好，进行时以原位杂交先于免疫组织化学染色较为理想。

研究动物细胞的方法尚有许多，如活细胞和组织的培养法、电镜技术、放射自显影术等，如需要，可参考有关资料。

附录：细胞化学与组织化学及免疫细胞化学中常用试剂的配制方法

（一）碳酸盐缓冲液的配制

溶解 $NaHCO_3$ 3.7g，Na_2CO_3 0.6g 于 100ml 蒸馏水中，混合后溶液 pH 值 9.5，0.5M。

（二）甘油缓冲液配制（封固剂）

（1）取纯甘油（分析试剂）20ml，加入 0.5M、pH 值 9.5 的碳酸盐缓冲液 20ml，充分混合。待其中气泡完全消失，即可使用。

（2）将 75ml 甘油与 25ml 0.01M PBS 充分混合后，置 4℃冰箱，静止，待气泡排除后使用。

（三）甘油明胶配法

明胶	40g
蒸馏水	210ml
甘油	250ml
石炭酸结晶	5ml

将明胶在蒸馏水中浸 2h，然后加甘油和石炭酸，并加热 15min，搅拌至均匀为止。

（四）0.2M 磷酸盐缓冲液（Phosphate Buffer，PB）的配制

A 液：0.2M 磷酸二氢钠

称取 $NaH_2PO_4 \cdot 2H_2O$ 3.12g（或 $NaH_2PO_4 \cdot H_2O$ 2.76g），溶于 100ml 蒸馏水中。

B 液：0.2M 磷酸氢二钠

称取 $Na_2HPO_4 \cdot 12H_2O$ 7.163g（或 $Na_2HPO_4 \cdot 7H_2O$ 5.36g 或 $Na_2HPO_4 \cdot 2H_2O$ 3.56g）溶于 100ml 蒸馏水中。

表 14-1 缓冲液的组成

pH 值	A 液（ml）	B 液（ml）	pH 值	A 液（ml）	B 液（ml）
5.8	8.0	92.0	7.0	61.0	39.0
6.0	12.3	87.7	7.2	72.0	28.0
6.2	18.5	81.5	7.4	81.0	19.0
6.4	26.5	73.5	7.6	87.0	13.0
6.6	37.5	62.5	7.8	91.5	8.5
6.8	49.0	51.0	8.0	94.7	5.3

（五）0.01M 磷酸盐缓冲生理盐水（Phosphate Buffereu Saline，PBS）的几种配法

（1）

0.2M PB	50ml
NaCl	8.5～9g（约 0.15M）
蒸馏水	至 1 000ml

称取 NaCl 8.5～9g 及 0.2M 的 PB 50ml，加入 1 000ml 的容量瓶中，最后加蒸馏水至 1 000ml，充分摇匀即可。若欲配制 0.02M 的 PBS，则 PB 加倍即可。

（2）

$NaH_2PO_4 \cdot 2H_2O$	12.00g
$Na_2HPO_4 \cdot 12H_2O$	86.00g
NaCl	320.00g

溶于蒸馏水中，并使总量成 10L，即为原液，使用时，取 1 份原液，用 3 份蒸馏水稀释即可，其 pH 值大约为 7.3 左右。

(3) Na$_2$HPO$_4 \cdot$ 12H$_2$O　　　　　　　　　　　　　　　　　　　　　　　　28.94g
　　KH$_2$PO$_4$　　　　　　　　　　　　　　　　　　　　　　　　　　　　　　2.61g

溶于1 000ml 蒸馏水中，即为原液。同时取100ml 原液加 NaCl 8.5g，用蒸馏水稀释至1 000ml，就成为 pH 值7.4，0.01M PBS。

(4) Na$_2$HPO$_4 \cdot$ 7H$_2$O　　　　　　　　　　　　　　　　　　　　　　　　160.8g
　　NaCl　　　　　　　　　　　　　　　　　　　　　　　　　　　　　　　　96.0g

溶于11L 的蒸馏水中，用2N HCl 调整 pH 值至7.2，再加蒸馏水使总量成12L。直接作洗净用的 PBS。

在免疫细胞化学实验中，0.01M 的 PBS 主要用于漂洗组织标本、稀释血清等，其 pH 值一般在7.25～7.35之间。

(六) 0.05M Tris-HCl 缓冲液的配法

(1) A 液：0.2M Tris

取 Tris 2.423g，加蒸馏水至100ml。

B 液：0.1N HCl

HCl（比重1.19，含量37%）0.84ml，加蒸馏水至100ml。

表14-2　0.05M Tris-HCl 缓冲液（pH 值7.19～9.10）

pH 值	0.2M Tris (ml)	0.1N HCl (ml)	蒸馏水 (ml)	pH 值	0.2M Tris (ml)	0.1N HCl (ml)	蒸馏水 (ml)
7.19	10	18	12	8.23	10	9	21
7.36	10	17	13	8.32	10	8	22
7.54	10	16	14	8.41	10	7	23
7.66	10	15	15	8.51	10	6	24
7.77	10	14	16	8.62	10	5	25
7.87	10	13	17	8.74	10	4	26
7.96	10	12	18	8.92	10	3	27
8.05	10	11	19	9.10	10	2	28
8.14	10	10	20				

(2) 先配制0.5M pH 值7.6的 Tris-HCl 缓冲液：

　　Tris　　　　　　　　　　　　　　　　　　　　　　　　　　　　　　　　60.57g
　　1N HCl　　　　　　　　　　　　　　　　　　　　　　　　　　　　　　约420ml
　　蒸馏水　　　　　　　　　　　　　　　　　　　　　　　　　　　　　　至1 000ml

先以少量蒸馏水溶解 Tris，加入 HCl 后，用1N HCl 或1N 的 NaOH 调 pH 值至7.6，最后加入蒸馏水至1 000ml。此液为贮备液，于4℃冰箱保存。

欲用0.05M Tris-HCl 缓冲液，取贮备液稀释10倍即可。

(七) Tris 缓冲生理盐水 (TBS) 的配法

　　0.5M Tris-HCl 缓冲液　　　　　　　　　　　　　　　　　　　　　　　　100ml
　　NaCl　　　　　　　　　　　　　　　　　　　　　　　　　　　　　　　8.5～9g
　　蒸馏水　　　　　　　　　　　　　　　　　　　　　　　　　　　　　　至1 000ml

先以蒸馏水少许溶解 NaCl，再加 Tris-HCl 缓冲液，最后加蒸馏水至1 000ml，摇匀。

TBS 主要用于漂洗标本。

(八) DAB-H$_2$O$_2$ 的配法

　　DAB（常用四盐酸盐）　　　　　　　　　　　　　　　　　　　　　　　　50mg
　　0.05M Tris-HCl 缓冲液　　　　　　　　　　　　　　　　　　　　　　　　100ml

30% H_2O_2	30~40ml

先以少量 0.05M（pH7.6）的 Tris-HCl 缓冲液溶解 DAB，然后加入余量 Tris-HCl 缓冲液，使 DAB 终浓度为 0.05%。DAB 溶液的配制要在 DAB-H_2O_2 反应之前一步，即抗体反应的过程中进行。在 PBS 洗净结束时加入 30% H_2O_2 30~40μL，使其终浓度为 0.01%，立即使用。

注意：DAB 有致癌作用，操作时一定要戴手套。被 DAB 污染的东西，应放在污物箱中密闭保存，到一定时候，把污物连同箱子一起烧毁或深埋。接触 DAB 的实验用品经洗液浸泡 24h 再使用。

（九）4-氯-1-萘酚显色液的配法

4-氯-1-萘酚	100mg
纯酒精	10ml
0.05M Tris-HCl 缓冲液（pH 值 7.6）	190ml
30% H_2O_2	10μL（0.003%）

先将 4-氯-1-萘酚溶于酒精中，然后加入 Tris-HCl 缓冲液 190ml，用前加入 30% H_2O_2 使其终浓度为 0.005%，切片显色时间通常为 5~20min。

4-氯-1-萘酚的终产物显示蓝色。

（十）AEC（3-氨基-9-乙基卡唑）显色液的配法

AEC	20mg
二甲酰胺（DMF）	2.5ml
0.05M 醋酸缓冲液（pH5.5）	50ml
30% H_2O_2	25ml

先将 AEC 溶于 DMF 中，再加入醋酸缓冲液充分混匀。临显色前，加入 30% H_2O_2。切片显色时间常为 5~20min。显色液作用后，阳性部分呈深红色。

由于终产物溶于酒精和水，需用甘油封固。

附：0.1M 醋酸缓冲液的配法（pH 值 5.4 和 pH 值 5.6）

A 液：0.1M 醋酸（MW60.05，5.8ml/1 000ml）
B 液：0.1M 醋酸钠（MW136，13.6g/1 000ml）
pH 值 5.4 醋酸缓冲液：A 液 29ml+B 液 171ml
pH 值 5.6 醋酸缓冲液：A 液 19ml+B 液 181ml

（十一）Triton X—100 的配法

免疫细胞化学中，常用的 Triton X—100 的浓度为 1% 或 0.3%，但通常是先配制成 30% 的 Triton X—100 贮备液，临用时稀释至所需浓度。

30% Triton X—100 的配法：

Triton X—100	28.2ml
0.01M PBS（pH 值 7.3）或 0.05M TBS（pH7.4）	72.8ml

取 Triton X—100 及 PBS（或 TBS）混合，置 37~40℃水浴中 2~3h，使其充分溶解混匀。用前取该贮备液稀释至所需浓度。

第三篇

显微摄影技术

显微摄影是一项重要的显微技术。在生物科学的研究中，从再现显微镜中物体影像的各种方法比较，显微摄影是最好的方法。镜检的结果除文字的描述外，显微照相能客观而生动地记录下生物体的细微结构或形态，它常与生物绘图技术配合，起到相辅相成的作用。

显微摄影术（photomicrography），与缩微摄影（microph-otography）区别开来。显微摄影的英文字 photomicrography 是 photograph（照相）与 micrograph（用描图器画成放大相，即微管图）合成的，是微观照相的意思；而缩微摄影（microphotography）是用照相技术把物像缩得很小，小到无法用肉眼看清楚的意思，二者都是用显微镜，但是从物体与物像的比例来说，正好是相反。

摄影在生物学教学和科研中的作用是多方面的，概括起来有以下几个方面：

（1）记录生物生态或较大个体的形态，这称为一般摄影，就用普通相机，有时根据需要改用广角镜头，或望远镜头，或变焦镜头等。拍摄对象离相机的距离为1～20m，甚至更远，拍摄对象是影像大小的10倍以上。

（2）记录生物体上某一器官，或器官的某一部分，或较小个体的形态特征——近距离摄影（或小物体摄影），拍摄对象离相机的距离在1m以内，被摄物大于或等于物像的大小，如文献资料的翻拍等。这种摄影一般要借助于一些相机的附件，如近拍镜，近拍接圈。例如拍一朵花，一片叶或组织培养中的小植株等。

（3）记录细胞和组织的结构——显微摄影，物像比物体放大10倍以上，这要借助于光学显微镜或电子显微镜。本篇内容我们重点介绍显微摄影技术。

第十五章 显微镜的光学部件

显微镜的光学部件包括物镜，目镜，聚光镜及照明装置几个部分。各光学部件都直接决定和影响光学性能的优劣，现分述如下：

第一节 物　　镜

　　物镜（objective）是显微镜最重要的光学部件，利用光线使被检物体第一次造像，因而直接关系和影响着成像的质量和各项光学技术参数，是衡量一台显微镜质量的首要标准。

　　物镜的结构复杂，制作精密，由于对象差的校正，在金属的物镜筒内由相隔一定距离被固定的透镜组组合而成。每组透镜又由不同材料，不同参数的一至数块透镜胶合在一起。物镜最前面的透镜称"前透镜"，最后面的透镜称"后透镜"。物镜复合透镜组的总焦距为物镜的焦距。物镜前透镜与被检物体之间的距离为工作距离（自由工作距离）。在高倍镜检查时，为了防止物镜与制片的相触，压碎玻片和损伤镜头，除物镜的先端有弹簧装置外，还应使整套物镜由低倍至高倍必须齐焦。

　　齐焦即是在镜检时，当用某一倍率的物镜观察图像清晰后，在转换另一倍率的物镜时，其成像亦应基本清晰，而且像的中心偏离也应在一定允许的范围内，也就是合轴程度。齐焦性能的优劣和合轴程度的高低是显微镜质量的一个重要标志，它是与物镜的本身质量和物镜转换器的精度有关。优质的显微镜都是合轴，齐焦的。

　　物镜的种类很多，可从不同角度来进行分类，现分别述之。

　　根据物镜前透镜与盖玻片之间的介质不同可分为：

　　A. 干燥系物镜：镜检时，物镜前透镜与盖玻片之间是以空气（n=1）为介质的。这类物镜最为常用，如40x以下的物镜，数值孔径均小于1。

　　B. 水浸系物镜：镜检时，物镜前透镜与盖玻片之间是以水（n=1.333）为介质的。水为蒸馏水或生理食盐水，这类目镜目前很少应用。

　　C. 油浸系物镜：即油镜头，其放大率为90~100x。镜检时，物镜前透镜与盖玻片之间常以香柏油，无荧光油（n=1.515左右）为介质的。此外，有时还用甘油（n=1.450），石蜡油（n=1.471）为介质。该类镜物的外壳上常称刻有"oil"，"1L"或"HI"字样。

　　上述水浸与油浸系物镜所应用的介质均为液体物质，所以又称为"浸液系物镜"，数值孔径值可大于1。

　　油镜在使用后必须立即擦拭，不能久置，否则将有损镜头使解像力下降，而且浸油在干涸后也不易擦拭。擦拭是脱脂棉球蘸取少量的乙醚酒精混合液（乙醚7份＋纯酒精3份）轻轻擦去浸油，再用脱脂棉球或镜头纸轻擦一次。

　　根据物镜放大率的高低，原则上可分为：

　　(1) 极低倍物镜：这类物镜的倍率不是放大而是缩小，是为了观察较大的被检物体的全貌而设计和制造的。目前研究用显微镜有的厂家产品附有这类物镜，在镜检时，应与极低倍聚光镜相配合使用。它的倍率有 $0.75\times$，最低为 $0.5\times$；

　　(2) 低倍物镜：$1\times \sim 6\times$，NA $0.04 \sim 0.15$；

　　(3) 中倍物镜：$6\times \sim 25\times$，NA $0.15 \sim 0.40$；

　　(4) 高倍物镜：$25\times \sim 63\times$，NA $0.35 \sim 0.95$；

　　(5) 油浸物镜：$90\times \sim 100\times$，NA $1.25 \sim 1.40$。

　　根据物镜象差校正的程度来进行分类，这对我们使用者来说，是应于了解的一个分类方法，现分述于下：

1. **消色差物镜**（Achromatic objective） 这是常见的物镜，外壳上常有"Ach"字样，其结构比较简单，由两片透镜胶合和两片以上透镜组成。

这类物镜仅能校正轴上点的位置色差（红、蓝二色）和球差（黄绿光）以及消除近轴点慧差。由于玻璃材料（通常采用冕牌玻璃和火石玻璃）等原因，不能校正其他色光的色差和球差，而且场曲很大，故不能应用于高级研究的镜检和显微照相。镜检时，通常与惠更斯目镜配合使用。

2. **复消色差物镜**（Apochromatic objective） 复消色差物镜的结构复杂，透镜采用了特种玻璃或萤石，氟石等材料制作而成，物镜的外壳上标有"APO"字样。这种物镜不仅能校正红、绿、蓝三色光的色差，而且在同一焦点平面上造像，达到消除"剩余色差"（又称二级光谱）的效果，同时能较好地校正红、蓝二色光的球差。由于对各种像差的校正极为完善，比相应倍率的消色差物镜有更大的数值孔径，这样不仅分辨率高，像质优，而且也有更高的有效放大率。因此，复消色差物镜的性能很高，适用于高级研究镜检和显微照相之用。镜检时应与补偿目镜配合使用，否则图像质量下降。

3. **半复消色差物镜**（Semi apochromatic objective） 半复消色差物镜又名氟石物镜，物镜的外壳上常标有"FL"字样。在结构上透镜的数目比消色差物镜多，比复消色差物镜少；在成像质量上，远较消色差物镜为好，接近于复消色差物镜，能校正红、蓝二色光的色差及球差。镜检时也应与补偿目镜配合使用。

4. **平场物镜**（plan objective） 平场物镜是在物镜的透镜系统中增加一块半月形的厚透镜，以达到校正场曲的缺陷。平场物镜的结构较复杂，尤以高倍平场物镜更为复杂。平场物镜的视场平坦，视场较大，且工作距离也相应地有所增长。因此，更适用于镜检和显微照相之用。

平场物镜有：平场消色差物镜（plan achromatic objective）在镜头的外壳上标有 plan Ach；平场复消色差物镜（plan apochromatic objective）在镜头外的壳上标有 plan AFO 以及平场半复消色差物镜（plan semi apochromatic objective），更为高级的为超平场物镜（外壳上标刻有 S plan）和超平场复消色差物镜（外壳上标刻有 S plan Apo）。

5. **特种物镜** 所谓"特种物镜"是在上述物镜的基础上，专门为达到某些特定的观察效果而设计制造的。主要有下列几种：

(1) 带校正环物镜（correction collar objective）：在物镜的中部装有环状的调节环，当转动调节时，可调节物镜内透镜组（一般为第二和第三组透镜）之间的距离，从而校正由盖玻片厚度不标准所引起的覆盖差。调节环上的刻度可从 0.11~0.23，在物镜的外壳上也标刻有此数字，即表明可校正盖玻片从 0.11~0.23mm 厚度之间的误差。标准盖玻片的厚度为 0.17mm，镜检时应将刻度置于 0.17 的位置上，若盖玻片的厚度不为 0.17mm，则可利用校正环予以校正。这种物镜为 40×高倍干燥系的高级物镜，性能很高。在使用时要掌握校正环的应用方法，否则不能发挥其高性能。

(2) 带虹彩光阑物镜（Iris diaphragm objective）：在物镜镜筒内的上部装有虹彩光阑，外方也有可旋转的调节环，转动时可调节光阑孔径的大小。这种结构的物镜是高级的油浸物镜，它的作用是在暗视场镜检时，往往由于某些原因而使照明光线进入物镜，使视场背景不够黑暗，造成镜检质量的下降。这时调节光阑的大小，可使背景黑暗，被检物体更加明亮，增强镜检的效果。另一作用是当缩小光阑时，物镜的有效直径随之也在缩小，改变孔径角，从而相应地起到降低数值孔径而增大焦深的作用。图中所示的物镜，其数值孔径可从 1.35~1.40 之间进行调节。

(3) 相衬物镜（phase contrast objective）：这种物镜是用于相对镜检术的专用物镜，其特点是在物镜的后焦点平面处装有相板。

(4) 无应变物镜（strain-free objective）：这种物镜在透镜组的装配中克服了应力的存在，是专作透射式偏光镜检用的物镜，能达到更佳的偏光镜检效果。在物镜的外壳上常标刻有"PO"或"POL"字样，以之识别。

(5) 无荧光物镜（Non-fluorescing objective）：无荧光物镜是专用于落式荧光显微镜上的物镜，这种物镜即使受到很强的激励光源也不发出荧光。因此，视场背景不发光，可得到清晰明亮的图像。物镜的外壳上常以"UVFL"字样作为标志。

(6) 无罩物镜（No cover objective）：有些被检物体，尤其是涂抹制片等，上面不能加用盖玻片，这样在镜检时应使用无罩物镜，否则图像质量将明显下降，特别是在高倍镜检时更为显著。这种物镜的外壳上常标有 NC（No cover glass），同时在盖片厚度的位置上没有 0.17 的字样，而是标刻着"O"，表示在镜检时不用盖玻片。

(7) 长工作距离物镜（Long working distance objective）：这种物镜是倒置显微镜的专用物镜，它是为了满足组织培养，悬浮液等材料的镜检而设计制造的。由于这类被检物体都是放置在培养皿或培养瓶中，必须要求物镜的工作距离长才能达到镜检的要求。

第二节　目　镜

目镜（Eyepiece）的作用是把物镜的实像（中间像）再放大一次，并把物像映入观察者的眼中，实质上目镜就是一个放大镜。已知显微镜的分辨能力是由物镜的数值孔径所决定的，而目镜只是起放大作用，因此，对于物镜不能分辨出的细微结构，目镜放得再大，也仍然不能分辨出。

目镜的结构较物镜简单，一般由 2～5 片透镜分两组或三组构成。上端的一块（组）透镜称"接目镜"，下端的透镜称"场镜"。在目镜镜筒内，目镜的物方焦点平面处装置一金属的光阑称"视场光阑"，它的作用是限定有效视场的范围，而舍弃四周的模糊像。物镜放大后的中间像落在视场光阑平面处，所以目镜中的指示标志，目镜测微尺及分划板沟在这个位置上。

从目镜中透射出来的光线，在目镜的接目镜以上相交，这个相交点称为"眼点"（eye-point）。观察时眼睛应处在眼点的位置上，这样才能接收从目镜射出的全部光线，看到最大的视场，否则会造成图像的晃动和不适感觉，影响观察效果。

目镜的种类有如下几种，现分述于下：

1. 惠更斯目镜（Huygens eyepiece）　　这是最常应用的一种目镜，是发现人惠更斯而命名的。接目镜和场镜均由平凸单透镜组成，凸面都朝下。视场光阑位于两透镜之间，即场镜的焦点平面处。使用时应与消色差物镜配合，可以对消色差物镜的放大率色差起到校正的作用。惠更斯目镜的视场数较小，如 10× 目镜视场数为 16～18。这种目镜的眼点很低，仅为 3mm 左右，观察时较为不便。

惠更斯目镜的结构简单，易于设计和制造，至今仍被广泛地用于普通生物显微镜上，但不能满足高级研究镜检的要求。

2. 冉姆斯登目镜（Ramsden eyepiece）　　这种目镜是以发明人冉姆斯登而命名的。在结构上也是由两块平凸透镜相隔一定距离组成，两块透镜的凸面相对，它的物方焦点平面处在整个目镜的前方,因而视场光阑则位于场镜的下端。它的眼点较高约为 12mm,这比惠更斯目镜优越,便于观察。

3. 凯尔勒目镜（Kellner eyepiece） 这种目镜的接目镜是由两片透镜胶合而成,实质上是一种消色差的冉姆斯登目镜,图像质量进一步得到改善,其眼点介于上述两种目镜之间。目前较好的普通型显微镜上多采用该种目镜。

4. 补偿目镜（Compensate eyepiece） 补偿目镜的结构比上述几种目镜要复杂,它能将物镜残留的倍率色差予以补偿,以达到更佳的成像质量。补偿目镜应与复消色差物镜配合使用,这样镜检效果最佳；若与半复消色差物镜或高倍消色差物镜配合,也能取得良好的效果。补偿目镜不能与数值孔径在 0.65 以下的物镜配合使用,否则镜检效果反而下降。补偿目镜的镜筒外壳或端面上常标刻有"K"字,以资识别。

5. 平场目镜（Complanatic eyepiece） 平场目镜的接目镜比惠更斯目镜增加了一块负透镜,故能校正场曲的缺陷,而使视场平坦。它与相同倍率的惠更斯目镜相比,具有视场大而平的优点。在目镜的外侧或端面常标刻"plan"或"p"的字样,一般与平场物镜配合使用。适用于观察和显微照相。

6. 广视场目镜（Wide field eyepiece） 前已述及,目镜的放大率越高,则视场越小,广视场目镜则具有较大的视场。这类目镜常由多片透镜构成,使视场角增长,从而增大了视场,而且视场也平坦,有的眼点很高,约在 12mm 左右,在研究用显微镜中多为此种目镜。在目镜的外侧或端面标刻有"W"或"WF"和 WHK 字样。在高档次的研究用显微镜上,有的还配制超广视场目镜（Super widefield, eyepiece）,视场范围更大,更便于观察,目镜外侧标有"SKK"字样。广视场目镜的视场较大。

7. 照相目镜（Photo eyepiece） 这种目镜是专供显微照相和投影之用,它是一种负焦距目镜,眼点位于目镜内,因而不能用于观察。它的特点是视场平坦,可校正物镜的残留色差,专用于显微照相,放大倍率不高,一般为 2.5×～6.7× 不等倍率的目镜。

8. 其他目镜 除上述目镜外 还有比较目镜,投影目镜,指示目镜,测微目镜及网格目镜等。这些目镜是作为显微镜的一种附件,而专用于某项特殊的用途。

第三节 聚 光 镜

聚光镜（condenser）又名聚光器,装在载物台的下方。小型的显微镜往往无聚光镜,在使用数值孔径 0.40（约 20×）以上的物镜时,则必须具有聚光镜。聚光镜不仅可弥补光量的不足和适当改变从光源射来的光线性质,而且将光线聚焦于被检物体上,以得到最强的照明光线。

在研究用的显微镜中,聚光镜不是可有可无的,而是必需的。19 世纪上半叶由于使用了聚光镜,才使得分辨率和像的质量达到了满意的效果。聚光镜无论是在镜检或显微照相中,它与物镜的相互确当匹配,是发挥显微镜性能的重要因素。

聚光镜的高低可以调节,使焦点落在被检物体上,以得到最大的亮度。一般聚光镜的焦点在其上方 1.25mm 处,上升限度为镜台平面下方 0.1mm。因此,载玻片的厚度应在 0.8～1.2mm（标准厚度为 1mm）之间,否则会影响镜检的效果。

聚光镜是由透镜组和孔径光阑组成,孔径光阑位于透镜组的焦点平面之外,在视场内看不到它的轮廓像,它形成了显微镜的入射瞳。由于孔径光阑是可变的,它的开大与缩小,使光束的直径也随之增大和减少，从而改变光锥孔径的大小，因此，称为"孔径光阑"（aperture diaphgram）。

聚光镜的结构形式有多种，同时根据物镜数值孔径的大小，相应地对聚光镜的要求也各异。现将聚光镜的类型分述于下：

1. 阿贝聚光镜（Abbe condenser）　这是由德国光学大师恩斯特·阿贝（Ernst Abbe）在19世纪30年代而设计的。阿贝聚光镜由两片透镜组成，有着较好的聚光能力，但是在物镜数值孔径高于0.60时，则色差、球差就显示出来。因此，多用于普通显微镜上，直至目前仍被广泛地使用。这种聚光镜的NA值一般为1.2～1.25。

2. 消色差等光程聚光镜（Achromatic aplanatic condenser）　这种聚光又名"消色差球差聚光镜"和"齐明聚光镜"。它由一系列透镜组成（5～7片），它对色差、球差和慧差的校正程度很高，能得到理想的图像，是明场镜检中质量最高的一种聚光镜，其NA值达1.4。因此，在高级研究用的显微镜常配有此种聚光镜，以达到优质的镜检和显微照相的效果。当然它对象差的校正程度并不大于消色着物镜，因而应与较高级的物镜（复消色差物镜和半复消色差物镜）配合使用，才能更好地发挥其性能。但是，它不适用于4×以下的低倍物镜，否则照明光源不能充满整个视场。

3. 摇出式聚光镜（Swing-out condenser）　在使用低倍物镜时（如4×），由于视场大，光源所形成的光锥不能充满整个视场，造成视场周缘部分黑暗，只中央部分被照明，这是因为照明区域的大小是由聚光镜的焦点而决定的。要使视场充满照明，就需将聚光镜的上透镜从光路中摇出（老式的聚光镜可将上透镜卸下来达到上述的要求；有时可下降聚光镜，但这是一种消极的方法）。摇出式聚光镜的数值孔径可从0.16～0.90。

4. 极低倍聚光镜（Ultra lowpower condenser）　这是一种专门与极低倍物镜（如2×，1×）配合使用的聚光镜，其数值孔径最大值为0.16。这种聚光镜一般没有孔径光阑，新式的则具有，这样可调节数值孔径的大小，从0.02～0.16。

5. 其他聚光镜　聚光镜除上述作用场使用的类型外，还有作特殊用途的聚光镜。如暗视场聚光镜（Darkfield condenser），相衬聚光镜（Phase contrast condenser），偏光聚光镜（Polarization condenser），微分干涉聚光镜（Differential interference contrast condenser）及长工作距离聚光镜（Long working distance condenser）等，将在各类研究用显微镜一章中分别予以阐述。

聚光镜的外壳上均有表示该聚光镜的类型字样及数值孔径的最大值，以资识别。

第四节　显微镜的照明装置

显微镜的照明法按照其照明光束的形式，可分为"透射式照明"和"落射式照明"两大类。前者适用于透明或半透明的被检物体，绝大多数生物显微镜属于此类照明法；后者则适用于非透明的被检物体，光源来自上方，又称"反射式照明"。

（一）**透射式照明**（Transparent illumination）

透射式照明法分中心照明和斜射照明两种形式：

1. 中心照明（Central illumination）　这是最常用的透射式照明法，其特点是照明光束的中轴与显微镜的光轴同处在一直线上。它又分为"临界照明"和"柯勒照明"两种。

(1) 临界照明（Critical illumination）：这是普通的照明法如图 15-1 所示，光源经聚光镜后会聚在被检物体上，光束狭而强，这是它的优点。但是光源的灯丝像与被检物体的平面重合，这样就造成被检物体的照明呈现出不均匀性，在有灯丝的部分则明亮；无灯丝的部分则暗淡，不仅影响成像的质量，更不适用于显微照相，这是临界照明的主要缺陷。其补救的方法是在光源的前方放置乳白和吸热滤光片，使照明变得较为均匀和避免光源的热焦点长时间的照射而损伤被检物体。

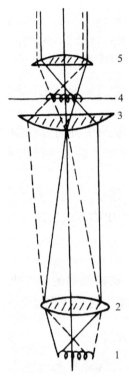 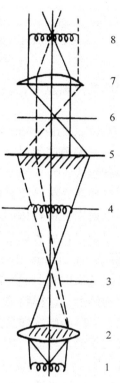

图 15-1　临界照明
1.光源；2.聚光透镜；3.聚光镜；4.被检物体平面
5.物镜

图 15-2　柯勒照明
1.光源；2.聚光透镜；3.视场光阑；4.孔径光阑平面处；
5.聚光镜；6.被检物体平面；
7.物镜；8.第二次灯丝像

(2) 柯勒照明（Köhler illumination）：柯勒照明克服了临界照明的缺陷，是研究用显微镜中的理想照明法。这种照明法不仅观察效果佳，而且是成功地进行显微照相所必须的一种照明法。光源的灯丝经光源聚光透镜及可变视场光阑后，灯丝像第一次落在聚光镜孔径光阑的平面处，聚光镜又将该处光源的象送入物镜，而在物镜的后焦点平面处（物镜的出射光瞳）形成第二次的灯丝像。这样在被检物体的平面处没有灯丝像的形成，最后光源的灯丝像不落在观察者的视网膜处，而不成像在视网膜上。因此，在视场内不仅看不到灯丝的像，更主要的优点是使照明变的均匀，成为理想的照明法（图 15-2）。

观察时，可改变聚光镜孔径光阑的大小，使光源充满不同物镜的入射光瞳，而使聚光镜的数值孔径与物镜的数值孔径相匹配。同时聚光镜又将视场光阑成像在被检物体的平面处，当改变视场光阑的大小，可使被检物体平面上的照明范围随之而变化。观察时，应把视场光阑开启到视场周缘的外切处，使不在物镜视场内的物体得不到任何光线的照明，避免散射光的干扰（图 15-3）。

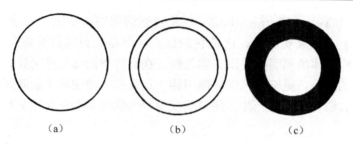

图 15-3 视场光阑的调节
(a) 视场光阑处于视场的外切；(b) 视场光阑过大，有散射光的干扰；
(c) 视场光阑过小，视场周缘得不到照相

此外，这种照明的热焦点不在被检物体的平面处，即使长时间的照明，也不致损伤视检物体。

2. 斜射照明（Oblique illumination） 这种照明光束的中轴与显微镜的光轴不在一直线上，而是与光轴形成某种角度斜射照射到被检物体上。因此，称为斜射照明法，又可分为明场及暗场斜射照明两种形式。

明场斜射照明是照明光束经聚光镜后斜射被检物体而进入物镜；而暗场斜射照明的照明光束是以更大的倾斜度射向被检物体后不直接进入物镜，而由物镜表面所反射和衍射的光线进入物镜。前者如相衬显微术，后者如暗场显微术。

（二）落射式照明（Incident illumination）

落射式照明又称"反射式照明"或"垂直式照明"。这种照明的光束来自物体的上方，通过物镜后射到被检物体上，这样物镜又起着聚光镜的作用。这种照明法是适用于非透明物体，如金属、矿物以及大而厚的生物样品的镜检。

随着科学发展的需要，在高级荧光显微镜及大型研究用显微镜中，除透射照明装置外，还没有落射照明装置。图 15-4 所示为落射式柯勒照明法，光源经聚光透镜 I 后，成像在孔径光阑平面处；孔径光阑又经聚光透镜 II 后，成像在物镜的后焦点平面附近；而视场光阑经聚光透镜 II 和物镜后，成像在被检物体平面上。这样物体被物镜放大，第一次成像于中间相面，再被目镜第二次放大映入观察者的眼中。光路中的半透膜平面反射线，其上镀有折光膜，从而达到落射照明的效果。

体视显微镜的落射照明和上述不同，它是利用自然光或照明灯具由侧上方斜向照射被检物体的。

第五节　显微镜的光轴调节

在显微镜的光学系统中，光源、聚光镜、物镜和目镜的光轴以及光阑的中心必须与显微镜的光轴同在一直线上。在设计上，显微镜的光轴应该是一致的，但在使用时还必须将光轴的中心调整好，尤其在各类研究用显微镜的操作中至为重要，否则难以取得观察和显微照相的效果。显微镜的目镜安装于固定的位置上，没有调正的必要，而物镜的中心是取决于物镜转换器的精度（偏光显微镜的物镜可调正）。现将柯勒照明的调整步骤阐明如下：

(1) 光源灯丝的调正：开启光源开关，在视场光阑处放置乳白磨砂滤光片或一张白纸，同

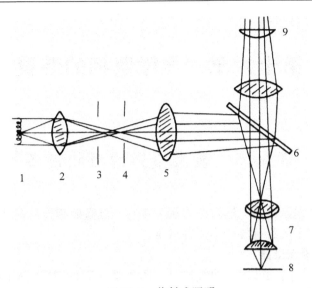

图 15-4 落射式照明
1. 光源　2. 聚光透镜Ⅰ　3. 孔径光阑　4. 视场光阑　5. 聚光透镜Ⅱ
6. 半透膜反射镜　7. 物镜　8. 被检物体　9. 至中间相面光路

时缩小视场光阑，此时可看到有灯丝像的出现。调正时，利用灯室外方三个旋钮进行调正，其中一个旋钮可调正灯泡的前后，直到灯丝像较清晰，如灯丝不在中央，则利用其他二个旋钮作上下，左右调正，直到灯丝像完全调至中央为止。有的厂家生产的显微镜，灯室外侧没有调节旋钮，这是因为所指定的专用灯泡，在安装确当后则无需调正（如 Olympus BH 系列显微镜）。

（2）聚光镜的中心调正：先将视场光阑缩小，用 10× 的物镜观察，在视场内可见到视场光阑的轮廓像（图 15-5），如不在视场的中央，则利用聚光镜外侧的两个调正螺丝将其调正至中央部分，当缓慢地增大视场光阑时，能看到光束向视场周缘均匀展开直至视场光阑的轮廓像完全与视场边缘内接，说明已经合轴。合轴后再略为增大视场光阑，使轮廓像刚好处于视场外切或稍大一些，这样最适于作观察之用。

（3）孔径光阑的调节：孔径光阑安装在聚光镜内，研究用显微镜的聚光镜的外侧边缘上均具有刻数及定位记号，这样就便于调节聚光镜与物镜的数值孔径相匹配。但有的聚光镜外侧没有标刻数字，这样先将物镜聚焦，再取下一目镜，眼睛往镜筒内看，可见物镜后透镜呈一明亮的圆，如看不见孔径光阑的轮廓像，说明开的过大；若仅是一个很小的明亮轮廓像，则说明缩得过小，当缓慢增大刚好与物镜后透镜呈一明亮的圆时，则聚光镜与该物镜的数值孔径已相当匹配。

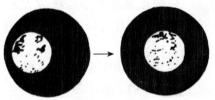

图 15-5　聚光镜光轴中心的调整

第十六章 显微照相的装置

第一节 显微摄影的照相设备

一般采用的多为复式显微镜上通过一连接装置——显微照相连接器装上一不带镜头的单镜头反光式照相机。这种连接器有各种不同的型号。

（一）小型显微照相连接器

由连接镜箱接口，快门调节器、快线插口，调焦镜（侧目镜），固定螺旋和显微镜目镜接口等部分组成。其中调焦镜中所观察到的物像与底片上的相一致。

调焦镜主要是由反光镜与调焦目镜所组成。它有两类，一类的反光镜是镜子（不透明的），只能将光线反射向调焦目镜。所以调焦以后，必须将反光镜拉出，才能使光线上行，到达底片。上海产的工型显微摄影仪和德国产的伊伯沙显微照相连接器（Micro-Ibso Attachment）就属此类。另一类反光镜是反光棱镜，它将一部分光线反射向调焦目镜，另一部分光线透过棱镜，向上射到底片上。因此，使用这类调焦镜，调焦后就不再将反射棱射移开，使用比较方便。

由于各人视力有差别，所以在使用调焦镜前，必先进行调节。在调焦镜内，都有几根细线条，或平行的，相离很近的双线，一般这些双线组成"＋"字形。在对标本调焦之前，必须先调节调焦目镜上的调节圈，当调到使用者感到几根细线或"＋"字的双线都清晰可辨时，表明调焦目镜已调到适合使用者的视力了。然后，调节显微镜的粗细调节钮，对标本调焦。这样调清楚时，底片上的影像也是清晰的。所以当换一个人使用时，必须重新调节调焦目镜。

应用调焦镜调焦，必须应用与它相配合的相机与接筒，否则，不但视野不相符合，并且由于底片离目镜的距离不配合，从根本上失去调焦作用。

如果应用单镜头反光式的相机，或王棱反光式的相机，就可不必用调焦镜，而直接在毛玻璃或王棱镜中对焦。也可以自己设计一个接筒，一端是连接显微镜筒的卡口，中间（离物镜螺口 160mm 或 170mm 处）装一个目镜，另一端接相机（除去镜头）的卡口。使用时，除去目镜及相机镜头，使这种接筒接在物镜与相机机身之间。

使用这种装置的优点是：使用方便，占地方小，防震要求低，可以连拍几十张，并且相机可以移作其他摄影用，比较经济。但缺点是底片小需要放大；当几张照片需要有不同要求时（如反差强弱），不能中途更换底片，并且底片与目镜距离是固定的，放大倍数缺乏伸缩性。

（二）大底片显微照相仪

在一个垂直的架子上装一个大型摄影镜箱，前面有或没有快门，中间是一皮腔，可以伸缩。镜箱上有毛玻璃和装底片夹子，毛玻璃上将图像对清楚了，照相时在底片上的影像也是清楚的。中间的皮腔可以自由伸缩，伸长使影像放大，缩短使影像缩小，因此可根据需要决定照片的大小，待物像调节清楚后，放下毛玻璃，拉开装有底片的夹子下面的遮板，按动快线，使快门打开，底片感光后，再将暗盒前面的遮板收回，把毛玻璃打上，翻过底片夹子，重复以上动作，即可拍摄第二张。

上述设备的优点有三：一是可随照随冲洗，当时检查效果；二是因所用底片是较大的软片，放大倍数伸缩性较大，可直接印相而不用放大，从而可避免放大中的失真；三是设备较稳固，防震要求较低。当拍摄数量不多时，使用较方便。

其缺点是，底片较大，虽然必要时可以改装小底片，但还是较大，且需要一次次冲洗，尤其拍摄数量较大时，更感到不便。

(三) 摄影用特殊显微镜（以 Olympus BH_2 型显微照相系统为例）

为方便起见，现在国内外许多生产显微镜的厂家都生产了装有摄影附件和光源等的成套的供摄影用的特殊显微镜装置。现在还有不少这种设备都带有一个简单的电脑，能自动曝光，卷片等。如国内进口较多的日本 Olympus 公司生产的 BH 系列的显微镜就具有各种照相附件。使用起来非常方便。由两大部分组成：

一是照相用显微镜，并带有照相装置及内光源；二是照相程序控制器。以 PM-10AD 照相机，35mm 胶片拍摄为例说明这种显微照相系统的简单使用原理和方法：

1. 照像程序

(1) 按下控制单元上的快门按钮。

(2) 打开相机后盖，装入胶片，盖好后盖。注意把胶片头部放入收片轴的片槽里时，不要使它超出片槽的另一端。

(3) 通过自动曝光控制器的曝光按钮按动 2~3 次，进行空卷空拍，在按动按钮时，要观察胶片记数器是否转动。如果没有转动，说明胶片的齿孔与片轴的齿身没有衔接好，需要再一次打开照相机后盖，使其紧密地衔接好。

(4) 根据所使用的胶片的感光度（ASA）是选择控制器上感光度标记。按下感光标记按钮（35）。

(5) 使用胶片倒易律失效特性的修正数，可以从数据表中查出（数据表在控制器下面，可以拉出来），倒易律失效特性的修正，是指当快门速度比 0.5s 慢时，按被设定的指数上相应的刻度，自动地修整曝光时间的意思。

(6) 如果是黑白照相，把照明光源的电压提高到 8V 以上，使用绿色的滤色镜，或在照明度亮时使用中灰滤色镜。

如果是彩色照相，把照明的色温调到胶片规定的色温上（应拿下标本或载玻片的空白位置的情况下进行色温调整）。

胶片类型	转换滤色镜	CTR 的位置
日光型	LBD—2	D 点
灯光型	LBT	T 点

在没有色温计的情况下进行照相，BHS 的电压为 3.5V 以上。

在照明过亮时，则应使用中灰滤色镜（ND6~ND50）。

(7) 决定需要拍摄标本的部位。

(8) 把光阑调整到明亮到适当的程度（N·A·的 60%~80%）。

(9) 根据标本的分布密度情况，要把曝光补偿刻度盘调整到适当的位置上。

(10) 对焦：在使用低倍镜对焦时，需要使用对焦望远镜（EF—36）。

(11) 按动曝光按钮，即进行曝光拍摄了。

2. **倒易律（反比律）失效**（Reciprocity Flailure）　现在使用的一般感觉材料，都有一定的正常范围的曝光时间。使用时,即使光强(照度)和曝光时间变了,只要总的曝光量相同,所得的银粒密度(黑度)仍然是相同的。也就是说曝光量(E)是照度(I)和曝光时间(t)的乘积,这也是能量单位。通常以勒克斯秒(lx·s)表示。

$$E = It$$

感光材料曝光时,不必改变式中的 I 或 t,在某一特定的场合下,它们的结果是一致的,也就是符合本生——罗斯考(Bunsen-Roscoe)的倒易律(Bunsen-Roscoe Reciprocity)特性。据此,感光片经过一定时间的显影后,密度 D 符合 $D=f(It)$

也就是说,可根据此式决定光圈和曝光时间。但是,用强光和弱光照射时,由于光效小,该法则不成立,曝光时间应比原来大,或者在极短的时间曝光或更长的时间曝光时,即使曝光量相同,所得到的密度也不相同,这就是所谓的倒易律失效。

Shwar Zschild 对弱光的失效现象作了下式计算:

$$D = f(ItP)$$

根据不同材料特性,P 为 0.7~0.95 的常数,如果为 1,就可以认为具备倒易律特性了。

为了包括强光和弱光部分,可使用 Kron 下抛曲线:

$$It = \frac{I_0 t_0}{2}\left[\left(\frac{I}{I_0}\right)^a + \left(\frac{I}{I_0}\right)^{-a}\right]$$

其中 I_0 为最佳照度,t_0 为相当于最佳照度的曝光时间,a 为乳剂固有常数(图 16-1)为

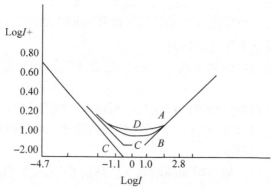

图 16-1 等密度曲线或互易曲线

改变光强而获得一定密度的曝光量作为纵坐标的,故称为互易曲线,图中的 D 和 D' 是互易法则成立的场合;C 是 Sohwarzshild 法则场合,A、B 是 Kron 下抛曲线。通常最佳照度大约是 0.5~1lx,因此在这附近,下抛曲线底部大致可看作直线。为求出常数 P,可对一定感光材料改变光强曝光,如果获得同一密度,则

$$I_1 t_1^p = I_2 t_2^p$$

$$P = \frac{\log I_1 - \log I_2}{\log t_2 - \log t_1}$$

黑白胶片的感光层乳剂只有 1~2 层,稍超出其正常范围的曝光时间时,对曝光的影响不会太大。但彩色胶片就不相同了,它的感光层所涂乳剂有三层以上,因此当倒易律失效时就容易受到影响。这是因为感光乳剂在上面的一层先曝光,如果使第二层,第三层,……的曝光量比例恰当,以能使染料偶合成颜色的量达到饱和度均匀,这是不容易解决好的问题。因此,颜色的还原是非常重要的,这就必须要求曝光准确,要求考虑每种不同的感光片的倒易律失效特性的补偿系数。Olympus PM-CBAD 自动曝光控制器上就安装有这方面的补偿装置。

利用与 Olympus BHA 型显微镜相连用的 PM-10 型自动曝光控制器上设有倒易律失效的补偿装置，但可以利用"CHECK"（检查）键来调整，因为在这种情况下，必须用恒定的曝光时间照相，以得到始终如一的颜色重现，而检查系统就可以达到曝光时间恒定的目的。方法是通过增减中性密度的滤光片（ND）控制光亮，以使胶片表面上光的水平在各个放大倍数下保持恒定。

具体作法如下：

用"CHECK"键和色温测量计的检查刻度区（黑字）进行检查。检查刻度区有分格，其中任何一格都可以用。选择认为对标本照明度最合适的刻度位置。在第一次检查时，最好选用照相物镜的最高放大倍数，如果开始检查就用一个低倍物镜，那么在高倍物镜时，光的强度就不足，以致不能保持恒定的曝光时间。

应用举例：

（1）在显微镜下选好欲拍摄的细微部分，一切照相准备工作就绪，按一下"CHECK"键，测量计的指针会移到检查刻度区的某一点上。如果指针超过了刻度区，便在滤光片架上放一个 ND 滤光片，以减少光量，这时指针就回到检查区内。如果样品密度过大，指针有时会移到检查区的左边，如果已用了 ND 滤光片，就要减少或去掉，指针就会进入检查区，如果原来就没有放 ND 滤光片，也可以进行照相，不过要正确估计曝光时间，只有样品太暗，以致不能观察，才不能照相。

（2）在更换物镜时，在滤光片架上放不同密度的 ND 滤光片，使测量计的指针保持在原来的那一点上。

3. **标本的曝光补偿（Exposurs ADj）** 所有照相系统中的自动测光装置，都是测定整个视野中的平均光强，但我们所要拍摄的对象却大部分不是均匀分布在整个视野中。根据上述所测得数据就不能获得理想的照片。要获得理想的照片，就需要对曝光进行一定的补偿。现以 Olympus 显微镜的 PM-10AD 照相机，35mm 胶片和 PM-CBAD 自动曝光控制器拍摄为例说明之。这里曝光补偿主要根据标本密度的分布状态来决定。

（1）如果标本占满全部照相视野，应用平均测光就能自动地得到正常曝光。

（2）如果标本在视野中分布很分散，或者标本在暗视野中处于占滴状态，还用平均测光来控制曝光，就不能得到正常的曝光，这就要调节曝光的补偿指数（见表 16-1），因此根据标本在照相视野中的密度分布状况进行补偿曝光，这是在显微照相中不能轻视的。如欲得到分辨率高的照片，感光底片的正确曝光是重要的关键，也就是说，要按着照像视野标本分布密度不同，进行恰当的曝光补偿，才能得到解像力高的显微照片。

表 16-1 标本在视野中不同密度分布的曝光补偿表

标本的分布状况	曝光补偿刻度	实际的 ASA* 感光度	改变曝光的变化
明视场中有零散分布的暗标本	0.25	25	超过二档
明视场中分布的标本	0.5	50	超过一档
所有视场标本分布均匀	1	100	标准
暗视场中分布的标本	2	200	低于一档
暗视场中有零散分布的标本	4	400	低于二档
若在补偿刻度不足的范围以外用 ASA 感光度来调整			

* 指使用 ASA 在 100 时。

4. **固定曝光时间（AE-Look——自动曝光锁）** 如果拍摄的标本太大，一张底片拍不下，就需要分别拍成2张，3张，甚至更多，待放大或印成照片后剪接在一起。但这样就要求剪接在一起的各张照片的色调，密度均匀一致。要达到这样的目的，就要求拍摄不同部位的标本时，曝光条件一致。自动曝光就起控制作用，使每张底片得到同样的曝光。当然在冲洗时的条件也要一样，这样拼接的整体标本照片色调一致。密度均匀，尤如一张。

曝光时间再显示（TIME RECALL）将刚拍过的照片所用的时间再显示出来。

与 Olympus BHA 型显微镜配套的 PM-CA 几个部件的功能：

(1) OFF 关电源。

(2) AU& CTR 开电源，可用于自动曝光和色温的测量。"TIME——自动曝光线已避开，可以进行手工曝光，"×"处可进行同步闪光照相，固定快门为 1/30s 左右。

(3) ASA SPEED：ASA 速度选择盘。在标度盘上的"35"是指 35mm 机背，"L"是指大尺寸机背。BH_2 型分为两个键，一为 ASA，指示底片的感光速度，另一为 FORMAT 键，指示所用底片的规格，分 35、L 和 16 三档。

(4) ASA、REG，ASA 的细调标度盘，可细调 ASA 规格。

EXPOSURE ADJ（BH-2 型）与 BH-1 型的 ASA、REG 相似，称作曝光补偿。

(5) COLOR、TEMP REG (CTR)：色温调节标度盘。可选用日光型或钨丝灯型胶卷，而且定位于所用胶卷要求的色温。

(6) SAFETY EXP：安全灯，当绿色指示灯亮时，表明处于安全的水平上，绿灯灭了，快门可以打开，而且胶片已曝光。

(7) WORK（工作灯）：橘红色的指示灯，仅在快门开着时亮。

(8) WARN（警告灯）：红色指示灯，在 35mm 胶卷最后一张曝光后才显示，不过，当底片卡住后，此灯也亮。它的功能与 BH－2 型的 FILM END 键相同。

(9) RELEASE（快门打开键）：打开快门，与 BH-2 型的 EXPOSURE 键的功能相同。

(10) TIME OFF（定时关闭键钮）：关快门，或者用于中断自动曝光，或者人工曝光用于关快门。

(11) WTNDING（卷片键钮）：每按一次钮，卷一张底片，它不伴随曝光动作。

在 BH-2 型 10 和 11 已合为一个按钮——TIME OFF/WINDING。

(12) CHECK（检查键钮）启动检查测量计。

以上介绍的这种型号的显微照相系统都是平均测光，即它计算曝光时间所用的光强度是整个视野中光强度的平均值。因此如果用明视野且所照材料在视野中所占比例较小时，测出的光强就大大大于照材料所需光强，曝光时间就会比实际所需时间短。相反如果用暗视野，而材料在视野中所占比例小时它所测出的光强又会大大小于实际所需的光强，曝光就过度。因此它可用曝光补偿来修正。但是材料在视野中所占比例要靠摄影者自己估计，因此误差较大。在一些新的显微摄影系统中又设计了另一套程序，加上点测光键，使用这个键，曝光控制系统所用的程序计算曝光时间所用的光强度是根据所照材料表面的光强，因此曝光较合适。例如 Olympus BH-3 型的自动曝光控制器，以及 Nicon，Jena Val 等厂家生产的新型显微照相系统也都有这种控制按钮，各种万能显微镜更具此控制系统，这些新型的显微摄影系统中还增加了多次曝光的控制装置，总之随着电子工业技术的引入，显微摄影仪器的自动化程度越来越高，更便于科技人员掌握它。

第二节 被摄显微制片的准备

优质的制片,是获得高质量的显微照片的基础。否则,即便有精良的显微摄影装置,也往往是事倍功半,甚至是徒劳的。

(一) 典型性

所谓典型性系指要能准确而清晰地展示出所要表达的内容。例如,染色体计数,则要求细胞完整,染色体的个体性清晰而准确可数,应尽可能达到即使是非专业人员也能计数无误的标准。供作核型分析者,则要求分散良好,缢痕清晰可辨。分带的制片则应做到带纹清晰可数。减数分裂制片的要求亦然。总之,染色体制片展示的图像是否典型,是判断所要表达的内容是否真实可信的主要依据,切不可忽视。

(二) 染色体的平整

由于染色体很小,长度变异于 $1\sim30\mu m$,而其厚度(或直径)约在 $3\mu m$ 之下。在多数情况下,需用油浸高倍物镜进行显微摄影。但在高倍放大条件下,其焦深便很小。例如,$7\times$(目镜)与 $100\times$(物镜,N.A.1.25)组合,总放大率为 700 倍,其焦深只有 $0.9\mu m$。在这样小的焦深条件下,染色体铺展稍有不平,便会出现部分染色体清晰,部分染色体模糊的现象。对于一般观察来说,可采用分层调焦观察来解决,但此法用于显微摄影则不适宜。即便分层调焦摄影后有可能通过暗室加工拼放成一张合成照片,也是相当费时费事的,需要丰富的经验和技巧。因此,染色体只有高度平整,才便于高倍摄影。诚然,降低放大倍数,可以相应的增加焦深,使稍不平整的染色体也能够同时准焦。但这样一来,对物像的分辨力也会随之而降低,往往导致缢痕或其他细微结构模糊不清。综上所述,制作染色体分散而又高度平整的制片,是获得形态清晰的优良图像的一个重要条件。

(三) 染色清晰

这里讲的染色清晰包括多种含义。最重要的一点是染色体与背景要对比分明,即背景应无色或只有极浅淡的颜色。其次是染色体的着色深浅要适度。染色太深,易使缢痕不清,而染色太淡,则反差不足。所以,应以不影响染色体结构清晰的情况下有足够深的染色最为合适。至于染色剂的颜色,并不太重要,目前,广泛应用的植物染色体染色剂,例如卡宝品红、Giemsa、苏木精、地衣红、Feulgen 染色等,加用其补色的滤色镜,都可以获得很高的反差。

(四) 选用标准厚度的载片和盖片

在显微镜的光学成像系统中,聚光器和物镜的聚焦都是按照标准载片厚度(1.1mm)和盖片厚度(0.17mm)而设计的。载片或盖片超出标准厚度,就产生覆盖差,透镜不能准确聚焦于标本,从而会不同程度地影响影像的清晰度。需要提及的是,盖片的有效厚度实际上也包含了封藏剂的厚度,所以,封藏剂应力求稀薄为宜,如在加盖片封藏之后稍加压而使盖片压平则更好。此外,载片和盖片的清洁度也是重要的,霉斑、油污、刻痕等也会有损影像的清晰,不可忽视。

在染色体的压片制作过程中,如果观察到可供显微摄影的染色体图像,最好立即摄影。以免后续的冰冻揭盖片和封制永久制片过程中,可能发生的染色体变形或丢失等不良后果。如果不能及时摄影,可将临时制片存放于一潮湿的密封容器中,一般可保存几天而无影响。此外,供显微摄影的永久封片,应对目的细胞作永久性的标记,以节省镜检时间,也便于以后可能需要的核查工作。

第三节　感光片的选用

感光片的种类繁多，有的根据片基材料和包装分类，有的根据用途不同而分类。但对显微摄影最有参考价值的是根据其感色性能不同进行的分类。

(一) 黑白感光片

1. **色盲片** (colour blind film)　这类软片的乳剂含有未经增感剂处理的卤化银，只对可见光中的蓝紫色敏感，而对黄绿和红橙光则不感应。感色范围仅限于400～500nm的光谱区，因此，可以在红光或黄光下冲洗。色盲片不能用于染色体的显微摄影。因为，常用的染色体染色剂，例如：卡宝品红，Giemsa，地衣红等均为红色染料。但它的感光度低，银粒细致，反差高，解像力好等优点，则很适用于黑白文字和图像的翻拍，以及制作幻灯片的拷贝。所以，俗称为"翻拍片"，"拷贝片"。

2. **分色片**（或称正色片，orthochromatic film）　这类软片的乳剂中加入了对黄绿光敏感的光学增感剂。除蓝紫光外，还可以对黄绿色感光，其感光范围扩大为400～600nm光谱区。分色片仍不适用于以橙红色染料染色的染色体摄影。国内市场上无分色片胶卷供应，只有散页的分色片，供印刷制版用。

3. **全色片**（panchromatic film）　这类软片的乳剂中加入了可感受自然界各色可见光的光学增感剂。其感光范围扩大到400～700nm光谱区，即与人眼可见的色光基本一致，故名全色片。这是可供染色体显微摄影选用的软片。

4. **黑白感光片的感光度**　所谓感光度，即指感光片对光线敏感的程度。是其感光快慢的标志，也是摄影时确定曝光时间长短的主要依据之一。

感光度的标度，由于各国的计算不同，其标度也各不相同。现以国际上应用比较广泛的两种标度，说明如下：

DIN制，亦称"定"制，是德国工业标准感光度测定制。以对数值表示，数值每差3DIN，感光度相差一倍。我国生产的感光片亦采用DIN制，以"GB"表示（国家标准）。

ASA制，是美国标准协会感光度测定制。以算术值表示，数值每相差一倍，则感光度也相差一倍，很便于理解和记忆。现今，在照相机或显微摄影装置上，涉及感光片的感光度标定值。多采用ASA制。

ISO制，是国际标准化组织公布的标准。即以相等感光度的ASA值为分子，DIN为分母标示，例如，ISO 100/21°。此制在欧洲各国应用较多。表16-2所列为各种感光度的互算对照。

对于显微摄影来说，除了荧光摄影需要高速（ASA400或800）感光片外，一般对感光片的感光速度本身并无特殊要求。因为，它相当于在有充分照明条件下进行静物摄影一样。但是，由于感光片的一些质量因素又和感光速度密切相关。例如，感光度愈高的软片，其乳剂的银粒愈粗，反差愈小，灰雾愈大，保存性愈差。反之，感光度愈低的软片，银粒愈细，反差愈大，灰雾小，保存性好。所以，选用显微摄影的软片以低速感光片为好，不是速度本身，而是相关的其他质量因素。在国际市场上，有专供显微摄影的高反差微粒感光片，例如，富士低速拷贝片（Fujl Minicopy，ASA 92），柯达全色微粒片（Kodak Panatomic-X，ASA 32）以及柯达技术全色片（Kodak Technical pan Film 2415，ASA 100）等。国内则尚未生产专供显微摄影的软片。一般摄影用的全色片，其感光度大多为 GB21 或更高，缺乏低感光度的全色片。但是，我国有供印刷制版用的低感光度的散页大软片。我们用这种软片（$GB_{17,19}$）拍摄染色体的结果是很理想的，银粒细，反差大，片基透明度好。在具备大画面单页片摄影装置的条件下，选用这种软片进行显微摄影，其质量比较有保证。尤其是需要制作供制版或展览所用的高质量的照片时，这是比较可靠的选择。

表 16-2　几种软片感光度互换表

GB 中国（标准制）	ASA 美国（标准制）	DIN 德国（标准制）	TOCT 苏联（标准制）
7	4	7/10	3
8	5	8/10	4
9	6	9/10	5
10	8	10/10	6
11	10	11/10	8
12	12	12/10	11
13	16	13/10	16
14	20	14/10	20
15	25	15/10	22
16	32	16/10	25
17	40	17/10	32
18	50	18/10	45
19	64	19/10	50
20	80	20/10	65
21	100	21/10	90
22	125	22/10	100
23	160	23/10	130
24	200	24/10	180
25	250	25/10	200
26	320	26/10	250
27	400	27/10	300
28	500	28/10	400
29	650	29/10	500
30	800	30/10	600
31	1000	31/10	800

（二）彩色感光片

用彩色感光片进行显微摄影，可以记录被检样品的原有颜色。与黑白感光片相比，其影像更为真实而悦目，也更有质感和表现力，所以，应用者日趋广泛。

1. 彩色感光片的种类　按所用成色剂的不同，可分为水溶性和油溶性彩色片两种。后者的色彩鲜艳度、清晰度、色牢度等方面都比水溶性彩色片优良。现在生产的彩色片多为油溶性彩色片。按用途不同可分为：

(1) 彩色负片（Colour negative film）：彩色负片经曝光和冲洗之后所显示的影像，为原被摄样品颜色的补色。其商品名称的标示方法是商品牌名+CDlour，例如，Fujicolour（富士彩色负片）。Kodacdour（柯达彩色负片）。Agfaclour（阿克发彩色负片）等。

(2) 彩色正片（Colour positive film）：只用于对彩色片的影像进行复制或拷贝片，不可直接用于显微摄影。

(3) 彩色反转片（Colour revesal film）：经曝光和反转冲洗之后，所显示的影像的颜色与被摄样品相同。它一次直接显示原色，无需复制。主要用于制版印刷或制作幻灯片，但也可以用其洗印出彩色照片，只是不及用彩色负片的底片洗印照片经济。其商品名称的标示方法是，商品牌名+chrome，例如，Fujichrome（富士彩色反转片），Kodak Ektachrome（柯达埃克塔彩色反转片）等。

按平衡色温不同，彩色负片和彩色反转片，可分为日光型和灯光型彩色片。彩色正片则只有灯光型片。在彩色胶卷的商品包装上，都注明有"日光型"（Daylight type）或"灯光型"（Tungsten type）字样，选用时应仔细加以识别。

2. 彩色感光片的某些特性

(1) 色温：色温是指不同色光或光谱成分的一种计量单位，由 Kelvin 制定，故以"K"表示。色温标定的方法，是以黑体的绝对温度值为起点，每升温1度为1K，-273℃为0K，0℃为273K。一个标准黑体，例如，铁或钨，给以不断加温的情况下，随着温度的升高，便会发出不同颜色的光，顺序由红、黄、白、蓝变化。出现某一色光时的温度值再加上273，即为该色光的色温。当黑体加热至3000℃时，其光色与钨丝灯泡的光色相似，色温约为3200K，这正是一般灯光型彩色片的色温。黑体加温至5400℃时，发出的光便与日光相似，所以，日光的色温约为5600K，也是日光型彩色片的色温。

因此，色温的概念既不是光的强度，也不是光的温度，而是光色的成分。

日光型和灯光型彩色片的色温不同，所需照明光源中红、蓝色的比率也就不同。日光片所需光源中含蓝光较多，红光较少，而灯光片则相反。如果光源的色温与彩色感光片所需色温不同，例如，用灯光片在日光下拍摄，由于光源色温明显高于感光片所需色温，在彩色负片上，其影调则会出现偏黄色（蓝色的补色），洗印出的照片则偏青，蓝色调。在低于感光片所需色温的光源下拍摄，例如，用日光片作显微摄影而不加任何调节色温的处理，冲洗出的负片则偏青色，蓝色调。在低于感光片所需色温的处理，冲洗出的负片则偏青色（红色的补色），洗印出的照片便出现偏橙，红色调。因此，照明光源与彩色感光片所需的平衡色温一致时，才能正确地再现被摄物的自然色彩。

此外，正如前述，即使在同一光源下，其色温也是可变的，例如，自然光，早晨，中午和黄昏时的色温便不同。至于显微摄影所用的电光源，其色温也会因电压的高低变化而改变，电压增高时色温也提高。因此，彩色显微摄影所用的电源，应有稳压装置调控。

(2) 感光：彩色感光片与黑白感光片的感光度是相同的，因为，其感光乳剂均为卤化银。但是，由于其结构和性能的不同，二者的曝光宽容度则明显不同。一般黑白全色片，可记录明暗等级的亮度范围是1：100，而彩色负片则为1：32，彩色反转片仅为1：16。因此，彩色片要求的曝光量的误差比黑白负片小得多。彩色反转片的曝光，只允许上下误差不超过1/2级光圈，而彩色负片的曝光误差也必须控制在一级光圈之内。因为，彩色片不仅是曝光量问题，而且，还有与曝光量密切相关的色彩平衡问题。

黑白全色片仅一层乳剂，彩色片则是依次用三层感色性不同的乳剂（盲色，分色，全色）所制成。第一层感蓝光，第一层和第二层之间有黄滤色层隔开，使蓝光不能到达第二层，第二层感绿光，红光则可达第三层。这三层感光乳剂中，还依次分别含有黄，品红，青色的成色剂。成色剂无色，当显影过程中，卤化银被还原时，彩色显影剂被氧化成氧化物，这些氧化物与成色剂作用而形成有颜色的染料。还原的黑色银粒被漂白处理之后，底片上便只留下黄、品红和青色染料。三层染料的不同等级的重叠，其表现的色彩正是与被摄物的原色为补色，此即彩色负片经显影后的底片。由此可知，只有还原的银粒，才有被还原的色彩，其颜色的深浅或浓度与银粒的密度呈正比。因此，彩色片的感光，不但要求准确的色温，也要求严格控制曝光的时间，否则，将会导致色彩平衡的失调。曝光不足，印制的彩色照片的色彩晦暗；曝光过度，则色彩发白，似退色的照片。只有曝光正确的底片，印制的彩色照片才能表现出色彩鲜艳，层次丰富的与原被摄物色彩一致的优质照片。

对于彩色负片而言，色温不准产生的偏色，可以在印制照片时加用彩色补偿滤色镜来纠正，但曝光不正确引起的色彩失真，则无法在后续处理中纠正。因此，彩色片曝光时间的严格控制，切不可忽视。

(3) 保存：彩色片比黑白片的保存期短，其有效期通常为出厂后一年时间。主要原因是乳剂层中的成色剂易于被氧化而变质，所以，过期的彩色片，对感光度的影响较小，而对色彩的还原影响较大。根据以上特点，彩色片的保存，切忌高温和潮湿，而宜于干燥冷藏。例如，装入防湿的塑料袋或其他容器中，在冰箱的下层保存最为适宜。

第十七章 冲洗与放大

第一节 黑白底片的冲洗

感光片上的卤化银经显微摄影感光后形成潜影,再经适当的化学药剂处理,将潜影转变为肉眼可见的影像,该过程便叫底片的冲洗。其中包括显影、停影和定影等步骤。

(一) 显 影

用适当的显影剂将已感光的卤化银还原为金属银,此即显影。

用于黑白软片显影的显影液配方很多,但均由显影剂、保护剂、促进剂和抑制剂等成分所组成。分述如下:

1. 显影剂　显影剂为显影液的最主要成分,多为有机化合物的还原剂。

(1) 米吐尔(Metol):商品名为衣仑。化学名称为对甲氨基酚硫酸盐。其显影能力较强,影像初显快,但密度和反差增长较慢,影调柔和,层次丰富,在微粒或超微粒显影液中,或单独使用,或以较大比例与其他显影剂配合使用。

(2) 海得洛几奴(Hydroquinone):商品名叫几奴尼。化学名称为对苯二酚。其显影速度比较缓慢,一旦初显则密度增加很快,能使影像的强光部分密度增大,弱光部分则作用缓慢,故反差较强。在高反差的显影液配方中,单独使用或以极大比例与米吐尔配合使用。

(3) 菲尼酮(Phenidone):化学名称为1-苯基-4,5-二氢吡唑酮-(3)。一种较新的显影剂,在显影液配方中可代替米吐尔。其显影速度比米吐尔更快,所显影像银粒较细,影调柔和。其用量约相当于米吐尔的$1/15 \sim 1/10$。

2. 保护剂　由于显影剂在水溶液中,特别是在碱性水溶液中,很容易被氧化而丧失其显影能力,而且其氧化物又往往带有颜色,易使感光材料污染。因此,在所有显影液配方中都加有一种比显影剂更易于氧化的化学药品来保护它,以防止显影剂很快失效。最常用而又比较理想的保护剂是亚硫酸钠(Na_2SO_3,商品名叫硫养)。通常用其无水的干粉,如用含结晶水的亚硫酸钠,用量需约增加1倍。

3. 促进剂　显影液中,如果只有显影剂,其显影速度非常缓慢。显影剂只有在碱性溶液中才能充分发挥其还原作用。因为,在显影过程中,分离出的溴离子与氢离子化合而成氢溴酸,将改变溶液的pH值使之偏酸性,从而妨碍或减缓显影作用。所以,需要在显影液中加入碱或碱式盐,以中和氢溴酸,调节溶液的pH值,促进显影作用。

常用的促进剂有:

(1) 硼砂($Na_2B_4O_7 \cdot 10H_2O$):亦称四硼酸钠。弱碱性,常用于微粒显影液。

(2) 碳酸钠(Na_2CO_3):商品名叫碳养。碱性中等,以选用无水碳酸钠为好。

(3) 碳酸钾(K_2CO_3):与碳酸钠类同,但碱性较强,显影速度快,影像的反差较大。

(4) 氢氧化钠(NaOH):即苛性钠。强碱性,显影速度极快。用于高反差显影液。但氢氧化钠配制的显影液,极易氧化,故保存性差,一般将其与显影剂分别配制,使用时混合。

4. 抑制剂　显影剂对软片上未感光的银盐，也会有微弱的还原作用，使软片上出现一层微薄的银粒，此即所谓灰雾。在碱性较强或高温条件下，灰雾现象更为严重。显影液中加入抑制剂的目的，主要是为了防止灰雾的产生，同时也能控制显影速度，以避免由于显影速度太快而引起显影不匀的缺点。常用的抑制剂为溴化钾（KBr），商品名叫钾溴。溴化钾的用量多少，对显影速度和反差影响极大，各种不同类型的显影液中，溴化钾的用量都有严格的控制，配制显影液时应加以注意。

5. 显影液的选择　显影液的种类繁多，根据对显影后影像反差的大小不同，大致可分为微粒（软性）显影液，普通（中性）显影液和高反差（硬性）显影液等几种类型。

对于植物染色体的显微摄影来说，它的中心问题是如何提高影像的反差和清晰度。但是，由于染色体制片本身的反差以及感光片的限制，最常见的缺点是影像反差偏低，致使洗印出的照片有不同程度的灰雾而影响清晰度。因此，植物染色体的显微摄影后的底片，一般不宜用低反差的显影液，而宜用中等反差或高反差显影液。常用的有：

(1) D-72 显影液：

温水（50℃）	750ml
米吐尔	3.1g
无水亚硫酸钠	45g
对苯二酚	12g
无水碳酸钠	67.5g
溴化钾	1.9g
加冷水至	1 000ml

如果染色体自身反差较小，可用原液冲洗，以提高反差。20℃，罐显 2～3min。如果染色体自身反差适中或较大，可用清水按 1∶1 冲淡，20℃罐显 4～6min，可得反差适中的影像，银粒也不会太粗。此显影液亦通用于照片的洗印。此外，该显影液因含较多的对苯二酚，在显影温度低于 18℃时，会明显影响感光度和显影速度。若高于 25℃，显影速度加快，反差增大，但银粒也会变粗。所以，显影温度控制在 20℃左右，是保证正常显影的必要条件。

(2) D-19 显影液：

温水（50℃）	750ml
米吐尔	2g
无水亚硫酸钠	96g
对苯二酚	9g
无水碳酸钠	48g
溴化钾	5g
加冷水至	1 000ml

该显影液中对苯二酚与米吐尔的比值达到 4.5，高于 D-72 配方，故比 D-72 反差大，为一种硬性高反差显影液。此外，溴化钾用量为 D-72 的 2.5 倍，防灰雾力更强。保护剂——亚硫酸钠为 D-72 的 1 倍，显影液不易氧化，保存性也比 D-72 好。综上所述，以及大量实际应用的经验表明，该显影液是显微摄影显影的很优良的显影液，它也同样适用于照片的洗印。一般用原液，20℃，罐显 4～6min。

(3) D-9 显影液：

甲液：

温水（50℃）	600ml

对苯二酚	28g
亚硫酸氢钠	28g
溴化钾	28g

乙液：

水	600ml
氢氧化钾	57g

甲、乙液分别保存，使用时两液等量混合，立即使用，20℃，显影2～4min。此显影液只用对苯二酚一种显影剂，用强碱为促进剂，是一种反差特强的显影液。它适用于散页大底片的显影，可得极高反差的影像。但它不宜用于一般胶卷（35mm）的显影，因银粒太粗，不适于放大。也不宜用与照片的洗印，因其氧化极快，在盆中显影，只需约30min即变质失效。此外，根据实用的经验，用该显影液显影的软片，在显影之前，应以清水充分浸润之后再行显影为宜，否则，极易产生显影不匀的弊病。

6. 配制的注意事项

（1）用于显微摄影底片显影的显影液，所用化学药品应注重保证质量。最好不用市售的袋装或瓶装显影粉，而宜用原药自行配制。

（2）用蒸馏而不能用自来水配药。

（3）按照配方中所用药品顺序配制，不可随意颠倒顺序。而且每加入一种药品后应充分溶解，然后，再加入下一药品，切忌几种药品同时加入。

（4）配制好的显影液用脱脂棉过滤，除去不溶杂质，装入棕色试剂瓶中，置冰箱下层保存。

（5）刚配好的显影液，其性能常不稳定，最好静置1d以后再使用。

（二）停　影

停影是底片经显影后转入定影之间的中间过程。其作用是防止显影过度，影调不匀和延长定影液的寿命。因为，底片经显影后，如果直接转入定影液，则残留在底片药膜中的显影液，仍可有短暂的显影作用，会导致显影过度。而如果底片搅动不足，还会导致出现底片影像不匀的现象。此外，把碱性显影液带入酸性定影液中，将会减弱定影液的定影作用，缩短定影液的使用寿命。

停影液的配方：

水	750ml
28%乙酸	48ml
加水至	1 000ml

取含量98%的冰乙酸3份，加清水8份即可配成28%的乙酸。若无乙酸，也可用20～40g明矾代替。

停影液中的稀乙酸与显影液中的碱性物质中和，以迅速停止显影。停影时间一般为30s即可，但应注意要连续搅动。

（三）定　影

感光片经显影后，感光的卤化银被还原为金属银，形成可见的影像。但大部分未感光的卤化银则不受显影液的影响，仍为乳白色而残留在乳剂膜中。这不仅影响底片影像的透明度，而且，假若曝光，未感光的卤化银会逐渐变为黑色，破坏已显影的影像。定影的目的就是将底片上未感光的卤化银溶解清除，使已显影的影像固定下来。这个化学处理过程就称为定影。

1. 定影液的组成成分

(1) 卤化银溶解剂（定影剂）：将底片中未还原的卤化银溶解。常用药品为硫代硫酸钠（$Na_2S_2O_3$），俗称大苏打，商品名为海波。此外，尚有氯化铵（NH_4Cl），但很少应用。

(2) 保护剂（防硫剂）：硫代硫酸钠在酸性溶液中，会慢慢分解析出硫和亚硫酸盐，使定影液混浊，性能降低，甚至失效。为防止这一现象发生，常用亚硫酸钠作为保护剂，它与析出的硫反应而变为硫代硫酸钠，保持了定影液的稳定性。

(3) 中和剂（防污剂）：中和显影后仍存于药膜深层的碱性物质，防止在定影过程中继续显影。此外，它在定影液中的作用还包括清除药膜上的污迹和防止矾类与亚硫酸钠反应而产生白色沉淀。常用的中和剂为称乙酸和硼酸（H_3BO_3）。

(4) 坚膜剂：感光片的乳剂膜经显影，停影和定影等处理，可能出现过分膨胀松软，甚至脱落的现象，在高温条件下更容易产生这种现象。坚膜剂的作用在于防止乳剂膜的过度膨胀和提高其熔点而防软化。常用于定影液中的坚膜剂为硫酸铝钾［$AlK(SO_4)_2·12H_2O$］，也称铝钾矾，钾矾或明矾。

2. 定影液　定影液的种类较少，适用于显微摄影的定影液有以下两种：

(1) F-5 定影液（底片，相纸通用）：

温水（50℃）	600ml
结晶硫代硫酸钠	240g
无水亚硫酸钠	15g
28％乙酸	48ml
硼酸	7.5g
硫酸铝钾	15g
加冷水至	1000ml
定影时间，20℃	约 10～20min

(2) F-7 定影液（底片，相纸通用）：

温水（50℃）	600ml
结晶硫代硫酸钠	360g
氯化铵	50g
无水亚硫酸钠	15g
28％乙酸	48ml
硼酸	7.5g
硫酸铝钾	15g
加冷水至	1000ml

此配方中，不仅加大了硫代硫酸钠的用量，而且增加了氯化铵成分，因此，比 F-5 配方定影快，称之为快速定影液。20℃，定液时间 7min。实际应用表明，是比之 F-5 更为优良的定影液。

定影液配制时的注意事项与显影液基本相同，严格遵守药品的先后配制顺序，待前一药品完全溶解之后，再加入下一药品。此外，加硫酸铝钾时，液温应低于 30℃。

(四) 底片的冲洗操作

1. 盆中冲洗　适用于 4×5 吋大画面单页片的冲洗。整个冲洗过程需在全暗的暗室中进行，取大小适宜的显影盆，加入约 1/3～1/2 深度的显影液，取出单页软片预先在清水中浸润，以防显影不匀。显影时，软片的药膜面朝上，迅速浸入显影液之中，并轻轻左右晃动显影盆，使显影均匀。显影后用竹夹取出浸入停影液约 30s，再转入定影液，使软片的药膜朝下，晃动如显影。如果带上薄膜橡皮手套以手操作，则一次可同时冲洗 4～5 张单页软片，显影和定影时用手依次不断翻动每张软片，这样操作可以节省大量时间。定影完毕，应用清水漂洗约 30min，取出用蒸馏水洗一次，晾干。

2. **罐中冲洗** 35mm 的胶卷，较短者虽也有用盆中冲洗的，但均以装入显影罐冲洗为宜。显影罐为不透光的胶木或金属（不锈钢）制成。一种为中心轴具螺旋槽的，胶卷直接扣入槽中，彼此分开。另一种中心轴不具槽，用一条与胶卷等长的透明胶带，与胶带同时卷在中心轴上，胶卷为胶带彼此分隔开。以安装方便和安全可靠而言，以后一种显影罐为好。胶卷装入显影罐，需在全暗条件下进行，并预先用清水将胶卷浸润，加盖后即可在光下加入显影液显影，显影时应经常转动轴心，使显影均匀。停影和定影亦此。

底片冲洗的各操作步骤中，显影最为重要，切不可粗心大意。最主要的是应严格控制温度和显影时间，切不可随意改动。显影之前预先将软片用水浸润切不可省略，显影液应缓缓倒入罐中，这是防止显影不均和产生气泡附着于底片上的有效措施。罐中显影应经常转动中心轴，转动频率的高低对影像反差也有影响，也是排除气泡和使显影均匀的必要操作。定影时间稍长而切忌缩短，流水清洗应充分，最后过一次蒸馏水可防止水渍的产生。虽然一般黑胶木显影罐的设计是防光的，但并非绝对安全，如在强光直射下显影，往往会发现从中心轴处有散射光进入而使底片局部"跑光"，因此，为安全起见，最好能在暗光或红灯下进行冲洗操作。

第二节　印相与放大

彩色片的冲洗，印相和放大所用药品昂贵，程序复杂，有专门的技术服务部门承担。本节介绍的是黑白片的印相与放大。事实上，在学术研究和交流中，应用最为广泛的是黑白照片。对于从事植物染色体的研究人员来说，熟知印相和放大的某些基本知识和技能是很有必要的，而若能够亲自参加暗室工作则更好。因为，在很多情况下，委托有关服务部门洗印出的科研照片，难免有这种或那种不符合要求之处。而有些要求又往往是非研究者本人难以领会和作到恰到好处的，这是与一般人物或景物照片的洗印所不同的。

有关印相与放大基本技术的文章和书籍浩如烟海，为节省篇幅，本节只简要谈谈有关细胞学照片的一些主要问题。

（一）相纸的类型和选择

1. **类　型**

（1）印相纸和放大纸：印相纸的感光乳剂中主要为氯化银，故俗称氯素纸。印相纸的感光度较低，还原的银粒很细，所以，用大尺寸软片拍摄的染色体底片，直接用印相纸印出的照片，最能充分表现清晰的细微结构。放大纸的感光乳剂中主要为溴化银，俗称溴素纸。其感光度比印相纸约高 10 倍，还原的银粒稍粗。根据以上两种相纸银粒的粗细和感光度的高低不同等特点，在暗室工作中应注意，印象纸可以在较亮的黄色或红色安全灯下操作。放大纸则宜在较暗的橙红色安全灯下操作，否则，放大纸难免产生灰雾。此外，当用 35mm 底片放较大的照片时，银粒显得更粗而降低图像的清晰度，这时，可考虑用印相纸代放大纸用，但曝光时间应延长 10 倍左右。由于印相纸的银粒细，所以，放大照片的清晰度有明显的改善。

（2）反差：所谓反差，即指黑白色调之间的对比度。对比差别大称为高反差或叫反差硬，差别小则称低反差或叫反差软。我国目前生产的印相纸和放大纸，根据其反差大小不同，共分为4种型号,"1号"纸属于软性;"2号"纸属于中性;"3号"纸属于硬性,"4号"纸属于特硬性纸。国外生产的相纸,按其反差大小不同的分类与我国不一样,一般等级稍多,有的从"1号"到"5号",有的从"0号"到"7号"等。但总的分类规则是号数愈小,反差愈小,号数愈大则反差愈大。通常,染色体照片,多用"3号"或"4号"相纸。

(3) 纸面和厚薄:我国生产的相纸,就其纸面不同而可分为:光面、绸纹、绒面、半光和无光等5种。常见者为前3种。显微摄影的照片,主要用光面纸或特大光纸。光面纸密度大,对影像的细部损失较少,故清晰度和反差高于同型号的其他纸面的相纸。

根据纸基厚薄不同,又可分为厚纸型和薄纸型两种。显微摄影照片,印放的尺寸较小,故多用薄纸型。如放制供展览用的大幅照片,则宜用厚纸型相纸。

(4) 色调:在有些相纸的包装盒上,可见印有冷调或暖调字样,这是指该相纸经显影后影像所呈现出的色调。冷调的影像,呈蓝黑色,即黑中带蓝;暖调的影像,呈温黑色,即黑中带黄。显微摄影的照片,只宜用冷调的相纸。暖调相纸一般用于印放人物的照片。

2. 选　择　染色体的显微照片,最常见的主要缺点是反差偏弱,染色体图像的黑度不够,而背景则又有不同程度的灰雾。产生这种现象的因素很多,但概括起来无非是两个方面;一方面可能是底片反差偏弱,另一方面,可能出现在印像或放大的操作过程。前者在上述各节中已有讨论,后者则是本节所要讨论的主要问题。

要提高照片的反差,首先应根据底片的反差情况来正确选用合适的相纸。表17-1所列,可供参考。

表 17-1　底片反差与相纸性能的配合关系

底片的反差	相纸的性能	照片的反差	底片的反差	相纸的性能	照片的反差
强	软	适中	适中	硬	偏强
强	中	偏强	适中	特硬	强
强	硬	强	弱	软	过弱
强	特硬	过强	弱	中	偏弱
适中	软	偏弱	弱	硬	适中
适中	中	适中	弱	特硬	偏强

表17-1所示,在"照片的反差"栏中,只有反差强的组合,即底片反差强而用硬性相纸(3号)或底片反差适中而用特硬相纸(4号)印相或放大,才可以获得符合染色体照片要求的较理想的效果。这种照片的特点是,染色体外形轮廓和缢痕或带纹清晰可辨,黑度较大,背景白色。其他反差等级的照片,都各有不足之处,例如,反差偏强的照片,往往表现为染色体黑度不足而背景有灰雾。此类照片经适当的减薄处理后,虽可完全消除背景的灰雾,但同时对染色体的黑度也会进一步减弱。反差过强的照片,如果只用于染色体计数,是可取的,但如果用作核型分析或是分带的照片,则染色体形态或带纹往往失真,也是不理想的。至于反差适中或偏弱的照片,只适用于人物摄影或样品层次丰富的显微摄影的要求,而完全不适用于染色体显微摄影的要求。因此,综上所述,适用于染色体照片要求的相纸,主要是硬性和特硬的相纸。

(二) 印相和放大

印相机和放大机的结构和操作方法都比较简易,在此从略。以下着重谈谈在操作过程中影响照片质量的一些注意事项。

1. 印　相

(1) 印相之前,务必将印相机上的玻璃清擦干净,底片背面的水渍用软绸布或软泡沫塑料清除,否则,会使照片产生白点或印痕。

(2) 严格遵守底片的药膜面朝上而相纸的药膜面朝下的印相要求。如果底片的药膜面朝下，虽也同样可以印出照片，但其影像则往往滤松，在使用厚片基的大底片印相时，更是如此。

(3) 印相机的光源不宜太强。光源太强，则曝光时间必短，便很难控制正确曝光，容易产生或曝光不足或过度的现象。一般以控制在曝光 10s 以上为宜。如光源太强，可在印相机的隔层毛玻璃上加绘图用的硫酸纸来调整。

(4) 底片的中心应与相机的光源保持垂直。如偏离较大，则会导致产生影像曝光不匀的弊病。但如果是底片本身的影像曝光不匀，则也可以利用光源照光强弱有别来加以矫正，即底片密度大的部分接近光源中心，密度小的部分远离光源中心。

(5) 防止局部滤松。照片上的影像出现局部虚松或模糊，此乃印相中常见的毛病之一。这是由于压力不匀，致使相纸与底片之间产生局部间距而造成的。在用大底片印相时，更容易出现此现象。

2. 放　大

(1) 要使用具有集光镜的集光式放大机：由于集光镜的聚光作用，光线损失少，亮度高，可增加底片影像的透明度。所以，它不仅可以增强底片的反差，而且还能增强镜头的解像力，使影像的细节也能清晰表现。反之，没有集光镜的散光式放大机，放大的照片反差就小，清晰度也较差，适合于要求影调柔和的人像的放大，而不适用于要求反差较强的染色体影像的放大。

(2) 选用短焦距镜头：镜头焦距的长短与像距呈正比。35mm 的底片，宜用焦距 5cm 的镜头，而不宜用长焦距镜头。因镜头焦距过长，像距必长，光线减弱，不仅曝光时间增加，而且也影响照片的清晰度。

(3) 安装底片时，底片中心应与镜头的主光轴一致，否则难免出现感光不均的缺点。此外，任何镜头，都是靠近主光轴的部分结像质量最好。所以，放大时作到底片与镜头取中，是获得清晰影像的重要条件。

(4) 光圈的调节：光圈的调节是否恰当，是影响照片的清晰度和反差的又一重要因素。调焦时，通常是把光圈开到最大，以便于目测调焦。准焦后，再把光圈适当缩小而进行曝光。在把光圈由大缩小的过程中，可见到影像的清晰度也明显增加的现象。这是因为光圈缩小，镜头的景深也随之增加，同时，还消除了镜头可能存在的球面差，从而提高了成像的清晰度。此外，适当地缩小光圈，还可以提高反差和曝光的宽容度，利于掌握正确曝光。

但是，并不是光圈缩得愈小愈好。例如，底片密度很大，如果光圈太小，光量便少，透光力也很小，势必导致细节的模糊不清。因此，光圈大小的调节，应根据底片密度的不同而变化，底片密度小，缩小光圈的档次可多，底片密度大，则档次可少，以获得相对最佳的清晰度和反差为准。一般通过直接的目测对比便可判断，也可以通过对比试放来确定。

(5) 正确曝光：影响曝光时间的因素很多，例如，底片的密度，相纸的型号，光圈的大小和放大倍数的大小等。曝光时间也将随着诸多因素的变化而改变。为了确定正确的曝光时间，放大照片之前，必须进行曝光试验，除此别无它法。试验方法是取一长条放大纸，用黑纸遮挡，分段曝光，然后，按规定的显影时间充分显影。充分显影是试样时必须严格遵守的原则，否则很容易作出错误的判断。通过一次或多次曝光试验之后，便可确定正确的曝光时间。一旦底片密度改变较多，则可适当增加或减少曝光时间，或者重新进行试验。

(三) 显影和定影

1. 显　影

(1) 显影液。染色体印相和放大，首选的显影液为 D-19 显影液。该显影液中含对苯二酚较多，反差较强。含溴化钾也较多，防灰雾能力强。此外，药液不易氧化而易于保存。其次是 D-72 显影液，通常用 1∶1 的稀释液，但其综合性能不及 D-19 显影液。微粒显影液一般不用于照片的显影。此外，可用于冲洗底片的含强碱的 D-9 显影液，因其对纸基的腐蚀作用大，而且在空气中极易氧化而使用寿命只有约 30min，所以，也不宜用于照片的显影。

(2) 显影条件的控制。在显影过程中，某些显影条件的改变，也会导致照片反差和色调的改变。最明显的是温度条件，各种显影液所要求的正常显影温度一般是 18～20℃，在此标准温度条件下，显影液中的各种药品才能充分发挥作用，达到其配方预定的反差和色调标准。如果改变温度条件，不同显影剂成分的相互平衡作用便被破坏，从而照片的反差和色调也将随之改变。例如，对苯二酚，其显影作用有两个特点：其一，显影能力与温度高低呈正比；其二，对强曝光部分（照片深黑部分）显影极快，对曝光少的部分显影较缓慢。所以，如果温度高于正常显影温度，便会强化对苯二酚的作用，显影加快，反差增强。反之，如果温度低于正常显影温度，对苯二酚的显影能力便逐渐减弱，低于 10℃，则几乎不起显影作用。另一显影剂米吐尔则不然，温度升高至 30℃ 或低至 10℃，对其显影能力都影响不太大。而且它对曝光多和曝光少的部位都能同时起显影作用。因此，在显影液低于正常显影温度条件下，对苯二酚的显影作用减弱，而米吐尔仍充分发挥作用，结果照片的反差便减弱。

其次，曝光时间的变化，也可以影响照片的反差。在曝光正确和显影正常的条件下，则照片的反差符合相纸预定的标准。但是如果曝光稍过度，则底片密度大和密度小的部分都有超额的曝光量。如果按正常时间显影，就必然出现照片上该白的部分也变灰或黑了，结果反差减小。还有一种处理办法是把显影时间缩短，以照片上该白的部分不出灰雾为准，结果就会出现照片上该黑的地方也不够黑的现象，同样是反差减小。反之，如果曝光时间稍不足，则底片密度大的部分曝光量更不足，照片显影时，影像便很难或不能显现。而底片密度小的部分，虽然曝光时间减少一些，也能得到相当多的曝光量。显影时这部分影像很容易显现，而且随着显影时间需要适当延长，其影像的黑度也逐步上升，结果照片的反差增大。

因此，在底片的反差不强，而又缺乏硬性相纸补救的条件下，便可以根据上述的显影液温度和曝光时间对照片反差的影响特点，有意识地适当减少曝光时间，适当提高显影液温度，并充分显影，从而可明显地提高照片的反差。

2. 定　影　印相和放大照片所用的定影液，与冲洗底片所用的定影液相同，即 F-5 和 F-7 定影液均可。但用于照片的定影，尤以 F-7 定影液最为理想，因其定影作用力强而快速。

定影时应将照片的有影像的一面朝下，以利于未感光的卤化银溶解后迅速沉于盆底。此外，定影时应经常用竹夹翻动照片，以防照片重叠而又静止不动产生定影不足，甚至出现的灰雾。定影时间一般以不少于 20min 为宜。

定影后即转入自来水中，流水冲洗约 1h。如自来水的水质较差，水洗后最好再用蒸馏水浸洗一遍。然后，进行上光干燥。

第三节　底片和照片的后加工

尽管黑白感光片的显微摄影、冲洗和最后放大成照片的全过程，从操作技术上来说并不复杂。但由于影响照片质量的因素很多，某一环节稍有差错，或者由于材料自身难以克服的毛病，所以，最后获得一张完美的照片，实非易事，总难免有各种大小不同的缺点，这就需要后期进行加工处理，以消除缺陷和提高照片质量。

常用于细胞学显微摄影的底片和照片的后加工技术如下：

（一）底片的后加工

首先应加以说明，底片上的缺点，如果不是由于材料本身存在着不可克服的困难而产生，而是由于曝光或冲洗失误所致，那么，最好进行重新拍摄和冲洗。只有在不得已的情况下才采用后期加工补救的方法。

1. 加　厚　当底片上的影像的光学密度和反差过小时，可用加厚处理的方法加以补救。用于底片加厚的加厚液很多，其中以铬加厚法最为简便安全，而且效果也较好。

铬加厚法的基本原理是用重铬酸钾和盐酸使银氧化而成氯化银，同时在其上附着有色的氧化铬。氧化银经显影处理后，又重新被还原为金属银，而氧化铬仍附着于银粒上，因而，增加了影像的密度和反差。其总反应式如下：

$$2K_2Cr_2O_7+8HCl+6Ag=6AgCl+3CrO_2+K_2CrO_4+2KCl+4H_2O$$

整个加厚处理，可分为两个主要步骤：第一步将底片的影像漂白；第二步重新显影。

（1）漂白液及漂白处理：漂白液的配方：

原液 A：

重铬酸钾	100g
加水至	1 000ml

原液 B：

盐酸	100ml
加水至	1 000ml

* A、B液在使用前混合。

原液 A 和 B 按不同的比例混合，其加厚的程度也不同，见表 17-2。

表 17-2　A、B 液不同比例混合的加厚效果

原　液	强力加厚	中等加厚	弱性加厚
A（ml）	10	20	20
B（ml）	2	10	40
蒸馏水（ml）	100	100	100

（2）漂白处理：为保证加厚效果，底片最好预先在自来水中漂洗约 10min，再用蒸馏水洗一遍。底片浸入新鲜混合的漂白液中，不断翻动，直至黑色的影像完全消失为止。如果在每 1 000ml 混合的漂白液中加入 5g 溴化钾，可以显著加快漂白速度，而且加厚程度也略有增加。漂白之后，将底片转入自来水中彻底漂洗，直至重铬酸钾被完全洗净。

（3）重显影：经漂白处理后的底片，需要重新显影，将氯化银还原为金属银。所用显影液以含亚硫酸钠较少的硬性显影液为宜，例如：D-11 硬性显影液。

D-11 硬性显影液配方：

蒸馏水（30～45℃）	500ml
米吐尔	5g
无水亚硫酸钠	7.5g
对苯二酚	9g
无水碳酸钠	30g
溴化钾	5g
加水至	1 000ml

20℃条件下，盆显约 4min，罐显 5min。

此外，用 1∶1 稀释的 D-72 显影液也是适宜的。但 D-19 显影液则不合适，因其含较多的亚硫酸钠，所显的影像色调为褐色，会减弱后续照片的反差。

显影之后，用水漂洗一次转入定影约 5min，再彻底水洗后晾干即可。如果一次加厚不够，可重复以上加厚操作，每加厚一次，底片的密度增加的程度见表 17-3。

表 17-3 铬加厚处理次数与密度增加的关系

加厚次数	低密度区（包括灰雾）	中密度区	高密度区
原始密度	0.30	0.78	1.17
加厚 1 次	0.34	1.00	1.52
加厚 2 次	0.46	1.10	1.72
加厚 3 次	0.47	1.16	1.80
加厚 4 次	0.50	1.22	1.98

2. 减　薄　对于曝光过度或有灰雾的底片，可用减薄液处理，以减除灰雾或降低影像密度。最常用的减薄液为铁氰化钾——硫代硫酸钠减薄液，这是一种等量减薄液，即对密度大和密度小的部分，均减去相等量的银粒。

其化学反应共分两步：首先，铁氰化钾与银作用，使部分银成为低铁氰化银及黄血盐。

$$4Ag+4K_3Fe(CN)_6=3K_4Fe(CN)_6+Ag_4Fe(CN)_6$$

第二步反应是硫代硫酸钠将低铁氰化银溶解。

$$3Ag_4Fe(CN)_6+16Na_2S_2O_3=4Na_5Ag_3(S_2O_3)_4+3Na_4Fe(CN)_6$$

减薄液的配方如下：

A 液：

　　铁氰化钾　　　　　　　　　　　　　　　　　　　　　　　　　　　　　　1g
　　蒸馏水　　　　　　　　　　　　　　　　　　　　　　　　　　　　　　　100ml

B 液：

　　硫代硫酸钠　　　　　　　　　　　　　　　　　　　　　　　　　　　　　30g
　　蒸馏水（60～70℃）　　　　　　　　　　　　　　　　　　　　　　　　　100ml

A、B 液分别保存。使用时取 A 液 10ml，B 液 10ml，再加水 80ml 混合为处理液。底片经水浸湿后转入处理液中进行减薄，至减薄到所需程度，取出用流水冲洗约 10min 即可。

3. 修　整　如果底片上有异物影像，白点或局部曝光不均等现象，可用简单的"档红"办法进行修整。其方法是以照相专用的透明红色水彩液，用水稀释成适当的浓度，用新毛笔蘸红色水彩液覆盖。对密度太低的空白部分，可用淡红色水彩液覆盖，这类似于局部加厚的作用。操作时应注意不要使交接处留下明显的涂抹痕迹。该方法虽然简单有效，但要作到恰到好处，则需要反复试验以积累经验。如果修整失败，例如，红色覆盖到染色体上，可把底片浸入水中，待红色褪尽，底片晾干后再重新修整。

（二）照片的后加工

染色体的显微摄影照片，在许多情况下，难免存在这样或那样需要修整加工的毛病，其中最主要的是去灰雾和消除某些不需要的影像，达到照片背影洁白，除染色体外无其他影像的目的。

最简便而有良效的方法是用碘溶液进行加工处理。所用碘溶液的配方如下：

　　碘化钾　　　　　　　　　　　　　　　　　　　　　　　　　　　　　　　3g
　　碘　　　　　　　　　　　　　　　　　　　　　　　　　　　　　　　　　1g
　　蒸馏水　　　　　　　　　　　　　　　　　　　　　　　　　　　　　　　100ml

配制时，务别先将碘化钾溶于水，待完全溶解后，再加入碘，振摇使匀，室温下便可长期贮存备用。如果无上述药品供自行配制，则可用医用的碘酒。只是因其中含有酒精，用其进行局部减薄或修整时，酒精在照片上易于扩散，不便控制。所以不及上述的水溶液配方使用方便和易于控制。

处理照片时，用干净的毛笔沾浓的碘液减去需要消除的多余影像。然后，用以水稀释约10倍（可任意稀释成各种浓度）的稀碘液处理整张照片，待背景灰雾完全减去，及时直接转入定影液中，处理5~10min或者至碘完全褪尽。再转入自来水中冲洗30min，即可上光干燥。

注意事项，需要修正减薄的照片，定影之后务必要水洗充分，彻底洗净定影液。否则，碘液无法减薄。其次，最好用干燥照片进行修正减薄，易于操作。用湿润的照片，在局部修正时碘溶液容易在照片上扩散，难以控制。如果在操作时不慎将碘污染到染色体上，可立即用另一毛笔沾定影液制止其减薄部位，使染色体免受损坏。如果是纠正照片影像不匀的缺点，应该用稀碘液进行局部减薄。凡需要全面减去背景灰雾的照片，在放大显影时，一定要充分显影，宁肯过度显影。这样，在减薄去灰雾后，染色体仍能保持相当强的黑度。

此外，上述用于底片减薄的铁氰化钾减薄液，同样可以用于照片的减薄。不过，药液的保存和使用都不及碘液方便。

第四节　显微照相常用的几种附件

（一）游标尺的使用

游标尺在普通显微镜上常镌刻在载物台上的推动器上，研究用显微镜多镌刻在载物台的纵横边缘上。它的作用有：①可粗放测量被检物体的大小或长度；②观察被检物体时，如发现其要点，可将纵、横坐标刻度记在制片的标签上，待以后镜检时，只要按所记刻度进行观察，随即在视场中被找到。

游标尺的读法：游标尺由主标尺和副标尺两部分组成。主标尺每小格为1mm的分度，读数为1mm；副标尺一般分10小格，每一小格等于主标尺每小格的9/10mm的分度，读数为0.1mm。

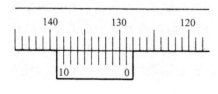

图17-1　游标尺的读数

由于副标尺的每小格为主标尺的9/10，首先看副标尺的"0"点位置，如在128mm和129mm之间，然后仔细观看副标尺与主标尺的一致点，若副标尺的0与主标尺的某刻度完全一致，从而得知游标尺所表示的位置数值为128.6mm（图17-1）。

在进行测量被检物体的大小或长度时，可借助目镜内安装的指针，先测出一个数值，再移动被检物体测出第二个数值，两数之差即为该物体的大小或长度。测量被检物体的横向长度，则利用横向游标尺；测量被检物体的纵向长度，就利用纵向游标尺。由于测得的数值单位为毫米，因此这种测量不如显微测微尺来得精确。

（二）显微测微尺

显微测微尺是用来测量视场中被检物体的大小、长短的测微法。包括有目镜测微尺和测微台尺，用时必须两者互相配合，才能完成其测量效用。

目镜测微尺为一圆形玻璃片，其上有刻度，常用的分为 5 大格，每格分 10 小格（共 50 小格）如图 17-2 所示。

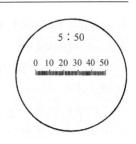

使用方法：利用普通显微镜作测微时，可将目镜的接目镜旋下，把目镜测微尺正面放在视场光阑上，再将接目镜旋上，但应特别指出，研究用显微镜的目镜结构精密，不允许随便拆卸，要使用本身带有测微尺的目镜。进行观察时，在显微镜的视场中将清楚地看到具有数字的刻度，将测微台尺放置在载物台上，调焦后在视场中可同时看清台尺的刻度。观察时先使两者的刻度从"0"点（或为 10、20）刻度完全重叠，再向右找出这两尺上的刻度又在何处重叠，然后记下两尺重叠的格数，以便计算出目镜测微尺每小格在该放大率下的实际大小。

图 17-2　目镜测微尺

计算方法：

$$目镜测微尺每小格=\frac{台尺重叠格数\times 10}{目天重叠格数}$$

例如：目镜测微尺上的第 5 格与测微台尺上的第 8 格重叠，就可知道目镜测微尺上的 5 小格 $=8\times 10$（因测微台尺每小格等于 $10\mu m$）$=80\mu m$；而目镜测微尺上的每一小格则为 $80/5=16\mu m$。

当确定目镜测微尺每小格的数值后，在测定被检物体的大小，长短时，必须在原显微镜的放大率下进行，否则目镜测微尺的数值又有变化，如改变倍率应重新再测。

测量时，不再用测微台尺，在视场中只利用目镜测微尺便可测出。例如，某一部位的大小为 4 小格时，即 $4\times 16=64\mu m$。

（三）描绘器（Drawing attachment）

描绘器的形式有多种，但它们的基本原理则相同，即将两个不同的视场合并在一起。观察时，一方面接受由显微镜所成的图像；另一方面将显微镜外方的绘图纸、笔和手投射进入视场内。

老式显微镜的描绘器主要时阿贝（Abbe）描绘器和描绘目镜。使用时先取下目镜将它们夹在镜筒上，再放回目镜，镜外放一台灯，照射于纸上，经调焦观察到被检物体后，将它转到目镜的上方，则可在视场内同时看到被检物体和纸、笔和手的形象。调节好光线后，即可沿着物象之轮廓进行描绘。

新型研究用显微镜的描绘器虽然原理和上述相同，但它成为显微镜的中间附件，不处于目镜的上方，而是在物镜与目镜之间（图 17-3）。

图 17-3　描绘器
欧林巴斯（OLYMPUS），
BH_2-DA 型

镜外亦需放置一台灯，照射在绘图纸上。它的优点是不需调整角度，因描绘器内的平面反射镜已固定为 45°角，外方形象的投入是通过其中的一个目镜（为照相目镜），使投入的像质优良充满视场，便于描绘，观察时亦不易疲劳。

它的调节是利用在描绘器上有一手柄，同时还有调节环，因此操作十分方便。

所描绘的图其放大倍数的计算方法：

（1）用第二节显微测微法先测出被检物体的实际大小，再用尺量出图的大小，即可算出放大倍数。如所测被检物体为 $200\mu m$，而描绘出来的图为 5 厘米，即 50mm。因 1mm 等于

$1\,000\mu m$,则 $50×1\,000=50\,000\mu m$,而被检物体实测为 $200\mu m$,再以 $50\,000÷200=250$,即所绘出的图放大为 250 倍。

(2)用第一节游标尺的使用法测出被检物体的大小,再以上述方法计算,即得出所描绘图的放大倍数。

用描绘器描绘出来的图,只是一个轮廓图,而且线条很难精细美观、尚需进一步加工绘制和取舍,突出图的重点部分。

参考文献

[1] 翟中和. 细胞生物学基础. 北京：北京大学出版社，1992.
[2] 李懋学. 植物染色体研究技术. 哈尔滨：东北林业大学出版社，1991.
[3] 李杨汉. 禾本科作物形态解剖. 上海：上海科学技术出版社，1979.
[4] 李贵全. 去壁低渗 Giemsa 显带原理初探. 中国科协首届生命科学青年学术年会论文集. 上海：上海科学技术出版社，1992.
[5] 解生勇. 细胞遗传学. 北京：北京农业大学出版社，1990.
[6] 卢龙斗，常重杰等. 遗传学实验技术. 合肥：中国科学技术大学出版社，1996.
[7] 王灶安. 植物显微技术. 北京：农业出版社，1993.
[8] 余炳生. 生物学显微技术. 北京：北京农业大学出版社，1989.
[9] 杨汉民. 细胞生物学实验. 北京：高等教育出版社，2000.
[10] 李建武等. 生物化学实验原理和方法. 北京：北京大学出版社，1997.
[11] 施立明. 银染方法及其在细胞遗传学中的应用. 遗传，1980.
[12] 聂汝芝，李懋学. 棉属植物核型分析研究. 北京：科学出版社，1993.
[13] 李竞雄，宋同明. 植物细胞遗传学. 北京：科学出版社，1997.
[14] 罗鹏，袁妙葆. 植物细胞遗传学. 北京：高等教育出版社，1989.
[15] 朱澂. 植物染色体及染色体技术. 北京：科学出版社，1982.
[16] 孙敬三，钱迎倩. 植物细胞学研究方法. 北京：科学出版社，1987.
[17] 黎中明，林文君. 细胞遗传学. 成都：四川大学出版社，1987.
[18] 陈家宽，杨继. 植物进化生物学. 武汉：武汉大学出版社，1994.
[19] 陈瑞卿，曹永生. 植物染色体和同工酶谱图像分析. 北京：中国农业出版社，1997.
[20] 佟明友，张自立. 偃麦草属三个种的染色体组研究. 植物学报，1989.
[21] 李懋学，陈瑞阳. 关于植物核型分析的标准化问题. 武汉植物学研究，1985.
[22] 胡匡祐，苏万芳. 植物染色体核型图像自动分析与识别的研究. 植物学报，1993.
[23] 杜维俊，李贵全. 中国薏苡属植物染色体核型的研究. 山西农业大学学报，1999.
[24] Clark M S 主编. 植物分子生物学实验手册. 顾红雅，瞿礼嘉译. 北京：高等教育出版社，1998.
[25] 姜泊，张亚历，周殿元. 分子生物学常用实验方法. 人民军医出版社，1997.
[26] 苏慧慈，原位杂交. 北京：中国科学技术出版社，1994.
[27] 顾红雅，瞿礼嘉. 植物基因与分子操作. 北京：北京大学出版社，1997.
[28] 吉万全，张学勇. 小偃麦部分双二倍体及其异附加系异源染色体的 GISH 分析. 遗传学报，1999.
[29] 高智，韩方普. 应用荧光原位杂交和染色体配对研究八倍体小冰麦中 2 的染色体组构成及染色体特征. 植物学报，1999.
[30] 刘文轩，陈佩度，刘大钧. 利用荧光原位杂交技术检测导入普通小麦的大赖草染色质. 遗传学报，1999.
[31] 陈绍荣，毕学如等. 一种优化的植物组织 RNA 原位杂交技术. 遗传，1998.
[32] 刘玉欣，周之杭. 黑麦染色体银染的初步研究. 遗传学报，1987，14（5）：344～348.
[33] 刘玉欣，周之杭. BrdU 和 Hoechst33258 诱导黑麦染色体臂内银染区的研究. 植物学报，1988，30（3）：265～268.
[34] 张自立，刘丽慧. 植物染色体银染研究. 植物学报，1989，31（8）：647～649.
[35] 张自立，于玲. 大麦染色体银带的研究. 遗传学报，1990，17（3）：168～172.
[36] 李懋学，张赞平等. 一种改进的植物染色体染色方法及其应用. 植物学通报，1990，7（1）：56～60.
[37] 张赞平，李懋学等. 牡丹染色体的 Ag-NORs 和 Giemsa C 带的研究. 武汉植物学研究，1990，8（2）：101～105.

[38] 李贵全,赵晓明等. Ag-NOR 染色技术在豌豆染色体研究中的应用. 山西农业大学学报,1995,15 (1):6~9.

[39] Medina F J. et al. A study on nucleolar silver staining in plant cells. The role of argyrophilic proteins in nucleolar physiology. Chroumosoma, 1983, 88:149~155

[40] Medina F J. et al. Cytological approach to the nucleolar functions detected by silver staining. Chromosoma (Berl.), 1986, 94:259~266

[41] Galetti Jr P M. et al. Hetetochromatin and NORs variability in leporinus fish (Anostomidae, Characiformes). Caryologia, 1991, 44 (3~4):287~292

[42] Vitturi R, et al. Ag-NOR and C-banding analysis of spermatocyte chromosomes of Clavelina lepadiformis (Ascidiaeae Aplouso-branchiata). Caryologia, 1991, 44 (3~4):343~347

[43] 14 Hizume M, et al. Differential staining and in situ hybridization of uncleolar organlzers and centromeres in Cycas revoluta chromosomes. J phu J Genet, 1992, 67 (5):381~387

[44] Vitturi R, et al. Karyotypic characterization of 16 Microchicus ocellatus specimens (Pisces, Soleidas) using conventional and silver staining (NORs). Caryologia, 1993, 46 (1):41~45.

[45] 郑若玄. 实用细胞学技术. 北京:科学出版社, 1980.

[46] 曾小鲁. 实用生物学制片技术. 北京:高等教育出版社, 1989.

[47] 杜卓民. 实用组织学技术. 北京:人民卫生出版社, 1982.

[48] 王亚鸣. 动物组织学技术. 南昌:江西科学技术出版社, 1994.

[49] 黄承芬,杜桂森. 生物显微制片技术. 北京:北京科学技术出版社, 1990.

[50] 芮菊生. 组织切片技术. 北京:人民教育出版社, 1980.

[51] 陈啸梅. 组织化学手册. 北京:人民卫生出版社, 1982.

[52] 蔡文琴,王伯沄. 实用免疫细胞化学. 成都:四川科学技术出版社, 1988.

[53] 陈佛痴. 组织学实验技术. 白求恩医科大学, 1980.

[54] 龚志锦,詹镕洲. 病理组织制片和染色技术, 1994.

[55] 鞠躬,万选才,董新文. 神经解剖学方法, 1985.

[56] 刘瑞丰,张际绯. 合成纤维细胞复合染料染色法. 解剖学杂志, 1997, 20 (4):396.

[57] 李凤轩. 脊髓块染改良法. 解剖学杂志, 1997, 20 (1).

[58] 张玉兰等. 介绍一种组织切片新方法. 能同时显示肝脏各种结构. 解剖学杂志, 1986;9 (1).

[59] 司立灿等. 增强免疫金银敏感性的探讨. 解剖学杂志, 1988, 11 (2).

[60] 赵荧. 胃底腺颈粘液细胞的显示. 解剖学杂志, 1993, 16 (3).

[61] 汪艳丽,蔡新华. 整块组织 HE 染色方法的改进. 解剖学杂志, 1997, 20 (5).

[62] 胡丙杰,陈玉川,祝家镇. 神经组织的双重免疫组化染色法. 解剖学杂志, 1998, 21 (1), 86.

[63] 王伯杨. 生物科学摄影基础. 北京:人民教育出版社, 1980.

[64] 柯达公司(美). 显微摄影术. 喻珈译. 北京:科学出版社, 1981.

[65] 余炳生,张仪. 生物学显微技术. 北京:北京农业大学出版社, 1988.